化学工业出版社“十四五”普通高等教育规划教材

线性代数与上机实验

第三版

金玉子　张海波　主编

杨金远　审

化学工业出版社

·北京·

内容简介

本书是根据教育部颁发的“工科类本科数学基础课程教学基本要求”编写的。

全书内容包括：行列式、矩阵、线性方程组与向量组的线性相关性、相似矩阵与二次型、线性空间与线性变换、数学软件 Matlab 简介与上机实验，书末附有常用“线性代数”英文专业词汇及部分习题参考答案与提示。

本书可作为高等工科院校工学、经济学、管理学各专业教材或教学参考书，也可作为成人教育的教学用书，还可供工程技术人员自学参考之用。

图书在版编目（CIP）数据

线性代数与上机实验 / 金玉子，张海波主编. —3版. —北京：化学工业出版社，2024. 1（2025.1重印）
ISBN 978-7-122-45042-5

Ⅰ. ①线… Ⅱ. ①金… ②张… Ⅲ. ①线性代数 Ⅳ. ①O151. 2

中国国家版本馆 CIP 数据核字（2024）第 020171 号

责任编辑：唐旭华 郝英华　　装帧设计：关 飞
责任校对：李露洁

出版发行：化学工业出版社
（北京市东城区青年湖南街 13 号 邮政编码 100011）
印　　装：大厂回族自治县聚鑫印刷有限责任公司
710mm×1000mm 1/16 印张 14½ 字数 312 千字
2025年 1 月北京第 3 版第 2 次印刷

购书咨询：010-64518888　　售后服务：010-64518899
网　　址：http://www.cip.com.cn
凡购买本书，如有缺损质量问题，本社销售中心负责调换。

定　　价：39.80 元

前言

本书是编者在积累多年教学经验和工科数学系列课程教学改革与实践的基础上编写的，其基本内容符合教育部颁发的“工科类本科数学基础课程教学基本要求”，并结合线性代数课程特点，引入了数学软件 Matlab 简介与上机实验，使学生不仅在动手实践中更好地学习、掌握知识，同时也为数学实验、数学建模等后继课程留下一个良好接口。修订过程中以教学研究与教学改革为引领，体现了探索人文素养与理论思维脉络并重的教学活动新模式理念上的创新。以提高人才培养质量为宗旨，增加了探索以线性代数理论蕴含的哲学思想为思考与梳理课程思维脉络并重的教学内容，并且在第 5 章增加了一些对化工专业方面应用的例子，调动学生的学习兴趣和学习积极性。

本书可作为高等工科院校工学、经济学、管理学各专业本、专科的教材或教学参考书，也可作为成人教育的教学用书。编写时充分考虑到一般院校的实际教学环境，力求结构清晰、概念准确、语言精练、通俗易懂，并注意理论与实例相结合。此外，在部分例、习题的编选上注意典型、新颖，习题分为 A、B 两个层次，这有助于读者初步了解硕士研究生入学数学考试中线性代数试题的形式和范围。书中带有 * 号部分可根据学时数进行删减讲解。

本书第一章由茹静编写，第二、四章由金玉子编写，第三章及附录由史彦丽编写，第五章由张海波编写，第六章由茹静、史彦丽编写，各章习题与答案由刘巍、张海波编写，全书由金玉子、张海波负责统稿，杨金远教授审定。

本书得到了吉林化工学院教务处、理学院领导的指导和支持，还得到了教材科、公共数学教学中心的关心和帮助，在此一并表示诚挚谢意。

限于编者水平，书中不妥之处在所难免，诚望同行和读者批评指正。

编　者

2023 年 5 月

目录

第1章　行列式　1

1.1　n 阶行列式的定义　1
1.1.1　二阶和三阶行列式　1
1.1.2　全排列及其逆序数　4
1.1.3　对换　5
1.1.4　n 阶行列式的定义　6
1.2　行列式的性质　10
1.3　行列式按行（列）展开　15
*1.3.1　行列式按一行（列）展开　15
*1.3.2　拉普拉斯定理　21
1.4　行列式的应用　23
1.4.1　克莱姆（Cramer）法则　23
*1.4.2　用二阶行列式求平面图形的面积　26
*1.4.3　用三阶行列式求平行六面体的体积　29
习题1　30

第2章　矩阵及其运算　36

2.1　矩阵与向量的概念　36
2.1.1　矩阵的概念　36
2.1.2　几种特殊的矩阵　37
2.1.3　向量的概念　39
2.2　矩阵的运算　40
2.2.1　矩阵的加法　40
2.2.2　数与矩阵的乘积　41
2.2.3　矩阵的乘法　41
2.2.4　矩阵的转置　43

2.2.5 对称矩阵与反对称矩阵 …… 44
2.2.6 方阵的行列式 …… 45
2.2.7 伴随矩阵 …… 46
2.2.8 共轭矩阵 …… 47
2.3 逆矩阵 …… 47
2.3.1 逆矩阵的概念与性质 …… 47
2.3.2 可逆矩阵的判定与逆矩阵的求法 …… 48
2.4 矩阵分块法 …… 51
2.4.1 矩阵的分块 …… 51
2.4.2 分块矩阵的运算 …… 51
2.5 矩阵的初等变换与初等方阵 …… 54
2.5.1 矩阵的初等变换 …… 54
2.5.2 初等方阵 …… 54
2.5.3 用初等变换的方法求逆矩阵 …… 56
2.6 矩阵的秩 …… 59
2.6.1 矩阵秩的概念 …… 59
2.6.2 用初等变换的方法求矩阵的秩 …… 60
2.6.3 矩阵秩的性质 …… 63
习题 2 …… 65

第 3 章 线性方程组与向量组的线性相关性 69

3.1 线性方程组的解 …… 69
3.1.1 线性方程组与矩阵的初等变换 …… 69
3.1.2 线性方程组的解 …… 71
3.2 向量组的线性相关性 …… 78
3.2.1 n 维向量组 …… 78
3.2.2 向量组的线性组合 …… 80
3.2.3 向量组的线性相关性 …… 82
3.3 向量组的秩与向量空间 …… 85
3.3.1 向量组的秩 …… 85
3.3.2 向量空间 …… 88
3.4 线性方程组解的结构 …… 90
3.4.1 齐次线性方程组解的结构 …… 90
3.4.2 非齐次线性方程组解的结构 …… 94
习题 3 …… 97

第 4 章　相似矩阵及二次型 103

4.1　向量的内积与正交 …… 103
4.1.1　向量的内积 …… 103
4.1.2　向量的正交 …… 104
4.1.3　正交矩阵 …… 107
4.2　方阵的特征值与特征向量 …… 108
4.2.1　特征值与特征向量 …… 109
4.2.2　特征值与特征向量的性质 …… 111
4.3　相似矩阵及矩阵的相似对角化 …… 113
4.3.1　相似矩阵 …… 114
4.3.2　矩阵的相似对角化 …… 115
4.3.3　矩阵可对角化的条件 …… 116
4.3.4　实对称矩阵的特征值与特征向量的性质 …… 119
4.3.5　实对称矩阵的对角化 …… 120
4.4　二次型及其标准形 …… 123
4.4.1　二次型的矩阵表示 …… 124
4.4.2　二次型的化简 …… 124
4.4.3　正定二次型与正定矩阵 …… 128
习题 4 …… 130

第 5 章　线性空间与线性变换 134

5.1　线性空间的概念与性质 …… 134
5.1.1　数域 …… 134
5.1.2　线性空间的概念 …… 135
5.1.3　线性空间的性质与子空间 …… 136
5.2　坐标与坐标变换 …… 137
5.2.1　坐标 …… 137
5.2.2　坐标变换 …… 138
5.3　线性变换及其矩阵 …… 140
5.3.1　线性变换的概念 …… 140
5.3.2　线性变换的性质 …… 142
5.3.3　线性变换的矩阵 …… 143

5.4 在化学计量矩阵与化学平衡问题中的应用 …… 144
5.4.1 用矩阵对物质进行表示 …… 145
5.4.2 用线性空间对物质和物质间的反应进行表示 …… 146
5.4.3 用矩阵对化学反应方程组进行表示 …… 147
习题5 …… 150

第6章 Matlab软件简介与上机实验 153

6.1 Matlab软件简介 …… 153
6.1.1 Matlab7.1的启动和退出 …… 153
6.1.2 Matlab的界面 …… 154
6.1.3 Matlab的帮助系统 …… 155
6.1.4 常量和变量 …… 156
6.1.5 基本函数与表达式 …… 156
6.1.6 Matlab的符号 …… 157
6.1.7 Matlab通用命令 …… 158
6.1.8 Matlab的绘图功能 …… 159
6.1.9 Matlab程序设计 …… 160
6.2 用Matlab处理矩阵 …… 165
6.2.1 矩阵的输入 …… 165
6.2.2 矩阵的基本操作 …… 168
6.2.3 矩阵运算 …… 170
6.3 线性代数基本问题上机实验 …… 173
实验1 行列式的计算与应用 …… 174
实验2 矩阵的运算 …… 180
实验3 线性方程组及向量组的线性相关性 …… 186
实验4 矩阵的对角化与二次型 …… 197

附录 常用线性代数英文专业词汇 209

部分习题参考答案与提示 213

第1章　行列式

行列式是线性代数中主要研究对象方阵的重要数值特征，它是由解线性方程组的需要而建立的一个重要工具，它在线性代数中起着重要作用．行列式这一概念最初产生于17世纪后半叶对线性方程组的研究，它最早是一种速记的表达式，行列式的概念与算法是由德国数学家莱布尼茨（Leibniz）和日本数学家关孝和（Seki Kowa）提出的，行列式这一名称是法国数学家柯西（A. L. Cauchy）于1815年提出，1841年由英国数学家凯莱（A. Cayley）首先引入行列式的两条竖线，确定了行列式的符号，其理论完善于19世纪．行列式不仅是研究线性代数的一个重要工具，在其它数学领域及工程技术中也有着非常广泛的应用．本章主要介绍行列式的定义、性质和计算方法，给出用行列式解n元线性方程组的克莱姆（Cramer）法则．通过学习行列式的引入，培养学生积极探索、求真务实的科学精神和突破陈规、敢于创新的思想观念。

1.1　n 阶行列式的定义

1.1.1　二阶和三阶行列式

考察有两个方程的二元线性方程组解的问题．在初等数学中，二元一次方程组

$$\begin{cases} a_{11}x_1+a_{12}x_2=b_1, \\ a_{21}x_1+a_{22}x_2=b_2 \end{cases} \tag{1.1}$$

的解可由消元法求出，当$a_{11}a_{22}-a_{12}a_{21}\neq 0$时，解为

$$\begin{cases} x_1=\dfrac{b_1a_{22}-b_2a_{12}}{a_{11}a_{22}-a_{12}a_{21}}, \\ x_2=\dfrac{b_2a_{11}-b_1a_{21}}{a_{11}a_{22}-a_{12}a_{21}}. \end{cases} \tag{1.2}$$

式(1.2)称为二元线性方程组(1.1)的求解公式．在公式(1.2)中，x_1，x_2的结构相同，分子与分母都是两对数相乘后再相减，并且它们的分母相同，所有的

数由方程组（1.1）中两个未知数 x_1，x_2 的系数与常数项 b_1，b_2 确定．由于公式（1.2）不易记忆，为此先将这四个数按照它们在方程组（1.1）中的位置排成两行两列的数表（横排称为行，竖排称为列）如下

$$\begin{matrix} a_{11} & a_{12} \\ a_{21} & a_{22}, \end{matrix} \tag{1.3}$$

然后给出二阶行列式的定义：

定义 1.1　对于数表（1.3），称表达式 $a_{11}a_{22}-a_{12}a_{21}$ 为数表（1.3）所确定的**二阶行列式**，并记作

$$\begin{vmatrix} a_{11} & a_{12} \\ a_{21} & a_{22} \end{vmatrix}=a_{11}a_{22}-a_{12}a_{21}, \tag{1.4}$$

其中，（1.4）式中等号的右端也称为**行列式的展开式**．数 $a_{ij}(i=1,2;\ j=1,2)$称为行列式的**元素**或**元**．a_{ij} 的第一个下标 i 称为**行标**，表明该元素位于第 i 行，第二个下标 j 称为**列标**，表明该元素位于第 j 列．位于第 i 行第 j 列的元素 a_{ij} 称为**行列式的(i,j)元**.

上面在给出二阶行列式定义的同时，也给出了它的计算方法：二阶行列式等于它主对角线上两个元素的乘积减去次对角线上两个元素的乘积．这种计算二阶行列式的方法称为**对角线法则**．其中，称 a_{11}，a_{22} 所在的对角线为**主对角线**，a_{12}，a_{21} 所在的对角线为**次对角线**.

定义了二阶行列式后，二元线性方程组（1.1）的求解公式可以用容易记忆的二阶行列式表示为

$$x_1=\frac{\begin{vmatrix} b_1 & a_{12} \\ b_2 & a_{22} \end{vmatrix}}{\begin{vmatrix} a_{11} & a_{12} \\ a_{21} & a_{22} \end{vmatrix}},\qquad x_2=\frac{\begin{vmatrix} a_{11} & b_1 \\ a_{21} & b_2 \end{vmatrix}}{\begin{vmatrix} a_{11} & a_{12} \\ a_{21} & a_{22} \end{vmatrix}}.$$

如果记　$D=\begin{vmatrix} a_{11} & a_{12} \\ a_{21} & a_{22} \end{vmatrix}$，$D_1=\begin{vmatrix} b_1 & a_{12} \\ b_2 & a_{22} \end{vmatrix}$，$D_2=\begin{vmatrix} a_{11} & b_1 \\ a_{21} & b_2 \end{vmatrix}$，

则有

$$x_1=\frac{D_1}{D},\qquad x_2=\frac{D_2}{D}.$$

注意到这里的分母 D 是方程组（1.1）的系数所确定的二阶行列式，称为**系数行列式**，x_1 的分子 D_1 是用常数项 b_1，b_2 代替 D 中 x_1 的系数 a_{11},a_{21} 所得的二阶行列式，x_2 的分子 D_2 是用常数项 b_1，b_2 代替 D 中 x_2 的系数 a_{12},a_{22} 所得的二阶行列式.

【例 1.1】　解线性方程组 $\begin{cases} 3x_1+2x_2=2, \\ x_1+4x_2=3. \end{cases}$

解　由于

$$D=\begin{vmatrix} 3 & 2 \\ 1 & 4 \end{vmatrix}=3\times4-2\times1=10\neq0,\qquad D_1=\begin{vmatrix} 2 & 2 \\ 3 & 4 \end{vmatrix}=2\times4-2\times3=2,$$

$$D_2=\begin{vmatrix}3 & 2\\1 & 3\end{vmatrix}=3\times3-2\times1=7,$$

所以
$$x_1=\frac{D_1}{D}=\frac{1}{5},\ x_2=\frac{D_2}{D}=\frac{7}{10}.$$

再考察三元线性方程组

$$\begin{cases}a_{11}x_1+a_{12}x_2+a_{13}x_3=b_1,\\a_{21}x_1+a_{22}x_2+a_{23}x_3=b_2,\\a_{31}x_1+a_{32}x_2+a_{33}x_3=b_3.\end{cases}\tag{1.5}$$

与解二元线性方程组类似，用消元法解此方程组，可以引入三阶行列式的概念.

定义 1.2　设有 9 个数排成 3 行 3 列的数表

$$\begin{matrix}a_{11} & a_{12} & a_{13}\\a_{21} & a_{22} & a_{23}\\a_{31} & a_{32} & a_{33},\end{matrix}\tag{1.6}$$

记

$$\begin{vmatrix}a_{11} & a_{12} & a_{13}\\a_{21} & a_{22} & a_{23}\\a_{31} & a_{32} & a_{33}\end{vmatrix}$$
$$=a_{11}a_{22}a_{33}+a_{12}a_{23}a_{31}+a_{13}a_{21}a_{32}-a_{13}a_{22}a_{31}-a_{12}a_{21}a_{33}-a_{11}a_{23}a_{32},\tag{1.7}$$

(1.7) 式称为数表 (1.6) 所确定的**三阶行列式**.

三阶行列式的展开式也可以用对角线法则得到，三阶行列式的对角线法则如图 1-1 所示：

三条实线看做是平行于主对角线的连线，三条虚线看做是平行于次对角线的连线，实线上三个元素（取自不同行不同列）的乘积冠以正号，虚线上三个元素（取自不同行不同列）的乘积冠以负号，六项的代数和就是三阶行列式的展开式.

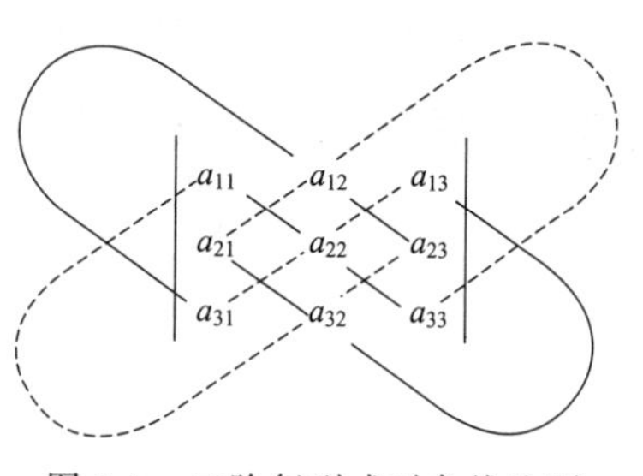

图 1-1　三阶行列式对角线法则

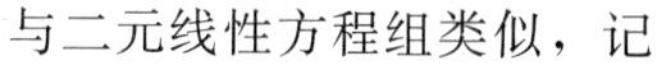

与二元线性方程组类似，记

$$D=\begin{vmatrix}a_{11} & a_{12} & a_{13}\\a_{21} & a_{22} & a_{23}\\a_{31} & a_{32} & a_{33}\end{vmatrix},\quad D_1=\begin{vmatrix}b_1 & a_{12} & a_{13}\\b_2 & a_{22} & a_{23}\\b_3 & a_{32} & a_{33}\end{vmatrix},$$

$$D_2=\begin{vmatrix}a_{11} & b_1 & a_{13}\\a_{21} & b_2 & a_{23}\\a_{31} & b_3 & a_{33}\end{vmatrix},\quad D_3=\begin{vmatrix}a_{11} & a_{12} & b_1\\a_{21} & a_{22} & b_2\\a_{31} & a_{32} & b_3\end{vmatrix}.$$

当 $D\neq0$ 时，方程组 (1.5) 有唯一解，即

$$x_1=\frac{D_1}{D},\ x_2=\frac{D_2}{D},\ x_3=\frac{D_3}{D}.$$

上面是利用行列式定义解三元线性方程组（1.5）的求解公式．其中 D 为系数行列式，D_1,D_2,D_3 分别是在系数行列式中用 b_1,b_2,b_3 代替 x_1,x_2,x_3 的相应系数而得到的行列式.

【例 1.2】 计算三阶行列式

$$D=\begin{vmatrix} 1 & 2 & -4 \\ -2 & 2 & 1 \\ -3 & 4 & -2 \end{vmatrix}.$$

解 按对角线法则，有

$$\begin{aligned} D &= 1\times2\times(-2)+2\times1\times(-3)+(-4)\times(-2)\times4-(-4)\times2\times(-3)- \\ &\quad 2\times(-2)\times(-2)-1\times4\times1 \\ &= -4-6+32-24-8-4=-14. \end{aligned}$$

【例 1.3】 求解方程

$$\begin{vmatrix} 3 & 1 & x \\ 4 & x & 0 \\ 1 & 0 & x \end{vmatrix}=0.$$

解 方程左边的三阶行列式

$$D=3x^2-x^2-4x=2x^2-4x,$$

由 $2x^2-4x=0$ 解得 $x=0$ 或 $x=2$.

对于二元、三元线性方程组，通过引入二阶、三阶行列式的概念可以使求解过程公式化，将解方程组的问题转化为求行列式的值，那么对于 $n(n>3)$元线性方程组是否可以引入 n 阶行列式的概念，从而利用行列式求解方程组呢？下面我们就介绍有关 n 阶行列式的概念，为此首先介绍有关全排列及其逆序数的知识．

1.1.2 全排列及其逆序数

在初等数学中我们已经知道，把 n 个不同的元素排成一列，叫做这 n 个元素的**全排列**（简称**排列**). 为了方便起见，这里取 n 个不同元素为前 n 个不为 0 的自然数.

定义 1.3 由 1，2，…，n 组成的一个有序数组称为一个 **n 阶排列**.

常用 $i_1i_2\cdots i_n$ 表示一个 n 阶排列，其中 i_k 表示 1，2，…，n 中的某个数，k 表示这个数在 n 阶排列中的位置．例如，2431 是一个 4 阶排列．若用 P_n 表示前 n 个不为 0 的自然数的所有 n 阶排列的个数，则 $P_n=n!$. 规定前 n 个不为 0 的自然数中由小到大为**标准次序**，n 阶排列 $123\cdots n$ 为**标准排列**.

定义 1.4 在一个 n 阶排列中，当某两个数字的先后次序与标准次序不同时，即前面的数大于后面的数时，称它们为一个**逆序**．一个排列中所有逆序的总数称为这个排列的**逆序数**．排列 $i_1i_2\cdots i_n$ 的逆序数记为 $t(i_1i_2\cdots i_n)$.

定义 1.5 逆序数为偶数的排列称为**偶排列**；逆序数为奇数的排列称为**奇排列**.

一般地，计算逆序数的方法是分别计算出排在 i_1，i_2，…，i_n 前面比它们大的数的个数之和，即分别算出 i_1，i_2，…，i_n 这 n 个元素的逆序数，这些元素的逆序数的总和即为所求排列的逆序数.

【例 1.4】 求 5 阶排列 23154 和 25341 的逆序数.

解　在排列 23154 中：

排在 2 前面比 2 大的数的个数是 0.

排在 3 前面比 3 大的数的个数是 0.

排在 1 前面比 1 大的数的个数是 2.

排在 5 前面比 5 大的数的个数是 0.

排在 4 前面比 4 大的数的个数是 1.

于是这个排列的逆序数是

$$t(23154)=0+0+2+0+1=3.$$

同理

$$t(25341)=0+0+1+1+4=6.$$

显然 23154 是奇排列，25341 是偶排列.

【例 1.5】 求 n 阶排列 $n(n-1)\cdots321$ 的逆序数.

解

$$\begin{aligned}t(n(n-1)\cdots321)&=0+1+2+\cdots+(n-3)+(n-2)+(n-1)\\&=\frac{1}{2}n(n-1).\end{aligned}$$

1.1.3 对换

只将一个排列中某两个元素的位置互相对调一次，称为对排列的一次**对换**. 只将相邻两个元素对调一次，称为一次**相邻对换**.

定理 1.1　一次对换改变排列的奇偶性.

证　先证相邻对换的情形.

设排列 $i_1 i_2\cdots i_l \boldsymbol{ij} j_1 j_2\cdots j_m$ 经过一次相邻对换化为排列 $i_1 i_2\cdots i_l \boldsymbol{ji} j_1 j_2\cdots j_m$.

显然，$i_1 i_2\cdots i_l$，$j_1 j_2\cdots j_m$ 这些元素的逆序数经过对换并不改变，而 i,j 两元素的逆序数：当 $i<j$ 时，经过对换后 i 的逆序数增加 1 而 j 的逆序数不变；当 $i>j$ 时，经过对换后 i 的逆序数不变而 j 的逆序数减少 1. 所以，经过一次相邻对换，前后两个排列的奇偶性不同.

再证一般对换的情形.

设排列 $i_1 i_2\cdots i_l \boldsymbol{i} j_1 j_2\cdots j_m \boldsymbol{j} k_1 k_2\cdots k_p$ 经过一次对换化为排列 $i_1 i_2\cdots i_l \boldsymbol{j} j_1 j_2\cdots j_m \boldsymbol{i} k_1 k_2\cdots k_p$，这可以由如下相邻对换来实现：$i$ 与 $j_1, j_2, \cdots, j_m, j$ 作 $m+1$ 次相邻对换；j 与 $j_m, j_{m-1}, \cdots, j_1$ 作 m 次相邻对换. 总之，经过 $2m+1$ 次相邻对换. 所以，经过一次对换前后两个排列的奇偶性不同.

推论 1.1　奇排列调成标准排列的对换次数为奇数，偶排列调成标准排列的对换次数为偶数.

定理 1.2　在全部 $n(n\geqslant 2)$ 阶排列中，奇偶排列各占一半.

证　n 阶排列的总数为 $P_n=n!$，设其中奇排列为 p 个，偶排列为 q 个. 把 p 个奇排列中的最后两个数对换，则由定理 1.1 可知 p 个奇排列全部变为偶排列，于是有 $p\leqslant q$；同理把 q 个偶排列中的最后两个数对换，则 q 个偶排列全部变为奇排列，于是又有 $q\leqslant p$，所以就有 $q=p$，即奇偶排列数相等，各为 $\frac{n!}{2}$ 个.

1.1.4 n阶行列式的定义

在给出 n 阶行列式的定义之前，我们先进一步研究一下三阶行列式的定义.

$$\begin{vmatrix} a_{11} & a_{12} & a_{13} \\ a_{21} & a_{22} & a_{23} \\ a_{31} & a_{32} & a_{33} \end{vmatrix} = a_{11}a_{22}a_{33} + a_{12}a_{23}a_{31} + a_{13}a_{21}a_{32} - a_{13}a_{22}a_{31} - a_{12}a_{21}a_{33} - a_{11}a_{23}a_{32}.$$

观察上面三阶行列式的特点：

第一　等式右端是 $3!=6$ 项的代数和，其中每一项都是位于三阶行列式中不同行不同列的三个元素的乘积，而这三个元素恰好是每行每列各取一个元素.

第二　每一项都带有符号，而且与元素的列指标的逆序数的奇偶性有关（设元素的行指标按自然顺序排列）：当逆序数为奇数时，取负号；当逆序数为偶数时，取正号．这样三阶行列式可表示为：

$$\begin{vmatrix} a_{11} & a_{12} & a_{13} \\ a_{21} & a_{22} & a_{23} \\ a_{31} & a_{32} & a_{33} \end{vmatrix} = \sum (-1)^{t(j_1j_2j_3)} a_{1j_1}a_{2j_2}a_{3j_3}.$$

将其推广到一般情况，可以给出 n 阶行列式的定义.

定义 1.6　设有 n^2 个数，排成 n 行 n 列的数表

$$\begin{matrix} a_{11} & a_{12} & \cdots & a_{1n} \\ a_{21} & a_{22} & \cdots & a_{2n} \\ \cdots & \cdots & \cdots & \cdots \\ a_{n1} & a_{n2} & \cdots & a_{nn} \end{matrix}$$

作出表中位于不同行不同列的 n 个元素的乘积，这样的项共有 $n!$个．把每一个乘积项写成 $a_{1j_1}a_{2j_2}\cdots a_{nj_n}$ 的形式，即把它们按行下标排成标准列 $12\cdots n$，此时列下标是 $j_1j_2\cdots j_n$，并给它冠以符号$(-1)^{t(j_1j_2\cdots j_n)}$，所有这样的 $n!$项$(-1)^{t(j_1j_2\cdots j_n)}a_{1j_1}a_{2j_2}\cdots a_{nj_n}$ 的代数和称为 **n 阶行列式**，记作

$$D = \begin{vmatrix} a_{11} & a_{12} & \cdots & a_{1n} \\ a_{21} & a_{22} & \cdots & a_{2n} \\ \cdots & \cdots & \cdots & \cdots \\ a_{n1} & a_{n2} & \cdots & a_{nn} \end{vmatrix} = \sum (-1)^{t(j_1j_2\cdots j_n)} a_{1j_1}a_{2j_2}\cdots a_{nj_n}, \tag{1.8}$$

其中$\sum$是对 $1,2,\cdots,n$ 的所有排列取和，D 也简记为 $\det(a_{ij})$.

【例 1.6】　计算 n 阶行列式

$$(1)\ D = \begin{vmatrix} a_{11} & 0 & 0 & \cdots & 0 \\ a_{21} & a_{22} & 0 & \cdots & 0 \\ a_{31} & a_{32} & a_{33} & \cdots & 0 \\ \cdots & \cdots & \cdots & \cdots & \cdots \\ a_{n1} & a_{n2} & a_{n3} & \cdots & a_{nn} \end{vmatrix},$$

(2) $D=\begin{vmatrix} 0 & 0 & \cdots & 0 & a_{1n} \\ 0 & 0 & \cdots & a_{2,n-1} & a_{2n} \\ \cdots & \cdots & \cdots & \cdots & \cdots \\ 0 & a_{n-1,2} & \cdots & a_{n-1,n-1} & a_{n-1,n} \\ a_{n1} & a_{n2} & \cdots & a_{n,n-1} & a_{nn} \end{vmatrix}$.

解　设 D 的一般项为$(-1)^{t(j_1j_2\cdots j_n)}a_{1j_1}a_{2j_2}\cdots a_{nj_n}$.

(1) 由定义1.6知 D 是 $n!$ 项的代数和，由于 D 的主对角线以上的元素都是0，因此 $n!$ 项中有很多也会是0. 现在考察不为0的项，一般项中的第一个元素 a_{1j_1} 取自 D 的第一行，而第一行中只有 $a_{11}\neq 0$，所以只能取 $a_{1j_1}=a_{11}(j_1=1)$. 一般项中的第二个元素 a_{2j_2} 取自第二行，而第二行中不为0的元素只有 a_{21} 和 a_{22}，因为 $a_{1j_1}=a_{11}$，所以 a_{2j_2} 不能取自第一列，只能取 $a_{2j_2}=a_{22}(j_2=2)$. 依次下去可得 $a_{3j_3}=a_{33}(j_3=3)\cdots$，$a_{nj_n}=a_{nn}(j_n=n)$. 于是 D 的 $n!$ 项中不为0的项只有一项，即$(-1)^{t(12\cdots n)}a_{11}a_{22}\cdots a_{nn}=a_{11}a_{22}\cdots a_{nn}$，所以

$$D=\begin{vmatrix} a_{11} & 0 & 0 & \cdots & 0 \\ a_{21} & a_{22} & 0 & \cdots & 0 \\ a_{31} & a_{32} & a_{33} & \cdots & 0 \\ \cdots & \cdots & \cdots & \cdots & \cdots \\ a_{n1} & a_{n2} & a_{n3} & \cdots & a_{nn} \end{vmatrix}=a_{11}a_{22}\cdots a_{nn}. \tag{1.9}$$

(2) 与 (1) 的讨论类似，D 中不为0的项也只有一项，它是

$$(-1)^{t(n(n-1)(n-2)\cdots 21)}a_{1n}a_{2,n-1}\cdots a_{n1}=(-1)^{\frac{n(n-1)}{2}}a_{1n}a_{2,n-1}\cdots a_{n1},$$

所以

$$D=\begin{vmatrix} 0 & 0 & \cdots & 0 & a_{1n} \\ 0 & 0 & \cdots & a_{2,n-1} & a_{2n} \\ \cdots & \cdots & \cdots & \cdots & \cdots \\ 0 & a_{n-1,2} & \cdots & a_{n-1,n-1} & a_{n-1,n} \\ a_{n1} & a_{n2} & \cdots & a_{n,n-1} & a_{nn} \end{vmatrix}=(-1)^{\frac{n(n-1)}{2}}a_{1n}a_{2,n-1}\cdots a_{n1}.$$

注意到例1.6 (1) 中行列式 D 的特点：主对角线以上的元素全为0，这样的行列式称为**下三角行列式**. 由例1.6知下三角行列式等于主对角线上 n 个元素的乘积.

同理，称主对角线以下的元素全是0的行列式为**上三角行列式**. 可以证明，上三角行列式也等于主对角线上 n 个元素的乘积，即

$$D=\begin{vmatrix} a_{11} & a_{12} & a_{13} & \cdots & a_{1n} \\ 0 & a_{22} & a_{23} & \cdots & a_{2n} \\ \cdots & \cdots & \cdots & \cdots & \cdots \\ 0 & 0 & 0 & \cdots & a_{nn} \end{vmatrix}=a_{11}a_{22}\cdots a_{nn}. \tag{1.10}$$

特别地，除主对角线以外其它元素都是0的行列式称为**对角行列式**. 显然，对

角行列式等于主对角线上 n 个元素的乘积，即

$$D=\begin{vmatrix} a_{11} & 0 & 0 & \cdots & 0 \\ 0 & a_{22} & 0 & \cdots & 0 \\ 0 & 0 & a_{33} & \cdots & 0 \\ \cdots & \cdots & \cdots & \cdots & \cdots \\ 0 & 0 & 0 & \cdots & a_{nn} \end{vmatrix}=a_{11}a_{22}\cdots a_{nn}. \tag{1.11}$$

注意（1.9）式～（1.11）式是计算 n 阶行列式时常用到的重要结果，要熟练掌握．此外，次对角线以上（下）的元素都为 0 的行列式在形状上也是三角形的，也可以称作下（上）三角行列式，其结果也是次对角线上元素的乘积，但是要考虑符号，如例 1.6 中的（2）．对于此类下（上）三角行列式的类似于（1.9）式～（1.11）式的结果读者可以自己推导．

【例 1.7】 设 $D=\begin{vmatrix} 2x & -1 & -3x & 5 \\ x & 7x & 3 & 1 \\ -2 & 5x & 1 & 2x \\ 3 & 2 & 4x & x \end{vmatrix}$，问 D 是 x 的几次多项式？并求最高次幂项的系数．

解 4 阶行列式共有 $4!=24$ 项，每一项除符号外都是位于不同行不同列的 4 个元素的乘积．而行列式 D 中的 16 个元素中 x 的次幂最高是 1 次幂，故 D 最高是 x 的 4 次多项式．只有当位于不同行不同列的 4 个元素都含有 x 时，才能得到 x 的 4 次幂．这样的项在 D 中有两项：

$$a_{11}a_{22}a_{34}a_{43}=2x\cdot 7x\cdot 2x\cdot 4x=112x^4,$$
$$a_{13}a_{21}a_{32}a_{44}=(-3x)\cdot x\cdot 5x\cdot x=-15x^4,$$

由于 $t(1243)=1$，$t(3124)=2$，所以它们的符号分别为－，＋．

所以，D 是 x 的 4 次多项式，最高次幂项的系数为 $-112-15=-127$．

根据 n 阶行列式的定义 1.6 及对换的性质定理 1.1 可以得到行列式的两个等价定义，有时采用这些等价定义的形式更方便．

在 n 阶行列式的定义 1.6 中，每一项的 n 个元素按行标成标准排列，用列标所构成的 n 阶排列的逆序数的奇偶性来确定这一项的符号．如果交换某项中两个元素的位置，例如，交换第 i 个元素与第 k 个元素的位置（设 $k<i$），而其它元素位置不变，即将

$$a_{1j_1}\cdots a_{kj_k}\cdots a_{ij_i}\cdots a_{nj_n},$$

写成

$$a_{1j_1}\cdots a_{ij_i}\cdots a_{kj_k}\cdots a_{nj_n},$$

显然，这 n 个元素的乘积不变．在定义式(1.8) 中，我们可以将这一项的符号写为

$$(-1)^{t(j_1\cdots j_k\cdots j_i\cdots j_n)}=(-1)^{t(12\cdots n)+t(j_1\cdots j_k\cdots j_i\cdots j_n)}.$$

注意到，将这一项写成 $a_{1j_1}\cdots a_{ij_i}\cdots a_{kj_k}\cdots a_{nj_n}$ 后，其行标所构成的 n 阶排列

与列标所构成的 n 阶排列分别是由 n 阶排列 $1\cdots k\cdots i\cdots n$ 与 $j_1\cdots j_k\cdots j_i\cdots j_n$ 经过一次对换得到，根据定理 1.1 它们的奇偶性同时改变，因而 $t(1\cdots k\cdots i\cdots n)+t(j_1\cdots j_k\cdots j_i\cdots j_n)$ 的奇偶性与 $t(1\cdots i\cdots k\cdots n)+t(j_1\cdots j_i\cdots j_k\cdots j_n)$ 的奇偶性相同．所以

$$\begin{aligned}&(-1)^{t(1\cdots k\cdots i\cdots n)+t(j_1\cdots j_k\cdots j_i\cdots j_n)}a_{1j_1}\cdots a_{kj_i}\cdots a_{ij_k}\cdots a_{nj_n}\\=&(-1)^{t(1\cdots i\cdots k\cdots n)+t(j_1\cdots j_i\cdots j_k\cdots j_n)}a_{1j_1}\cdots a_{ij_i}\cdots a_{kj_k}\cdots a_{nj_n}.\end{aligned}$$

由此可见，对换乘积项中两个元素的次序，使行标排列与列标排列同时作了相应的对换，则行标排列与列标排列的逆序数之和并不改变奇偶性．经过一次对换是如此，经过有限次的对换当然还是如此．于是，经过有限次的对换，使得：

列标排列 $j_1j_2\cdots j_n$ 变为标准排列；行标排列则相应的从标准排列变为某个新的排列，设此排列为 $i_1i_2\cdots i_n$，则有

$$\begin{aligned}(-1)^{t(j_1j_2\cdots j_n)}a_{1j_1}a_{2j_2}\cdots a_{nj_n}&=(-1)^{t(12\cdots n)+t(j_1j_2\cdots j_n)}a_{1j_1}a_{2j_2}\cdots a_{nj_n}\\&=(-1)^{t(i_1i_2\cdots i_n)+t(12\cdots n)}a_{i_11}a_{i_22}\cdots a_{i_nn}\\&=(-1)^{t(i_1i_2\cdots i_n)}a_{i_11}a_{i_22}\cdots a_{i_nn}.\end{aligned}$$

由此可以得到下面的等价定义（列标为标准排列，行标为一般的 n 阶排列）．

定义 1.7　n 阶行列式

$$D=\begin{vmatrix}a_{11}&a_{12}&\cdots&a_{1n}\\a_{21}&a_{22}&\cdots&a_{2n}\\\cdots&\cdots&\cdots&\cdots\\a_{n1}&a_{n2}&\cdots&a_{nn}\end{vmatrix}=\sum(-1)^{t(i_1i_2\cdots i_n)}a_{i_11}a_{i_22}\cdots a_{i_nn},\qquad(1.12)$$

其中 $i_1i_2\cdots i_n$ 是 $1,2,\cdots,n$ 的一个排列，$\sum$ 是对 $1,2,\cdots,n$ 的所有排列求和.

更一般地，对定义 1.6 中的任意一项 $a_{1j_1}a_{2j_2}\cdots a_{nj_n}$ 中的元素进行若干次对换后，可以使之变为 $a_{p_1q_1}a_{p_2q_2}\cdots a_{p_nq_n}$，其中行标排列 $p_1p_2\cdots p_n$ 与列标排列 $q_1q_2\cdots q_n$ 都是一般的 n 阶排列，则有

$$\begin{aligned}(-1)^{t(j_1j_2\cdots j_n)}a_{1j_1}a_{2j_2}\cdots a_{nj_n}&=(-1)^{t(12\cdots n)+t(j_1j_2\cdots j_n)}a_{1j_1}a_{2j_2}\cdots a_{nj_n}\\&=(-1)^{t(p_1p_2\cdots p_n)+t(q_1q_2\cdots q_n)}a_{p_1q_1}a_{p_2q_2}\cdots a_{p_nq_n}.\end{aligned}$$

于是有下面的等价定义（行标排列和列标排列都不是标准排列）.

定义 1.8　n 阶行列式

$$D=\begin{vmatrix}a_{11}&a_{12}&\cdots&a_{1n}\\a_{21}&a_{22}&\cdots&a_{2n}\\\cdots&\cdots&\cdots&\cdots\\a_{n1}&a_{n2}&\cdots&a_{nn}\end{vmatrix}=\sum(-1)^{t(p_1p_2\cdots p_n)+t(q_1q_2\cdots q_n)}a_{p_1q_1}a_{p_2q_2}\cdots a_{p_nq_n},\qquad(1.13)$$

其中 $p_1p_2\cdots p_n$ 和 $q_1q_2\cdots q_n$ 都是 $1,2,\cdots,n$ 的一个排列，$\sum$ 是对 $1,2,\cdots,n$ 的所有排列求和．

1.2 行列式的性质

按照行列式的定义可以看出，要计算一个 n 阶行列式需要做 $n!(n-1)$ 次乘法运算．当 n 较大时，$n!$ 是一个很大的数字，这样用行列式的定义计算行列式计算量很大，甚至是不可能的．例如，计算一个 20 阶的行列式，需要作 $19\times 20!$ 次乘法，即使是用每秒运算一万亿次的计算机，也要算一千年才行！于是需要寻求其它的计算方法，其中一种想法就是设法将行列式化为简单的易求值的行列式，比如在上一节中介绍的对角行列式，三角形行列式等，这将给行列式的计算和讨论带来较大的灵活性，达到事半功倍的效果，那么如何简化行列式就需要研究行列式的性质.

设 n 阶行列式

$$D=\begin{vmatrix} a_{11} & a_{12} & \cdots & a_{1n} \\ a_{21} & a_{22} & \cdots & a_{2n} \\ \cdots & \cdots & \cdots & \cdots \\ a_{n1} & a_{n2} & \cdots & a_{nn} \end{vmatrix},$$

将 D 的行与相应的列互换后得到的行列式称为 D 的**转置行列式**，记为 D^{T} 或 D'，即

$$D^{\mathrm{T}}=\begin{vmatrix} a_{11} & a_{21} & \cdots & a_{n1} \\ a_{12} & a_{22} & \cdots & a_{n2} \\ \cdots & \cdots & \cdots & \cdots \\ a_{1n} & a_{2n} & \cdots & a_{nn} \end{vmatrix}.$$

显然，D 与 D^{T} 互为转置行列式.

性质 1.1 行列式与它的转置行列式相等．

证 记 $D=\det(a_{ij})$ 的转置行列式

$$D^{\mathrm{T}}=\begin{vmatrix} b_{11} & b_{12} & \cdots & b_{1n} \\ b_{21} & b_{22} & \cdots & b_{2n} \\ \cdots & \cdots & \cdots & \cdots \\ b_{n1} & b_{n2} & \cdots & b_{nn} \end{vmatrix},$$

即 $b_{ij}=a_{ji}(i,j=1,2,\cdots,n)$，按定义

$$D^{\mathrm{T}}=\sum(-1)^{t(j_1j_2\cdots j_n)}b_{1j_1}b_{2j_2}\cdots b_{nj_n}=\sum(-1)^{t(j_1j_2\cdots j_n)}a_{j_11}a_{j_22}\cdots a_{j_nn}.$$

而由定义 1.7，有 $D=\sum(-1)^{t(j_1j_2\cdots j_n)}a_{j_11}a_{j_22}\cdots a_{j_nn}$，所以 $D^{\mathrm{T}}=D$.

由此性质可知，行列式中的行与列具有同等的地位，行列式的性质凡是对行成立的对列也同样成立，反之亦然.

性质 1.2 互换行列式的两行（列），行列式的值改变符号.

证 设行列式

$$D_1=\begin{vmatrix} b_{11} & b_{12} & \cdots & b_{1n} \\ b_{21} & b_{22} & \cdots & b_{2n} \\ \cdots & \cdots & \cdots & \cdots \\ b_{n1} & b_{n2} & \cdots & b_{nn} \end{vmatrix}$$

是由行列式 $D=\det(a_{ij})$ 交换 i,j 两行得到的，即当 $k\neq i,j$ 时，$b_{kq}=a_{kq}$；当 $k=i,j$ 时，$b_{iq}=a_{jq}$，$b_{jq}=a_{iq}(i,j,q=1,2,\cdots,n)$. 于是

$$\begin{aligned} D_1 &= \sum(-1)^t b_{1q_1}\cdots b_{iq_i}\cdots b_{jq_j}\cdots b_{nq_n} \\ &= \sum(-1)^t a_{1q_1}\cdots a_{jq_i}\cdots a_{iq_j}\cdots a_{nq_n} \\ &= \sum(-1)^t a_{1q_1}\cdots a_{iq_j}\cdots a_{jq_i}\cdots a_{nq_n}, \end{aligned}$$

其中 $1\cdots i\cdots j\cdots n$ 为自然排列，t 为排列 $q_1\cdots q_i\cdots q_j\cdots q_n$ 的逆序数. 设排列 $q_1\cdots q_j\cdots q_i\cdots q_n$ 的逆序数为 t_1，则 $(-1)^t=-(-1)^{t_1}$，故

$$D_1=-\sum(-1)^{t_1}a_{1q_1}\cdots a_{iq_j}\cdots a_{jq_i}\cdots a_{nq_n}=-D.$$

下面举个例子验证一下，

$$D_1=\begin{vmatrix} 1 & 0 & 0 \\ 0 & 2 & 0 \\ 0 & 3 & 4 \end{vmatrix},\quad D_2=\begin{vmatrix} 0 & 2 & 0 \\ 1 & 0 & 0 \\ 0 & 3 & 4 \end{vmatrix},$$

D_2 是 D_1 互换第 1 行与第 2 行而得到的. 由行列式定义可得 $D_1=8$，$D_2=-8$，即 $D_2=-D_1$.

通常以 r_i 表示行列式的第 i 行，以 c_i 表示行列式的第 i 列. 交换 i,j 两行记作 $r_i\leftrightarrow r_j$，交换 i,j 两列记作 $c_i\leftrightarrow c_j$.

推论 1.2　如果行列式有两行（列）完全相同，则此行列式为零.

证　把完全相同的两行（列）互换，有 $D=-D$，故 $D=0$.

性质 1.3　行列式的某一行（列）中所有的元素都乘以同一数 k，等于用数 k 乘此行列式.

$$D_1=\begin{vmatrix} a_{11} & a_{12} & \cdots & a_{1n} \\ \cdots & \cdots & \cdots & \cdots \\ ka_{i1} & ka_{i2} & \cdots & ka_{in} \\ \cdots & \cdots & \cdots & \cdots \\ a_{n1} & a_{n2} & \cdots & a_{nn} \end{vmatrix}=k\begin{vmatrix} a_{11} & a_{12} & \cdots & a_{1n} \\ \cdots & \cdots & \cdots & \cdots \\ a_{i1} & a_{i2} & \cdots & a_{in} \\ \cdots & \cdots & \cdots & \cdots \\ a_{n1} & a_{n2} & \cdots & a_{nn} \end{vmatrix}=kD.$$

证

$$\begin{aligned} D_1 &= \sum_{j_1j_2\cdots j_n}(-1)^{t(j_1j_2\cdots j_n)}a_{1j_1}\cdots ka_{ij_i}\cdots a_{nj_n} \\ &= k\sum_{j_1j_2\cdots j_n}(-1)^{t(j_1j_2\cdots j_n)}a_{1j_1}\cdots a_{ij_i}\cdots a_{nj_n}=kD. \end{aligned}$$

第 i 行（列）乘以 k，记作 $r_i\times k(c_i\times k)$.

例如，设 $D=\begin{vmatrix} 1 & 2 \\ 3 & -1 \end{vmatrix}$，把 D 的第 1 行两个元素都乘以 2，得到 $D_1=\begin{vmatrix} 2 & 4 \\ 3 & -1 \end{vmatrix}=-2-12=-14$；用 2 乘以 D 得到 $D_2=2\times\begin{vmatrix} 1 & 2 \\ 3 & -1 \end{vmatrix}=2(-1-6)=-$

14，即 $D_1=D_2$.

性质 1.3 说明用一个数 k 乘以一个行列式等于行列式的某行（列）乘以数 k.

推论 1.3 行列式的某一行（列）的所有元素的公因子可以提到行列式符号外.

第 i 行（列）提出公因子 k，记作 $r_i \div k$ （$c_i \div k$）.

性质 1.4 行列式中如果有两行（列）对应元素成比例，则此行列式的值等于零.

例如，设 $D=\begin{vmatrix}1 & 2\\2 & 4\end{vmatrix}$，这里 D 的第 1 行与第 2 行对应元素的比为 2，两行成比例，而由定义可得

$$D=1\times4-2\times2=0.$$

性质 1.5 若行列式的某一行（列）的元素都是两个数的和，则此行列式可以写成两个行列式的和，这两个行列式分别以这两个数为所在行（列）对应位置的元素，其它位置的元素与原行列式相同．例如

$$D=\begin{vmatrix}a_{11} & a_{12} & \cdots & a_{1n}\\ \cdots\cdots & \cdots\cdots & \cdots\cdots & \cdots\cdots\\ c_{i1}+d_{i1} & c_{i2}+d_{i2} & \cdots & c_{in}+d_{in}\\ \cdots\cdots & \cdots\cdots & \cdots\cdots & \cdots\cdots\\ a_{n1} & a_{n2} & \cdots & a_{nn}\end{vmatrix},$$

则 D 等于下列两个行列式之和

$$D=\begin{vmatrix}a_{11} & a_{12} & \cdots & a_{1n}\\ \cdots & \cdots & \cdots & \cdots\\ c_{i1} & c_{i2} & \cdots & c_{in}\\ \cdots & \cdots & \cdots & \cdots\\ a_{n1} & a_{n2} & \cdots & a_{nn}\end{vmatrix}+\begin{vmatrix}a_{11} & a_{12} & \cdots & a_{1n}\\ \cdots & \cdots & \cdots & \cdots\\ d_{i1} & d_{i2} & \cdots & d_{in}\\ \cdots & \cdots & \cdots & \cdots\\ a_{n1} & a_{n2} & \cdots & a_{nn}\end{vmatrix}.$$

证 根据定义 1.6，

$$\begin{aligned}D &=\sum(-1)^{t(j_1j_2\cdots j_n)}a_{1j_1}a_{2j_2}\cdots(c_{ij_i}+d_{ij_i})\cdots a_{nj_n}\\ &=\sum(-1)^{t(j_1j_2\cdots j_n)}(a_{1j_1}a_{2j_2}\cdots c_{ij_i}\cdots a_{nj_n}+a_{1j_1}a_{2j_2}\cdots d_{ij_i}\cdots a_{nj_n})\\ &=\sum[(-1)^{t(j_1j_2\cdots j_n)}a_{1j_1}a_{2j_2}\cdots c_{ij_i}\cdots a_{nj_n}+(-1)^{t(j_1j_2\cdots j_n)}a_{1j_1}a_{2j_2}\cdots d_{ij_i}\cdots\\ &\quad a_{nj_n}]\\ &=\sum(-1)^{t(j_1j_2\cdots j_n)}a_{1j_1}a_{2j_2}\cdots c_{ij_i}\cdots a_{nj_n}+\sum(-1)^{t(j_1j_2\cdots j_n)}a_{1j_1}a_{2j_2}\cdots d_{ij_i}\\ &\quad \cdots a_{nj_n}\\ &=\text{右边}.\end{aligned}$$

这个性质可以推广到一个行列式拆成多个行列式的和，条件是这些行列式除一行（列）元素不相同外其余各行（列）元素完全相同．这就是行列式的“加法”运算.

性质 1.6 把行列式的某一列（行）的各元素乘以同一数然后加到另一列（行）上去，行列式的值不变.

例如，以数 k 乘第 j 列后加到第 i 列上去（记作 c_i+kc_j），有

$$\begin{vmatrix} a_{11} & \cdots & a_{1i} & \cdots & a_{1j} & \cdots & a_{1n} \\ a_{21} & \cdots & a_{2i} & \cdots & a_{2j} & \cdots & a_{2n} \\ \cdots & \cdots & \cdots & \cdots & \cdots & \cdots & \cdots \\ a_{n1} & \cdots & a_{ni} & \cdots & a_{nj} & \cdots & a_{nn} \end{vmatrix}$$

$$\xlongequal{c_i+kc_j} \begin{vmatrix} a_{11} & \cdots & (a_{1i}+ka_{1j}) & \cdots & a_{1j} & \cdots & a_{1n} \\ a_{21} & \cdots & (a_{2i}+ka_{2j}) & \cdots & a_{2j} & \cdots & a_{2n} \\ \cdots & \cdots & \cdots & \cdots & \cdots & \cdots & \cdots \\ a_{n1} & \cdots & (a_{ni}+ka_{nj}) & \cdots & a_{nj} & \cdots & a_{nn} \end{vmatrix} \quad (i \neq j).$$

证 设 $D=\det(a_{ij})$. 用数 k 乘以 D 的第 j 列后加到第 i 列上去，有

$$\begin{vmatrix} a_{11} & \cdots & (a_{1i}+ka_{1j}) & \cdots & a_{1j} & \cdots & a_{1n} \\ a_{21} & \cdots & (a_{2i}+ka_{2j}) & \cdots & a_{2j} & \cdots & a_{2n} \\ \cdots & \cdots & \cdots & \cdots & \cdots & \cdots & \cdots \\ a_{n1} & \cdots & (a_{ni}+ka_{nj}) & \cdots & a_{nj} & \cdots & a_{nn} \end{vmatrix}$$

$$= \begin{vmatrix} a_{11} & \cdots & a_{1i} & \cdots & a_{1j} & \cdots & a_{1n} \\ a_{21} & \cdots & a_{2i} & \cdots & a_{2j} & \cdots & a_{2n} \\ \cdots & \cdots & \cdots & \cdots & \cdots & \cdots & \cdots \\ a_{n1} & \cdots & a_{ni} & \cdots & a_{nj} & \cdots & a_{nn} \end{vmatrix} + \begin{vmatrix} a_{11} & \cdots & ka_{1j} & \cdots & a_{1j} & \cdots & a_{1n} \\ a_{21} & \cdots & ka_{2j} & \cdots & a_{2j} & \cdots & a_{2n} \\ \cdots & \cdots & \cdots & \cdots & \cdots & \cdots & \cdots \\ a_{n1} & \cdots & ka_{nj} & \cdots & a_{nj} & \cdots & a_{nn} \end{vmatrix}$$

$=D+0=D$.

以数 k 乘第 j 行加到第 i 行上，记作 r_i+kr_j，这里 r_i 是变化的，而 r_j 没有改变.

一般来说，对于阶数高于三阶的行列式的计算，应该首先利用行列式的性质(特别是性质 1.6)，将其转换为便于计算的行列式(如三角形行列式，或某行（列）元素都为 0 的行列式，或具有性质 1.4 的行列式等等)，从而简化行列式的计算.

【例 1.8】 计算四阶行列式

(1) $D=\begin{vmatrix} 3 & 1 & -1 & 2 \\ 2 & 0 & 1 & -1 \\ 1 & -5 & 3 & -3 \\ 4 & 1 & 3 & -1 \end{vmatrix}$； (2) $D=\begin{vmatrix} 3 & 1 & 1 & 1 \\ 1 & 3 & 1 & 1 \\ 1 & 1 & 3 & 1 \\ 1 & 1 & 1 & 3 \end{vmatrix}$.

解 (1)

$$D \xlongequal{r_1 \leftrightarrow r_3} -\begin{vmatrix} 1 & -5 & 3 & -3 \\ 2 & 0 & 1 & -1 \\ 3 & 1 & -1 & 2 \\ 4 & 1 & 3 & -1 \end{vmatrix} \xlongequal[r_4-4r_1]{r_2-2r_1,r_3-3r_1} -\begin{vmatrix} 1 & -5 & 3 & -3 \\ 0 & 10 & -5 & 5 \\ 0 & 16 & -10 & 11 \\ 0 & 21 & -9 & 11 \end{vmatrix}$$

$$\xlongequal{r_2 \div 5} -5\begin{vmatrix} 1 & -5 & 3 & -3 \\ 0 & 2 & -1 & 1 \\ 0 & 16 & -10 & 11 \\ 0 & 21 & -9 & 11 \end{vmatrix} \xlongequal[r_4-\frac{21}{2}r_2]{r_3-8r_2} -5\begin{vmatrix} 1 & -5 & 3 & -3 \\ 0 & 2 & -1 & 1 \\ 0 & 0 & -2 & 3 \\ 0 & 0 & \frac{3}{2} & \frac{1}{2} \end{vmatrix}$$

$$\xlongequal{r_4\div\frac{1}{2}}-\frac{5}{2}\begin{vmatrix}1&-5&3&-3\\0&2&-1&1\\0&0&-2&3\\0&0&3&1\end{vmatrix}\xlongequal{r_4+\frac{3}{2}r_3}-\frac{5}{2}\begin{vmatrix}1&-5&3&-3\\0&2&-1&1\\0&0&-2&3\\0&0&0&\frac{11}{2}\end{vmatrix}$$

$$=-\frac{5}{2}\times1\times2\times(-2)\times\frac{11}{2}=55.$$

上述解法中，先用了运算 $r_1\leftrightarrow r_3$，其目的是把 a_{11} 换成 1，从而利用运算 $r_i-a_{i1}r_1$，即可把 $a_{i1}(i=2,3,4)$ 变为 0. 如果不先作 $r_1\leftrightarrow r_3$，则由于原式中 $a_{11}=3$，需要运算 $r_i-\frac{a_{i1}}{3}r_1$ 把 $a_{i1}(i=2,3,4)$ 变为 0，这样计算时就比较麻烦．第二步把 r_2-2r_1,r_3-3r_1,和 r_4-4r_1 写在一起，这是三次运算，并把前两次运算结果的书写省略了.

（2）该行列式的特点是每行（列）元素之和都是 6，故将第 2、3、4 列加到第 1 列，这样第 1 列的 4 个元素都变成了 6，再将第 1 列提出 6 后第 1 列的 4 个元素就都化为 1，然后就容易将行列式化为三角形行列式计算了，计算过程如下

$$D=\begin{vmatrix}6&1&1&1\\6&3&1&1\\6&1&3&1\\6&1&1&3\end{vmatrix}\xlongequal[i=2,3,4]{r_i-r_1}\begin{vmatrix}6&1&1&1\\0&2&0&0\\0&0&2&0\\0&0&0&2\end{vmatrix}=6\times2\times2\times2=48.$$

说明：（2）中行列式也可以对行采用同样的方法计算．这种行列式更一般的情况见下面的例子.

【例 1.9】 计算行列式 $D_n=\begin{vmatrix}x&a&\cdots&a\\a&x&\cdots&a\\\cdots&\cdots&\cdots&\cdots\\a&a&\cdots&x\end{vmatrix}$.

解 此题解法与上例中（2）解法相同．这次先把第 2 行到第 n 行所有元素加到第 1 行上，

$$D_n\xlongequal[r_1\div[x+(n-1)a]]{r_1+(r_2+\cdots+r_n)}[x+(n-1)a]\begin{vmatrix}1&1&\cdots&1\\a&x&\cdots&a\\\cdots&\cdots&\cdots&\cdots\\a&a&\cdots&x\end{vmatrix}$$

$$\xlongequal[i=2,\cdots,n]{r_i-ar_1}[x+(n-1)a]\begin{vmatrix}1&1&\cdots&1\\0&x-a&\cdots&0\\\cdots&\cdots&\cdots&\cdots\\0&0&\cdots&x-a\end{vmatrix}$$

$$=[x+(n-1)a](x-a)^{n-1}.$$

例 1.8 中的（1）中行列式的计算方法是常用的利用行列式的性质化行列式为三角形行列式的方法，再利用已有结果求行列式的值，这是计算数字行列式最基本

的方法，许多计算行列式的计算机程序均使用该方法．例1.8中的（2）和例1.9中行列式的计算是根据该行列式的特点，具体问题具体分析，选择恰当的计算方法，可以事半功倍.

【例 1.10】 计算行列式

$$D_n=\begin{vmatrix}1 & 1 & 1 & \cdots & 1\\1 & 2 & 0 & \cdots & 0\\1 & 0 & 3 & \cdots & 0\\ \cdots & \cdots & \cdots & \cdots & \cdots\\1 & 0 & 0 & \cdots & n\end{vmatrix}.$$

解 观察到 D_n 中除第1列外每列都只有两个元素不为0，可以考虑将第1列中除第一个元素外都化为0，其它列不动，从而化成三角形行列式.

$$D_n \xlongequal[j=2,\cdots,n]{c_1-\frac{1}{j}c_j}\begin{vmatrix}1-\sum\limits_{j=2}^{n}\frac{1}{j} & 1 & 1 & \cdots & 1\\0 & 2 & 0 & \cdots & 0\\0 & 0 & 3 & \cdots & 0\\ \cdots & \cdots & \cdots & \cdots & \cdots\\0 & 0 & 0 & \cdots & n\end{vmatrix}=n!\left(1-\sum_{j=2}^{n}\frac{1}{j}\right).$$

本例中的行列式按其形状的特点称为**箭形行列式**，有些参考书也称为**爪形行列式**，可以简单地用符号|↖|表示代替．其它箭形行列式有：|↗|，|↘|，|↙|，它们都可以用类似的方法化为某种三角形行列式．计算行列式时，即使是计算同一个行列式方法也是多种多样的，问题在于如何选择一个简单容易计算的方法．计算行列式的步骤和方法很多，但正确结果是唯一的，引出真理只有一个，培养求真务实的科学精神很重要.

1.3 行列式按行（列）展开

一般来讲，低阶行列式的计算要比高阶行列式的计算简便，为此，我们自然考虑到是否可以用低阶行列式来表示高阶行列式. 本节就介绍将高阶行列式化为低阶行列式的计算方法.

*1.3.1 行列式按一行（列）展开

首先介绍行列式按一行（列）来展开的展开定理，为此引入余子式和代数余子式的概念.

定义 1.9 在 n 阶行列式中，把元素 a_{ij} 所在的第 i 行和第 j 列划去后，余下的 $n-1$ 阶行列式称为元素 a_{ij} 的**余子式**，记作 M_{ij}. 元素 a_{ij} 的余子式 M_{ij} 冠以符号 $(-1)^{i+j}$，称为元素 a_{ij} 的代数余子式，记作 A_{ij}，即

$$A_{ij}=(-1)^{i+j}M_{ij}.$$

例如四阶行列式

$$D=\begin{vmatrix} a_{11} & a_{12} & a_{13} & a_{14} \\ a_{21} & a_{22} & a_{23} & a_{24} \\ a_{31} & a_{32} & a_{33} & a_{34} \\ a_{41} & a_{42} & a_{43} & a_{44} \end{vmatrix}$$

中元素 a_{32} 的余子式和代数余子式分别是

$$M_{32}=\begin{vmatrix} a_{11} & a_{13} & a_{14} \\ a_{21} & a_{23} & a_{24} \\ a_{41} & a_{43} & a_{44} \end{vmatrix},$$

$$A_{32}=(-1)^{3+2}M_{32}=-M_{32}.$$

定理 1.3 n 阶行列式 D 等于它的任一行（列）的各元素与其对应的代数余子式乘积之和，即

$$D=a_{i1}A_{i1}+a_{i2}A_{i2}+\cdots+a_{in}A_{in}=\sum_{k=1}^{n}a_{ik}A_{ik}\quad(i=1,2,\cdots,n),$$

或

$$D=a_{1j}A_{1j}+a_{2j}A_{2j}+\cdots+a_{nj}A_{nj}=\sum_{k=1}^{n}a_{kj}A_{kj}\quad(j=1,2,\cdots,n).$$

证 （1）首先讨论 D 的第 1 行中除元素 $a_{11}\neq 0$ 外，其余元素都是 0 的情况，即

$$D=\begin{vmatrix} a_{11} & 0 & \cdots & 0 \\ a_{21} & a_{22} & \cdots & a_{2n} \\ \cdots & \cdots & \cdots & \cdots \\ a_{n1} & a_{n2} & \cdots & a_{nn} \end{vmatrix}.$$

由行列式的特点可知，D 仅含下面形式的项

$$(-1)^{t(1j_2j_3\cdots j_n)}a_{11}a_{2j_2}\cdots a_{nj_n}=a_{11}[(-1)^{t(j_2j_3\cdots j_n)}a_{2j_2}\cdots a_{nj_n}].$$

等式右端括号里正是行列式 D 的元素 a_{11} 的余子式 M_{11} 的一般项，所以

$$D=a_{11}M_{11}=a_{11}(-1)^{1+1}M_{11}=a_{11}A_{11}.$$

（2）其次讨论 D 的第 i 行中除元素 $a_{ij}\neq 0$ 外，其余元素都是 0 的情况($i,j=1,2,\cdots,n$)，即

$$D=\begin{vmatrix} a_{11} & \cdots & a_{1j} & \cdots & a_{1n} \\ \cdots & \cdots & \cdots & \cdots & \cdots \\ 0 & \cdots & a_{ij} & \cdots & 0 \\ \cdots & \cdots & \cdots & \cdots & \cdots \\ a_{n1} & \cdots & a_{nj} & \cdots & a_{nn} \end{vmatrix}.$$

为了利用前面的结果，把 D 的行列作如下调换：

把 D 的第 i 行依次与第 $i-1$ 行、第 $i-2$ 行、……、第 1 行对调，这样 a_{ij} 就调到原来 a_{1j} 的位置上，调换的次数为 $i-1$.

再把第 j 列依次与第 $j-1$ 列、第 $j-2$ 列……第1列对调，这样 a_{ij} 就调到左上角 a_{11} 的位置上，调换的次数为 $j-1$.

总之，经过 $i+j-2$ 次对调，把 a_{ij} 调到左上角 a_{11} 的位置上，所得的行列式 $D_1=(-1)^{i+j-2}D=(-1)^{i+j}D$，而元素 a_{ij} 在 D_1 中的余子式仍然是 a_{ij} 在 D 中的余子式 M_{ij}.

由于 a_{ij} 位于 D_1 的左上角 a_{11} 的位置上，利用前面的结果，有

$$D_1=a_{ij}M_{ij},$$

于是

$$D=(-1)^{i+j}D_1=(-1)^{i+j}a_{ij}M_{ij}=a_{ij}A_{ij}.$$

(3) 最后讨论一般情况，

$$D=\begin{vmatrix} a_{11} & a_{12} & \cdots & a_{1n} \\ \cdots & \cdots & \cdots & \cdots \\ a_{i1} & a_{i2} & \cdots & a_{in} \\ \cdots & \cdots & \cdots & \cdots \\ a_{n1} & a_{n2} & \cdots & a_{nn} \end{vmatrix}$$

$$=\begin{vmatrix} a_{11} & a_{12} & \cdots & a_{1n} \\ \cdots & \cdots & \cdots & \cdots \\ a_{i1}+0+\cdots+0 & 0+a_{i2}+\cdots+0 & \cdots & 0+0\cdots+a_{in} \\ \cdots & \cdots & \cdots & \cdots \\ a_{n1} & a_{n2} & \cdots & a_{nn} \end{vmatrix}$$

$$=\begin{vmatrix} a_{11} & a_{12} & \cdots & a_{1n} \\ \cdots & \cdots & \cdots & \cdots \\ a_{i1} & 0 & \cdots & 0 \\ \cdots & \cdots & \cdots & \cdots \\ a_{n1} & a_{n2} & \cdots & a_{nn} \end{vmatrix}+\begin{vmatrix} a_{11} & a_{12} & \cdots & a_{1n} \\ \cdots & \cdots & \cdots & \cdots \\ 0 & a_{i2} & \cdots & 0 \\ \cdots & \cdots & \cdots & \cdots \\ a_{n1} & a_{n2} & \cdots & a_{nn} \end{vmatrix}+\cdots+\begin{vmatrix} a_{11} & a_{12} & \cdots & a_{1n} \\ \cdots & \cdots & \cdots & \cdots \\ 0 & 0 & \cdots & a_{in} \\ \cdots & \cdots & \cdots & \cdots \\ a_{n1} & a_{n2} & \cdots & a_{nn} \end{vmatrix},$$

根据（1）和（2）的结果可知

$$D=a_{i1}A_{i1}+a_{i2}A_{i2}+\cdots+a_{in}A_{in}=\sum_{k=1}^{n}a_{ik}A_{ik}\quad(i=1,2,\cdots,n).$$

类似地，若按列证明，可得

$$D=a_{1j}A_{1j}+a_{2j}A_{2j}+\cdots+a_{nj}A_{nj}=\sum_{k=1}^{n}a_{kj}A_{kj}\quad(j=1,2,\cdots,n).$$

此定理给出行列式的按行（列）展开法则，利用此法则可以将高阶行列式降为低阶行列式，称为计算行列式的**降阶法**．利用降阶法再结合行列式的性质，可以简化行列式的计算.

【例 1.11】 计算行列式

$$D=\begin{vmatrix} 3 & 0 & 4 & 0 \\ 2 & 2 & 2 & 2 \\ 0 & -7 & 0 & 0 \\ 5 & 3 & -2 & 2 \end{vmatrix}.$$

解 根据定理1.3，将此行列式先按第3行展开，将四阶行列式降为三阶行列式，然后再按第3行展开，将三阶行列式降为二阶行列式，有

$$D=-7\times(-1)^{3+2}\begin{vmatrix}3&4&0\\2&2&2\\5&-2&2\end{vmatrix}\xlongequal{r_3-r_2-r_1}7\begin{vmatrix}3&4&0\\2&2&2\\0&-8&0\end{vmatrix}$$

$$=7\times(-8)\times(-1)^{3+2}\times\begin{vmatrix}3&0\\2&2\end{vmatrix}=336.$$

说明：将行列式按某行（列）展开时，应选择包含零元素较多的行（列），最好只有一个非零元，这样展开后只需计算一个低阶行列式的值．本例中在第二次展开前就先利用行列式的性质将第3行元素化成只有一个非零元，从而简化计算．

由定理1.3，还可得下述重要推论．

推论1.4 n阶行列式的任一行（列）的元素与其它任一行（列）的对应元素的代数余子式乘积之和等于0，即

$$a_{i1}A_{j1}+a_{i2}A_{j2}+\cdots+a_{in}A_{jn}=0,\ i\neq j,$$

或

$$a_{1i}A_{1j}+a_{2i}A_{2j}+\cdots+a_{ni}A_{nj}=0,\ i\neq j.$$

证 把行列式D按第j行展开，有

$$a_{j1}A_{j1}+a_{j2}A_{j2}+\cdots+a_{jn}A_{jn}=\begin{vmatrix}a_{11}&\cdots&a_{1n}\\ \cdots&\cdots&\cdots\\ a_{i1}&\cdots&a_{in}\\ \cdots&\cdots&\cdots\\ a_{j1}&\cdots&a_{jn}\\ \cdots&\cdots&\cdots\\ a_{n1}&\cdots&a_{nn}\end{vmatrix},$$

在上式中把第j行元素a_{jk}换成第i行元素$a_{ik}(k=1,2,\cdots,n)$，可得

$$a_{i1}A_{j1}+a_{i2}A_{j2}+\cdots+a_{in}A_{jn}=\begin{vmatrix}a_{11}&\cdots&a_{1n}\\ \cdots&\cdots&\cdots\\ a_{j1}&\cdots&a_{jn}\\ \cdots&\cdots&\cdots\\ a_{i1}&\cdots&a_{in}\\ \cdots&\cdots&\cdots\\ a_{n1}&\cdots&a_{nn}\end{vmatrix}\begin{matrix}\\ \\ \leftarrow\text{第}i\text{行}\\ \\ \leftarrow\text{第}j\text{行}\\ \\ \\ \end{matrix},$$

当$i\neq j$时，上式右端行列式中有两行对应元素相同，故行列式为零，即得

$$a_{i1}A_{j1}+a_{i2}A_{j2}+\cdots+a_{in}A_{jn}=0,\quad i\neq j.$$

上述证法如按列进行，可得

$$a_{1i}A_{1j}+a_{2i}A_{2j}+\cdots+a_{ni}A_{nj}=0,\quad i\neq j.$$

【例 1.12】 对上例中的 $D=\begin{vmatrix} 3 & 0 & 4 & 0 \\ 2 & 2 & 2 & 2 \\ 0 & -7 & 0 & 0 \\ 5 & 3 & -2 & 2 \end{vmatrix}$，

(1) 求 D 的第 3 行各元素的代数余子式之和 $A_{31}+A_{32}+A_{33}+A_{34}$；

(2) 求 $M_{11}+2M_{21}+M_{41}$.

解 (1) 将 $A_{31}+A_{32}+A_{33}+A_{34}$ 看作 D 中第 3 行元素改为 1,1,1,1 后得到的行列式，再将此行列式按第 3 行展开后的表达式，故有

$$A_{31}+A_{32}+A_{33}+A_{34}=\begin{vmatrix} 3 & 0 & 4 & 0 \\ 2 & 2 & 2 & 2 \\ 1 & 1 & 1 & 1 \\ 5 & 3 & -2 & 2 \end{vmatrix}=0.$$

(2) 根据余子式和代数余子式的关系

$$M_{11}+2M_{21}+M_{41}=A_{11}-2A_{21}+0\times A_{31}-A_{41}=\begin{vmatrix} 1 & 0 & 4 & 0 \\ -2 & 2 & 2 & 2 \\ 0 & -7 & 0 & 0 \\ -1 & 3 & -2 & 2 \end{vmatrix}$$

$$=-7\times(-1)^{3+2}\begin{vmatrix} 1 & 4 & 0 \\ -2 & 2 & 2 \\ -1 & -2 & 2 \end{vmatrix}=7\times 16=112.$$

【例 1.13】 计算行列式

$$D_{2n}=\begin{vmatrix} a & & & & & & & b \\ & a & & & & & b & \\ & & \ddots & & & \iddots & & \\ & & & a & b & & & \\ & & & c & d & & & \\ & & \iddots & & & \ddots & & \\ & c & & & & & d & \\ c & & & & & & & d \end{vmatrix} \leftarrow$$

(这里没有写出的元素都是 0).

解 按第 1 行展开后，在分别按最后一行，第 1 列展开，找到递推公式.

$$D_{2n}=(-1)^{1+1}a\begin{vmatrix} D_{2(n-1)} & \begin{matrix}0\\ \vdots\\ 0\end{matrix} \\ \begin{matrix}0 & \cdots & 0\end{matrix} & d \end{vmatrix}_{(2n-1)}+(-1)^{1+2n}b\begin{vmatrix} \begin{matrix}0\\ \vdots\\ 0\end{matrix} & D_{2(n-1)} \\ c & \begin{matrix}0 & \cdots & 0\end{matrix} \end{vmatrix}_{(2n-1)}$$

$$=(-1)^{(2n-1)+(2n-1)}ad\cdot D_{2(n-1)}+(-1)(-1)^{(2n-1)+1}bc\cdot D_{2(n-1)}$$

$$=(ad-bc)D_{2(n-1)}=\cdots=(ad-bc)^{n-1}D_2,$$

而 $\quad D_2=\begin{vmatrix} a & b \\ c & d \end{vmatrix}=ad-bc,$

故　$D_{2n}=(ad-bc)^n$.

这种求行列式的方法是通过建立递推公式实现的，称为求行列式的**递推法**.

【例 1.14】 证明范德蒙（Vandermonde）行列式

$$D_n=\begin{vmatrix} 1 & 1 & \cdots & 1 \\ x_1 & x_2 & \cdots & x_n \\ x_1^2 & x_2^2 & \cdots & x_n^2 \\ \cdots & \cdots & \cdots & \cdots \\ x_1^{n-1} & x_2^{n-1} & \cdots & x_n^{n-1} \end{vmatrix}=\prod_{1\leqslant j<i\leqslant n}(x_i-x_j). \qquad (1.14)$$

其中记号"$\prod$"表示全体同类因子的乘积，即

$$\begin{aligned}\prod_{1\leqslant j<i\leqslant n}(x_i-x_j)=&(x_2-x_1)(x_3-x_1)(x_4-x_1)\cdots(x_n-x_1)\\ &(x_3-x_2)(x_4-x_2)\cdots(x_n-x_2)\\ &(x_4-x_3)\cdots(x_n-x_3)\\ &\cdots\\ &(x_n-x_{n-1}).\end{aligned}$$

证　用数学归纳法.

当 $n=2$ 时，

$$D_2=\begin{vmatrix} 1 & 1 \\ x_1 & x_2 \end{vmatrix}=x_2-x_1=\prod_{2\geqslant i>j\geqslant 1}(x_i-x_j),$$

所以当 $n=2$ 时（1.14）式成立.

现在假设（1.14）式对于 $n-1$ 阶范德蒙行列式成立，要证（1.14）式对 n 阶范德蒙行列式也成立.

为此，设法把 D_n 降阶：从第 n 行开始，后行减去前行的 x_1 倍，有

$$D_n=\begin{vmatrix} 1 & 1 & 1 & \cdots & 1 \\ 0 & x_2-x_1 & x_3-x_1 & \cdots & x_n-x_1 \\ 0 & x_2(x_2-x_1) & x_3(x_3-x_1) & \cdots & x_n(x_n-x_1) \\ \cdots & \cdots & \cdots & \cdots & \cdots \\ 0 & x_2^{n-2}(x_2-x_1) & x_3^{n-2}(x_3-x_1) & \cdots & x_n^{n-2}(x_n-x_1) \end{vmatrix},$$

按第 1 列展开，并把每列的公因子 (x_i-x_1) 提出，$i=2,\cdots,n$，就有

$$D_n=(x_2-x_1)(x_3-x_1)\cdots(x_n-x_1)\begin{vmatrix} 1 & 1 & \cdots & 1 \\ x_2 & x_3 & \cdots & x_n \\ \cdots & \cdots & \cdots & \cdots \\ x_2^{n-2} & x_2^{n-2} & \cdots & x_2^{n-2} \end{vmatrix},$$

上式右端的行列式是 $n-1$ 阶范德蒙行列式，由假设，它等于所有 (x_i-x_j) 因子的乘积，其中 $2\leqslant j<i\leqslant n$. 故

$$D_n=(x_2-x_1)(x_3-x_1)\cdots(x_n-x_1)\prod_{2\leqslant j<i\leqslant n}(x_i-x_j)$$

$$=\prod_{1\leqslant j<i\leqslant n}(x_i-x_j).$$

结果（1.14）可以直接使用，如 $n=3$ 时

$$\prod_{1\leqslant j<i\leqslant 3}(x_i-x_j)=(x_2-x_1)(x_3-x_1)(x_3-x_2).$$

例如三阶范德蒙行列式 $\begin{vmatrix}1 & 1 & 1\\ 2 & 3 & 4\\ 2^2 & 3^2 & 4^2\end{vmatrix}=(3-2)\times(4-2)\times(4-3)=2.$

*1.3.2 拉普拉斯定理

行列式除了可以按一行（列）展开，还可以按若干行（列）展开．首先引入如下定义：

定义 1.10　在 n 阶行列式 D 中，任意选定 k 行、k 列（$1\leqslant k\leqslant n$），位于这些行列交叉处的 k^2 个元素按原来顺序构成一个 k 阶行列式 N，称为行列式 D 的一个 **k 阶子式**．在 D 中划去 k 行、k 列后，余下的元素按原来顺序构成一个 $n-k$ 阶行列式 M，称为 k 阶子式 N 的**余子式**；而 $(-1)^{(i_1+i_2+\cdots+i_k)+(j_1+j_2+\cdots+j_k)}M$ 称为 N 的**代数余子式**，其中 $i_1,i_2,\cdots,i_k$ 及 $j_1,j_2,\cdots,j_k$ 分别为 D 的 k 阶子式 N 所在行、列的标号．

例如，行列式 $D=\begin{vmatrix}2 & 0 & 3 & 4\\ 1 & 2 & -1 & 2\\ -2 & 1 & 4 & 0\\ 3 & 1 & 5 & 6\end{vmatrix}$ 中，选定第 1、3 行，第 1、4 列，就确定了 D 的一个 2 阶子式

$N=\begin{vmatrix}2 & 4\\ -2 & 0\end{vmatrix}$，2 阶子式 N 的余子式为 $M=\begin{vmatrix}2 & -1\\ 1 & 5\end{vmatrix}$，代数余子式为

$$(-1)^{(1+3)+(1+4)}M=-M=-\begin{vmatrix}2 & -1\\ 1 & 5\end{vmatrix}.$$

定理 1.4（拉普拉斯（Laplace）定理）　在 n 阶行列式 D 中任取 k 行（$1\leqslant k\leqslant n$），由这 k 行元素组成的所有 k 阶子式与它们的代数余子式的乘积之和等于行列式 D 的值，即

$$D=N_1A_1+N_2A_2+\cdots+N_tA_t\quad\left(t=C_n^k=\frac{n!}{k!\ (n-k)!}\right),$$

其中 A_i 是 k 阶子式 $N_i(i=1,2,\cdots,t)$ 对应的代数余子式．

定理的证明略去．另外定理的结论对行列式的列也成立．

容易看出，定理 1.3 是定理 1.4 中令 $k=1$ 时的情况．

对于一般的行列式来讲，利用定理 1.4 计算行列式比较麻烦，比如一个 5 阶行列式，如果取 $k=3$，则需要计算 $C_5^3=10$ 个三阶子式及其对应代数余子式的值，计算起来并不容易．但是，它在理论上有重要意义，并且针对某些特殊类型的行列式的计算较为有效，比如行列式中某些行列中有很多元素是 0，也就是会有很多

子式为 0.

【例 1.15】 计算行列式

$$D=\begin{vmatrix}1&2&0&0\\3&4&0&0\\0&0&-1&3\\0&0&5&1\end{vmatrix}.$$

解 选定第 1、2 行，得 6 个二阶子式

$$N_1=\begin{vmatrix}1&2\\3&4\end{vmatrix}=-2,\ N_2=N_3=\begin{vmatrix}1&0\\3&0\end{vmatrix}=0,$$

$$N_4=N_5=\begin{vmatrix}2&0\\4&0\end{vmatrix}=0,\ N_6=\begin{vmatrix}0&0\\0&0\end{vmatrix}=0,$$

N_1 的代数余子式 $A_1=(-1)^{(1+2)+(1+2)}M_1=\begin{vmatrix}-1&3\\5&1\end{vmatrix}=-16$,

所以 $D=N_1A_1+N_2A_2+N_3A_3+N_4A_4+N_5A_5+N_6A_6$
$=(-2)\times(-16)+0\times A_2+0\times A_3+0\times A_4+0\times A_5+0\times A_6=32.$

这个结果可以推广到一般情况：

$$D=\begin{vmatrix}a_{11}&\cdots&a_{1k}&0&\cdots&0\\ \cdots&\cdots&\cdots&\cdots&\cdots&\cdots\\ a_{k1}&\cdots&a_{kk}&0&\cdots&0\\ c_{11}&\cdots&c_{1k}&b_{11}&\cdots&b_{1n}\\ \cdots&\cdots&\cdots&\cdots&\cdots&\cdots\\ c_{n1}&\cdots&c_{nk}&b_{n1}&\cdots&b_{nn}\end{vmatrix}=\begin{vmatrix}a_{11}&\cdots&a_{1k}\\ \cdots&\cdots&\cdots\\ a_{k1}&\cdots&a_{kk}\end{vmatrix}\begin{vmatrix}b_{11}&\cdots&b_{1n}\\ \cdots&\cdots&\cdots\\ b_{n1}&\cdots&b_{nn}\end{vmatrix}.$$

例 1.13 中的行列式用拉普拉斯定理计算也很简单.

【例 1.16】 计算行列式

$$D_{2n}=\underbrace{\begin{vmatrix}a&&&&&&b\\&a&&0&&b&\\&&\ddots&&\iddots&&\\&&&a\ \ b&&&\\0&&&&&&0\\&&&c\ \ d&&&\\&&\iddots&&\ddots&&\\&c&&0&&d&\\c&&&&&&d\end{vmatrix}}_{2n}.$$

解 对 D_{2n} 的第 n，$n+1$ 行应用拉普拉斯定理，得

$$D_{2n}=\begin{vmatrix} a & b \\ c & d \end{vmatrix}\underbrace{\begin{vmatrix} a & & & & & & b \\ & a & & 0 & & b & \\ & & \ddots & & \therefore & & \\ & & & a \quad b & & & \\ 0 & & & & & & 0 \\ & & & c \quad d & & & \\ & & \therefore & & \ddots & & \\ & c & & 0 & & d & \\ c & & & & & & d \end{vmatrix}}_{2n-2}=(ad-bc)D_{2n-2},$$

利用这个递推关系可知

$$\begin{aligned} D_{2n} &=(ad-bc)(ad-bc)D_{2(n-2)}=(ad-bc)^{2}D_{2(n-2)}=\cdots \\ &=(ad-bc)^{n-1}D_{2}=(ad-bc)^{n}. \end{aligned}$$

1.4 行列式的应用

在第1.1节中已经介绍了利用二、三阶行列式求解二元和三元线性方程组的方法，下面就介绍利用 n 阶行列式求解 n 元线性方程组的方法.

1.4.1 克莱姆（Cramer）法则

含有 n 个未知数 $x_1,x_2,\cdots,x_n$ 的 n 个线性方程构成的 n 元线性方程组

$$\begin{cases} a_{11}x_1+a_{12}x_2+\cdots+a_{1n}x_n=b_1, \\ a_{21}x_1+a_{22}x_2+\cdots+a_{2n}x_n=b_2, \\ \cdots\cdots\cdots\cdots\cdots\cdots\cdots\cdots\cdots\cdots \\ a_{n1}x_1+a_{n2}x_2+\cdots+a_{nn}x_n=b_n, \end{cases} \tag{1.15}$$

与二、三元线性方程组相类似，它的解可以用 n 阶行列式表示，即有如下定理.

定理 1.5（克莱姆（Cramer）法则） 如果线性方程组（1.15）的系数行列式 D 不等于零，即

$$D=\begin{vmatrix} a_{11} & a_{12} & \cdots & a_{1n} \\ a_{21} & a_{22} & \cdots & a_{2n} \\ \cdots & \cdots & \cdots & \cdots \\ a_{n1} & a_{n2} & \cdots & a_{nn} \end{vmatrix}\neq 0,$$

那么，方程组（1.15）有唯一解

$$x_1=\frac{D_1}{D},\ x_2=\frac{D_2}{D},\ \cdots,\ x_n=\frac{D_n}{D}, \tag{1.16}$$

其中 $D_j(j=1,2,\cdots,n)$ 是把系数行列式 D 中第 j 列的元素用方程组右端的常数项代替后所得到的 n 阶行列式，即

$$D_j=\begin{vmatrix} a_{11} & \cdots & a_{1,j-1} & b_1 & a_{1,j+1} & \cdots & a_{1n} \\ a_{21} & \cdots & a_{2,j-1} & b_2 & a_{2,j+1} & & a_{2n} \\ \cdots & \cdots & \cdots & \cdots & \cdots & \cdots & \cdots \\ a_{n1} & & a_{n,j-1} & b_n & a_{n,j+1} & \cdots & a_{nn} \end{vmatrix}.$$

证 用 D 中第 j 列元素的代数余子式 $A_{1j},A_{2j},\cdots,A_{nj}$ 依次乘方程组（1.15）的第 1、第 2、…… 、第 n 个方程，再把它们相加，得

$$\left(\sum_{k=1}^{n}a_{k1}A_{kj}\right)x_1+\cdots+\left(\sum_{k=1}^{n}a_{kj}A_{kj}\right)x_j+\cdots+\left(\sum_{k=1}^{n}a_{kn}A_{kj}\right)x_n=\sum_{k=1}^{n}b_kA_{kj}\ ,$$

根据代数余子式的重要性质可知，上式中 x_j 的系数等于 D，而其余 $x_i(i\neq j)$ 的系数均为 0；而等式右端是 D_j. 于是

$$Dx_j=D_j\ (j=1,2,\cdots,n), \tag{1.17}$$

当 $D\neq 0$ 时，方程组（1.17）有唯一的一个解（1.16）.

由于方程组（1.17）是由方程组（1.15）经数乘与相加两种运算而得，故（1.15）的解一定是（1.17）的解 . 当 $D\neq 0$ 时，方程组（1.17）有唯一的一个解（1.16），所以（1.15）如果有解，就只能有唯一解（1.16）.

以下证明（1.16）是方程组（1.15）的解.

要证明解（1.16）是方程组（1.15）的解，只需证明

$$a_{i1}\frac{D_1}{D}+a_{i2}\frac{D_2}{D}+\cdots+a_{in}\frac{D_n}{D}=b_i\quad(i=1,2,\cdots,n),$$

为此，考虑有两行相同的 $n+1$ 阶行列式

$$\begin{vmatrix} b_i & a_{i1} & \cdots & a_{in} \\ b_1 & a_{11} & \cdots & a_{1n} \\ \cdots & \cdots & \cdots & \cdots \\ b_n & a_{n1} & \cdots & a_{nn} \end{vmatrix}\quad(i=1,2,\cdots,n),$$

由行列式的性质知它的值为 0. 另一方面，把它按第 1 行展开，由于第 1 行中 a_{ij} 的代数余子式为

$$(-1)^{1+j+1}\begin{vmatrix} b_1 & a_{11} & \cdots & a_{1,j-1} & a_{1,j+1} & \cdots & a_{1n} \\ \cdots & \cdots & \cdots & \cdots & \cdots & \cdots & \cdots \\ b_n & a_{n1} & \cdots & a_{n,j-1} & a_{n,j+1} & \cdots & a_{nn} \end{vmatrix}$$

$$=(-1)^{j+2}(-1)^{j-1}D_j=-D_j\ ,$$

所以有 $$0=b_iD-a_{i1}D_1-\cdots-a_{in}D_n\ ,$$

即 $D\neq 0$ 时 $$a_{i1}\frac{D_1}{D}+a_{i2}\frac{D_2}{D}+\cdots+a_{in}\frac{D_n}{D}=b_i\quad(i=1,2,\cdots,n).$$

【例 1. 17】 解线性方程组

$$\begin{cases} 2x_1+x_2-5x_3+x_4=8, \\ x_1-3x_2-6x_4=9, \\ 2x_2-x_3+2x_4=-5, \\ x_1+4x_2-7x_3+6x_4=0. \end{cases}$$

解　系数行列式

$$D=\begin{vmatrix}2&1&-5&1\\1&-3&0&-6\\0&2&-1&2\\1&4&-7&6\end{vmatrix}=27\neq0,\quad D_1=\begin{vmatrix}8&1&-5&1\\9&-3&0&-6\\-5&2&-1&2\\0&4&-7&6\end{vmatrix}=81,$$

$$D_2=\begin{vmatrix}2&8&-5&1\\1&9&0&-6\\0&-5&-1&2\\1&0&-7&6\end{vmatrix}=-108,\quad D_3=\begin{vmatrix}2&1&8&1\\1&-3&9&-6\\0&2&-5&2\\1&4&0&6\end{vmatrix}=-27,$$

$$D_4=\begin{vmatrix}2&1&-5&8\\1&-3&0&9\\0&2&-1&-5\\1&4&-7&0\end{vmatrix}=27,$$

于是得　$x_1=\frac{D_1}{D}=3,\quad x_2=\frac{D_2}{D}=-4,\quad x_3=\frac{D_3}{D}=-1,\quad x_4=\frac{D_4}{D}=1.$

克莱姆法则有重大的理论价值，撇开求解公式(1.16)，克莱姆法则可叙述为下面的重要定理.

定理 1.6　如果线性方程组（1.15）的系数行列式 $D\neq0$，那么（1.15）一定有解，且解是唯一的.

定理 1.6 的逆否定理如下：

定理 1.6′　如果线性方程组（1.15）无解或有两个不同的解，那么它的系数行列式必为零.

线性方程组（1.15）右端的常数项 $b_1,b_2,\cdots,b_n$ 不全为零时，线性方程组（1.15）叫做**非齐次线性方程组**，当 $b_1,b_2,\cdots,b_n$ 全为零时，线性方程组（1.15）叫做**齐次线性方程组**.

对于齐次线性方程组

$$\begin{cases}a_{11}x_1+a_{12}x_2+\cdots a_{1n}x_n=0,\\a_{21}x_1+a_{22}x_2+\cdots a_{2n}x_n=0,\\\cdots\cdots\cdots\cdots\cdots\cdots\cdots\cdots\\a_{n1}x_1+a_{n2}x_2+\cdots a_{nn}x_n=0,\end{cases}\tag{1.18}$$

$x_1=x_2=\cdots=x_n=0$ 一定是它的解，这个解叫做齐次线性方程组（1.18）的**零解**.如果有一组不全为零的数是（1.18）的解，则它叫做齐次线性方程组（1.18）的**非零解**.齐次线性方程组（1.18）一定有零解，但不一定有非零解.

把定理 1.6 应用于齐次方程组（1.18），可得

定理 1.7　如果齐次方程组（1.18）的系数行列式 $D\neq0$，则齐次方程组（1.18）没有非零解，即只有零解.

定理 1.7′　如果齐次方程组（1.18）有非零解，则它的系数行列式必为零.

定理 1.7（定理 1.7′）说明系数行列式 $D=0$ 是齐次方程组有非零解的必要条件．在第三章中我们还将证明这个条件也是充分的.

【例 1.18】 问 λ 取何值时，齐次方程组

$$\begin{cases}(5-\lambda)x+2y+2z=0,\\ 2x+(6-\lambda)y=0,\\ 2x+(4-\lambda)z=0\end{cases} \tag{1.19}$$

有非零解.

解 由定理 1.7′可知，若齐次方程组（1.19）有非零解，则（1.19）的系数行列式 $D=0$. 而

$$D=\begin{vmatrix}5-\lambda & 2 & 2\\ 2 & 6-\lambda & 0\\ 2 & 0 & 4-\lambda\end{vmatrix}=(5-\lambda)(6-\lambda)(4-\lambda)-4(4-\lambda)-4(6-\lambda)$$

$$=(5-\lambda)(2-\lambda)(8-\lambda),$$

由 $D=0$，得 $\lambda=2, \lambda=5$ 或 $\lambda=8$.

不难验证，当 $\lambda=2, \lambda=5$ 或 $\lambda=8$，齐次方程组（1.19）确有非零解．

下面介绍二、三阶行列式的几何意义，及利用二阶行列式求平面图形的面积以及用三阶行列式求平行六面体的体积.

* 1.4.2 用二阶行列式求平面图形的面积

设二阶行列式 $D=\begin{vmatrix}x_1 & x_2\\ y_1 & y_2\end{vmatrix}$，令向量 $\boldsymbol{\alpha}=\begin{pmatrix}x_1\\ y_1\end{pmatrix}$，$\boldsymbol{\beta}=\begin{pmatrix}x_2\\ y_2\end{pmatrix}$，称向量组 $\boldsymbol{\alpha}, \boldsymbol{\beta}$ 为二阶行列式的**列向量组**．如图 1-2 所示，向量 $\boldsymbol{\alpha}, \boldsymbol{\beta}$ 确定一个平行四边形．关于二阶行列式与其相应的列向量组有下面的结果：

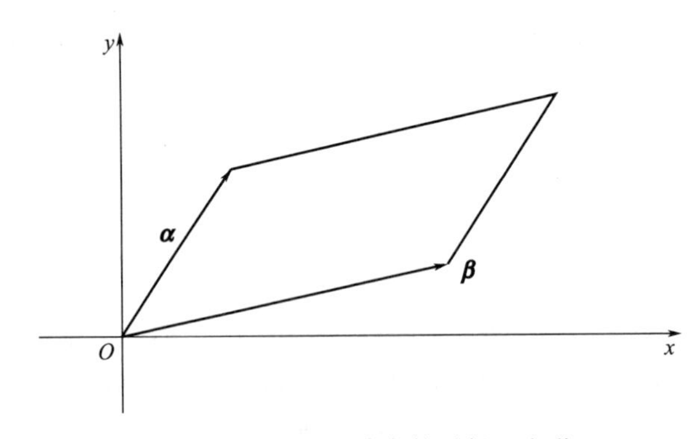

图 1-2 两向量所确定的平行四边形

定理 1.8 二阶行列式 D 的列向量组所确定的平行四边形的面积等于 D 的绝对值，即平行四边形的面积 $S=|D|$.

证 若 D 为对角行列式，即

$$D=\begin{vmatrix} x_1 & 0 \\ 0 & y_2 \end{vmatrix},$$

此时，以 $\boldsymbol{\alpha}=\begin{pmatrix} x_1 \\ 0 \end{pmatrix}$，$\boldsymbol{\beta}=\begin{pmatrix} 0 \\ y_2 \end{pmatrix}$为邻边的平行四边形是矩形，所以显然有面积$|D|=|x_1y_2|=S$，见图 1-3.

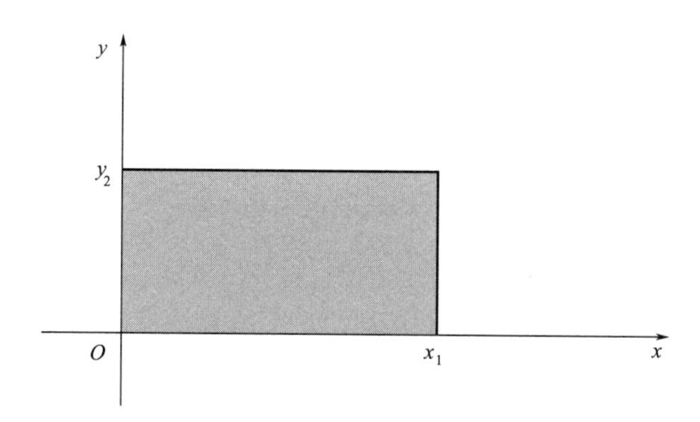

图 1-3　两向量所确定的矩形

下面证 D 不是对角行列式的情况.

因为对于二阶行列式 D 总能通过互换两列和其中一列乘以某个数加到另一列这两个性质将其化为对角行列式，而不改变行列式的绝对值．同时因为交换列不会改变原列向量对应的平行四边形，所以只需证明下面的结论就可以了，即设 $\boldsymbol{\alpha}$，$\boldsymbol{\beta}$ 为非零向量，则对任意的数 k，由 $\boldsymbol{\alpha}$，$\boldsymbol{\beta}$ 确定的平行四边形的面积等于由 $\boldsymbol{\alpha}$，$\boldsymbol{\beta}+k\boldsymbol{\alpha}$ 确定的平行四边形的面积.

为了证明这个结论，不妨假设 $\boldsymbol{\beta}$ 不是 $\boldsymbol{\alpha}$ 的倍数，否则这个平行四边形将退化成面积为 0 的平行四边形（即两向量共线）．$\boldsymbol{\alpha}$，$\boldsymbol{\beta}$ 确定的平行四边形面积与 $\boldsymbol{\alpha}$，$\boldsymbol{\beta}+k\boldsymbol{\alpha}$ 确定的平行四边形如图 1-4 所示，这两个平行四边形同底且等高，所以面积相等．

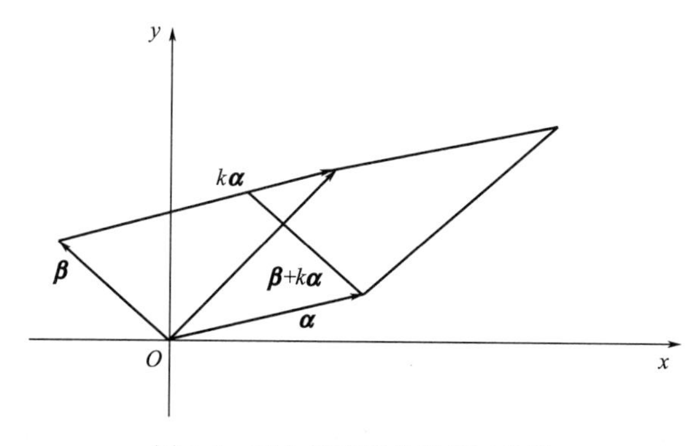

图 1-4　两个等面积的平行四边形

【例 1.19】 计算由点 $A(-1,-1)$，$B(4,1)$，$C(5,5)$和 $D(0,3)$确定的平行四边形的面积，见图 1-5（1）.

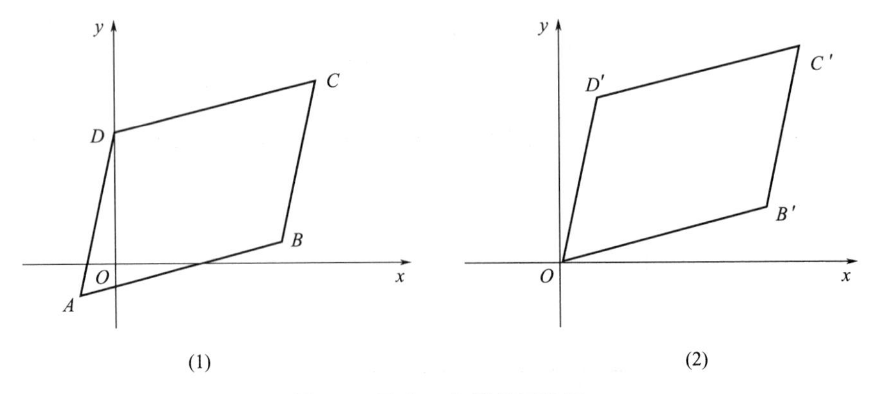

图 1-5　平移一个平行四边形

解　应用定理 1.8 求平行四边形的面积，先将平行四边形的一个顶点平移到原点，这里不妨将顶点 $A(-1,-1)$平移到原点，所有顶点的坐标减去$(-1,-1)$，这样，新的平行四边形的顶点为 $O(0,0)$，$B'(5,2)$，$C'(6,6)$和 $D'(1,4)$，见图 1-5（2）．构造行列式

$$D=\begin{vmatrix}1&5\\4&2\end{vmatrix}=-18,$$

则所求平行四边形的面积为 18.

【例 1.20】　如图 1-6 所示的四边形的四个顶点的坐标分别为$(0,0)$，$(5,1)$，$(5,3)$和$(2,5)$，求其面积.

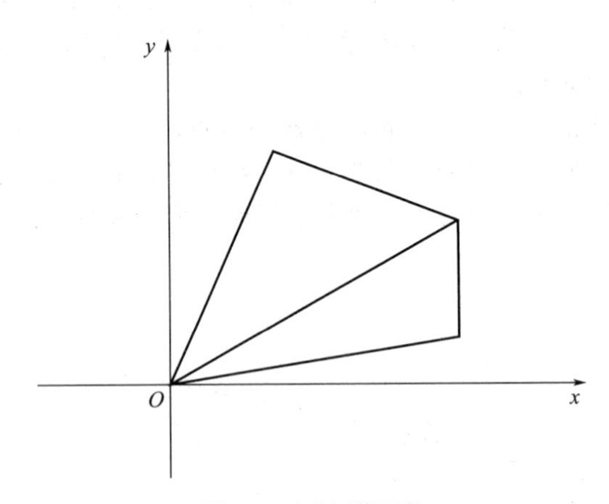

图 1-6　四边形面积

解　以$(0,0)$为起点作三个向量 $\boldsymbol{\alpha}=\begin{pmatrix}5\\1\end{pmatrix}$，$\boldsymbol{\beta}=\begin{pmatrix}5\\3\end{pmatrix}$，$\boldsymbol{\gamma}=\begin{pmatrix}2\\5\end{pmatrix}$，则四边形的面积等于由 $\boldsymbol{\alpha}$，$\boldsymbol{\beta}$ 确定的三角形的面积 S_1 与由 $\boldsymbol{\beta}$，$\boldsymbol{\gamma}$ 确定的三角形的面积 S_2 之和．而

$$S_1=\left|\frac{1}{2}\begin{vmatrix}5&5\\1&3\end{vmatrix}\right|=5,\quad S_2=\left|\frac{1}{2}\begin{vmatrix}5&2\\3&5\end{vmatrix}\right|=9.5,$$

所以所求四边形的面积为 $5+9.5=14.5$.

由例1.20可以看到利用二阶行列式可以求任意多边形的面积.

*1.4.3 用三阶行列式求平行六面体的体积

对于三阶行列式

$$D=\begin{vmatrix} x_1 & x_2 & x_3 \\ y_1 & y_2 & y_3 \\ z_1 & z_2 & z_3 \end{vmatrix},$$

令 $\boldsymbol{\alpha}=\begin{pmatrix} x_1 \\ y_1 \\ z_1 \end{pmatrix}$，$\boldsymbol{\beta}=\begin{pmatrix} x_2 \\ y_2 \\ z_2 \end{pmatrix}$，$\boldsymbol{\gamma}=\begin{pmatrix} x_3 \\ y_3 \\ z_3 \end{pmatrix}$，称向量组 $\boldsymbol{\alpha}$，$\boldsymbol{\beta}$，$\boldsymbol{\gamma}$ 为三阶行列式 D 的**列向量组**. 关于三阶行列式及其列向量组有如下定理.

定理 1.9 三阶行列式 D 的列向量组所确定的平行六面体的体积的等于行列式 D 的绝对值.

证 若 D 为对角行列式，D 的列向量组所确定的平行六面体是长方体，

$$D=\begin{vmatrix} x & 0 & 0 \\ 0 & y & 0 \\ 0 & 0 & z \end{vmatrix}=xyz,$$

$|D|=|xyz|=$长方体的体积，见图1-7.

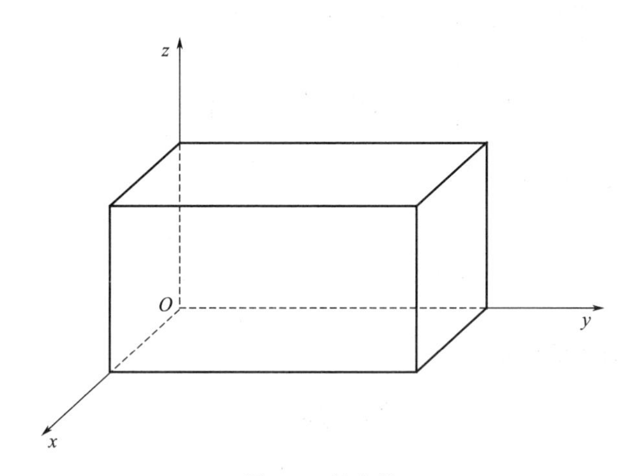

图1-7 长方体

当 D 不是对角行列式时，与定理1.8的证明类似，由于利用行列式的性质将三阶行列式的某两列互换位置和某一列的倍数加到另一列上并不改变行列式的绝对值，所以只需证明将行列式某一列的倍数加到另一列上的运算方式并不改变平行六面体的体积即可. 为叙述方便，把三阶行列式记为

$$D=|\boldsymbol{\alpha},\ \boldsymbol{\beta},\ \boldsymbol{\gamma}|,$$

D 的列向量组所确定的平行六面体如图1-8（1）所示. 对 D 的列作运算 $\boldsymbol{\gamma}+k\boldsymbol{\alpha}$，

得到行列式

$$D_1=|\boldsymbol{\alpha},\boldsymbol{\beta},\boldsymbol{\gamma}+k\boldsymbol{\alpha}|,$$

D_1 的列向量组 $\boldsymbol{\alpha},\boldsymbol{\beta},\boldsymbol{\gamma}+k\boldsymbol{\alpha}$ 所确定的平行六面体如图 1-8（2）所示．这两个平行六面体具有相同的底面，即向量 $\boldsymbol{\alpha},\boldsymbol{\beta}$ 所确定的平行四边形，而由向量加法的三角形法则可知，当向量 $\boldsymbol{\gamma}$ 与 $\boldsymbol{\gamma}+k\boldsymbol{\alpha}$ 的起点相同时，它们的终点在同一平面上，所以这两个平行六面体是同底等高的．所以它们的体积相等.

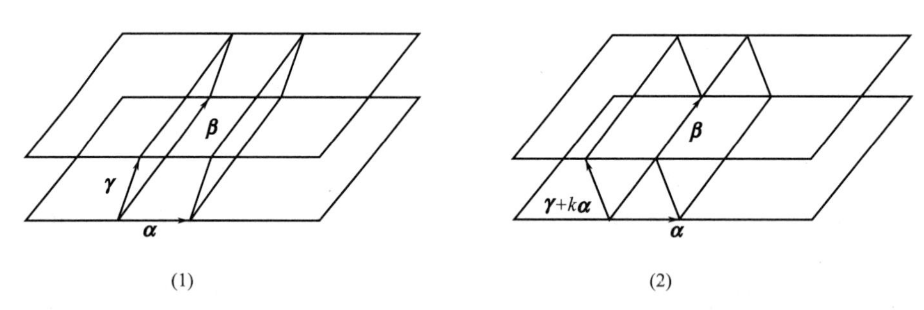

图 1-8　平移一个平行四边形

【例 1.21】 求一个顶点在(1，1，1)，相邻顶点在(1，0，2)，(1，3，2)，(−2，1，1)的平行六面体的体积.

解　将顶点(1，1，1)平移到原点(0，0，0)，相邻顶点坐标的分量同时减 1，得到的平行六面体以原点为顶点的三条邻边对应的向量为

$$\boldsymbol{\alpha}=\begin{pmatrix}0\\-1\\1\end{pmatrix},\ \boldsymbol{\beta}=\begin{pmatrix}0\\2\\1\end{pmatrix},\ \boldsymbol{\gamma}=\begin{pmatrix}-3\\0\\0\end{pmatrix},$$

并以它们为列构造三阶行列式

$$D=\begin{vmatrix}0&0&-3\\-1&2&0\\1&1&0\end{vmatrix}=9,$$

所以所求平行六面体的体积为 9.

习　题　1

A　题

1. 利用对角线法则计算下列三阶行列式：

(1) $\begin{vmatrix}1&2&-1\\3&2&0\\0&-1&1\end{vmatrix}$；　　(2) $\begin{vmatrix}a&0&0\\0&b&c\\0&d&e\end{vmatrix}$；

(3) $\begin{vmatrix}1&1&1\\a&b&c\\a^2&b^2&c^2\end{vmatrix}$；　　(4) $\begin{vmatrix}x&y&x+y\\y&x+y&x\\x+y&x&y\end{vmatrix}$.

2. 求下列排列的逆序数：

(1) 31425；(2) 52413；(3) $135\cdots(2n-1)246\cdots(2n)$；

(4) $135\cdots(2n-1)(2n)(2n-2)\cdots42$.

3. 写出5阶行列式 $\det(a_{ij})$ 中所有包含 a_{13}, a_{25} 并带正号的项.

4. 计算下列行列式：

(1) $\begin{vmatrix} 0 & 1 & 0 & \cdots & 0 \\ 0 & 0 & 2 & \cdots & 0 \\ \cdots & \cdots & \cdots & \cdots & \cdots \\ 0 & 0 & 0 & \cdots & n-1 \\ n & 0 & 0 & \cdots & 0 \end{vmatrix}$；　(2) $\begin{vmatrix} 0 & 0 & \cdots & 0 & 1 & 0 \\ 0 & 0 & \cdots & 2 & 0 & 0 \\ \cdots & \cdots & \cdots & \cdots & \cdots & \cdots \\ 2011 & 0 & \cdots & 0 & 0 & 0 \\ 0 & 0 & \cdots & 0 & 0 & 2012 \end{vmatrix}$.

5. 解下列方程：

(1) $\begin{vmatrix} x+1 & 2 & -1 \\ 2 & x+1 & 1 \\ -1 & 1 & x+1 \end{vmatrix}=0$；　(2) $\begin{vmatrix} 1 & 1 & 1 & 1 \\ x & a & b & c \\ x^2 & a^2 & b^2 & c^2 \\ x^3 & a^3 & b^3 & c^3 \end{vmatrix}=0$.

6. 计算下列行列式：

(1) $\begin{vmatrix} 103 & 100 & 204 \\ 199 & 200 & 395 \\ 301 & 300 & 600 \end{vmatrix}$；　(2) $\begin{vmatrix} -ab & ac & ae \\ bd & -cd & de \\ bf & cf & ef \end{vmatrix}$；

(3) $\begin{vmatrix} 2 & 1 & -5 & 1 \\ 1 & -3 & 0 & -6 \\ 0 & 2 & -1 & 2 \\ 1 & 4 & -7 & 6 \end{vmatrix}$；　(4) $\begin{vmatrix} a & 1 & 0 & 0 \\ -1 & b & 1 & 0 \\ 0 & -1 & c & 1 \\ 0 & 0 & -1 & d \end{vmatrix}$；

(5) $\begin{vmatrix} 1 & -1 & 1 & x-1 \\ 1 & -1 & x+1 & -1 \\ 1 & x-1 & 1 & -1 \\ x+1 & -1 & 1 & -1 \end{vmatrix}$；　(6) $\begin{vmatrix} 1 & 2 & 2 & \cdots & 2 \\ 2 & 2 & 2 & \cdots & 2 \\ 2 & 2 & 3 & \cdots & 2 \\ \cdots & \cdots & \cdots & \cdots & \cdots \\ 2 & 2 & 2 & \cdots & n \end{vmatrix}$；

(7) $D_n=\begin{vmatrix} 1 & 2 & 3 & \cdots & n-1 & n \\ 1 & -1 & 0 & \cdots & 0 & 0 \\ 0 & 2 & -2 & \cdots & 0 & 0 \\ \cdots & \cdots & \cdots & \cdots & \cdots & \cdots \\ 0 & 0 & 0 & \cdots & n-1 & 1-n \end{vmatrix}$；

(8) $D_n=\begin{vmatrix} 1 & 2 & 3 & \cdots & n-2 & n-1 & n \\ 2 & 3 & 4 & \cdots & n-1 & n & n \\ 3 & 4 & 5 & \cdots & n & n & n \\ \cdots & \cdots & \cdots & \cdots & \cdots & \cdots & \cdots \\ n & n & n & \cdots & n & n & n \end{vmatrix}$；

(9) $D_{n+1}=\begin{vmatrix} a^n & (a-1)^n & \cdots & (a-n)^n \\ a^{n-1} & (a-1)^{n-1} & \cdots & (a-n)^{n-1} \\ \cdots & \cdots & \cdots & \cdots \\ a & a-1 & \cdots & a-n \\ 1 & 1 & \cdots & 1 \end{vmatrix}$；

(10) $D_{2n}=\begin{vmatrix} a_n & & & & & b_n \\ & \ddots & & & ⋰ & \\ & & a_1 & b_1 & & \\ & & c_1 & d_1 & & \\ & ⋰ & & & \ddots & \\ c_n & & & & & d_n \end{vmatrix}$.

7. 证明下列等式：

(1) $\begin{vmatrix} a^2 & ab & b^2 \\ 2a & a+b & 2b \\ 1 & 1 & 1 \end{vmatrix}=(a-b)^3$；

(2) $\begin{vmatrix} ax+by & ay+bz & az+bx \\ ay+bz & az+bx & ax+by \\ az+bx & ax+by & ay+bz \end{vmatrix}=(a^3+b^3)\begin{vmatrix} x & y & z \\ y & z & x \\ z & x & y \end{vmatrix}$；

(3) $D_n=\begin{vmatrix} 2 & 1 & 0 & \cdots & 0 & 0 \\ 1 & 2 & 1 & \cdots & 0 & 0 \\ 0 & 1 & 2 & \cdots & 0 & 0 \\ \cdots & \cdots & \cdots & \cdots & \cdots & \cdots \\ 0 & 0 & 0 & \cdots & 1 & 2 \end{vmatrix}=n+1$；

(4) $D_n=\begin{vmatrix} \cos\theta & 1 & 0 & \cdots & 0 & 0 \\ 1 & 2\cos\theta & 1 & \cdots & 0 & 0 \\ 0 & 1 & 2\cos\theta & \cdots & 0 & 0 \\ \cdots & \cdots & \cdots & \cdots & \cdots & \cdots \\ 0 & 0 & 0 & \cdots & 1 & 2\cos\theta \end{vmatrix}=\cos n\theta$.

8. 设 $f(x)=\begin{vmatrix} 1 & 1 & \cdots & 1 \\ x & a_1 & \cdots & a_{n-1} \\ x^2 & a_1^2 & \cdots & a_{n-1}^2 \\ \cdots & \cdots & \cdots & \cdots \\ x^{n-1} & a_1^{n-1} & \cdots & a_{n-1}^{n-1} \end{vmatrix}$，

其中 $a_1,a_2,\cdots,a_{n-1}$ 是互不相同的数，说明 $f(x)$ 是 $n-1$ 次多项式，并求出 $f(x)=0$ 的全部根.

9. 设行列式 $D=\begin{vmatrix} 3 & 0 & 4 & 0 \\ 2 & 2 & 2 & 2 \\ 0 & -7 & 0 & 0 \\ 5 & 3 & 2 & 2 \end{vmatrix}$，求第4行各元素的余子式的和.

10. 用克莱姆法则解下列方程组：

(1) $\begin{cases} x_1+x_2+x_3=1, \\ x_1+2x_2+x_3-x_4=8, \\ 2x_1-x_2-3x_4=3, \\ 3x_1+3x_2+5x_3-6x_4=5; \end{cases}$

(2) $\begin{cases} 5x_1+6x_2=1, \\ x_1+5x_2+6x_3=0, \\ x_2+5x_3+6x_4=0, \\ x_3+5x_4+6x_5=0, \\ x_4+5x_5=1. \end{cases}$

11. 问 k 取何值时，下列齐次线性方程组有非零解.

$$\begin{cases} kx_1+x_2+x_3=0, \\ x_1+kx_2-x_3=0, \\ 2x_1-x_2+x_3=0. \end{cases}$$

B　题

1. 在1,2,3,4,5,6,7,8,9组成的下述排列中，选择 i 与 j 使得

(1) $2147i95j8$ 为偶排列；　　(2) $1i25j4896$ 为奇排列；

(3) $412i5769j$ 为偶排列；　　(4) $i3142j786$ 为奇排列.

2. 证明 $n!$ 个不同的 n 阶排列中奇偶排列各占一半.

3. 问

$$\begin{vmatrix} a_{11} & 0 & 0 & a_{14} \\ 0 & a_{22} & a_{23} & 0 \\ 0 & a_{32} & a_{33} & 0 \\ a_{41} & 0 & 0 & a_{44} \end{vmatrix}=a_{11}a_{22}a_{33}a_{44}-a_{14}a_{23}a_{32}a_{41}$$

对不对？正确答案是什么？

4. 记行列式 $\begin{vmatrix} x-2 & x-1 & x-2 & x-3 \\ 2x-2 & 2x-1 & 2x-2 & 2x-3 \\ 3x-3 & 3x-2 & 4x-5 & 3x-5 \\ 4x & 4x-3 & 5x-7 & 4x-3 \end{vmatrix}$ 为 $f(x)$，问方程 $f(x)=0$ 有几个根？

5．计算下列行列式：

(1) $\begin{vmatrix} 0 & 1 & 1 & \cdots & 1 & 1 \\ 1 & 0 & 1 & \cdots & 1 & 1 \\ 1 & 1 & 0 & \cdots & 1 & 1 \\ \cdots & \cdots & \cdots & \cdots & \cdots & \cdots \\ 1 & 1 & 1 & \cdots & 1 & 0 \end{vmatrix}$；　　(2) $\begin{vmatrix} x_1y_1 & x_1y_2 & \cdots & x_1y_n \\ x_2y_1 & x_2y_2 & \cdots & x_2y_n \\ \cdots & \cdots & \cdots & \cdots \\ x_ny_1 & x_ny_2 & \cdots & x_ny_n \end{vmatrix}$；

(3) $\begin{vmatrix} a^2 & (a+1)^2 & (a+2)^2 & (a+3)^2 \\ b^2 & (b+1)^2 & (b+2)^2 & (b+3)^2 \\ c^2 & (c+1)^2 & (c+2)^2 & (c+3)^2 \\ d^2 & (d+1)^2 & (d+2)^2 & (d+3)^2 \end{vmatrix}$；　　(4) $\begin{vmatrix} 1 & a_1 & a_2 & \cdots & a_n \\ 1 & a_1+b_1 & a_2 & \cdots & a_n \\ 1 & a_1 & a_2+b_2 & \cdots & a_n \\ \cdots & \cdots & \cdots & \cdots & \cdots \\ 1 & a_1 & a_2 & \cdots & a_n+b_n \end{vmatrix}$.

6．已知五阶行列式 $D_5=\begin{vmatrix} 1 & 2 & 3 & 4 & 5 \\ 2 & 2 & 2 & 1 & 1 \\ 3 & 1 & 2 & 4 & 5 \\ 1 & 1 & 1 & 2 & 2 \\ 4 & 3 & 1 & 5 & 0 \end{vmatrix}=27$，求 $A_{41}+A_{42}+A_{43}$ 和 $A_{44}+A_{45}$，其中 $A_{4j}(j=1,2,3,4,5)$ 为 D_5 中第 4 行、第 j 列元素的代数余子式.

7．计算下列行列式：

(1) $D_n=\begin{vmatrix} \alpha+\beta & \alpha\beta & & & \\ 1 & \alpha+\beta & \alpha\beta & & \\ & \ddots & \ddots & & \\ & & & \alpha+\beta & \alpha\beta \\ & & & 1 & 1 \end{vmatrix}$；

(2) $D_5=\begin{vmatrix} 1-a & a & 0 & 0 & 0 \\ -1 & 1-a & a & 0 & 0 \\ 0 & -1 & 1-a & a & 0 \\ 0 & 0 & -1 & 1-a & a \\ 0 & 0 & 0 & -1 & 1-a \end{vmatrix}$.

8．设

$$D_n=\begin{vmatrix} x & y & y & \cdots & y & y \\ z & x & 0 & \cdots & 0 & 0 \\ 0 & z & x & \cdots & 0 & 0 \\ \cdots & \cdots & \cdots & \cdots & \cdots & \cdots \\ 0 & 0 & 0 & \cdots & x & 0 \\ 0 & 0 & 0 & \cdots & z & x \end{vmatrix}\quad(n>1).$$

(1) 求出 D_n 的递推公式；　　(2) 利用递推公式求 D_n.

9. 计算

$$D_{n+1}=\begin{vmatrix} a_1^n & a_1^{n-1}b_1 & a_1^{n-2}b_1^2 & \cdots & a_1b_1^{n-1} & b_1^n \\ a_2^n & a_2^{n-1}b_2 & a_2^{n-2}b_2^2 & \cdots & a_2b_2^{n-1} & b_2^n \\ \cdots & \cdots & \cdots & \cdots & \cdots & \cdots \\ a_{n+1}^n & a_{n+1}^{n-1}b_{n+1} & a_{n+1}^{n-2}b_{n+1}^2 & \cdots & a_{n+1}b_{n+1}^{n-1} & b_{n+1}^n \end{vmatrix},$$

其中 $b_i\neq 0, a_i\neq 0(i=1,2,\cdots,n+1)$.

10. 问 λ,μ 取何值时，齐次线性方程组 $\begin{cases}\lambda x_1+x_2+x_3=0\\ x_1+\mu x_2+x_3=0\\ x_1+2\mu x_2+x_3=0\end{cases}$ 有零解？

11. 证明三条不同的直线

$$l_1: ax+by+c=0,$$

$$l_2: bx+cy+a=0,$$

$$l_3: cx+ay+b=0$$

相交于一点的充分必要条件是 $a+b+c=0$.

第 2 章　矩阵及其运算

矩阵是线性代数最重要的概念之一，它是研究线性代数的有力工具，自然科学、工程技术、管理科学以及生产实际的许多问题可以通过用矩阵表达并计算而得到解决，通过运用矩阵使线性方程组问题的解决方式得以规范化和系统化．今后要学习的线性方程组、相似矩阵以及二次型等，都要用到矩阵理论．本章主要介绍矩阵的概念、矩阵的运算、可逆矩阵，以及矩阵的初等变换和矩阵的秩．

2.1　矩阵与向量的概念

2.1.1　矩阵的概念

同许多数学概念一样，矩阵是因研究实际问题的需要而抽象出来的一个概念，先看下面的两个例子.

【例 2.1】 某高校机电学院设有过程装备与控制工程、机械设计制造及自动化、工业设计、工业工程、热能与动力工程等 5 个专业，该学院在校本科生人数如表 2-1 所示．

表 2-1　某高校在校本科生人数

年级 专业	2019	2020	2021	2022
过程装备与控制工程	180	198	208	211
机械设计制造及自动化	105	110	121	133
工业设计	80	86	90	97
工业工程	89	92	95	98
热能与动力工程	90	126	134	153

表 2-1 可用如下简单的矩形数表来代替

$$\begin{pmatrix} 180 & 198 & 208 & 211 \\ 105 & 110 & 121 & 133 \\ 80 & 86 & 90 & 97 \\ 89 & 92 & 95 & 98 \\ 90 & 126 & 134 & 153 \end{pmatrix}.$$

【例 2.2】 对于线性方程组

$$\begin{cases} a_{11}x_1+a_{12}x_2+\cdots+a_{1n}x_n=b_1, \\ a_{21}x_1+a_{22}x_2+\cdots+a_{2n}x_n=b_2, \\ \cdots\cdots\cdots\cdots\cdots\cdots\cdots\cdots \\ a_{m1}x_1+a_{m2}x_2+\cdots+a_{mn}x_n=b_m. \end{cases} \tag{2.1}$$

它的解取决于其系数和常数项，也就是与矩形数表

$$\begin{pmatrix} a_{11} & a_{12} & \cdots & a_{1n} \\ a_{21} & a_{22} & \cdots & a_{2n} \\ \cdots & \cdots & \cdots & \cdots \\ a_{m1} & a_{m2} & \cdots & a_{mn} \end{pmatrix}, \quad \begin{pmatrix} b_1 \\ b_2 \\ \vdots \\ b_m \end{pmatrix},$$

有关，这些“矩形数表”就是我们所要学习的矩阵.

定义 2.1 由 $m\times n$ 个数 $a_{ij}(i=1,2,\cdots,m;j=1,2,\cdots,n)$ 排成的 m 行 n 列的数表

$$\begin{matrix} a_{11} & a_{12} & \cdots & a_{1n} \\ a_{21} & a_{22} & \cdots & a_{2n} \\ \cdots & \cdots & \cdots & \cdots \\ a_{m1} & a_{m2} & \cdots & a_{mn} \end{matrix}$$

称为 m **行** n **列矩阵**，简称 $m\times n$ **矩阵**. 为表示它是一个整体，总是加一个括弧，并用大写英文或希腊字母表示它. 如

$$\boldsymbol{A}=\begin{pmatrix} a_{11} & a_{12} & \cdots & a_{1n} \\ a_{21} & a_{22} & \cdots & a_{2n} \\ \cdots & \cdots & \cdots & \cdots \\ a_{m1} & a_{m2} & \cdots & a_{mn} \end{pmatrix},$$

这 $m\times n$ 个数称为矩阵 $\boldsymbol{A}$ 的**元素**，简称**元**，数 a_{ij} 称为矩阵 $\boldsymbol{A}$ 的第 i 行第 j 列**元素**，简称 $\boldsymbol{A}$ 的 (i,j)**元**，以数 a_{ij} 为 (i,j) 元的矩阵可简记为 (a_{ij}) 或 $(a_{ij})_{m\times n}$，$m\times n$ 矩阵 $\boldsymbol{A}$ 记为 $\boldsymbol{A}_{m\times n}$ 或通常简记为 $\boldsymbol{A}$. 元都是实数的矩阵称为**实矩阵**. 含有复数元的矩阵称为**复矩阵**. 本书中的矩阵除特别说明外，都指实矩阵.

两个矩阵的行数相等、列数也相等时，就称它们是**同型矩阵**. 如果 $\boldsymbol{A}=(a_{ij})$ 与 $\boldsymbol{B}=(b_{ij})$ 是同型矩阵，并且它们的对应元素相等. 即 $a_{ij}=b_{ij}\ (i=1,\cdots,m;\ j=1,\cdots,n)$ 那么就称矩阵 $\boldsymbol{A}$ 与矩阵 $\boldsymbol{B}$ **相等**，记作 $\boldsymbol{A}=\boldsymbol{B}$.

2.1.2 几种特殊的矩阵

有些矩阵的结构（型）比较特殊，即组成它的元有一定的特点，使得这些矩阵

往往具有特殊性，常见的有

零矩阵 元素都是零的矩阵称为**零矩阵**，记作 $\boldsymbol{O}$.

注意：不同型的零矩阵是不同的.

方阵 如果一个矩阵 $\boldsymbol{A}$ 的行数与列数相等都为 n，即

$$\boldsymbol{A}=\begin{pmatrix} a_{11} & a_{12} & \cdots & a_{1n} \\ a_{21} & a_{22} & \cdots & a_{2n} \\ \cdots & \cdots & \cdots & \cdots \\ a_{n1} & a_{n2} & \cdots & a_{nn} \end{pmatrix},$$

则称 $\boldsymbol{A}$ 为 $\boldsymbol{n}$ **阶矩阵**或 $\boldsymbol{n}$ **阶方阵**，简称**方阵**，也可记作 $\boldsymbol{A}_n$.

三角矩阵 主对角线以下（上）的元全为零的方阵称为上（下）**三角矩阵**，上三角矩阵与下三角矩阵统称**三角阵**. 例如

$$\boldsymbol{A}=\begin{pmatrix} a_{11} & a_{12} & \cdots & a_{1n} \\ 0 & a_{22} & \cdots & a_{2n} \\ \cdots & \cdots & \cdots & \cdots \\ 0 & 0 & \cdots & a_{nn} \end{pmatrix}, \quad \boldsymbol{B}=\begin{pmatrix} b_{11} & 0 & \cdots & 0 \\ b_{21} & b_{22} & \cdots & 0 \\ \cdots & \cdots & \cdots & \cdots \\ b_{n1} & b_{n2} & \cdots & b_{nn} \end{pmatrix},$$

$\boldsymbol{A}$ 为上三角矩阵，$\boldsymbol{B}$ 为下三角矩阵.

对角矩阵 如果 n 阶方阵 $\boldsymbol{A}$ 主对角线以外的元都为零，即当 $i \neq j$ 时，$a_{ij}=0$ $(i,j=1,2,\cdots,n)$，则称矩阵 $\boldsymbol{A}$ 为 n 阶**对角矩阵**. 例如

$$\boldsymbol{\Lambda}=\begin{pmatrix} \lambda_1 & 0 & \cdots & 0 \\ 0 & \lambda_2 & \cdots & 0 \\ \cdots & \cdots & \cdots & \cdots \\ 0 & 0 & \cdots & \lambda_n \end{pmatrix},$$

就是一个 n 阶对角矩阵，对角矩阵 $\boldsymbol{\Lambda}$ 也记作 $\boldsymbol{\Lambda}=\mathrm{diag}(\lambda_1,\lambda_2,\cdots,\lambda_n)$.

单位矩阵 在 n 阶对角矩阵 $\boldsymbol{A}$ 中，当 $a_{11}=a_{22}=\cdots=a_{nn}=1$ 时，称矩阵 $\boldsymbol{A}$ 为 $\boldsymbol{n}$ **阶单位矩阵**，记作 $\boldsymbol{E}_n$ 或 $\boldsymbol{I}_n$，简记为 $\boldsymbol{E}$ 或 $\boldsymbol{I}$，即

$$\boldsymbol{E}=\begin{pmatrix} 1 & 0 & \cdots & 0 \\ 0 & 1 & \cdots & 0 \\ \cdots & \cdots & \cdots & \cdots \\ 0 & 0 & \cdots & 1 \end{pmatrix}.$$

可见单位阵 $\boldsymbol{E}$ 的 (i,j) 元为

$$\delta_{ij}=\begin{cases} 1, & i=j, \\ 0, & i \neq j \end{cases} \quad (i,j=1,2,\cdots,n).$$

行矩阵 只有一行元素构成的矩阵，称为**行矩阵**，例如 $\boldsymbol{A}=(a_1 \quad a_2 \quad \cdots \quad a_n)$，为避免元素间的混淆，行矩阵也记作 $\boldsymbol{A}=(a_1,a_2,\cdots,a_n)$.

列矩阵 只有一列元素构成的矩阵，称为**列矩阵**，例如 $\boldsymbol{B}=\begin{pmatrix} b_1 \\ b_2 \\ \vdots \\ b_m \end{pmatrix}$.

n 个变量 $x_1,x_2,\cdots,x_n$ 与 m 个变量 $y_1,y_2,\cdots,y_m$ 之间的关系式

$$\begin{cases} y_1=a_{11}x_1+a_{12}x_2+\cdots+a_{1n}x_n, \\ y_2=a_{21}x_1+a_{22}x_2+\cdots+a_{2n}x_n, \\ \cdots\cdots\cdots\cdots\cdots\cdots\cdots\cdots\cdots\cdots \\ y_m=a_{m1}x_1+a_{m2}x_2+\cdots+a_{mn}x_n \end{cases} \tag{2.2}$$

表示一个从变量 $x_1,x_2,\cdots,x_n$ 到变量 $y_1,y_2,\cdots,y_m$ 的线性变换，其中 a_{ij} 为常数，线性变换（2.2）的系数 a_{ij} 构成矩阵 $\boldsymbol{A}=(a_{ij})_{m\times n}$.

由此表明，给定了一个线性变换，它的系数所构成的矩阵（称为**系数矩阵**）也就确定．反之，如果给出一个矩阵作为线性变换的系数矩阵，则线性变换也就确定. 在这个意义上，线性变换与矩阵之间存在着一一对应的关系.

例如线性变换

$$\begin{cases} y_1=x_1, \\ y_2=x_2, \\ \quad\vdots \\ y_n=x_n \end{cases}$$

叫做**恒等变换**，它对应的系数矩阵是 n 阶单位矩阵 $\boldsymbol{E}$.

又如线性变换

$$\begin{cases} y_1=\lambda_1x_1, \\ y_2=\lambda_2x_2, \\ \quad\vdots \\ y_n=\lambda_nx_n \end{cases}$$

对应的系数矩阵是 n 阶对角矩阵 $\mathrm{diag}(\lambda_1,\lambda_2,\cdots,\lambda_n)$.

由于矩阵和线性变换之间存在一一对应的关系，因此可以利用矩阵来研究线性变换，也可以利用线性变换来解释矩阵的含义.

例如，矩阵 $\begin{pmatrix}1 & 0\\ 0 & 0\end{pmatrix}$ 所对应的线性变换 $\begin{cases}x_1=x, \\ y_1=0\end{cases}$ 可看作把 xOy 平面上点 $P(x,y)$ 投影为点 $P_1(x,0)$ 的变换（如图 2-1），因此这是一个投影变换．

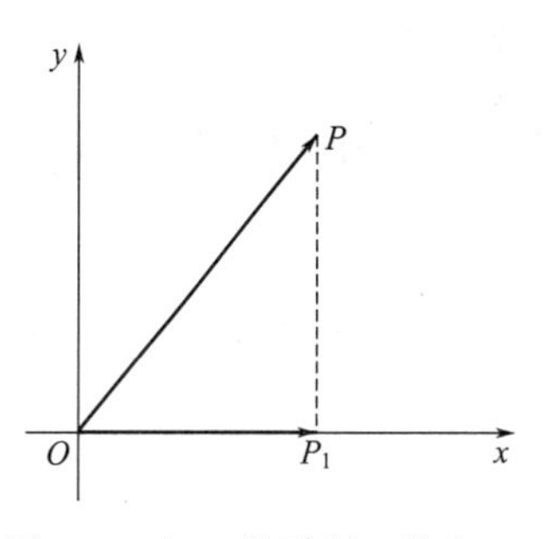

图 2-1　点 P 投影到 x 轴为 P_1

2.1.3　向量的概念

定义 2.2　n 个有次序的数 $a_1,a_2,\cdots,a_n$ 所组成的数组称为 n **维向量**，这 n 个数称为该向量的 n 个**分量**，第 i 个数 a_i 称为第 i 个**分量**.

分量全为实数的向量称为**实向量**，分量含有复数的向量称为**复向量**．本书中除特别指明外，一般只讨论实向量.

n 行一列的矩阵也称为 n **维列向量**，一行 n 列的矩阵也称为 n **维行向量**，统称为 n **维向量**，简称**向量**，按照矩阵的定义 n 维列向量

$$\boldsymbol{b}=\begin{pmatrix}b_1\\b_2\\\vdots\\b_n\end{pmatrix}$$

与 n 维行向量

$$\boldsymbol{b}^{\mathrm{T}}=(b_1,b_2,\cdots,b_n)$$

是不同的（按照定义 2.2，$\boldsymbol{b}$ 与 $\boldsymbol{b}^{\mathrm{T}}$ 应是同一个向量，这里 T 是转置符号将在下节内容里介绍）.

本书中，列向量用 $\boldsymbol{a}$，$\boldsymbol{b}$，$\boldsymbol{\alpha}$，$\boldsymbol{\beta}$ 等表示，行向量用 $\boldsymbol{a}^{\mathrm{T}}$，$\boldsymbol{b}^{\mathrm{T}}$，$\boldsymbol{\alpha}^{\mathrm{T}}$，$\boldsymbol{\beta}^{\mathrm{T}}$ 等表示．所讨论的向量在没有指明是行向量还是列向量时，都当作列向量.

例如矩阵 $\begin{pmatrix}\cos\varphi & -\sin\varphi\\ \sin\varphi & \cos\varphi\end{pmatrix}$ 所对应的线性变换 $\begin{cases}x_1=x\cos\varphi-y\sin\varphi,\\ y_1=x\sin\varphi+y\cos\varphi\end{cases}$ 把 xOy 平面上的向量 $\overrightarrow{OP}=\begin{pmatrix}x\\y\end{pmatrix}$ 变为向量 $\overrightarrow{OP_1}=\begin{pmatrix}x_1\\y_1\end{pmatrix}$. 设 $\overrightarrow{OP}$ 的长度为 ρ，辐角为 θ，即设 $x=\rho\cos\theta$，$y=\rho\sin\theta$，则得 $x_1=\rho\cos(\theta+\varphi)$，$y_1=\rho\sin(\theta+\varphi)$，表明 $\overrightarrow{OP_1}$ 的长度为 ρ，而辐角为 $\theta+\varphi$，因此，这是把点 $P(\rho\cos\theta,\rho\sin\theta)$ 变为点 $P_1(\rho\cos(\theta+\varphi),\sin(\theta+\varphi))$，也就是把极坐标为（$\rho$，$\theta$）的点 P 变成极坐标为（ρ，$\theta+\varphi$）的点 P_1（即把向量 $\overrightarrow{OP}$ 的辐角增加 φ 而长度保持不变），因此它是一个以原点为中心旋转 φ 角的旋转变换（如图 2-2）.

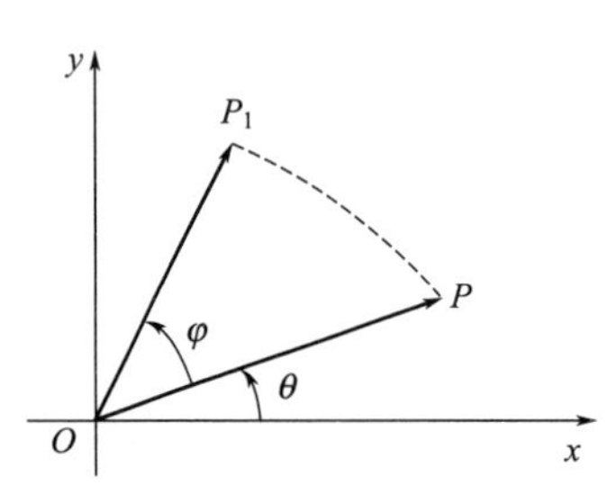

图 2-2 点 P 以原点为中心旋转 φ 角

2.2 矩阵的运算

2.2.1 矩阵的加法

定义 2.3 设有两个 $m\times n$ 矩阵 $\boldsymbol{A}=(a_{ij})$ 和 $\boldsymbol{B}=(b_{ij})$，那么矩阵 $\boldsymbol{A}$ 与 $\boldsymbol{B}$ 的和记作 $\boldsymbol{A}+\boldsymbol{B}$，规定为

$$\boldsymbol{A}+\boldsymbol{B}=\begin{pmatrix}a_{11}+b_{11} & a_{12}+b_{12} & \cdots & a_{1n}+b_{1n}\\ a_{21}+b_{21} & a_{22}+b_{22} & \cdots & a_{2n}+b_{2n}\\ \cdots\cdots & \cdots\cdots & \cdots & \cdots\cdots\\ a_{m1}+b_{m1} & a_{m2}+b_{m2} & \cdots & a_{mn}+b_{mn}\end{pmatrix}.$$

注意：只有当两个矩阵是同型矩阵时，这两个矩阵才能进行加法运算.

矩阵加法满足下列运算规律（设 $\boldsymbol{A}$，$\boldsymbol{B}$，$\boldsymbol{C}$，$\boldsymbol{O}$ 都是 $m\times n$ 矩阵）：

（1）$\boldsymbol{A}+\boldsymbol{B}=\boldsymbol{B}+\boldsymbol{A}$；

（2）$(\boldsymbol{A}+\boldsymbol{B})+\boldsymbol{C}=\boldsymbol{A}+(\boldsymbol{B}+\boldsymbol{C})$.

设矩阵 $\boldsymbol{A}=(a_{ij})$，把矩阵 $\boldsymbol{A}$ 中各元素变号得到的矩阵，称为矩阵 $\boldsymbol{A}$ 的**负矩阵**，记作 $-\boldsymbol{A}=(-a_{ij})$，显然有 $\boldsymbol{A}+(-\boldsymbol{A})=\boldsymbol{O}$，由此规定矩阵的减法为 $\boldsymbol{A}-\boldsymbol{B}=\boldsymbol{A}+(-\boldsymbol{B})$，即有：$\boldsymbol{A}-\boldsymbol{A}=\boldsymbol{O}$；$\boldsymbol{A}+(-\boldsymbol{B})=\boldsymbol{A}-\boldsymbol{B}$.

2.2.2 数与矩阵的乘积

定义 2.4　数 λ 与矩阵 $\boldsymbol{A}=(a_{ij})_{m\times n}$ 的乘积，记作 $\lambda\boldsymbol{A}$ 或 $\boldsymbol{A}\lambda$，规则为

$$\lambda\boldsymbol{A}=\boldsymbol{A}\lambda=(\lambda a_{ij})_{m\times n}=\begin{pmatrix}\lambda a_{11} & \lambda a_{12} & \cdots & \lambda a_{1n}\\ \lambda a_{21} & \lambda a_{22} & \cdots & \lambda a_{2n}\\ \cdots & \cdots & \cdots & \cdots\\ \lambda a_{m1} & \lambda a_{m2} & \cdots & \lambda a_{mn}\end{pmatrix}.$$

必须注意：矩阵的数乘与行列式的数乘是不一样的.

数乘矩阵满足下列运算规律（设 $\boldsymbol{A}$，$\boldsymbol{B}$ 为 $m\times n$ 矩阵，λ,μ 为数）：

（1）$(\lambda\mu)\boldsymbol{A}=\lambda(\mu\boldsymbol{A})$；

（2）$(\lambda+\mu)\boldsymbol{A}=\lambda\boldsymbol{A}+\mu\boldsymbol{A}$；

（3）$\lambda(\boldsymbol{A}+\boldsymbol{B})=\lambda\boldsymbol{A}+\lambda\boldsymbol{B}$.

通常称矩阵的加法和数乘这两种运算为**矩阵的线性运算**.

2.2.3 矩阵的乘法

设有两个线性变换

$$\begin{cases}y_1=a_{11}x_1+a_{12}x_2+a_{13}x_3,\\ y_2=a_{21}x_1+a_{22}x_2+a_{23}x_3,\end{cases}\tag{2.3}$$

$$\begin{cases}x_1=b_{11}t_1+b_{12}t_2,\\ x_2=b_{21}t_1+b_{22}t_2,\\ x_3=b_{31}t_1+b_{32}t_2,\end{cases}\tag{2.4}$$

若想求出从 t_1,t_2 到 y_1,y_2 的线性变换，可将线性变换(2.4)代入线性变换(2.3)，得

$$\begin{cases}y_1=(a_{11}b_{11}+a_{12}b_{21}+a_{13}b_{31})t_1+(a_{11}b_{12}+a_{12}b_{22}+a_{13}b_{32})t_2,\\ y_2=(a_{21}b_{11}+a_{22}b_{21}+a_{23}b_{31})t_1+(a_{21}b_{12}+a_{22}b_{22}+a_{23}b_{32})t_2.\end{cases}\tag{2.5}$$

线性变换（2.5）可看成是先作线性变换（2.4）再作线性变换（2.3）的结果. 我们把线性变换（2.5）叫做线性变换（2.3）和线性变换（2.4）的乘积.

相应地，把线性变换（2.5）所对应的矩阵定义为线性变换（2.3）与线性变换（2.4）所对应的矩阵的乘积. 即

$$\begin{pmatrix}a_{11} & a_{12} & a_{13}\\ a_{21} & a_{22} & a_{23}\end{pmatrix}\begin{pmatrix}b_{11} & b_{12}\\ b_{21} & b_{22}\\ b_{31} & b_{32}\end{pmatrix}=\begin{pmatrix}a_{11}b_{11}+a_{12}b_{21}+a_{13}b_{31} & a_{11}b_{12}+a_{12}b_{22}+a_{13}b_{32}\\ a_{21}b_{11}+a_{22}b_{21}+a_{23}b_{31} & a_{21}b_{12}+a_{22}b_{22}+a_{23}b_{32}\end{pmatrix}.$$

定义 2.5　设矩阵 $\boldsymbol{A}=(a_{ij})$是一个 $m\times s$ 矩阵，$\boldsymbol{B}=(b_{ij})$是一个 $s\times n$ 矩阵，那么规定矩阵 $\boldsymbol{A}$ 与矩阵 $\boldsymbol{B}$ 的乘积是一个 $m\times n$ 矩阵 $\boldsymbol{C}=(c_{ij})$，其中

$$c_{ij}=a_{i1}b_{1j}+a_{i2}b_{2j}+\cdots+a_{is}b_{sj}=\sum_{k=1}^{s}a_{ik}b_{kj}\ (i=1,2,\cdots m;\ j=1,2,\cdots,n),\tag{2.6}$$

并记作

$$\boldsymbol{C}=\boldsymbol{AB}.$$

只有当前一个矩阵的列数等于后一个矩阵的行数时，两个矩阵才能相乘．并且乘积所得矩阵的行数与前一个矩阵的行数相同，列数与后一个矩阵的列数相同.

【例 2.3】 已知矩阵 $\boldsymbol{A}=\begin{pmatrix}4&1\\-1&1\end{pmatrix}$，$\boldsymbol{B}=\begin{pmatrix}1&0&3\\2&1&0\end{pmatrix}$，求 $\boldsymbol{AB}$.

解

$$\begin{aligned}\boldsymbol{AB}&=\begin{pmatrix}4&1\\-1&1\end{pmatrix}\begin{pmatrix}1&0&3\\2&1&0\end{pmatrix}\\&=\begin{pmatrix}4\times1+1\times2&4\times0+1\times1&4\times3+1\times0\\-1\times1+1\times2&-1\times0+1\times1&-1\times3+1\times0\end{pmatrix}\\&=\begin{pmatrix}6&1&12\\1&1&-3\end{pmatrix}.\end{aligned}$$

【例 2.4】 求矩阵 $\boldsymbol{A}=\begin{pmatrix}-2&4\\1&-2\end{pmatrix}$，$\boldsymbol{B}=\begin{pmatrix}2&4\\-3&-6\end{pmatrix}$的乘积 $\boldsymbol{AB}$ 与 $\boldsymbol{BA}$.

解

$$\boldsymbol{AB}=\begin{pmatrix}-2&4\\1&-2\end{pmatrix}\begin{pmatrix}2&4\\-3&-6\end{pmatrix}=\begin{pmatrix}-16&-32\\8&16\end{pmatrix},$$

$$\boldsymbol{BA}=\begin{pmatrix}2&4\\-3&-6\end{pmatrix}\begin{pmatrix}-2&4\\1&-2\end{pmatrix}=\begin{pmatrix}0&0\\0&0\end{pmatrix}.$$

可见，矩阵的乘法不满足交换律，即

$\boldsymbol{AB}$ 有意义，$\boldsymbol{BA}$ 未必有意义，如例 2.3 中 $\boldsymbol{BA}$ 没有意义，即使有意义 $\boldsymbol{BA}$ 和 $\boldsymbol{AB}$ 也未必相等；

另一方面，矩阵 $\boldsymbol{A}$ 和矩阵 $\boldsymbol{B}$ 都不是零矩阵，但它们的乘积可能为零矩阵，因此由 $\boldsymbol{AB}=\boldsymbol{O}$ 不能得出矩阵 $\boldsymbol{A}$ 和矩阵 $\boldsymbol{B}$ 至少有一个是零矩阵的结论.

【例 2.5】 设 $\boldsymbol{A}=\begin{pmatrix}1&1\\2&2\end{pmatrix}$，$\boldsymbol{B}=\begin{pmatrix}-5&3\\2&1\end{pmatrix}$，$\boldsymbol{C}=\begin{pmatrix}7&2\\-10&2\end{pmatrix}$，求 $\boldsymbol{AB}$ 和 $\boldsymbol{AC}$.

解

$$\boldsymbol{AB}=\begin{pmatrix}1&1\\2&2\end{pmatrix}\begin{pmatrix}-5&3\\2&1\end{pmatrix}=\begin{pmatrix}-3&4\\-6&8\end{pmatrix},$$

$$\boldsymbol{AC}=\begin{pmatrix}1&1\\2&2\end{pmatrix}\begin{pmatrix}7&2\\-10&2\end{pmatrix}=\begin{pmatrix}-3&4\\-6&8\end{pmatrix}.$$

在例 2.5 中，矩阵 $\boldsymbol{B}\neq\boldsymbol{C}$，但 $\boldsymbol{AB}=\boldsymbol{AC}$，这表明矩阵的乘法不满足消去律，即由 $\boldsymbol{AB}=\boldsymbol{AC}$ 和 $\boldsymbol{A}\neq\boldsymbol{O}$，不能推出 $\boldsymbol{B}=\boldsymbol{C}$.

矩阵的乘法满足下列运算规律（假设运算都可行）：

（1）$(\boldsymbol{AB})\boldsymbol{C}=\boldsymbol{A}(\boldsymbol{BC})$；

(2) $\boldsymbol{A}(\boldsymbol{B}+\boldsymbol{C})=\boldsymbol{AB}+\boldsymbol{AC}$，$(\boldsymbol{B}+\boldsymbol{C})\boldsymbol{A}=\boldsymbol{BA}+\boldsymbol{CA}$；

(3) $\lambda(\boldsymbol{AB})=(\lambda\boldsymbol{A})\boldsymbol{B}=\boldsymbol{A}(\lambda\boldsymbol{B})$（$\lambda$ 是数）.

对于单位矩阵 $\boldsymbol{E}$，容易验证

$$\boldsymbol{E}_m\boldsymbol{A}_{m\times n}=\boldsymbol{A}_{m\times n}\text{，}\boldsymbol{A}_{m\times n}\boldsymbol{E}_n=\boldsymbol{A}_{m\times n}.$$

或简写成

$$\boldsymbol{EA}=\boldsymbol{AE}=\boldsymbol{A}.$$

有了矩阵的乘法，就可以定义 n 阶方阵的幂.

设 $\boldsymbol{A}$ 是 n 阶方阵，k 是正整数，记

$$\boldsymbol{A}\cdot\boldsymbol{A}\cdot\cdots\cdot\boldsymbol{A}=\boldsymbol{A}^k,$$

称 $\boldsymbol{A}^k$ 为方阵 $\boldsymbol{A}$ 的 k **次幂**，简称**方阵的幂**.

规定 $\boldsymbol{A}^0=\boldsymbol{E}$.

方阵的幂满足以下运算规律：

(1) $\boldsymbol{A}^k\boldsymbol{A}^l=\boldsymbol{A}^{k+l}$（其中 k，l 为正整数）；

(2) $(\boldsymbol{A}^k)^l=\boldsymbol{A}^{kl}$（其中 k，l 为正整数）.

因为矩阵乘法一般不满足交换律，所以对两个 n 阶方阵 $\boldsymbol{A}$ 与 $\boldsymbol{B}$，一般来说 $(\boldsymbol{AB})^k\neq\boldsymbol{A}^k\boldsymbol{B}^k$.

【例 2.6】 证明旋转变换的乘方

$$\begin{pmatrix}\cos\varphi & -\sin\varphi\\ \sin\varphi & \cos\varphi\end{pmatrix}^n=\begin{pmatrix}\cos n\varphi & -\sin n\varphi\\ \sin n\varphi & \cos n\varphi\end{pmatrix}.$$

证　用数学归纳法. 显然当 $n=1$ 时结论成立.

假设当 $n=k$ 时结论成立，往证 $n=k+1$ 时结论也成立：

$$\begin{aligned}\begin{pmatrix}\cos\varphi & -\sin\varphi\\ \sin\varphi & \cos\varphi\end{pmatrix}^{k+1}&=\begin{pmatrix}\cos\varphi & -\sin\varphi\\ \sin\varphi & \cos\varphi\end{pmatrix}^k\begin{pmatrix}\cos\varphi & -\sin\varphi\\ \sin\varphi & \cos\varphi\end{pmatrix}\\&=\begin{pmatrix}\cos k\varphi & -\sin k\varphi\\ \sin k\varphi & \cos k\varphi\end{pmatrix}\begin{pmatrix}\cos\varphi & -\sin\varphi\\ \sin\varphi & \cos\varphi\end{pmatrix}\\&=\begin{pmatrix}\cos(k+1)\varphi & -\sin(k+1)\varphi\\ \sin(k+1)\varphi & \cos(k+1)\varphi\end{pmatrix}.\end{aligned}$$

从几何角度看：$\begin{pmatrix}\cos n\varphi & -\sin n\varphi\\ \sin n\varphi & \cos n\varphi\end{pmatrix}$实际上是将向量 $\overrightarrow{OP}$ 一次旋转角 $n\varphi$，而 $\begin{pmatrix}\cos\varphi & -\sin\varphi\\ \sin\varphi & \cos\varphi\end{pmatrix}^n$ 是将向量 $\overrightarrow{OP}$ 连续旋转 n 次角 φ，显然相等.

2.2.4 矩阵的转置

定义 2.6　设 $\boldsymbol{A}$ 是 $m\times n$ 矩阵，把矩阵 $\boldsymbol{A}$ 的行与列互换，得到 $n\times m$ 矩阵，称为矩阵 $\boldsymbol{A}$ 的**转置矩阵**，记作 $\boldsymbol{A}^{\mathrm{T}}$ 或 $\boldsymbol{A}'$. 例如矩阵

$$\boldsymbol{A}=\begin{pmatrix}1 & 8\\ 0 & 3\\ -5 & 2\end{pmatrix}$$

的转置矩阵为

$$A^{\mathrm{T}}=\begin{pmatrix}1 & 0 & -5\\ 8 & 3 & 2\end{pmatrix}.$$

矩阵的转置也是一种运算，满足下列运算规律（假设运算都可行）：

(1) $(A^{\mathrm{T}})^{\mathrm{T}}=A$；

(2) $(A+B)^{\mathrm{T}}=A^{\mathrm{T}}+B^{\mathrm{T}}$；

(3) $(\lambda A)^{\mathrm{T}}=\lambda A^{\mathrm{T}}$（$\lambda$ 是数）；

(4) $(AB)^{\mathrm{T}}=B^{\mathrm{T}}A^{\mathrm{T}}$.

这里只证 (4)．设 $A=(a_{ij})_{m\times s}$，$B=(b_{ij})_{s\times n}$，记 $AB=C=(c_{ij})_{m\times n}$，$B^{\mathrm{T}}A^{\mathrm{T}}=D=(d_{ij})_{n\times m}$. 于是按照公式(2.6)，有

$$c_{ji}=\sum_{k=1}^{s}a_{jk}b_{ki}\ ,$$

而 B^{T} 的第 i 行为 $(b_{1i},\cdots,b_{si})$，A^{T} 的第 j 列为$(a_{j1},\cdots,a_{js})^{\mathrm{T}}$，因此

$$d_{ij}=\sum_{k=1}^{s}b_{ki}a_{jk}=\sum_{k=1}^{s}a_{jk}b_{ki}\ ,$$

所以

$$d_{ij}=c_{ji}\quad(i=1,2,\cdots,n;\ j=1,2,\cdots,m),$$

即 $D=C^{\mathrm{T}}$，亦即

$$B^{\mathrm{T}}A^{\mathrm{T}}=(AB)^{\mathrm{T}}.$$

【例 2.7】 设 $A=\begin{pmatrix}2 & 0 & -1\\ 1 & 3 & 2\end{pmatrix}$，$B=\begin{pmatrix}1 & 7 & -1\\ 4 & 2 & 3\\ 2 & 0 & 1\end{pmatrix}$，求$(AB)^{\mathrm{T}}$

解 方法一 可先求出 AB 再转置.

$$AB=\begin{pmatrix}2 & 0 & -1\\ 1 & 3 & 2\end{pmatrix}\begin{pmatrix}1 & 7 & -1\\ 4 & 2 & 3\\ 2 & 0 & 1\end{pmatrix}=\begin{pmatrix}0 & 14 & -3\\ 17 & 13 & 10\end{pmatrix},$$

所以

$$(AB)^{\mathrm{T}}=\begin{pmatrix}0 & 17\\ 14 & 13\\ -3 & 10\end{pmatrix}.$$

方法二 可根据公式$(AB)^{\mathrm{T}}=B^{\mathrm{T}}A^{\mathrm{T}}$ 求.

$$(AB)^{\mathrm{T}}=B^{\mathrm{T}}A^{\mathrm{T}}=\begin{pmatrix}1 & 4 & 2\\ 7 & 2 & 0\\ -1 & 3 & 1\end{pmatrix}\begin{pmatrix}2 & 1\\ 0 & 3\\ -1 & 2\end{pmatrix}=\begin{pmatrix}0 & 17\\ 14 & 13\\ -3 & 10\end{pmatrix}.$$

2.2.5 对称矩阵与反对称矩阵

定义 2.7 设 $A=(a_{ij})$是 n 阶方阵，如果 $A^{\mathrm{T}}=A$，即

$$a_{ij}=a_{ji}\quad(i,j=1,2,\cdots,n),$$

则称 A 为**对称矩阵**，简称**对称阵**.

定义 2.8　设 $\boldsymbol{A}=(a_{ij})$是 n 阶方阵，如果 $\boldsymbol{A}^{\mathrm{T}}=-\boldsymbol{A}$，即

$$a_{ij}=-a_{ji}\quad (i,j=1,2,\cdots,n),$$

则称 $\boldsymbol{A}$ 为**反对称矩阵**.（显然 $a_{ii}=0$，$i=1,2,\cdots,n$）.

可以证明：两个同阶的对称（反对称）矩阵的和还是对称（反对称）矩阵，对称（反对称）矩阵的数乘也是对称（反对称）矩阵，但是对称（反对称）矩阵的乘积不一定是对称（反对称）矩阵.

【例 2.8】　设 $\boldsymbol{A}$，$\boldsymbol{B}$ 是 n 阶方阵，且 $\boldsymbol{A}$ 是对称阵，证明 $\boldsymbol{B}^{\mathrm{T}}\boldsymbol{A}\boldsymbol{B}$ 及 $\boldsymbol{B}\boldsymbol{A}\boldsymbol{B}^{\mathrm{T}}$ 也是对称阵.

证　根据对称阵的定义及转置阵的运算规律可知

由于($\boldsymbol{A}^{\mathrm{T}}=\boldsymbol{A}$)，故

$$(\boldsymbol{B}^{\mathrm{T}}\boldsymbol{A}\boldsymbol{B})^{\mathrm{T}}=\boldsymbol{B}^{\mathrm{T}}(\boldsymbol{B}^{\mathrm{T}}\boldsymbol{A})^{\mathrm{T}}=\boldsymbol{B}^{\mathrm{T}}\boldsymbol{A}^{\mathrm{T}}\cdot(\boldsymbol{B}^{\mathrm{T}})^{\mathrm{T}}=\boldsymbol{B}^{\mathrm{T}}\boldsymbol{A}^{\mathrm{T}}\boldsymbol{B}=\boldsymbol{B}^{\mathrm{T}}\boldsymbol{A}\boldsymbol{B},$$

所以 $\boldsymbol{B}^{\mathrm{T}}\boldsymbol{A}\boldsymbol{B}$ 也是对称阵.

同样可证：由于$(\boldsymbol{B}\boldsymbol{A}\boldsymbol{B}^{\mathrm{T}})^{\mathrm{T}}=(\boldsymbol{B}^{\mathrm{T}})^{\mathrm{T}}(\boldsymbol{B}\boldsymbol{A})^{\mathrm{T}}=\boldsymbol{B}\boldsymbol{A}^{\mathrm{T}}\boldsymbol{B}^{\mathrm{T}}=\boldsymbol{B}\boldsymbol{A}\boldsymbol{B}^{\mathrm{T}}$，所以 $\boldsymbol{B}\boldsymbol{A}\boldsymbol{B}^{\mathrm{T}}$ 也是对称阵.

【例 2.9】　设列矩阵 $\boldsymbol{X}=(x_1,x_2,\cdots,x_n)^{\mathrm{T}}$ 满足 $\boldsymbol{X}^{\mathrm{T}}\boldsymbol{X}=1$，$\boldsymbol{E}$ 为 n 阶单位阵，$H=\boldsymbol{E}-2\boldsymbol{X}\boldsymbol{X}^{\mathrm{T}}$，证明 $\boldsymbol{H}$ 是对称阵，且 $\boldsymbol{H}\boldsymbol{H}^{\mathrm{T}}=\boldsymbol{E}$.

证　由于　$\boldsymbol{H}^{\mathrm{T}}=(\boldsymbol{E}-2\boldsymbol{X}\boldsymbol{X}^{\mathrm{T}})^{\mathrm{T}}=\boldsymbol{E}^{\mathrm{T}}-2(\boldsymbol{X}\boldsymbol{X}^{\mathrm{T}})^{\mathrm{T}}=\boldsymbol{E}-2\boldsymbol{X}\boldsymbol{X}^{\mathrm{T}}=\boldsymbol{H}$，

所以 $\boldsymbol{H}$ 是对称阵.

$$\begin{aligned}\boldsymbol{H}\boldsymbol{H}^{\mathrm{T}}&=\boldsymbol{H}^2=(\boldsymbol{E}-2\boldsymbol{X}\boldsymbol{X}^{\mathrm{T}})^2\\&=\boldsymbol{E}-4\boldsymbol{X}\boldsymbol{X}^{\mathrm{T}}+4(\boldsymbol{X}\boldsymbol{X}^{\mathrm{T}})(\boldsymbol{X}\boldsymbol{X}^{\mathrm{T}})\\&=\boldsymbol{E}-4\boldsymbol{X}\boldsymbol{X}^{\mathrm{T}}+4\boldsymbol{X}(\boldsymbol{X}^{\mathrm{T}}\boldsymbol{X})\boldsymbol{X}^{\mathrm{T}}\\&=\boldsymbol{E}-4\boldsymbol{X}\boldsymbol{X}^{\mathrm{T}}+4\boldsymbol{X}\boldsymbol{X}^{\mathrm{T}}=\boldsymbol{E}.\end{aligned}$$

2.2.6　方阵的行列式

定义 2.9　由 n 阶方阵 $\boldsymbol{A}$ 的元素（各元素位置不变）构成的 n 阶行列式，称为**方阵 $\boldsymbol{A}$ 的行列式**，记作 $|\boldsymbol{A}|$ 或 $\det\boldsymbol{A}$.

注意：n 阶方阵 $\boldsymbol{A}$ 与方阵 $\boldsymbol{A}$ 的行列式 $|\boldsymbol{A}|$ 的区别，前者是由 n^2 个数按一定方式排成的一个数表；后者是这 n^2 个数按一定运算法则所确定的一个数.

方阵的行列式也是一种运算，满足如下运算规律：

设 $\boldsymbol{A}$，$\boldsymbol{B}$ 是 n 阶方阵，λ 是数，则

(1)　$|\boldsymbol{A}^{\mathrm{T}}|=|\boldsymbol{A}|$；

(2)　$|\lambda\boldsymbol{A}|=\lambda^n|\boldsymbol{A}|$；

(3)　$|\boldsymbol{A}\boldsymbol{B}|=|\boldsymbol{A}||\boldsymbol{B}|=|\boldsymbol{B}\boldsymbol{A}|$.

这里仅证明（3）. 设 $\boldsymbol{A}=(a_{ij})$，$\boldsymbol{B}=(b_{ij})$. 记 $2n$ 阶行列式

$$D=\begin{vmatrix}a_{11}&\cdots&a_{1n}&&&\\\vdots&&\vdots&&\boldsymbol{O}&\\a_{n1}&\cdots&a_{nn}&&&\\-1&&&b_{11}&\cdots&b_{1n}\\&\ddots&&\vdots&&\vdots\\&&-1&b_{n1}&\cdots&b_{nn}\end{vmatrix}=\begin{vmatrix}\boldsymbol{A}&\boldsymbol{O}\\-\boldsymbol{E}&\boldsymbol{B}\end{vmatrix},$$

由第一章拉普拉斯定理可推知 $D=|\boldsymbol{A}||\boldsymbol{B}|$，而在 D 中以 b_{1j} 乘第 1 列，b_{2j} 乘第 2 列，…，b_{nj} 乘第 n 列，都加到第 $n+j$ 列上($j=1,2,\cdots,n$)，有

$$D=\begin{vmatrix} \boldsymbol{A} & \boldsymbol{C} \\ -\boldsymbol{E} & \boldsymbol{O} \end{vmatrix},$$

其中 $\boldsymbol{C}=(c_{ij})$,$c_{ij}=b_{1j}a_{i1}+b_{2j}a_{i2}+\cdots+b_{nj}a_{in}$，故 $\boldsymbol{C}=\boldsymbol{AB}$.

再对 D 的行作 $r_j \leftrightarrow r_{n+j}(j=1,2,\cdots,n)$，有

$$D=(-1)^n\begin{vmatrix} -\boldsymbol{E} & \boldsymbol{O} \\ \boldsymbol{A} & \boldsymbol{C} \end{vmatrix},$$

从而由拉普拉斯定理有

$$\boldsymbol{D}=(-1)^n|-\boldsymbol{E}||\boldsymbol{C}|=(-1)^n(-1)^n|\boldsymbol{C}|=|\boldsymbol{C}|=|\boldsymbol{AB}|.$$

于是

$$|\boldsymbol{AB}|=|\boldsymbol{A}||\boldsymbol{B}|.$$

注意：对于 n 阶矩阵 $\boldsymbol{A}$、$\boldsymbol{B}$，虽然一般的矩阵乘法 $\boldsymbol{AB}\neq\boldsymbol{BA}$，但却有 $|\boldsymbol{AB}|=|\boldsymbol{BA}|$.

【例 2.10】 设矩阵 $\boldsymbol{A}=\begin{pmatrix} 1 & -1 & 3 \\ 0 & 5 & 2 \\ 0 & 0 & -1 \end{pmatrix}$，$\boldsymbol{B}=\begin{pmatrix} -3 & 0 & 0 \\ -8 & 7 & 0 \\ 5 & 4 & 1 \end{pmatrix}$，试求 $|2\boldsymbol{AB}|$.

解 由方阵行列式的运算规律（2)，（3）可得

$$|2\boldsymbol{AB}|=2^3|\boldsymbol{A}||\boldsymbol{B}|=8\times\begin{vmatrix} 1 & -1 & 3 \\ 0 & 5 & 2 \\ 0 & 0 & -1 \end{vmatrix}\begin{vmatrix} -3 & 0 & 0 \\ -8 & 7 & 0 \\ 5 & 4 & 1 \end{vmatrix}=840.$$

2.2.7 伴随矩阵

定义 2.10 行列式 $|\boldsymbol{A}|$ 的各个元素的代数余子式 $\boldsymbol{A}_{ij}$ 所构成的如下的矩阵

$$\boldsymbol{A}^*=\begin{pmatrix} \boldsymbol{A}_{11} & \boldsymbol{A}_{21} & \cdots & \boldsymbol{A}_{n1} \\ \boldsymbol{A}_{12} & \boldsymbol{A}_{22} & \cdots & \boldsymbol{A}_{n2} \\ \cdots & \cdots & \cdots & \cdots \\ \boldsymbol{A}_{1n} & \boldsymbol{A}_{2n} & \cdots & \boldsymbol{A}_{nn} \end{pmatrix},$$

称为矩阵 $\boldsymbol{A}$ 的**伴随矩阵**，简称**伴随阵**.

对于矩阵 $\boldsymbol{A}$，$\boldsymbol{B}$（假定运算可行），下列运算是成立的.

(1) $(\boldsymbol{A}^*)^{\mathrm{T}}=(\boldsymbol{A}^{\mathrm{T}})^*$；

(2) $(\boldsymbol{AB})^*=\boldsymbol{B}^*\boldsymbol{A}^*$；

(3) $\boldsymbol{AA}^*=\boldsymbol{A}^*\boldsymbol{A}=|\boldsymbol{A}|\boldsymbol{E}$.

这里仅证明（3).

证 设 $\boldsymbol{A}=(a_{ij})$,则

$$\boldsymbol{AA}^*=\begin{pmatrix} a_{11} & a_{12} & \cdots & a_{1n} \\ a_{21} & a_{22} & \cdots & a_{2n} \\ \cdots & \cdots & \cdots & \cdots \\ a_{n1} & a_{n2} & \cdots & a_{nn} \end{pmatrix}\begin{pmatrix} \boldsymbol{A}_{11} & \boldsymbol{A}_{21} & \cdots & \boldsymbol{A}_{n1} \\ \boldsymbol{A}_{12} & \boldsymbol{A}_{22} & \cdots & \boldsymbol{A}_{n2} \\ \cdots & \cdots & \cdots & \cdots \\ \boldsymbol{A}_{1n} & \boldsymbol{A}_{2n} & \cdots & \boldsymbol{A}_{nn} \end{pmatrix}$$

根据行列式按行按列展开及其推论可得

$$a_{i1}\boldsymbol{A}_{j1}+a_{i2}\boldsymbol{A}_{j2}+\cdots+a_{in}\boldsymbol{A}_{jn}=|\boldsymbol{A}|\delta_{ij}=\begin{cases}|\boldsymbol{A}|, & i=j,\\ 0, & i\neq j.\end{cases}$$

故 $\boldsymbol{A}\boldsymbol{A}^{*}=(|\boldsymbol{A}|\delta_{ij})=|\boldsymbol{A}|(\delta_{ij})=|\boldsymbol{A}|\boldsymbol{E}$.

同理可得 $\boldsymbol{A}^{*}\boldsymbol{A}=|\boldsymbol{A}|\boldsymbol{E}$.

2.2.8 共轭矩阵

当 $\boldsymbol{A}=(a_{ij})$为复矩阵时，用 $\overline{a}_{ij}$ 表示 a_{ij} 的共轭复数，记

$$\overline{\boldsymbol{A}}=(\overline{a}_{ij}),$$

$\overline{\boldsymbol{A}}$ 称为 $\boldsymbol{A}$ 的**共轭矩阵**.

共轭矩阵满足下列运算规律（设 $\boldsymbol{A}$，$\boldsymbol{B}$ 为复矩阵，λ 为复数，且运算都是可行的）：

（1）$\overline{\boldsymbol{A}+\boldsymbol{B}}=\overline{\boldsymbol{A}}+\overline{\boldsymbol{B}}$；

（2）$\overline{\lambda\boldsymbol{A}}=\overline{\lambda}\ \overline{\boldsymbol{A}}$；

（3）$\overline{\boldsymbol{A}\boldsymbol{B}}=\overline{\boldsymbol{A}}\ \overline{\boldsymbol{B}}$.

2.3 逆矩阵

前面介绍了矩阵的加法、减法和乘法，然而矩阵的运算没有除法，那么能否用其它方式实现这一过程？在数的运算中，乘法与除法之间的关系是除以一个不等于零的数等于乘以这个数的倒数，另一方面一个数与其倒数的乘积等于 1，数 1 乘以任何数还得任何数，那么在矩阵中是否存在一种矩阵，当它与一个矩阵 $\boldsymbol{A}$ 能够做乘法的时候，仍然得这个矩阵 $\boldsymbol{A}$，那就是单位矩阵 $\boldsymbol{E}$，因此我们将通过探讨对于一个矩阵 $\boldsymbol{A}$，是否存在矩阵 $\boldsymbol{B}$，使得 $\boldsymbol{AB}=\boldsymbol{BA}=\boldsymbol{E}$ 来进一步探讨矩阵的运算.

2.3.1 逆矩阵的概念与性质

定义 2.11 对于 n 阶矩阵 $\boldsymbol{A}$，如果存在一个 n 阶矩阵 $\boldsymbol{B}$，使得

$$\boldsymbol{AB}=\boldsymbol{BA}=\boldsymbol{E},$$

则称矩阵 $\boldsymbol{A}$ 是**可逆的**，并把矩阵 $\boldsymbol{B}$ 称为 $\boldsymbol{A}$ 的**逆矩阵**，简称 $\boldsymbol{A}$ 的**逆**，记作 $\boldsymbol{A}^{-1}$.

若 $\boldsymbol{AB}=\boldsymbol{BA}=\boldsymbol{E}$，则 $\boldsymbol{B}=\boldsymbol{A}^{-1}$，$\boldsymbol{A}=\boldsymbol{B}^{-1}$，即 $\boldsymbol{A}$ 与 $\boldsymbol{B}$ 互为逆矩阵.

可逆矩阵也叫**满秩矩阵**或**非退化矩阵**.

由于单位矩阵 $\boldsymbol{E}$ 满足 $\boldsymbol{EE}=\boldsymbol{E}$，所以单位矩阵 $\boldsymbol{E}$ 是可逆的，且 $\boldsymbol{E}^{-1}=\boldsymbol{E}$.

如果一个矩阵是可逆的，那么它的逆阵是唯一的.

因为如果 $\boldsymbol{B}$，$\boldsymbol{C}$ 都是 $\boldsymbol{A}$ 的逆矩阵，则 $\boldsymbol{AB}=\boldsymbol{BA}=\boldsymbol{E}$，$\boldsymbol{AC}=\boldsymbol{CA}=\boldsymbol{E}$，则必有

$$\boldsymbol{B}=\boldsymbol{BE}=\boldsymbol{B}(\boldsymbol{AC})=(\boldsymbol{BA})\boldsymbol{C}=\boldsymbol{EC}=\boldsymbol{C},$$

即 $\boldsymbol{A}$ 的逆矩阵唯一.

方阵的逆阵满足如下运算规律：

（1）若 $\boldsymbol{A}$ 可逆，则 $\boldsymbol{A}^{-1}$ 亦可逆，且$(\boldsymbol{A}^{-1})^{-1}=\boldsymbol{A}$；

(2) 若 $\boldsymbol{A}$ 可逆，数 $\lambda\neq0$，则 $\lambda\boldsymbol{A}$ 可逆，且 $(\lambda\boldsymbol{A})^{-1}=\frac{1}{\lambda}\boldsymbol{A}^{-1}$；

(3) 若 n 阶方阵 $\boldsymbol{A}$，$\boldsymbol{B}$ 都可逆，则 $\boldsymbol{AB}$ 亦可逆，且 $(\boldsymbol{AB})^{-1}=\boldsymbol{B}^{-1}\boldsymbol{A}^{-1}$；

(4) 若 $\boldsymbol{A}$ 可逆，则 $\boldsymbol{A}^{\mathrm{T}}$ 亦可逆，且 $(\boldsymbol{A}^{\mathrm{T}})^{-1}=(\boldsymbol{A}^{-1})^{\mathrm{T}}$.

这里只证明 (3) 和 (4).

证 (3) $\quad (\boldsymbol{AB})\boldsymbol{B}^{-1}\boldsymbol{A}^{-1}=\boldsymbol{A}(\boldsymbol{BB}^{-1})\boldsymbol{A}^{-1}=\boldsymbol{AEA}^{-1}=\boldsymbol{E}$.

同理 $\quad (\boldsymbol{B}^{-1}\boldsymbol{A}^{-1})(\boldsymbol{AB})=\boldsymbol{B}^{-1}(\boldsymbol{A}^{-1}\boldsymbol{A})\boldsymbol{B}=\boldsymbol{B}^{-1}\boldsymbol{EB}=\boldsymbol{E}$,

所以 $\boldsymbol{AB}$ 可逆．且 $(\boldsymbol{AB})^{-1}=\boldsymbol{B}^{-1}\boldsymbol{A}^{-1}$

推广为：若方阵 $\boldsymbol{A}_1,\boldsymbol{A}_2,\cdots,\boldsymbol{A}_m$ 都可逆，则 $\boldsymbol{A}_1\boldsymbol{A}_2\cdots\boldsymbol{A}_m$ 亦可逆，

$$\text{且}(\boldsymbol{A}_1\boldsymbol{A}_2\cdots\boldsymbol{A}_m)^{-1}=\boldsymbol{A}_m^{-1}\cdots\boldsymbol{A}_2^{-1}\boldsymbol{A}_1^{-1}.$$

当 $\boldsymbol{A}$ 可逆时，还可以定义 $\boldsymbol{A}^0=\boldsymbol{E}$，$\boldsymbol{A}^{-k}=(\boldsymbol{A}^{-1})^k$，其中 k 为正整数.

从而当 $\boldsymbol{A}$ 可逆，λ,μ 为整数时，有 $\boldsymbol{A}^{\lambda}\boldsymbol{A}^{\mu}=\boldsymbol{A}^{\lambda+\mu}$，$(\boldsymbol{A}^{\lambda})^{\mu}=\boldsymbol{A}^{\lambda\mu}$.

证 (4) $\quad \boldsymbol{A}^{\mathrm{T}}(\boldsymbol{A}^{-1})^{\mathrm{T}}=(\boldsymbol{A}^{-1}\boldsymbol{A})^{\mathrm{T}}=\boldsymbol{E}^{\mathrm{T}}=\boldsymbol{E}$.

同理 $(\boldsymbol{A}^{-1})^{\mathrm{T}}\boldsymbol{A}^{\mathrm{T}}=(\boldsymbol{AA}^{-1})^{\mathrm{T}}=\boldsymbol{E}^{\mathrm{T}}=\boldsymbol{E}$，故 $\boldsymbol{A}^{\mathrm{T}}$ 可逆，且 $(\boldsymbol{A}^{\mathrm{T}})^{-1}=(\boldsymbol{A}^{-1})^{\mathrm{T}}$.

2.3.2 可逆矩阵的判定与逆矩阵的求法

定理 2.1 若矩阵 $\boldsymbol{A}$ 可逆，则 $|\boldsymbol{A}|\neq0$.

证 $\boldsymbol{A}$ 可逆，所以有 $\boldsymbol{A}^{-1}$，使得 $\boldsymbol{AA}^{-1}=\boldsymbol{E}$，故 $|\boldsymbol{A}||\boldsymbol{A}^{-1}|=|\boldsymbol{E}|=1$，所以 $|\boldsymbol{A}|\neq0$.

定理 2.2 若 $|\boldsymbol{A}|\neq0$，则矩阵 $\boldsymbol{A}$ 可逆，且 $\boldsymbol{A}^{-1}=\frac{1}{|\boldsymbol{A}|}\boldsymbol{A}^*$，其中 $\boldsymbol{A}^*$ 为矩阵 $\boldsymbol{A}$ 的伴随阵.

定义了逆矩阵之后，我们看它在线性变换中的作用.

设给定一个线性变换

$$\begin{cases} y_1=a_{11}x_1+a_{12}x_2+\cdots+a_{1n}x_n, \\ y_2=a_{21}x_1+a_{22}x_2+\cdots+a_{2n}x_n, \\ \cdots\cdots\cdots\cdots\cdots\cdots\cdots\cdots \\ y_n=a_{n1}x_1+a_{n2}x_2+\cdots+a_{nn}x_n. \end{cases} \tag{2.7}$$

记它的系数矩阵为 $\boldsymbol{A}$，若记 $\boldsymbol{x}=\begin{pmatrix}x_1\\x_2\\\vdots\\x_n\end{pmatrix}$，$\boldsymbol{y}=\begin{pmatrix}y_1\\y_2\\\vdots\\y_n\end{pmatrix}$，则线性变换 (2.7) 可记作 $\boldsymbol{y}=\boldsymbol{Ax}$,

为了得到用 $\boldsymbol{y}$ 表示 $\boldsymbol{x}$ 的式子，两端同时左乘 $\boldsymbol{A}^*$，得到 $\boldsymbol{A}^*\boldsymbol{y}=\boldsymbol{A}^*\boldsymbol{Ax}$，即 $\boldsymbol{A}^*\boldsymbol{y}=|\boldsymbol{A}|\boldsymbol{x}$，当 $|\boldsymbol{A}|\neq0$ 时，可解出 $\boldsymbol{x}=\frac{1}{|\boldsymbol{A}|}\boldsymbol{A}^*\boldsymbol{y}$，记 $\boldsymbol{B}=\frac{1}{|\boldsymbol{A}|}\boldsymbol{A}^*$，从而 $\boldsymbol{x}=\boldsymbol{By}$，它是一个从 $\boldsymbol{y}$ 到 $\boldsymbol{x}$ 的线性变换，称为线性变换 (2.7) 的**逆变换**.

反之，$\boldsymbol{y}=\boldsymbol{Ax}$ 也是线性变换 $\boldsymbol{x}=\boldsymbol{By}$ 的逆变换.

由于 $\boldsymbol{y}=\boldsymbol{A}\boldsymbol{x}=\boldsymbol{A}(\boldsymbol{B}\boldsymbol{y})=(\boldsymbol{A}\boldsymbol{B})\boldsymbol{y}$，可见，$\boldsymbol{AB}$ 为恒等变换，故对应 $\boldsymbol{AB}=\boldsymbol{E}$.

又由 $\boldsymbol{x}=\boldsymbol{B}\boldsymbol{y}=\boldsymbol{B}(\boldsymbol{A}\boldsymbol{x})=(\boldsymbol{B}\boldsymbol{A})\boldsymbol{x}$，可见，$\boldsymbol{BA}$ 也为恒等变换，故对应 $\boldsymbol{BA}=\boldsymbol{E}$.

【例 2.11】 求二阶矩阵 $\boldsymbol{A}=\begin{pmatrix}2 & 1\\ 4 & -2\end{pmatrix}$ 的逆阵.

解 $|\boldsymbol{A}|=\begin{vmatrix}2 & 1\\ 4 & -2\end{vmatrix}=-8$，$\boldsymbol{A}_{11}=-2$，$\boldsymbol{A}_{12}=(-1)^3\times 4=-4$，

$$\boldsymbol{A}_{21}=(-1)^3\times(1)=-1,\ \boldsymbol{A}_{22}=2,\ \text{所以}\quad \boldsymbol{A}^*=\begin{pmatrix}-2 & -1\\ -4 & 2\end{pmatrix},$$

故
$$\boldsymbol{A}^{-1}=\frac{1}{|\boldsymbol{A}|}\boldsymbol{A}^*=-\frac{1}{8}\begin{pmatrix}-2 & -1\\ -4 & 2\end{pmatrix}=\begin{pmatrix}\frac{1}{4} & \frac{1}{8}\\ \frac{1}{2} & -\frac{1}{4}\end{pmatrix}.$$

【例 2.12】 设 $\boldsymbol{A}=\begin{pmatrix}1 & 2 & 3\\ 2 & 2 & 1\\ 3 & 4 & 3\end{pmatrix}$，$\boldsymbol{B}=\begin{pmatrix}2 & 1\\ 5 & 3\end{pmatrix}$，$\boldsymbol{C}=\begin{pmatrix}1 & 3\\ 2 & 0\\ 3 & 1\end{pmatrix}$，求矩阵 $\boldsymbol{X}$ 使满足 $\boldsymbol{AXB}=\boldsymbol{C}$.

解 若 $\boldsymbol{A}^{-1},\boldsymbol{B}^{-1}$ 存在，则用 $\boldsymbol{A}^{-1},\boldsymbol{B}^{-1}$ 分别左乘、右乘 $\boldsymbol{AXB}=\boldsymbol{C}$，有 $\boldsymbol{A}^{-1}(\boldsymbol{AXB})\boldsymbol{B}^{-1}=\boldsymbol{A}^{-1}\boldsymbol{C}\boldsymbol{B}^{-1}$，即 $\boldsymbol{X}=\boldsymbol{A}^{-1}\boldsymbol{C}\boldsymbol{B}^{-1}$，

$$\text{先求}\quad \boldsymbol{A}^{-1}=\begin{pmatrix}1 & 3 & -2\\ -\frac{3}{2} & -3 & \frac{5}{2}\\ 1 & 1 & -1\end{pmatrix},\quad \boldsymbol{B}^{-1}=\begin{pmatrix}3 & -1\\ -5 & 2\end{pmatrix},$$

$$\text{于是}\quad \boldsymbol{X}=\boldsymbol{A}^{-1}\boldsymbol{C}\boldsymbol{B}^{-1}=\begin{pmatrix}1 & 3 & -2\\ -\frac{3}{2} & -3 & \frac{5}{2}\\ 1 & 1 & -1\end{pmatrix}\begin{pmatrix}1 & 3\\ 2 & 0\\ 3 & 1\end{pmatrix}\begin{pmatrix}3 & -1\\ -5 & 2\end{pmatrix}=\begin{pmatrix}-2 & 1\\ 10 & -4\\ -10 & 4\end{pmatrix}.$$

【例 2.13】 设方阵 $\boldsymbol{A}$ 满足方程 $\boldsymbol{A}^2-\boldsymbol{A}-2\boldsymbol{E}=\boldsymbol{O}$，证明 $\boldsymbol{A}$ 及 $\boldsymbol{A}+2\boldsymbol{E}$ 都可逆，并求 $\boldsymbol{A}^{-1}$ 及 $(\boldsymbol{A}+2\boldsymbol{E})^{-1}$.

证 由 $\boldsymbol{A}^2-\boldsymbol{A}-2\boldsymbol{E}=\boldsymbol{O}$，有 $\boldsymbol{A}(\boldsymbol{A}-\boldsymbol{E})=2\boldsymbol{E}$，所以 $\boldsymbol{A}\left[\frac{1}{2}(\boldsymbol{A}-\boldsymbol{E})\right]=\boldsymbol{E}$.

由定理 2.2 的推论知 $\boldsymbol{A}$ 可逆，且 $\boldsymbol{A}^{-1}=\frac{1}{2}(\boldsymbol{A}-\boldsymbol{E})$.

同样方法 $\boldsymbol{A}^2-\boldsymbol{A}-2\boldsymbol{E}=\boldsymbol{O}$，即 $\boldsymbol{A}^2+2\boldsymbol{A}-3\boldsymbol{A}-2\boldsymbol{E}=\boldsymbol{O}$，

由 $\boldsymbol{A}(\boldsymbol{A}+2\boldsymbol{E})-3(\boldsymbol{A}+2\boldsymbol{E})=-4\boldsymbol{E}$，得 $(\boldsymbol{A}-3\boldsymbol{E})(\boldsymbol{A}+2\boldsymbol{E})=-4\boldsymbol{E}$，

即 $-\frac{1}{4}(\boldsymbol{A}-3\boldsymbol{E})(\boldsymbol{A}+2\boldsymbol{E})=\boldsymbol{E}$，因此 $\boldsymbol{A}+2\boldsymbol{E}$ 可逆，且 $(\boldsymbol{A}+2\boldsymbol{E})^{-1}=\frac{1}{4}(3\boldsymbol{E}-\boldsymbol{A})$.

【例 2.14】 设 $\boldsymbol{P}=\begin{pmatrix}1 & 2\\ 1 & 4\end{pmatrix}$，$\boldsymbol{\Lambda}=\begin{pmatrix}1 & 0\\ 0 & 2\end{pmatrix}$，$\boldsymbol{AP}=\boldsymbol{P\Lambda}$，求 $\boldsymbol{A}^n$.

解 $|\boldsymbol{P}|=2$，$\boldsymbol{P}^{-1}=\frac{1}{2}\begin{pmatrix}4 & -2\\ -1 & 1\end{pmatrix}$，由 $\boldsymbol{AP}=\boldsymbol{P\Lambda}$ 可得

$$\boldsymbol{A}=\boldsymbol{P\Lambda P}^{-1},\ \boldsymbol{A}^2=\boldsymbol{P\Lambda P}^{-1}\boldsymbol{P\Lambda P}^{-1}=\boldsymbol{P\Lambda}^2\boldsymbol{P}^{-1},\ \cdots,\ \boldsymbol{A}^n=\boldsymbol{P\Lambda}^n\boldsymbol{P}^{-1},$$

而 $\boldsymbol{\Lambda}=\begin{pmatrix}1 & 0\\ 0 & 2\end{pmatrix}$，$\boldsymbol{\Lambda}^2=\begin{pmatrix}1 & 0\\ 0 & 2\end{pmatrix}\begin{pmatrix}1 & 0\\ 0 & 2\end{pmatrix}=\begin{pmatrix}1 & 0\\ 0 & 2^2\end{pmatrix}$，$\cdots$，$\boldsymbol{\Lambda}^n=\begin{pmatrix}1 & 0\\ 0 & 2^n\end{pmatrix}$；

所以
$$\begin{aligned}\boldsymbol{A}^n&=\begin{pmatrix}1 & 2\\ 1 & 4\end{pmatrix}\begin{pmatrix}1 & 0\\ 0 & 2^n\end{pmatrix}\frac{1}{2}\begin{pmatrix}4 & -2\\ -1 & 1\end{pmatrix}=\frac{1}{2}\begin{pmatrix}1 & 2^{n+1}\\ 1 & 2^{n+2}\end{pmatrix}\begin{pmatrix}4 & -2\\ -1 & 1\end{pmatrix}\\ &=\frac{1}{2}\begin{pmatrix}1 & 2^{n+1}\\ 1 & 2^{n+2}\end{pmatrix}\begin{pmatrix}4 & -2\\ -1 & 1\end{pmatrix}=\frac{1}{2}\begin{pmatrix}4-2^{n+1} & 2^{n+1}-2\\ 4-2^{n+2} & 2^{n+2}-2\end{pmatrix}=\begin{pmatrix}2-2^n & 2^n-1\\ 2-2^{n+1} & 2^{n+1}-1\end{pmatrix}.\end{aligned}$$

设 $\varphi(x)=a_0+a_1x+\cdots+a_mx^m$
为 x 的 m 次多项式，$\boldsymbol{A}$ 为 n 阶矩阵，记

$$\varphi(\boldsymbol{A})=a_0\boldsymbol{E}+a_1\boldsymbol{A}+\cdots+a_m\boldsymbol{A}^m,$$

$\varphi(\boldsymbol{A})$称为矩阵 $\boldsymbol{A}$ 的 m 次多项式.

因为矩阵 $\boldsymbol{A}^k$，$\boldsymbol{A}^l$ 和 $\boldsymbol{E}$ 都是可交换的，所以矩阵 $\boldsymbol{A}$ 的两个多项式 $\varphi(\boldsymbol{A})$和 $f(\boldsymbol{A})$ 总是可交换的，即总有

$$\varphi(\boldsymbol{A})f(\boldsymbol{A})=f(\boldsymbol{A})\varphi(\boldsymbol{A}),$$

从而 $\boldsymbol{A}$ 的几个多项式可以像数 x 的多项式一样相乘或分解因式.

我们常用例 2.14 中计算 $\boldsymbol{A}^k$ 的方法来计算 $\boldsymbol{A}$ 的多项式 $\varphi(\boldsymbol{A})$，即

若 $\boldsymbol{\Lambda}=\mathrm{diag}(\lambda_1,\lambda_2,\cdots\lambda_n)$，$\boldsymbol{A}=\boldsymbol{P\Lambda P}^{-1}$，则 $\boldsymbol{\Lambda}^k=\mathrm{diag}(\lambda_1^k,\lambda_2^k,\cdots\lambda_n^k)$，$\boldsymbol{A}^k=\boldsymbol{P\Lambda}^k\boldsymbol{P}^{-1}$，从而

$$\begin{aligned}\varphi(\boldsymbol{\Lambda})&=a_0\boldsymbol{E}+a_1\boldsymbol{\Lambda}+\cdots+a_m\boldsymbol{\Lambda}^m\\ &=a_0\begin{pmatrix}1 & & & \\ & 1 & & \\ & & \ddots & \\ & & & 1\end{pmatrix}+a_1\begin{pmatrix}\lambda_1 & & & \\ & \lambda_2 & & \\ & & \ddots & \\ & & & \lambda_n\end{pmatrix}+\cdots+a_m\begin{pmatrix}\lambda_1^m & & & \\ & \lambda_2^m & & \\ & & \ddots & \\ & & & \lambda_n^m\end{pmatrix}\\ &=\begin{pmatrix}\varphi(\lambda_1) & & & \\ & \varphi(\lambda_2) & & \\ & & \ddots & \\ & & & \varphi(\lambda_n)\end{pmatrix}.\end{aligned}$$

$$\begin{aligned}\varphi(\boldsymbol{A})&=a_0\boldsymbol{E}+a_1\boldsymbol{A}+\cdots+a_m\boldsymbol{A}^m=\boldsymbol{P}a_0\boldsymbol{EP}^{-1}+\boldsymbol{P}a_1\boldsymbol{\Lambda P}^{-1}+\cdots+\boldsymbol{P}a_m\boldsymbol{\Lambda}^m\boldsymbol{P}^{-1}\\ &=\boldsymbol{P}\varphi(\boldsymbol{\Lambda})\boldsymbol{P}^{-1}.\end{aligned}$$

【例 2.15】 设 $\boldsymbol{P}=\begin{pmatrix}-1 & 1 & 1\\ 1 & 0 & 2\\ 1 & 1 & -1\end{pmatrix}$，$\boldsymbol{\Lambda}=\begin{pmatrix}1 & & \\ & 2 & \\ & & -3\end{pmatrix}$，$\boldsymbol{AP}=\boldsymbol{P\Lambda}$，求 $\varphi(\boldsymbol{A})=\boldsymbol{A}^3+2\boldsymbol{A}^2-3\boldsymbol{A}$.

解　$|\boldsymbol{P}|=6$，所以 $\boldsymbol{P}$ 可逆，又 $\boldsymbol{AP}=\boldsymbol{P\Lambda}$，故 $\boldsymbol{A}=\boldsymbol{P\Lambda P}^{-1}$，$\varphi(\boldsymbol{A})=\boldsymbol{P}\varphi(\boldsymbol{\Lambda})\boldsymbol{P}^{-1}$.
而 $\varphi(1)=0$，$\varphi(2)=10$，$\varphi(-3)=0$，所以有

$$\varphi(\boldsymbol{\Lambda})=\begin{pmatrix}\varphi(1) & & \\ & \varphi(2) & \\ & & \varphi(-3)\end{pmatrix}=\begin{pmatrix}0 & & \\ & 10 & \\ & & 0\end{pmatrix},$$

$$\varphi(\boldsymbol{A})=\boldsymbol{P}\varphi(\boldsymbol{\Lambda})\boldsymbol{P}^{-1}=\begin{pmatrix}-1 & 1 & 1\\ 1 & 0 & 2\\ 1 & 1 & -1\end{pmatrix}\begin{pmatrix}0 & & \\ & 10 & \\ & & 0\end{pmatrix}\frac{1}{|\boldsymbol{P}|}\boldsymbol{P}^{*}$$

$$=\begin{pmatrix}0 & 1 & 0\\ 0 & 0 & 0\\ 0 & 1 & 0\end{pmatrix}\frac{10}{6}\begin{pmatrix}\boldsymbol{A}_{11} & \boldsymbol{A}_{21} & \boldsymbol{A}_{31}\\ \boldsymbol{A}_{12} & \boldsymbol{A}_{22} & \boldsymbol{A}_{32}\\ \boldsymbol{A}_{13} & \boldsymbol{A}_{23} & \boldsymbol{A}_{33}\end{pmatrix}=\frac{5}{3}\begin{pmatrix}\boldsymbol{A}_{12} & \boldsymbol{A}_{22} & \boldsymbol{A}_{32}\\ 0 & 0 & 0\\ \boldsymbol{A}_{12} & \boldsymbol{A}_{22} & \boldsymbol{A}_{32}\end{pmatrix}$$

$$=5\begin{pmatrix}1 & 0 & 1\\ 0 & 0 & 0\\ 1 & 0 & 1\end{pmatrix}.$$

2.4　矩阵分块法

2.4.1　矩阵的分块

对于行数和列数较高的矩阵 $\boldsymbol{A}$，运算时常采用分块法，使大矩阵的运算化成小矩阵的运算．我们将矩阵 $\boldsymbol{A}$ 用若干条纵线和横线分成许多小矩阵，每一个小矩阵称为 $\boldsymbol{A}$ 的子块，以子块为元素的形式上的矩阵称为**分块矩阵**.

一个矩阵可以分块为很多种形式，如：

$$\boldsymbol{A}=\begin{pmatrix}a_{11} & a_{12} & a_{13} & a_{14}\\ a_{21} & a_{22} & a_{23} & a_{24}\\ a_{31} & a_{32} & a_{33} & a_{34}\end{pmatrix}=\begin{pmatrix}\boldsymbol{A}_{11} & \boldsymbol{A}_{12}\\ \boldsymbol{A}_{21} & \boldsymbol{A}_{22}\end{pmatrix},$$

其中　$\boldsymbol{A}_{11}=\begin{pmatrix}a_{11} & a_{12}\\ a_{21} & a_{22}\end{pmatrix}$，$\boldsymbol{A}_{12}=\begin{pmatrix}a_{13} & a_{14}\\ a_{23} & a_{24}\end{pmatrix}$，$\boldsymbol{A}_{21}=(a_{31}\quad a_{32})$，$\boldsymbol{A}_{22}=(a_{33}\quad a_{34})$；

也可以分成 $\boldsymbol{A}=\begin{pmatrix}\boldsymbol{A}_{11} & \boldsymbol{A}_{12} & \boldsymbol{A}_{13}\\ \boldsymbol{A}_{21} & \boldsymbol{A}_{22} & \boldsymbol{A}_{23}\end{pmatrix}$，这里 $\boldsymbol{A}_{11}=(a_{11}\quad a_{12})$，$\boldsymbol{A}_{12}=(a_{13})$，$\boldsymbol{A}_{13}=(a_{14})$，$\boldsymbol{A}_{21}=\begin{pmatrix}a_{21} & a_{22}\\ a_{31} & a_{32}\end{pmatrix}$，$\boldsymbol{A}_{22}=\begin{pmatrix}a_{23}\\ a_{33}\end{pmatrix}$，$\boldsymbol{A}_{23}=\begin{pmatrix}a_{24}\\ a_{34}\end{pmatrix}$等等，可根据自己的需要分块，我们称 $\boldsymbol{A}_{ij}$ 为矩阵 $\boldsymbol{A}$ 的 (i,j) **块**.

2.4.2　分块矩阵的运算

分块矩阵的运算规则与普通矩阵的运算规则相类似，分别为：

(1) 设矩阵 $\boldsymbol{A}$ 与 $\boldsymbol{B}$ 是同型矩阵，采用相同的分块法

$$A=\begin{pmatrix}A_{11} & \cdots & A_{1r}\\ \cdots\cdots & \cdots\cdots & \cdots\cdots\\ A_{s1} & \cdots & A_{sr}\end{pmatrix},\quad B=\begin{pmatrix}B_{11} & \cdots & B_{1r}\\ \cdots\cdots & \cdots\cdots & \cdots\cdots\\ B_{s1} & \cdots & B_{sr}\end{pmatrix},$$

其中 A_{ij} 与 B_{ij} 行数相同，列数也相同，那么

$$A+B=\begin{pmatrix}A_{11}+B_{11} & \cdots\cdots & A_{1r}+B_{1r}\\ \cdots\cdots & \cdots\cdots & \cdots\cdots\\ A_{s1}+B_{s1} & \cdots\cdots & A_{sr}+B_{sr}\end{pmatrix};$$

（2）设 $A=\begin{pmatrix}A_{11} & \cdots & A_{1r}\\ \cdots\cdots & \cdots\cdots & \cdots\cdots\\ A_{s1} & \cdots & A_{sr}\end{pmatrix}$，$\lambda$ 是数，则 $\lambda A=\begin{pmatrix}\lambda A_{11} & \cdots & \lambda A_{1r}\\ \cdots\cdots & \cdots\cdots & \cdots\cdots\\ \lambda A_{s1} & \cdots & \lambda A_{sr}\end{pmatrix}$；

（3）设 A 为 $m\times l$ 矩阵，B 为 $l\times n$ 矩阵，分块成

$$A=\begin{pmatrix}A_{11} & \cdots & A_{1t}\\ \cdots\cdots & \cdots\cdots & \cdots\cdots\\ A_{si} & \cdots & A_{st}\end{pmatrix},\quad B=\begin{pmatrix}B_{11} & \cdots & B_{1r}\\ \cdots\cdots & \cdots\cdots & \cdots\cdots\\ B_{t1} & \cdots & B_{tr}\end{pmatrix},$$

其中 $A_{i1},A_{i2},\cdots,A_{it}$ 的列数分别等于 $B_{1j},B_{2j},\cdots,B_{tj}$ 的行数，那么

$$AB=\begin{pmatrix}C_{11} & \cdots & C_{1r}\\ \cdots\cdots & \cdots\cdots & \cdots\cdots\\ C_{s1} & \cdots & C_{sr}\end{pmatrix},$$

其中 $C_{ij}=\sum_{k=1}^{t}A_{ik}B_{kj}\ (i=1,2,\cdots,s;\ j=1,2,\cdots,r)$；

（4）设 $A=\begin{pmatrix}A_{11} & \cdots & A_{1r}\\ \cdots\cdots & \cdots\cdots & \cdots\cdots\\ A_{s1} & \cdots & A_{sr}\end{pmatrix}$，则 $A^{\mathrm{T}}=\begin{pmatrix}A_{11}^{\mathrm{T}} & \cdots & A_{s1}^{\mathrm{T}}\\ \cdots\cdots & \cdots\cdots & \cdots\cdots\\ A_{1r}^{\mathrm{T}} & \cdots & A_{sr}^{\mathrm{T}}\end{pmatrix}$；

（5）设 A 为 n 阶方阵，若 A 的分块矩阵只有在主对角线上有非零子块，其余子块都是零矩阵，且非零子块都是方阵，即

$$A=\begin{pmatrix}A_1 & & & \\ & A_2 & & \\ & & \ddots & \\ & & & A_s\end{pmatrix},$$

其中 $A_i\ (i=1,2,\cdots,s)$ 都是方阵，那么 A 为**分块对角阵**.

分块对角阵的行列式具有下述性质：

$$|A|=|A_1||A_2|\cdots|A_s|.$$

由此性质可知，若 $|A_i|\neq 0\ (i=1,2,\cdots,s)$，则 $|A|\neq 0$，并且有

$$A^{-1}=\begin{pmatrix}A_1^{-1} & & & \\ & A_2^{-1} & & \\ & & \ddots & \\ & & & A_s^{-1}\end{pmatrix}.$$

【例 2.16】 设 $\boldsymbol{A}=\begin{pmatrix}2 & 0 & 0\\0 & 3 & 2\\0 & 2 & 2\end{pmatrix}$，求 $\boldsymbol{A}^{-1}$.

解　把 $\boldsymbol{A}$ 分块为 $\boldsymbol{A}=\begin{pmatrix}\boldsymbol{A}_1 & 0\\0 & \boldsymbol{A}_2\end{pmatrix}$，则 $\boldsymbol{A}^{-1}=\begin{pmatrix}\boldsymbol{A}_1^{-1} & 0\\0 & \boldsymbol{A}_2^{-1}\end{pmatrix}$.

$\boldsymbol{A}_1=2$，　$\boldsymbol{A}_1^{-1}=\frac{1}{2}$，　$\boldsymbol{A}_2=\begin{pmatrix}3 & 2\\2 & 2\end{pmatrix}$，　$\boldsymbol{A}_2^{-1}=\frac{1}{2}\begin{pmatrix}2 & -2\\-2 & 3\end{pmatrix}=\begin{pmatrix}1 & -1\\-1 & \frac{3}{2}\end{pmatrix}$，

因此　$\boldsymbol{A}^{-1}=\begin{pmatrix}\frac{1}{2} & 0 & 0\\0 & 1 & -1\\0 & -1 & \frac{3}{2}\end{pmatrix}$.

在解方程组问题时，根据问题需要按列分块是很有必要的.

对于线性方程组

$$\begin{cases}a_{11}x_1+a_{12}x_2+\cdots+a_{1n}x_n=b_1,\\a_{21}x_1+a_{22}x_2+\cdots+a_{2n}x_n=b_2,\\\cdots\cdots\cdots\cdots\cdots\cdots\cdots\cdots\cdots\cdots\\a_{m1}x_1+a_{m2}x_2+\cdots+a_{mn}x_n=b_m,\end{cases}$$

系数矩阵 $\boldsymbol{A}=(a_{ij})$ 有 n 列，称为矩阵 $\boldsymbol{A}$ 的 n 个列向量，若第 i 列记作 $\boldsymbol{\alpha}_i=\begin{pmatrix}a_{1i}\\a_{2i}\\\vdots\\a_{ni}\end{pmatrix}$，

则 $\boldsymbol{A}=(\boldsymbol{\alpha}_1,\boldsymbol{\alpha}_2,\cdots,\boldsymbol{\alpha}_n)$，未知数向量 $\boldsymbol{x}=\begin{pmatrix}x_1\\x_2\\\vdots\\x_n\end{pmatrix}$，常数项向量 $\boldsymbol{b}=\begin{pmatrix}b_1\\b_2\\\vdots\\b_n\end{pmatrix}$，

$$\boldsymbol{B}=\begin{pmatrix}a_{11} & a_{12} & \cdots & a_{1n} & b_1\\a_{21} & a_{22} & \cdots & a_{2n} & b_2\\\cdots & \cdots & \cdots & \cdots & \cdots\\a_{m1} & a_{m2} & \cdots & a_{mn} & b_m\end{pmatrix}$$

称为**增广矩阵**，则有 $\boldsymbol{B}=(\boldsymbol{A}\quad\boldsymbol{b})=(\boldsymbol{A},\boldsymbol{b})=(\boldsymbol{\alpha}_1,\boldsymbol{\alpha}_2,\cdots\boldsymbol{\alpha}_n,\boldsymbol{b})$，利用矩阵的乘法，方程组又可表示为

$$\boldsymbol{Ax}=\boldsymbol{b},$$

即
$$(\boldsymbol{\alpha}_1,\boldsymbol{\alpha}_2,\cdots\boldsymbol{\alpha}_n)\begin{pmatrix}x_1\\x_2\\\vdots\\x_n\end{pmatrix}=\boldsymbol{b},$$

所以 $$x_1\boldsymbol{\alpha}_1+x_2\boldsymbol{\alpha}_2+\cdots+x_n\boldsymbol{\alpha}_n=\boldsymbol{b}.$$

2.5 矩阵的初等变换与初等方阵

矩阵的初等变换是对矩阵所进行的一种等价变形，利用矩阵的初等变换可以对矩阵进行化简，这个过程在求矩阵的逆矩阵、矩阵的秩以及求解线性方程组等方面有重要的作用，它是解决线性方程组问题特有的手法和最有利的工具. 挖掘初等变换中的“变与不变”“量变与质变”的哲学思想，理解数学与辩证法的关系.

2.5.1 矩阵的初等变换

定义 2.12 对矩阵的行施以如下三种变换，称为矩阵的初等行变换.

(1) 交换两行（交换 i、j 两行，记作 $r_i\leftrightarrow r_j$）；

(2) 以数 $k\neq0$ 乘某一行的所有元素（第 i 行乘数 k，记作 kr_i）；

(3) 把某一行所有的元素的 k 倍加到另一行对应的元素上去（第 j 行的 k 倍加到第 i 行，记作 r_i+kr_j）.

把定义中的“行”换成“列”，可得到矩阵的初等列变换定义，记作 $c_i\leftrightarrow c_j$、kc_i 和 c_i+kc_j.

矩阵的初等行变换和初等列变换统称为**矩阵的初等变换**.

如果矩阵 $\boldsymbol{A}$ 经有限次初等变换化成矩阵 $\boldsymbol{B}$，则称**矩阵 $\boldsymbol{A}$ 与矩阵 $\boldsymbol{B}$ 等价**.

矩阵之间的等价关系具有下列性质：

(1) 反身性：即每个矩阵 $\boldsymbol{A}$ 和它自身等价.

(2) 对称性：若矩阵 $\boldsymbol{A}$ 等价于矩阵 $\boldsymbol{B}$，则矩阵 $\boldsymbol{B}$ 也等价于矩阵 $\boldsymbol{A}$.

(3) 传递性：若矩阵 $\boldsymbol{A}$ 等价于矩阵 $\boldsymbol{B}$，矩阵 $\boldsymbol{B}$ 等价于矩阵 $\boldsymbol{C}$，则矩阵 $\boldsymbol{A}$ 等价于矩阵 $\boldsymbol{C}$.

在数学上所有具有上述三条性质的关系的，在此意义上都有等价关系.

2.5.2 初等方阵

定义 2.13 由单位阵 $\boldsymbol{E}$ 经过一次初等变换得到的方阵称为**初等方阵**.

三种初等变换对应着三种初等方阵.

第一种 将单位阵 $\boldsymbol{E}$ 的第 i、j 两行（列）交换，得到的初等方阵，记作 $\boldsymbol{E}(i,j)$，即

$$\boldsymbol{E}(i,j)=\begin{pmatrix}1&0&0&\cdots&\cdots&\cdots&0\\0&1&0&\cdots&\cdots&\cdots&0\\\cdots&\cdots&\cdots&\cdots&\cdots&\cdots&0\\0&\cdots&0&\cdots&1&\cdots&0\\\cdots&\cdots&\cdots&\cdots&\cdots&\cdots&0\\0\cdots&\cdots&1&\cdots&0&\cdots&0\\\cdots&\cdots&\cdots&\cdots&\cdots&\cdots&0\\0\cdots&\cdots&\cdots&\cdots&\cdots&\cdots&1\end{pmatrix}\begin{matrix}\\\\\\(\text{第 } i \text{ 行})\\\\(\text{第 } j \text{ 行})\\\\\\\end{matrix}.$$

第二种　将单位阵 $\boldsymbol{E}$ 的第 i 行（列）乘以非零常数 k，得到的初等方阵记作 $\boldsymbol{E}(i(k))$. 即

$$\boldsymbol{E}(i(k))=\begin{pmatrix}1&&&&&&\\&\ddots&&&&&\\&&1&&&&\\&&&k&&&\\&&&&1&&\\&&&&&\ddots&\\&&&&&&1\end{pmatrix}\text{（第 } i \text{ 行）}.$$

第三种　将单位 $\boldsymbol{E}$ 的第 j 行所有元素的 k 倍加到第 i 行对应元素上（第 i 列所有元素的 k 倍加到第 j 列对应元素上），得到的初等方阵记作 $\boldsymbol{E}(j(k),i)$. 即

$$\boldsymbol{E}(j(k),i)=\begin{pmatrix}1&&&&&&\\&\ddots&&&&&\\&&1&\cdots&k&&\\&&&\ddots&&&\\&&&&1&&\\&&&&&\ddots&\\&&&&&&1\end{pmatrix}\begin{matrix}\\\\\text{（第 } i \text{ 行）}\\\\\text{（第 } j \text{ 行）}\\\\\\\end{matrix}.$$

初等方阵具有如下性质.

性质 2.1　设 $\boldsymbol{A}$ 是 $m\times n$ 矩阵，则

（1）用 m 阶初等方阵 $\boldsymbol{E}_m(i,j)$ 左乘矩阵 $\boldsymbol{A}$，其结果相当于对矩阵 $\boldsymbol{A}$ 施以第一种初等行变换：把 $\boldsymbol{A}$ 的第 i 行与第 j 行交换($r_i\leftrightarrow r_j$)；

用 n 阶初等方阵 $\boldsymbol{E}_n(i,j)$ 右乘矩阵 $\boldsymbol{A}$，其结果相当于对矩阵 $\boldsymbol{A}$ 施以第一种初等列变换：把 $\boldsymbol{A}$ 的第 i 列与第 j 列交换($c_i\leftrightarrow c_j$).

以三阶初等方阵为例：

$$\begin{pmatrix}0&1&0\\1&0&0\\0&0&1\end{pmatrix}\begin{pmatrix}a_{11}&a_{12}&a_{13}\\a_{21}&a_{22}&a_{23}\\a_{31}&a_{32}&a_{33}\end{pmatrix}=\begin{pmatrix}a_{21}&a_{22}&a_{23}\\a_{11}&a_{12}&a_{13}\\a_{31}&a_{32}&a_{33}\end{pmatrix}.$$

$$\begin{pmatrix}a_{11}&a_{12}&a_{13}\\a_{21}&a_{22}&a_{23}\\a_{31}&a_{32}&a_{33}\end{pmatrix}\begin{pmatrix}0&1&0\\1&0&0\\0&0&1\end{pmatrix}=\begin{pmatrix}a_{12}&a_{11}&a_{13}\\a_{22}&a_{21}&a_{23}\\a_{32}&a_{31}&a_{33}\end{pmatrix}.$$

（2）用 $\boldsymbol{E}_m(i(k))$ 左乘矩阵 $\boldsymbol{A}$，其结果相当于对矩阵 $\boldsymbol{A}$ 施以第二种初等行变换：以数 k 乘 $\boldsymbol{A}$ 的第 i 行(kr_i)；

用 $\boldsymbol{E}_n(i(k))$ 右乘矩阵 $\boldsymbol{A}$，其结果相当于对矩阵 $\boldsymbol{A}$ 施以第二种初等列变换：以数 k 乘 $\boldsymbol{A}$ 的第 i 列(kc_i). 以三阶初等方阵为例：

$$\begin{pmatrix}k&0&0\\0&1&0\\0&0&1\end{pmatrix}\begin{pmatrix}a_{11}&a_{12}&a_{13}\\a_{21}&a_{22}&a_{23}\\a_{31}&a_{32}&a_{33}\end{pmatrix}=\begin{pmatrix}ka_{11}&ka_{12}&ka_{13}\\a_{21}&a_{22}&a_{23}\\a_{31}&a_{32}&a_{33}\end{pmatrix}.$$

$$\begin{pmatrix} a_{11} & a_{12} & a_{13} \\ a_{21} & a_{22} & a_{23} \\ a_{31} & a_{32} & a_{33} \end{pmatrix}\begin{pmatrix} k & 0 & 0 \\ 0 & 1 & 0 \\ 0 & 0 & 1 \end{pmatrix}=\begin{pmatrix} ka_{11} & a_{12} & a_{13} \\ ka_{21} & a_{22} & a_{23} \\ ka_{31} & a_{32} & a_{33} \end{pmatrix}.$$

(3) 用 $\boldsymbol{E}_m(j(k),i)$ 左乘矩阵 $\boldsymbol{A}$，其结果相当于对矩阵 $\boldsymbol{A}$ 施以第三种初等行变换：以数 k 乘 $\boldsymbol{A}$ 的第 j 行加到第 i 行对应元素上(r_i+kr_j)；

用 $\boldsymbol{E}_n(j(k),i)$ 右乘矩阵 $\boldsymbol{A}$，其结果相当于对矩阵 $\boldsymbol{A}$ 施以第三种初等列变换：以数 k 乘 $\boldsymbol{A}$ 的第 i 列加到第 j 列对应元素上(c_j+kc_i).

以三阶初等方阵为例：

$$\begin{pmatrix} 1 & 0 & k \\ 0 & 1 & 0 \\ 0 & 0 & 1 \end{pmatrix}\begin{pmatrix} a_{11} & a_{12} & a_{13} \\ a_{21} & a_{22} & a_{23} \\ a_{31} & a_{32} & a_{33} \end{pmatrix}=\begin{pmatrix} a_{11}+ka_{31} & a_{12}+ka_{32} & a_{13}+ka_{33} \\ a_{21} & a_{22} & a_{23} \\ a_{31} & a_{32} & a_{33} \end{pmatrix}.$$

$$\begin{pmatrix} a_{11} & a_{12} & a_{13} \\ a_{21} & a_{22} & a_{23} \\ a_{31} & a_{32} & a_{33} \end{pmatrix}\begin{pmatrix} 1 & 0 & k \\ 0 & 1 & 0 \\ 0 & 0 & 1 \end{pmatrix}=\begin{pmatrix} a_{11} & a_{12} & ka_{11}+a_{13} \\ a_{21} & a_{22} & ka_{21}+a_{23} \\ a_{31} & a_{32} & ka_{31}+a_{33} \end{pmatrix}.$$

性质 2.2 初等方阵都是可逆方阵，而且它们的逆阵仍是初等方阵.

(1) $\boldsymbol{E}(i,j)^{-1}=\boldsymbol{E}(i,j)$；

(2) $\boldsymbol{E}(i(k))^{-1}=\boldsymbol{E}(i(1/k))$；

(3) $\boldsymbol{E}(j(k),i)^{-1}=\boldsymbol{E}(j(-k),i)$.

【例 2.17】 已知 $\begin{pmatrix} 0 & 1 & 0 \\ 1 & 0 & 0 \\ 0 & 0 & 1 \end{pmatrix}\boldsymbol{X}\begin{pmatrix} 1 & 0 & 0 \\ 0 & 0 & 1 \\ 0 & 1 & 0 \end{pmatrix}=\begin{pmatrix} 1 & 2 & 3 \\ 4 & 5 & 6 \\ 7 & 8 & 9 \end{pmatrix}$，求 $\boldsymbol{X}$.

解
$$\boldsymbol{X}=\begin{pmatrix} 0 & 1 & 0 \\ 1 & 0 & 0 \\ 0 & 0 & 1 \end{pmatrix}^{-1}\begin{pmatrix} 1 & 2 & 3 \\ 4 & 5 & 6 \\ 7 & 8 & 9 \end{pmatrix}\begin{pmatrix} 1 & 0 & 0 \\ 0 & 0 & 1 \\ 0 & 1 & 0 \end{pmatrix}^{-1}$$
$$=\begin{pmatrix} 0 & 1 & 0 \\ 1 & 0 & 0 \\ 0 & 0 & 1 \end{pmatrix}\begin{pmatrix} 1 & 2 & 3 \\ 4 & 5 & 6 \\ 7 & 8 & 9 \end{pmatrix}\begin{pmatrix} 1 & 0 & 0 \\ 0 & 0 & 1 \\ 0 & 1 & 0 \end{pmatrix}$$
$$=\begin{pmatrix} 4 & 5 & 6 \\ 1 & 2 & 3 \\ 7 & 8 & 9 \end{pmatrix}\begin{pmatrix} 1 & 0 & 0 \\ 0 & 0 & 1 \\ 0 & 1 & 0 \end{pmatrix}=\begin{pmatrix} 4 & 6 & 5 \\ 1 & 3 & 2 \\ 7 & 9 & 8 \end{pmatrix}.$$

2.5.3 用初等变换的方法求逆矩阵

定理 2.3 设 n 阶方阵 $\boldsymbol{A}$ 是可逆方阵，则 $\boldsymbol{A}$ 经有限次初等行变换可化为 n 阶单位阵 $\boldsymbol{E}$.

证 因为 $\boldsymbol{A}$ 可逆，则 $|\boldsymbol{A}|\neq 0$，所以 $\boldsymbol{A}$ 的第一列必有非零元素，通过第一种初等行变换，把它换到第一行第一列位置，通过第二种初等行变换和第三种初等行变换，可把 $\boldsymbol{A}$ 的第一行第一列位置的元素化为 1，第一列其他元素化为零，即

$$A \to \begin{pmatrix} 1 & \times & \times & \cdots & \times \\ 0 & \times & \times & \cdots & \times \\ 0 & \times & \times & \cdots & \times \\ \cdots & \cdots & \cdots & \cdots & \cdots \\ 0 & \times & \times & \cdots & \times \end{pmatrix} = B,$$

其中矩阵 B 的右下角是一个 $n-1$ 阶方阵，记作 $B^{(1)}$.

又因为 $|A| \neq 0$,所以 $|B| \neq 0$,则 $|B^{(1)}| \neq 0$，所以 $B^{(1)}$ 的第一列元素必有非零元素，依此类推.

重复上面的过程，可把 A 变为

$$A \sim B \to \begin{pmatrix} 1 & \times & \times & \cdots & \times \\ 0 & 1 & \times & \cdots & \times \\ 0 & 0 & 1 & \cdots & \times \\ \cdots & \cdots & \cdots & \cdots & \cdots \\ 0 & 0 & 0 & \cdots & 1 \end{pmatrix} = C.$$

再利用矩阵的第三种初等行变换，把 A 进一步变成

$$A \to \begin{pmatrix} 1 & 0 & 0 & \cdots & 0 \\ 0 & 1 & 0 & \cdots & 0 \\ 0 & 0 & 1 & \cdots & 0 \\ \cdots & \cdots & \cdots & \cdots & \cdots \\ 0 & 0 & 0 & \cdots & 1 \end{pmatrix} = E.$$

所以，结合初等方阵的性质 2.1 和定理 2.2 可得若 n 阶方阵 A 是可逆阵，则存在有限个初等方阵 $P_1P_2\cdots P_s$，使 $P_s\cdots P_2P_1A=E$ 两端右乘 A^{-1}，得 $P_s\cdots P_2P_1=EA^{-1}$.

可见，对可逆阵 A 施以一系列初等行变换可把 A 化为单位阵 E，另一方面，对 n 阶单位阵 E 施以同一系列初等行变换，则 E 被化为 A 的逆阵 A^{-1}.

既对 $(n\times 2n)$ 矩阵 $(A \ \vdots\ E)$ 施以一系列初等行变换，当它的左半部分 A 化为单位阵 E 时，右半部就化为 A^{-1}，即

$$P_s\cdots P_2P_1(A \ \vdots\ E)=(E \ \vdots\ A^{-1}).$$

以三阶初等方阵为例：

$$\underset{E(i,j)\qquad\qquad E}{\begin{pmatrix} 0 & 1 & 0 & \vdots & 1 & 0 & 0 \\ 1 & 0 & 0 & \vdots & 0 & 1 & 0 \\ 0 & 0 & 1 & \vdots & 0 & 0 & 1 \end{pmatrix}} \xrightarrow{r_1 \leftrightarrow r_2} \underset{E\qquad\qquad E(i,j)^{-1}=E(i,j).}{\begin{pmatrix} 1 & 0 & 0 & \vdots & 0 & 1 & 0 \\ 0 & 1 & 0 & \vdots & 1 & 0 & 0 \\ 0 & 0 & 1 & \vdots & 0 & 0 & 1 \end{pmatrix}}$$

$$\underset{E(i(k))\qquad\qquad E}{\begin{pmatrix} k & 0 & 0 & \vdots & 1 & 0 & 0 \\ 0 & 1 & 0 & \vdots & 0 & 1 & 0 \\ 0 & 0 & 1 & \vdots & 0 & 0 & 1 \end{pmatrix}} \xrightarrow{\frac{1}{k}\cdot r_1} \underset{E\qquad\qquad E(i(k))^{-1}=E(i(1/k))}{\begin{pmatrix} 1 & 0 & 0 & \vdots & \frac{1}{k} & 0 & 0 \\ 0 & 1 & 0 & \vdots & 0 & 1 & 0 \\ 0 & 0 & 1 & \vdots & 0 & 0 & 1 \end{pmatrix}}.$$

$$\begin{pmatrix}1&0&k&\vdots&1&0&0\\0&1&0&\vdots&0&1&0\\0&0&1&\vdots&0&0&1\end{pmatrix}\xrightarrow{r_1-kr_3}\begin{pmatrix}1&0&0&\vdots&1&0&-k\\0&1&0&\vdots&0&1&0\\0&0&1&\vdots&0&0&1\end{pmatrix}.$$

$\boldsymbol{E}(j(k),i)$　　$\boldsymbol{E}$　　$\boldsymbol{E}$　　$\boldsymbol{E}(j(k),i)^{-1}=\boldsymbol{E}(j(-k),i)$

定理 2.4　n 阶方阵 $\boldsymbol{A}$ 可逆的充分必要条件是 $\boldsymbol{A}$ 可表示为有限个初等方阵的乘积.

证　必要性：由初等方阵的性质 2.1 和定理 2.3 知，存在有限个初等方阵 $\boldsymbol{P}_1,\boldsymbol{P}_2,\cdots,\boldsymbol{P}_s$，使得 $\boldsymbol{P}_s\cdots\boldsymbol{P}_2\boldsymbol{P}_1\boldsymbol{A}=\boldsymbol{E}$，所以

$$\boldsymbol{A}=(\boldsymbol{P}_s\cdots\boldsymbol{P}_2\boldsymbol{P}_1)^{-1}\boldsymbol{E}=\boldsymbol{P}_1^{-1}\boldsymbol{P}_2^{-1}\cdots\boldsymbol{P}_s^{-1},$$

其中 $\boldsymbol{P}_i^{-1}(i=1,2,\cdots,s)$ 都是初等方阵的逆阵.

由初等方阵的性质 2.2 知，每个 $\boldsymbol{P}_i^{-1}$ 都是初等方阵．所以 $\boldsymbol{A}$ 可表示为有限个初等方阵的乘积.

充分性：设 $\boldsymbol{A}=\boldsymbol{P}_1\boldsymbol{P}_2\cdots\boldsymbol{P}_s$，其中 $\boldsymbol{P}_i(i=1,2,\cdots,s)$ 为初等方阵，由于初等方阵可逆，所以它们的乘积也可逆，故 $\boldsymbol{A}$ 为可逆矩阵.

推论 2.1　$m\times n$ 矩阵 $\boldsymbol{A}\sim\boldsymbol{B}$ 的充要条件是存在 m 阶可逆矩阵 $\boldsymbol{P}$ 及 n 阶可逆矩阵 $\boldsymbol{Q}$，使得 $\boldsymbol{PAQ}=\boldsymbol{B}$.

从定理 2.3 可以得到一个求矩阵的逆矩阵的一个有效的简便方法——初等变换求逆矩阵法.

我们知道，若 $\boldsymbol{A}$ 可逆则有　$\boldsymbol{A}=\boldsymbol{P}_1\boldsymbol{P}_2\cdots\boldsymbol{P}_n$，

于是
$$\boldsymbol{P}_n^{-1}\boldsymbol{P}_{n-1}^{-1}\cdots\boldsymbol{P}_1^{-1}\boldsymbol{A}=\boldsymbol{E}.$$

又由于 $\boldsymbol{A}^{-1}\boldsymbol{A}=\boldsymbol{E}$，故 $\boldsymbol{P}_n^{-1}\boldsymbol{P}_{n-1}^{-1}\cdots\boldsymbol{P}_1^{-1}=\boldsymbol{A}^{-1}$，即

$$\boldsymbol{P}_n^{-1}\boldsymbol{P}_{n-1}^{-1}\cdots\boldsymbol{P}_1^{-1}\boldsymbol{E}=\boldsymbol{A}^{-1},$$

所以有
$$\boldsymbol{P}_n^{-1}\boldsymbol{P}_{n-1}^{-1}\cdots\boldsymbol{P}_1^{-1}(\boldsymbol{A}\ \vdots\ \boldsymbol{E})=(\boldsymbol{E}\ \vdots\ \boldsymbol{A}^{-1})$$

即对矩阵 $(\boldsymbol{A}\ \vdots\ \boldsymbol{E})$ 仅施以行的初等变换，当矩阵 $\boldsymbol{A}$ 变为矩阵 $\boldsymbol{E}$ 的同时，$(\boldsymbol{A}\ \vdots\ \boldsymbol{E})$ 中的矩阵 $\boldsymbol{E}$ 变为 $\boldsymbol{A}^{-1}$.

类似地，由 $\boldsymbol{A}=\boldsymbol{P}_1\boldsymbol{P}_2\cdots\boldsymbol{P}_n$，可得

$$\boldsymbol{AP}_n^{-1}\boldsymbol{P}_{n-1}^{-1}\cdots\boldsymbol{P}_1^{-1}=\boldsymbol{E}.$$

又
$$\boldsymbol{EP}_n^{-1}\boldsymbol{P}_{n-1}^{-1}\cdots\boldsymbol{P}_1^{-1}=\boldsymbol{A}^{-1},$$

所以有
$$\begin{pmatrix}\boldsymbol{A}\\\cdots\\\boldsymbol{E}\end{pmatrix}\boldsymbol{P}_n^{-1}\boldsymbol{P}_{n-1}^{-1}\cdots\boldsymbol{P}_1^{-1}=\begin{pmatrix}\boldsymbol{E}\\\cdots\\\boldsymbol{A}^{-1}\end{pmatrix}.$$

即对矩阵 $\begin{pmatrix}\boldsymbol{A}\\\cdots\\\boldsymbol{E}\end{pmatrix}$ 仅施以列的初等变换，当矩阵 $\boldsymbol{A}$ 变为矩阵 $\boldsymbol{E}$ 的同时，$\begin{pmatrix}\boldsymbol{A}\\\cdots\\\boldsymbol{E}\end{pmatrix}$ 中的矩阵 $\boldsymbol{E}$ 变为矩阵 $\boldsymbol{A}^{-1}$.

【例 2.18】　求矩阵 $\boldsymbol{A}=\begin{pmatrix}1&-2&2\\2&-3&6\\1&1&7\end{pmatrix}$ 的逆矩阵.

解

$$\begin{pmatrix}1&-2&2&1&0&0\\2&-3&6&0&1&0\\1&1&7&0&0&1\end{pmatrix}\to\begin{pmatrix}1&-2&2&1&0&0\\0&1&2&-2&1&0\\0&3&5&-1&0&1\end{pmatrix}$$

$$\to\begin{pmatrix}1&0&6&-3&2&0\\0&1&2&-2&1&0\\0&0&-1&5&-3&1\end{pmatrix}\to\begin{pmatrix}1&0&0&27&-16&6\\0&1&0&8&-5&2\\0&0&1&-5&3&-1\end{pmatrix},$$

所以

$$\boldsymbol{A}^{-1}=\begin{pmatrix}27&-16&6\\8&-5&2\\-5&3&-1\end{pmatrix}.$$

【例 2.19】 求解矩阵方程 $\boldsymbol{AX}=\boldsymbol{B}$，其中 $\boldsymbol{A}=\begin{pmatrix}2&1&-3\\1&2&-2\\-1&3&2\end{pmatrix}$，

$$\boldsymbol{B}=\begin{pmatrix}1&-1\\2&0\\-2&5\end{pmatrix}.$$

解 由矩阵的乘法可知 $\boldsymbol{X}=\boldsymbol{A}^{-1}\boldsymbol{B}$，由于左乘可逆矩阵相当于作一系列行的初等变换，所以对 $(\boldsymbol{A},\boldsymbol{B})$ 作初等行变换把 $\boldsymbol{A}$ 变成 $\boldsymbol{E}$ 的同时，把 $\boldsymbol{B}$ 变为 $\boldsymbol{A}^{-1}\boldsymbol{B}$.

$$(\boldsymbol{A},\boldsymbol{B})=\begin{pmatrix}2&1&-3&1&-1\\1&2&-2&2&0\\-1&3&2&-2&5\end{pmatrix}\to\begin{pmatrix}1&2&-2&2&0\\0&-3&1&-3&-1\\0&5&0&0&5\end{pmatrix}$$

$$\to\begin{pmatrix}1&2&-2&2&0\\0&1&0&0&1\\0&0&1&-3&2\end{pmatrix}\to\begin{pmatrix}1&0&0&-4&2\\0&1&0&0&1\\0&0&1&-3&2\end{pmatrix},$$

即

$$\boldsymbol{X}=\boldsymbol{A}^{-1}\boldsymbol{B}=\begin{pmatrix}-4&2\\0&1\\-3&2\end{pmatrix}.$$

2.6 矩阵的秩

2.6.1 矩阵秩的概念

为了研究向量组的线性相关性和线性方程组的解的结构等问题，需要建立矩阵的秩的概念．矩阵的秩反映了矩阵的固有属性，它是矩阵的一个确定的量化指标，每个矩阵都有唯一的秩.

定义 2.14 在 $m\times n$ 矩阵 $\boldsymbol{A}$ 中，任取 k 行 k 列 $(k\leqslant\min\{m,n\})$，位于这些行和列相交处的 k^2 个元素，不改变他们在 $\boldsymbol{A}$ 中所处位置的次序而构成的 k 阶行列

式，称为矩阵 $\boldsymbol{A}$ 的一个 k **阶子式**.

$m\times n$ 矩阵 $\boldsymbol{A}$ 的 k 阶子式共有 $C_m^kC_n^k$ 个，其中阶数最低的是 1，最高的是 $k=\min\{m,n\}$.

例如：对矩阵 $\boldsymbol{A}=\begin{pmatrix}1&3&2&-1\\2&6&-2&-2\\3&9&0&-3\end{pmatrix}$，取第 1 行、第 2 行和第 1 列、第 3 列交叉处的元素，组成的二阶子式为 $\begin{vmatrix}1&2\\2&-2\end{vmatrix}=-6$. 如选取第 1、第 2、第 3 行与第 1、第 2、第 4 列，它们交叉处的 3^2 个元素按原来的次序组成三阶子式为

$$\begin{vmatrix}1&3&-1\\2&6&-2\\3&9&-3\end{vmatrix}=0.$$

显然，$m\times n$ 矩阵的 k 阶子式的阶数 $k\leqslant\min\{m,n\}$.

定义 2.15 设 $\boldsymbol{A}$ 为 $m\times n$ 矩阵，若 $\boldsymbol{A}$ 中不为零的子式的最高阶数是 r，即存在 r 阶子式不为零，而所有的 $r+1$ 阶子式（若存在）全为零，则称 r 为**矩阵 $\boldsymbol{A}$ 的秩**，记作 $R(\boldsymbol{A})=r$. 零矩阵的秩规定为零.

由定义可见：

(1) $0\leqslant R(\boldsymbol{A})\leqslant\min\{m,n\}$；

(2) $R(\boldsymbol{A}^{\mathrm{T}})=R(\boldsymbol{A})$，$R(k\boldsymbol{A})=R(\boldsymbol{A})$，$k$ 为非零常数；

(3) 当且仅当 n 阶方阵 $\boldsymbol{A}$ 为可逆阵时，它的秩为 n，称其为**满秩方阵**；

(4) 设 $\boldsymbol{A}$ 为 $m\times n$ 矩阵，若 $R(\boldsymbol{A})=n$，则称 $\boldsymbol{A}$ 为**列满秩阵**；若 $R(\boldsymbol{A})=m$，则称 $\boldsymbol{A}$ 为**行满秩阵**.

定义 2.16 设 $\boldsymbol{A}$ 是 $m\times n$ 矩阵，若 $R(\boldsymbol{A})=\min\{m,n\}$，则称 $\boldsymbol{A}$ 为**满秩阵**；若 $R(\boldsymbol{A})<\min\{m,n\}$，则称 $\boldsymbol{A}$ 为**降秩阵**.

【例 2.20】 求矩阵 $\boldsymbol{A}=\begin{pmatrix}2&3&1&4&5\\0&-1&2&4&7\\0&0&0&-4&3\\0&0&0&0&0\end{pmatrix}$ 的秩.

解 因为有一个三阶子式 $\begin{vmatrix}2&3&4\\0&-1&4\\0&0&-4\end{vmatrix}=8\neq0$，而所有的四阶子式显然全为 0，所以 $R(\boldsymbol{A})=3$.

用定义求矩阵的秩，当矩阵的阶数较高时，不容易求，这就需要寻求简便的计算矩阵秩的方法.

2.6.2 用初等变换的方法求矩阵的秩

定理 2.5 若矩阵 $\boldsymbol{A}$ 与 $\boldsymbol{B}$ 等价，则 $R(\boldsymbol{A})=R(\boldsymbol{B})$.

证 （只证经一次初等行变换的情况）

设 $\boldsymbol{A}_{m\times n}$ 经一次初等行变换化成 $\boldsymbol{B}_{m\times n}$，且 $R(\boldsymbol{A})=r_1,R(\boldsymbol{B})=r_2$.

(1) 当对$\boldsymbol{A}$施以互换两行或以某非零数乘某一行的初等行变换时，矩阵$\boldsymbol{B}$的任何r_1+1阶子式等于某一非零数k与$\boldsymbol{A}$的某个r_1+1阶子式的乘积，其中$k=-1$或其它非零数．因为$\boldsymbol{A}$的所有r_1+1阶子式全为零，因此$\boldsymbol{B}$的所有r_1+1阶子式也全为零.

(2) 当对$\boldsymbol{A}$施以第i行乘数k加到j行的初等变换时，矩阵$\boldsymbol{B}$的任何一个r_1+1阶子式$|\boldsymbol{B}_1|$，如果它不含$\boldsymbol{B}$的第j行或既含$\boldsymbol{B}$的第i行又含第j行，则它等于$\boldsymbol{A}$的某一个r_1+1阶子式；如果$|\boldsymbol{B}_1|$含$\boldsymbol{B}$的第j行但不含第i行时，则$|\boldsymbol{B}_1|=|\boldsymbol{A}_1|+k|\boldsymbol{A}_2|$，其中$|\boldsymbol{A}_1|$和$|\boldsymbol{A}_2|$是$\boldsymbol{A}$的两个$r_1+1$阶子式，由$\boldsymbol{A}$的所有$r_1+1$阶子式全为零，可知$\boldsymbol{B}$的所有$r_1+1$阶子式全为零.

可见，对$\boldsymbol{A}$施以一次初等行变换化成$\boldsymbol{B}$时，有$r_2<r_1+1$即$r_2\leqslant r_1$，同样$\boldsymbol{B}$亦可经相应初等行变换成$\boldsymbol{A}$，有$r_1\leqslant r_2$，所以$r_1=r_2$.

经一次初等行变换后$r_1=r_2$，经有限次初等行变换后结论仍然成立.

上述结论对初等列变换也成立.

推论 2.2　满秩方阵（可逆阵）乘矩阵不改变矩阵的秩.

推论 2.3　满秩方阵的乘积仍是满秩方阵.

定理 2.5 说明矩阵的初等变换不改变矩阵的秩，亦即矩阵的秩为初等变换意义下的不变量，所以可用初等变换把矩阵中的许多元素化为 0，从而看出矩阵的秩.

推论 2.4　$m\times n$矩阵$\boldsymbol{A}$的秩为r的充要条件是存在m阶可逆矩阵$\boldsymbol{P}$及n阶可逆矩阵Q，使得

$$\boldsymbol{PAQ}=\begin{pmatrix}\boldsymbol{E}_r & \boldsymbol{O}\\ \boldsymbol{O} & \boldsymbol{O}\end{pmatrix}.$$

矩阵$\begin{pmatrix}\boldsymbol{E}_r & \boldsymbol{O}\\ \boldsymbol{O} & \boldsymbol{O}\end{pmatrix}$称为矩阵$\boldsymbol{A}$的**标准形**.

【例 2.21】　求矩阵$\boldsymbol{A}=\begin{pmatrix}1 & -2 & -1 & 0 & 2\\ -2 & 4 & 2 & 6 & -6\\ 2 & -1 & 0 & 2 & 3\\ 3 & 3 & 3 & 3 & 4\end{pmatrix}$的秩.

解

$$\boldsymbol{A}=\begin{pmatrix}1 & -2 & -1 & 0 & 2\\ -2 & 4 & 2 & 6 & -6\\ 2 & -1 & 0 & 2 & 3\\ 3 & 3 & 3 & 3 & 4\end{pmatrix}\xrightarrow[\substack{r_3-2r_1\\ r_4-3r_1}]{r_2+2r_1}\begin{pmatrix}1 & -2 & -1 & 0 & 2\\ 0 & 0 & 0 & 6 & -2\\ 0 & 3 & 2 & 2 & -1\\ 0 & 9 & 6 & 3 & -2\end{pmatrix}$$

$$\xrightarrow[r_3\leftrightarrow r_4]{r_2\leftrightarrow r_3}\begin{pmatrix}1 & -2 & -1 & 0 & 2\\ 0 & 3 & 2 & 2 & -1\\ 0 & 9 & 6 & 3 & -2\\ 0 & 0 & 0 & 6 & -2\end{pmatrix}\xrightarrow{r_2-3r_2}\begin{pmatrix}1 & -2 & -1 & 0 & 2\\ 0 & 3 & 2 & 2 & -1\\ 0 & 0 & 0 & -3 & 1\\ 0 & 0 & 0 & 6 & -2\end{pmatrix}$$

$$\xrightarrow{r_4+2r_3}\begin{pmatrix}1 & -2 & -1 & 0 & 2\\ 0 & 3 & 2 & 2 & -1\\ 0 & 0 & 0 & -3 & 1\\ 0 & 0 & 0 & 0 & 0\end{pmatrix}=\boldsymbol{B}.$$

矩阵 $\boldsymbol{B}$ 称为行阶梯形矩阵.

特点：每个阶梯只有一行，显然 $R(\boldsymbol{B})=3$，$R(\boldsymbol{A})=3$.

对矩阵继续施以初等行变换，可将其化为

$$\boldsymbol{B}\to\begin{pmatrix}1 & -2 & -1 & 0 & 2\\ 0 & 1 & \frac{2}{3} & \frac{2}{3} & -\frac{1}{3}\\ 0 & 0 & 0 & 1 & -\frac{1}{3}\\ 0 & 0 & 0 & 0 & 0\end{pmatrix}\to\begin{pmatrix}1 & 0 & \frac{1}{3} & 0 & \frac{16}{9}\\ 0 & 1 & \frac{2}{3} & 0 & -\frac{1}{9}\\ 0 & 0 & 0 & 1 & -\frac{1}{3}\\ 0 & 0 & 0 & 0 & 0\end{pmatrix}.$$

特点：非零行的第一个非零元素是 1，且含这些元素的列上的其它元素都是零. 这样的矩阵称为矩阵 $\boldsymbol{A}$ 的行最简形.

再施以初等列变换可化为

$$\begin{pmatrix}1 & 0 & 0 & 0 & 0\\ 0 & 1 & 0 & 0 & 0\\ 0 & 0 & 1 & 0 & 0\\ 0 & 0 & 0 & 0 & 0\end{pmatrix}=\boldsymbol{E}_3.$$

特点：$\boldsymbol{E}_3$ 的左上角是一个三阶单位阵($R(\boldsymbol{A})=3$)，其他元素都是 0.

矩阵的标准形便于矩阵的分类，当同形阵的秩相同时，它们的标准形是相同的.

可见，若矩阵 $\boldsymbol{A}$ 与 $\boldsymbol{B}$ 等价，不但有 $R(\boldsymbol{A})=R(\boldsymbol{B})$，且 $\boldsymbol{A}$ 与 $\boldsymbol{B}$ 有相同的标准形，矩阵的秩是初等变换意义下的一个不变量，它是一个量化指标，最能反映矩阵的本质.

【例 2.22】 设 $\boldsymbol{A}=\begin{pmatrix}x & 1 & 1\\ 1 & x & 1\\ 1 & 1 & x\end{pmatrix}$，试求 $R(\boldsymbol{A})$.

解 方法一：直接用定义，由于 $|\boldsymbol{A}|=(x+2)(x-1)^2$，

故 (1) 当 $x\neq-2$ 且 $x\neq1$ 时，$|\boldsymbol{A}|\neq0$，则 $R(\boldsymbol{A})=3$；

(2) 当 $x=1$ 时，$|\boldsymbol{A}|=0$，且 $\boldsymbol{A}=\begin{pmatrix}1 & 1 & 1\\ 1 & 1 & 1\\ 1 & 1 & 1\end{pmatrix}$，此时 $R(\boldsymbol{A})=1$；

(3) 当 $x=-2$ 时，$|\boldsymbol{A}|=0$，且 $\boldsymbol{A}=\begin{pmatrix}-2 & 1 & 1\\ 1 & -2 & 1\\ 1 & 1 & -2\end{pmatrix}$，而此时 $\boldsymbol{D}_2=\begin{vmatrix}-2 & 1\\ 1 & -2\end{vmatrix}\neq0$，因此 $R(\boldsymbol{A})=2$.

方法二：用初等变换法.

$$A=\begin{pmatrix}x&1&1\\1&x&1\\1&1&x\end{pmatrix}\to\begin{pmatrix}1&1&x\\1&x&1\\x&1&1\end{pmatrix}\to\begin{pmatrix}1&1&x\\0&x-1&1-x\\0&1-x&1-x^2\end{pmatrix}$$

$$\to\begin{pmatrix}1&1&x\\0&x-1&1-x\\0&0&-(x+2)(x-1)\end{pmatrix},$$

由初等变换不改变矩阵的秩，知

(1) 当 $x\neq1$ 且 $x\neq-2$ 时，$R(\boldsymbol{A})=3$；

(2) 当 $x=1$ 时，$R(\boldsymbol{A})=1$；

(3) 当 $x=-2$ 时，$R(\boldsymbol{A})=2$.

【例 2.23】 已知矩阵 $\boldsymbol{A}=\begin{pmatrix}1&1&2&2&3\\2&2&0&a&4\\1&0&a&1&5\\2&a&3&5&4\end{pmatrix}$ 的秩 $R(\boldsymbol{A})=3$，求 a 的值.

解　对 $\boldsymbol{A}$ 作初等变换化其为阶梯形

$$\begin{pmatrix}1&1&2&2&3\\2&2&0&a&4\\1&0&a&1&5\\2&a&3&5&4\end{pmatrix}\to\begin{pmatrix}1&1&2&2&3\\0&0&-4&a-4&-2\\0&-1&a-2&-1&2\\0&a-2&-1&1&-2\end{pmatrix}\to\begin{pmatrix}1&1&2&2&3\\0&-1&a-2&-1&2\\0&a-2&-1&1&-2\\0&0&-4&a-4&-2\end{pmatrix}$$

$$\to\begin{pmatrix}1&1&2&2&3\\0&-1&a-2&-1&2\\0&0&a^2-4a+3&3-a&2a-6\\0&0&-4&a-4&-2\end{pmatrix}$$

$$\xrightarrow{\text{如 } a\neq3}\begin{pmatrix}1&1&2&2&3\\0&-1&a-2&-1&2\\0&0&a-1&-1&2\\0&0&-4&a-4&-2\end{pmatrix}\to\begin{pmatrix}1&1&2&2&3\\0&-1&a-2&-1&2\\0&0&a-1&-1&2\\0&0&a-5&a-5&0\end{pmatrix}$$

$$\xrightarrow{\text{如 } a\neq5}\begin{pmatrix}1&1&2&2&3\\0&-1&a-2&-1&2\\0&0&1&1&0\\0&0&a-1&-1&2\end{pmatrix}\to\begin{pmatrix}1&1&2&2&3\\0&-1&a-2&-1&2\\0&0&1&1&0\\0&0&0&-a&2\end{pmatrix}.$$

所以 $a=3$ 或 $a=5$ 时，秩 $R(\boldsymbol{A})=3$.

2.6.3 矩阵秩的性质

性质 2.3　设 $\boldsymbol{A}$ 是 $m\times n$ 矩阵，$\boldsymbol{P},\boldsymbol{Q}$ 分别是 m,n 阶可逆矩阵，则

$$R(\boldsymbol{PAQ})=R(\boldsymbol{A}).$$

证　由于可逆矩阵可以表示成若干个初等矩阵的乘积，因此，矩阵 $\boldsymbol{A}$ 的左边乘以可逆矩阵 $\boldsymbol{P}$ 和右边乘以可逆矩阵 $\boldsymbol{Q}$，相当于对矩阵 $\boldsymbol{A}$ 施行若干次初等行变换

和若干次初等列变换，而初等变换不改变矩阵的秩，故 $R(\boldsymbol{PAQ})=R(\boldsymbol{A})$.

性质 2.4 设 $\boldsymbol{A}$ 是 $m\times l$ 矩阵，$\boldsymbol{B}$ 是 $m\times s$ 矩阵，则

$$\max\{R(\boldsymbol{A}),R(\boldsymbol{B})\}\leqslant R(\boldsymbol{A},\boldsymbol{B})\leqslant R(\boldsymbol{A})+R(\boldsymbol{B}).$$

证 设 $R(\boldsymbol{A})=r_1,R(\boldsymbol{B})=r_2$ 则分块矩阵 $(\boldsymbol{A},\boldsymbol{B})$ 中至少存在一个 r_1 阶子式不等于零，同时也至少存在一个 r_2 阶子式不等于零，因此

$$R(\boldsymbol{A},\boldsymbol{B})\geqslant r_1,\ R(\boldsymbol{A},\boldsymbol{B})\geqslant r_2,$$

即性质 2.4 左边成立.

另一方面，在分块矩阵 $(\boldsymbol{A},\boldsymbol{B})$ 中的非零子式的阶数至多是 r_1+r_2 阶，故

$$R(\boldsymbol{A},\boldsymbol{B})\leqslant r_1+r_2$$

性质 2.5 设 $\boldsymbol{A},\boldsymbol{B}$ 分别是 $m\times s$ 和 $s\times n$ 矩阵，则

$$R(\boldsymbol{AB})\leqslant\min\{R(\boldsymbol{A}),R(\boldsymbol{B})\},$$

证 设 $R(\boldsymbol{A})=r_1$，$R(\boldsymbol{B})=r_2$，则存在 m 阶可逆矩阵 $\boldsymbol{P}_1$ 和 s 阶可逆矩阵 $\boldsymbol{Q}_1$。s 阶可逆矩阵 $\boldsymbol{P}_2$ 和 n 阶可逆矩阵 $\boldsymbol{Q}_2$，使得

$$\boldsymbol{A}=\boldsymbol{P}_1\begin{bmatrix}\boldsymbol{E}_{r1} & \boldsymbol{O}\\ \boldsymbol{O} & \boldsymbol{O}\end{bmatrix}\boldsymbol{Q}_1,\ \boldsymbol{B}=\boldsymbol{P}_2\begin{bmatrix}\boldsymbol{E}_{r2} & \boldsymbol{O}\\ \boldsymbol{O} & \boldsymbol{O}\end{bmatrix}\boldsymbol{Q}_2.$$

因此

$$\boldsymbol{AB}=\boldsymbol{P}_1\begin{bmatrix}\boldsymbol{E}_{r1} & \boldsymbol{O}\\ \boldsymbol{O} & \boldsymbol{O}\end{bmatrix}\boldsymbol{Q}_1\boldsymbol{P}_2\begin{bmatrix}\boldsymbol{E}_{r2} & \boldsymbol{O}\\ \boldsymbol{O} & \boldsymbol{O}\end{bmatrix}\boldsymbol{Q}_2=\boldsymbol{P}_1\begin{bmatrix}\boldsymbol{M} & \boldsymbol{O}\\ \boldsymbol{O} & \boldsymbol{O}\end{bmatrix}\boldsymbol{Q}_2,$$

其中 $\boldsymbol{M}$ 是 s 阶可逆矩阵 $\boldsymbol{Q}_1\boldsymbol{P}_2$ 的左上角 $r_1\times r_2$ 矩阵子块.

所以

$$R(\boldsymbol{AB})=R(\boldsymbol{M})\leqslant\min\{r_1,r_2\}.$$

性质 2.6 设 $\boldsymbol{A},\boldsymbol{B}$ 分别是 $m\times s$ 和 $s\times n$ 矩阵，若 $\boldsymbol{AB}=\boldsymbol{O}$，

则

$$R(\boldsymbol{A})+R(\boldsymbol{B})\leqslant s.\text{(见下章例 3.25)}$$

性质 2.7 设 $\boldsymbol{A}$，$\boldsymbol{B}$ 都是 $m\times n$ 矩阵，则

$$R(\boldsymbol{A}\pm\boldsymbol{B})\leqslant R(\boldsymbol{A})+R(\boldsymbol{B}).$$

证明略.

【例 2.24】 设 $\boldsymbol{A}$ 是 n 阶矩阵，$\boldsymbol{A}^*$ 是 $\boldsymbol{A}$ 的伴随矩阵，证明

$$R(\boldsymbol{A}^*)=\begin{cases}n, & R(\boldsymbol{A})=n,\\ 1, & R(\boldsymbol{A})=n-1,\\ 0, & R(\boldsymbol{A})<n-1.\end{cases}$$

证 若 $R(\boldsymbol{A})=n$，则 $|\boldsymbol{A}|\neq0$，由于 $|\boldsymbol{A}^*|=|\boldsymbol{A}|^{n-1}$，故 $|\boldsymbol{A}^*|\neq0$，所以

$$R(\boldsymbol{A}^*)=n.$$

若 $R(\boldsymbol{A})=n-1$，则 $|\boldsymbol{A}|=0$，而且 $\boldsymbol{A}$ 中有 $n-1$ 阶子式不等于 0，则 $|\boldsymbol{A}|$ 的代数余子式不全为 0，故 $\boldsymbol{A}^*$ 不是零矩阵，知 $R(\boldsymbol{A}^*)\geqslant1$. 又由 $\boldsymbol{AA}^*=|\boldsymbol{A}|\boldsymbol{E}=\boldsymbol{O}$，知 $R(\boldsymbol{A})+R(\boldsymbol{A}^*)\leqslant n$，把 $R(\boldsymbol{A})=n-1$ 代入得 $R(\boldsymbol{A}^*)\leqslant1$，故得 $R(\boldsymbol{A}^*)=1$.

若 $R(\boldsymbol{A})<n-1$，则 $\boldsymbol{A}$ 中每个 $n-1$ 阶子式全为 0，那么 $\boldsymbol{A}^*=\boldsymbol{O}$，故

$$R(\boldsymbol{A}^*)=0.$$

习　题　2

A　题

1. 设矩阵 $\boldsymbol{A}=\begin{pmatrix}1 & -1 & 1\\1 & -1 & -1\\1 & 0 & 1\end{pmatrix}$，$\boldsymbol{B}=\begin{pmatrix}1 & 2 & 1\\0 & -1 & 1\\1 & 2 & 0\end{pmatrix}$，求：$3\boldsymbol{A}-2\boldsymbol{B}$；$\boldsymbol{AB}^{\mathrm{T}}$；$(\boldsymbol{AB})^{\mathrm{T}}$.

2. 求下列矩阵的乘积：

(1) $\begin{pmatrix}4 & 3 & 1\\1 & -2 & 3\\5 & 7 & 0\end{pmatrix}\begin{pmatrix}7\\2\\1\end{pmatrix}$；　(2) $(1,3,5)\begin{pmatrix}2\\4\\6\end{pmatrix}$；　(3) $\begin{pmatrix}1\\2\\3\end{pmatrix}(1,2,-1)$；

(4) $\begin{pmatrix}2 & 1 & 2\\1 & 0 & -1\end{pmatrix}\begin{pmatrix}1 & 1 & 1\\0 & 2 & 1\\1 & -1 & 0\end{pmatrix}$；　(5) $(x_1,x_2,x_3)\begin{pmatrix}a_{11} & a_{12} & a_{13}\\a_{21} & a_{22} & a_{23}\\a_{31} & a_{32} & a_{33}\end{pmatrix}\begin{pmatrix}x_1\\x_2\\x_3\end{pmatrix}$.

3. 已知两个线性变换 $\begin{cases}x_1=2y_1+y_3,\\x_2=-2y_1+3y_2+2y_3,\\x_3=4y_1+y_2+5y_3,\end{cases}$ $\begin{cases}y_1=-3z_1+z_2,\\y_2=2z_1+z_3,\\y_3=-z_2+3z_3,\end{cases}$ 求从 z_1,z_2,z_3 到 x_1,x_2,x_3 的线性变换.

4. 设矩阵 $\boldsymbol{A}=\begin{pmatrix}3 & 1 & 0\\-1 & 2 & 1\\3 & 4 & 2\end{pmatrix}$，$\boldsymbol{B}=\begin{pmatrix}1 & -1 & 0\\2 & -2 & 5\\3 & 4 & 1\end{pmatrix}$，求：

(1) $\boldsymbol{AB}-\boldsymbol{BA}$；　(2) $\boldsymbol{A}^2-\boldsymbol{B}^2$；

(3) $(\boldsymbol{A}-\boldsymbol{B})(\boldsymbol{A}+\boldsymbol{B})$，并比较(2)与(3)的结果，可得出什么结论？

5. 举反例说明下列命题是错误的：

(1) 若 $\boldsymbol{A}^2=\boldsymbol{O}$，则 $\boldsymbol{A}=\boldsymbol{O}$；

(2) 若 $\boldsymbol{A}^2=\boldsymbol{A}$，则 $\boldsymbol{A}=\boldsymbol{O}$ 或 $\boldsymbol{A}=\boldsymbol{E}$；

(3) 若 $\boldsymbol{AX}=\boldsymbol{AY}$，且 $\boldsymbol{A}\neq\boldsymbol{O}$，则 $\boldsymbol{X}=\boldsymbol{Y}$.

6. 设矩阵 $\boldsymbol{A}=\begin{pmatrix}\lambda & 1 & 0\\0 & \lambda & 1\\0 & 0 & \lambda\end{pmatrix}$，求 $\boldsymbol{A}^k$（k 是正整数).

7. 设 $\boldsymbol{A}$ 为任意矩阵，证明 $\boldsymbol{AA}^{\mathrm{T}}$ 与 $\boldsymbol{A}^{\mathrm{T}}\boldsymbol{A}$ 均为对称矩阵.

8. 设 $\boldsymbol{A}$、$\boldsymbol{B}$ 为 n 阶对称矩阵，证明：$\boldsymbol{AB}$ 为对称矩阵的充分必要条件是 $\boldsymbol{AB}=\boldsymbol{BA}$.

9. 设 $\boldsymbol{A}$、$\boldsymbol{B}$ 为 n 阶反对称矩阵，证明：$\boldsymbol{AB}$ 为反对称矩阵的充分必要条件是 $\boldsymbol{AB}=-\boldsymbol{BA}$.

10. 设矩阵 $\boldsymbol{A}=\begin{pmatrix}1 & 0 & 2\\0 & 2 & 0\end{pmatrix}$，　$\boldsymbol{B}=\begin{pmatrix}1 & -1\\2 & 0\\-1 & 1\end{pmatrix}$，求：$|\boldsymbol{AB}|$ 与 $|\boldsymbol{BA}|$.

11. 设 $\boldsymbol{A}$ 为 n 阶方阵，问等式 $|(-\boldsymbol{A})|=-|\boldsymbol{A}|$ 在什么条件下成立？

12. 用伴随矩阵法求下列矩阵的逆阵：

（1）$\begin{pmatrix}2&5\\1&3\end{pmatrix}$；　（2）$\begin{pmatrix}1&2&2\\2&1&-2\\2&-2&1\end{pmatrix}$.

13. 解下列矩阵方程：

（1）$\begin{pmatrix}3&-1\\5&-2\end{pmatrix}\boldsymbol{X}\begin{pmatrix}5&6\\7&8\end{pmatrix}=\begin{pmatrix}14&16\\9&10\end{pmatrix}$；

（2）$\boldsymbol{X}\begin{pmatrix}2&1&-1\\2&1&0\\1&-1&1\end{pmatrix}=\begin{pmatrix}1&-1&3\\4&3&2\end{pmatrix}$；

（3）$\begin{pmatrix}0&1&0\\1&0&0\\0&0&1\end{pmatrix}\boldsymbol{X}\begin{pmatrix}1&0&0\\0&0&1\\0&1&0\end{pmatrix}=\begin{pmatrix}1&-4&3\\2&0&-1\\1&-2&0\end{pmatrix}$.

14. 设 $\boldsymbol{A}^k=\boldsymbol{O}$（$k$ 为正整数），证明：$(\boldsymbol{E}-\boldsymbol{A})^{-1}=\boldsymbol{E}+\boldsymbol{A}+\boldsymbol{A}^2+\cdots+\boldsymbol{A}^{k-1}$.

15. 已知矩阵 $\boldsymbol{A}$ 满足关系式 $\boldsymbol{A}^2+2\boldsymbol{A}-3\boldsymbol{E}=\boldsymbol{O}$，证明：$\boldsymbol{A}+4\boldsymbol{E}$ 可逆，并求$(\boldsymbol{A}+4\boldsymbol{E})^{-1}$.

16. 设 $\boldsymbol{A}$ 是 n 阶可逆阵，$\boldsymbol{A}^*$ 是 $\boldsymbol{A}$ 的伴随矩阵，证明：$|\boldsymbol{A}^*|=|\boldsymbol{A}|^{n-1}$.

17. 设矩阵 $\boldsymbol{A}=\begin{pmatrix}5&2&0&0\\2&1&0&0\\0&0&8&3\\0&0&5&2\end{pmatrix}$，$\boldsymbol{B}=\begin{pmatrix}3&2&0&0\\4&5&0&0\\0&0&4&1\\0&0&6&2\end{pmatrix}$，求 $\boldsymbol{AB}$ 与 $\boldsymbol{A}^{-1}$.

18. 设 n 阶矩阵阵 $\boldsymbol{A}$ 及 m 阶矩阵阵 $\boldsymbol{B}$ 都可逆，验证：$\begin{pmatrix}\boldsymbol{O}&\boldsymbol{A}\\\boldsymbol{B}&\boldsymbol{O}\end{pmatrix}^{-1}=\begin{pmatrix}\boldsymbol{O}&\boldsymbol{B}^{-1}\\\boldsymbol{A}^{-1}&\boldsymbol{O}\end{pmatrix}$，并利用此结果求下列矩阵的逆阵.

（1）$\begin{pmatrix}0&a_1&0&\cdots&0&0\\0&0&a_2&\cdots&0&0\\\cdots&\cdots&\cdots&\cdots&\cdots&\cdots\\0&0&0&\cdots&0&a_{n-1}\\a_n&0&0&\cdots&0&0\end{pmatrix}$　$(a_i\neq0.\ i=1,2,\cdots,n)$；

（2）$\begin{pmatrix}\boldsymbol{O}&&&a_1\\&&a_2&\\&\iddots&&\\a_n&&&\boldsymbol{O}\end{pmatrix}$　$(a_i\neq0.\ i=1,2,\cdots,n)$.

19. 用初等变换法求下列矩阵的逆阵：

(1) $\begin{pmatrix} 1 & -1 & -1 \\ 2 & -1 & 0 \\ 1 & -1 & 0 \end{pmatrix}$；　(2) $\begin{pmatrix} 1 & 1 & 1 & 1 \\ 1 & 1 & -1 & -1 \\ 1 & -1 & 1 & -1 \\ 1 & -1 & -1 & 1 \end{pmatrix}$.

20. 设矩阵 $\boldsymbol{A}=\begin{pmatrix} 0 & 3 & 3 \\ 1 & 1 & 0 \\ -1 & 2 & 3 \end{pmatrix}$，且 $\boldsymbol{AB}=\boldsymbol{A}+2\boldsymbol{B}$，求 $\boldsymbol{B}$.

21. 设 $\boldsymbol{A}$ 是 n 阶可逆方阵，将 $\boldsymbol{A}$ 的第 i 行和第 j 行对换后得到的矩阵记为 $\boldsymbol{B}$.

(1) 证明 $\boldsymbol{B}$ 可逆；　(2) 求 $\boldsymbol{AB}^{-1}$.

22. 证明 n 阶方阵 $\boldsymbol{A}$ 可逆的充分必要条件是存在可逆矩阵 $\boldsymbol{P}, \boldsymbol{Q}$，使 $\boldsymbol{PAQ}=\boldsymbol{E}$.

23. 在秩是 r 的矩阵中，有没有等于 0 的 $r-1$ 阶子式？有没有等于 0 的 r 阶子式？若有，请举例说明.

24. 求下列矩阵在初等变换意义下的标准形和秩：

(1) $\begin{pmatrix} 1 & 0 & 2 & -1 \\ 2 & 0 & 3 & 1 \\ 3 & 0 & 4 & 3 \end{pmatrix}$；　(2) $\begin{pmatrix} 1 & 2 & 3 & 1 \\ 0 & 1 & 0 & 1 \\ -1 & 0 & 1 & 1 \end{pmatrix}$；

(3) $\begin{pmatrix} 0 & 3 & 2 & 1 \\ 2 & 1 & 0 & 2 \\ 4 & 2 & 1 & 1 \\ -1 & 1 & 2 & -1 \end{pmatrix}$；　(4) $\begin{pmatrix} 1 & -1 & 3 & -4 & 3 \\ 3 & -3 & 5 & -4 & 1 \\ 2 & -2 & 3 & -2 & 0 \\ 3 & -3 & 4 & -2 & -1 \end{pmatrix}$.

25. 求矩阵 $\begin{pmatrix} 1 & a & a & a \\ a & 1 & a & a \\ a & a & 1 & a \\ a & a & a & 1 \end{pmatrix}$ 的秩，其中 a 为任意实数.

26. 设实矩阵 $\boldsymbol{A}=(a_{ij})_{n\times n}$，若 $\boldsymbol{A}^{\mathrm{T}}=\boldsymbol{A}$，且 $R(\boldsymbol{A})=1$，证明 $\boldsymbol{A}$ 的主对角线上任意两个对角元素同号.

27. 设 m 次多项式 $f(x)=a_0+a_1x+a_2x^2+\cdots+a_mx^m$，记 $f(\boldsymbol{A})=a_0\boldsymbol{E}+a_1\boldsymbol{A}+a_2\boldsymbol{A}^2+\cdots+a_m\boldsymbol{A}^m$，$f(\boldsymbol{A})$称为方阵 $\boldsymbol{A}$ 的 m 次多项式.

若 $\boldsymbol{\Lambda}=\begin{pmatrix} \lambda_1 & 0 \\ 0 & \lambda_2 \end{pmatrix}$，且 $\boldsymbol{A}=\boldsymbol{P\Lambda P}^{-1}$. 证明：$\boldsymbol{A}^k=\boldsymbol{P\Lambda}^k\boldsymbol{P}^{-1}$，$f(\boldsymbol{A})=\boldsymbol{P}f(\boldsymbol{\Lambda})\boldsymbol{P}^{-1}$.

28. 设 $\boldsymbol{A}=\begin{pmatrix} 1 & 1 & 1 \\ 2 & 2 & 2 \\ 3 & 3 & 3 \end{pmatrix}$，求 $\boldsymbol{A}^2, \boldsymbol{A}^4, \boldsymbol{A}^{100}$.

B　题

1. 已知 $\boldsymbol{A}$ 为 3 阶数量矩阵，且 $|\boldsymbol{A}|=\dfrac{1}{27}$，求 $\boldsymbol{A}^{-1}$.

2. 设 $\boldsymbol{A}$ 是 4 阶方阵，$\boldsymbol{B}$ 是 5 阶方阵，且 $|\boldsymbol{A}|=2$，$|\boldsymbol{B}|=-2$，计算 $|-|2\boldsymbol{B}|\boldsymbol{A}|$.

3. 已知3阶方阵 $\boldsymbol{A}$ 的逆矩阵 $\boldsymbol{A}^{-1}=\begin{pmatrix}1&1&1\\1&2&1\\1&1&3\end{pmatrix}$，求 $\boldsymbol{A}$ 的转置伴随矩阵 $(\boldsymbol{A}^{\mathrm{T}})^{*}$ 的逆矩阵.

4. 设矩阵 $\boldsymbol{A}$，$\boldsymbol{B}$ 满足 $\boldsymbol{A}^{*}\boldsymbol{B}\boldsymbol{A}=2\boldsymbol{B}\boldsymbol{A}-8\boldsymbol{E}$，其中 $\boldsymbol{A}=\begin{pmatrix}1&0&0\\0&-2&0\\0&0&1\end{pmatrix}$，求 $\boldsymbol{B}$.

5. 已知 $\boldsymbol{A}$，$\boldsymbol{B}$ 为3阶方阵，且满足 $2\boldsymbol{A}^{-1}\boldsymbol{B}=\boldsymbol{B}-4\boldsymbol{E}$，其中 $\boldsymbol{E}$ 是3阶单位矩阵.

（1）证明：矩阵 $\boldsymbol{A}-2\boldsymbol{E}$ 可逆；（2）若 $\boldsymbol{B}=\begin{pmatrix}1&-2&0\\1&2&0\\0&0&2\end{pmatrix}$，求矩阵 $\boldsymbol{A}$.

6. 已知矩阵 $\boldsymbol{A}=\begin{pmatrix}1&0&0\\1&1&0\\1&1&1\end{pmatrix}$，$\boldsymbol{B}=\begin{pmatrix}0&0&1\\1&0&1\\1&1&0\end{pmatrix}$，且矩阵 $\boldsymbol{X}$ 满足 $\boldsymbol{AXA}+\boldsymbol{BXB}=\boldsymbol{AXB}+\boldsymbol{BXA}+\boldsymbol{E}$，其中 $\boldsymbol{E}$ 是3阶单位阵，求 $\boldsymbol{X}$.

7. 设 $\boldsymbol{A}=\begin{pmatrix}1&0&1\\0&2&0\\1&0&1\end{pmatrix}$，而 $n\geqslant 2$ 为整数，试求 $\boldsymbol{A}^{n}-2\boldsymbol{A}^{n-1}$.

8. 设矩阵 $\boldsymbol{A}=\begin{pmatrix}1&-1\\2&3\end{pmatrix}$，$\boldsymbol{B}=\boldsymbol{A}^{2}-3\boldsymbol{A}+2\boldsymbol{E}$，试求 $\boldsymbol{B}^{-1}$.

9. 设3阶方阵 $\boldsymbol{A}$，$\boldsymbol{B}$ 满足 $\boldsymbol{A}^{2}\boldsymbol{B}-\boldsymbol{A}-\boldsymbol{B}=\boldsymbol{E}$，其中 $\boldsymbol{E}$ 为3阶单位矩阵，若 $\boldsymbol{A}=\begin{pmatrix}1&0&1\\0&2&0\\-2&0&1\end{pmatrix}$，试求 $|\boldsymbol{B}|$ 的值.

第 3 章　线性方程组与向量组的线性相关性

线性方程组在经济领域，工程技术及科学研究中都有着广泛而重要的应用．第 2 章的矩阵理论为研究线性方程组在什么条件下有解，以及在有解时如何求解提供了有力的工具．本章首先将借助矩阵这个工具对一般线性方程组解的求解方法进行讨论，然后介绍向量组线性相关性的概念及向量空间的初步知识，最后彻底解决线性方程组解的结构问题.

3.1　线性方程组的解

3.1.1　线性方程组与矩阵的初等变换

设有 n 个未知数 m 个方程的线性方程组

$$\begin{cases} a_{11}x_1+a_{12}x_2+\cdots+a_{1n}x_n=b_1, \\ a_{21}x_1+a_{22}x_2+\cdots+a_{2n}x_n=b_2, \\ \cdots\cdots\cdots\cdots\cdots\cdots\cdots\cdots \\ a_{m1}x_1+a_{m2}x_2+\cdots+a_{mn}x_n=b_m, \end{cases} \tag{3.1}$$

（3.1）式可写成以向量 $\boldsymbol{x}$ 为未知元的向量方程

$$\boldsymbol{A}_{m\times n}\boldsymbol{x}=\boldsymbol{b}, \tag{3.2}$$

其中称矩阵 $\boldsymbol{A}$ 为线性方程组的**系数矩阵**，称分块矩阵 $\boldsymbol{B}=(\boldsymbol{A},\boldsymbol{b})$为线性方程组的**增广矩阵**．当 $\boldsymbol{b}\neq\boldsymbol{0}$ 时，称 $\boldsymbol{Ax}=\boldsymbol{b}$ 为**非齐次线性方程组**，当 $\boldsymbol{b}=\boldsymbol{0}$ 时，称 $\boldsymbol{Ax}=\boldsymbol{0}$ 为**齐次线性方程组**.

定义 3.1　若 $x_1=k_1$，$x_2=k_2$，…，$x_n=k_n$ 是线性方程组（3.1）的解，那么

$$\boldsymbol{x}=\begin{pmatrix} k_1 \\ k_2 \\ \vdots \\ k_n \end{pmatrix}$$

称为线性方程组（3.1）的**解向量**，或称为矩阵方程（3.2）的**解**.

定义 3.2 若线性方程组 $\boldsymbol{A}_1\boldsymbol{x}=\boldsymbol{b}_1$ 的解都是 $\boldsymbol{A}_2\boldsymbol{x}=\boldsymbol{b}_2$ 的解，反之亦然，则称这两个线性方程组是**同解方程组**.

n 个未知数 m 个方程的线性方程组（3.1）与向量方程（3.2）将混同使用不加区分，解与解向量的名称亦不加区别.

【例 3.1】 一个城镇有三个主要生产企业：煤矿、电厂和地方铁路作为它的经济系统．生产价值 1 元的煤，需消耗 0.20 元的电费和 0.40 元的运输费；生产价值 1 元的电，需消耗 0.40 元的煤费、0.20 元的电费和 0.20 元的运输费；而提供价值 1 元的铁路运输服务，则需消耗 0.40 元的煤、0.10 元的电费和 0.10 元的运输费．在某个星期内，除了这三个企业间的彼此需求，煤矿得到 14000 元的订单，电厂得到 17000 元的电量供应要求，而地方铁路得到价值 17000 元的运输需求．试问这三个企业在这星期各应生产多少产值才能满足内外需求？

解 设煤矿、电厂和地方铁路产值分别为 x_1,x_2,x_3（万元），则依题意可得线性方程组

$$\begin{cases}x_1-0.4x_2-0.4x_3=1.4\ , & (1)\\ -0.2x_1+(1-0.2)x_2-0.1x_3=1.7, & (2)\\ -0.4x_1-0.2x_2+(1-0.1)x_3=1.7\ . & (3)\end{cases}$$

方法一：可利用消元法对此方程组求解，即(3)－(2)×2，(2)＋(1)×0.2，整理得

$$\begin{cases}x_1-0.4x_2-0.4x_3=1.4\ , & (4)\\ 0.72x_2-0.18x_3=1.98\ , & (5)\\ 1.8x_2-1.1x_3=1.7, & (6)\end{cases}$$

再次消元，即(6)式－(5)式×2.5，整理得

$$\begin{cases}x_1-0.4x_2-0.4x_3=1.4, & (7)\\ 0.72x_2-0.18x_3=1.98, & (8)\\ 0.65x_3=3.25, & (9)\end{cases}$$

解得 $x_3=5$ 代入（5）式得 $x_2=4$，代入（4）式得 $x_1=5$，即煤矿、电厂和地方铁路产值分别为 5 万元、4 万元和 5 万元.

方法二：由于方程组的系数行列式 $\boldsymbol{D}\neq 0$，因此可用克莱姆法则解此方程组（过程略）.

方法三：由矩阵的理论可知，我们应用矩阵的初等变换可以把线性方程组的增广矩阵化为阶梯形矩阵，且所对应的方程组与原方程组同解，因此求出化简后的矩阵所对应的方程组的解即为原方程组的解.

利用第 2 章引入的矩阵初等变换代替消元与回代过程，求解过程清晰，简捷，过程如下：

写出方程组的增广矩阵 $\boldsymbol{B}$，对其作初等变换，将其化为行最简形如下

$$\boldsymbol{B}=\begin{pmatrix}1 & -0.4 & -0.4 & 1.4\\ -0.2 & 0.8 & -0.1 & 1.7\\ -0.4 & -0.2 & 0.9 & 1.7\end{pmatrix}\xrightarrow[(r_3-2r_2)\times(-1)]{r_2+0.2r_1}\begin{pmatrix}1 & -0.4 & -0.4 & 1.4\\ 0 & 0.72 & -0.18 & 1.98\\ 0 & 1.8 & -1.1 & 1.7\end{pmatrix}$$

$$\xrightarrow[\left(r_2\times\frac{1}{0.18}+r_3\right)\times\frac{1}{4}]{(r_3-2.5r_2)\times\left(-\frac{1}{0.65}\right)}\begin{pmatrix}1 & -0.4 & -0.4 & 1.4\\0 & 1 & 0 & 4\\0 & 0 & 1 & 5\end{pmatrix}\xrightarrow{r_1+0.4r_2+0.4r_3}\begin{pmatrix}1 & 0 & 0 & 5\\0 & 1 & 0 & 4\\0 & 0 & 1 & 5\end{pmatrix},$$

由 $\boldsymbol{B}$ 的最简形，唯一解一目了然.

上述求解方程组的三种方法中，方法三更能反映出求解方程组的本质，由于只对未知量的系数和常数项进行运算，因此求解方程组的过程转化为：利用矩阵的初等行变换实现逐步“消元”与“回代”的过程，并且在此过程中原方程组逐步化为与其同解并能够直接给出解的更简单的方程组．这不仅较好地体现了数学的计算方法，更体现了代数学抽象思维的特征，并且也完全符合现代计算机所具有的强大的数值计算功能.

类似例 3.1 的问题在实际生产，生活和科学研究中经常出现，通常方程组中方程和未知量的个数不一定相等且个数较多，因此有必要将上述方法一般化.

3.1.2　线性方程组的解

定义 3.3　若线性方程组（3.1）有解，则称它是**相容的**，若无解，则称它是**不相容的**或矛盾方程组.

利用线性方程组的系数矩阵 $\boldsymbol{A}$ 和增广矩阵 $\boldsymbol{B}=(\boldsymbol{A},\ \boldsymbol{b})$ 的秩，可以方便地讨论线性方程组是否有解（即是否相容）以及有解时是否唯一等问题，其结论是：

定理 3.1　n 个未知数 m 个方程的线性方程组（3.1）

（1）无解的充分必要条件是 $R(\boldsymbol{A})<R(\boldsymbol{A},\boldsymbol{b})$；

（2）有唯一解的充分必要条件是 $R(\boldsymbol{A})=R(\boldsymbol{A},\boldsymbol{b})=n$；

（3）有无穷多解的充分必要条件是 $R(\boldsymbol{A})=R(\boldsymbol{A},\boldsymbol{b})<n$.

证　只需证明条件的充分性，因为（1）、（2）、（3）中条件的必要性依次是（2）（3）、（1）（3）、（1）（2）中条件的充分性的逆否命题.

设 $R(\boldsymbol{A})=r$，为叙述方便，不妨设 $\boldsymbol{B}=(\boldsymbol{A},\ \boldsymbol{b})$ 的行最简形为

$$\widetilde{\boldsymbol{B}}=\begin{pmatrix}1 & 0 & \cdots & 0 & b_{11} & \cdots & b_{1,n-r} & d_1\\0 & 1 & \cdots & 0 & b_{21} & \cdots & b_{2,n-r} & d_2\\ \cdots & \cdots & \cdots & \cdots & \cdots & \cdots & \cdots & \cdots\\0 & 0 & \cdots & 1 & b_{r1} & \cdots & b_{r,n-r} & d_r\\0 & 0 & \cdots & 0 & 0 & \cdots & 0 & d_{r+1}\\0 & 0 & \cdots & 0 & 0 & \cdots & 0 & 0\\ \cdots & \cdots & \cdots & \cdots & \cdots & \cdots & \cdots & \cdots\\0 & 0 & \cdots & 0 & 0 & \cdots & 0 & 0\end{pmatrix}.$$

（1）若 $R(\boldsymbol{A})<R(\boldsymbol{B})$，则 $\widetilde{\boldsymbol{B}}$ 中的 $d_{r+1}=1$，于是 $\widetilde{\boldsymbol{B}}$ 中的第 $r+1$ 行对应矛盾方程 $0=1$，故方程组（3.1）无解.

（2）若 $R(\boldsymbol{A})=R(\boldsymbol{B})=r=n$，则 $\widetilde{\boldsymbol{B}}$ 中的 $d_{r+1}=0$（或 d_{r+1} 不出现），且 b_{ij} 都不出现，于是 $\widetilde{\boldsymbol{B}}$ 对应方程组

$$\begin{cases} x_1 = d_1, \\ x_2 = d_2, \\ \cdots\cdots\cdots \\ x_n = d_n, \end{cases}$$

故方程组（3.1）有唯一解.

(3) 若 $R(\boldsymbol{A})=R(\boldsymbol{B})=r<n$，则 $\widetilde{\boldsymbol{B}}$ 中的 $d_{r+1}=0$（或 d_{r+1} 不出现），于是 $\widetilde{\boldsymbol{B}}$ 对应方程组

$$\begin{cases} x_1 = -b_{11}x_{r+1} - \cdots - b_{1,n-r}x_n + d_1, \\ x_2 = -b_{21}x_{r+1} - \cdots - b_{2,n-r}x_n + d_2, \\ \cdots\cdots\cdots\cdots\cdots\cdots\cdots\cdots\cdots\cdots\cdots\cdots \\ x_r = -b_{r1}x_{r+1} - \cdots - b_{r,n-r}x_n + d_r, \end{cases} \tag{3.3}$$

令自由未知数 $x_{r+1}=c_1$，…，$x_n=c_{n-r}$，即得方程（3.1）的含 $n-r$ 个参数的解

$$\begin{pmatrix} x_1 \\ \vdots \\ x_r \\ x_{r+1} \\ \vdots \\ x_n \end{pmatrix} = \begin{pmatrix} -b_{11}c_1 - \cdots - b_{1,n-r}c_{n-r} + d_1 \\ \vdots \\ -b_{r1}c_1 - \cdots - b_{r,n-r}c_{n-r} + d_r \\ c_1 \\ \vdots \\ c_{n-r} \end{pmatrix},$$

即

$$\begin{pmatrix} x_1 \\ \vdots \\ x_r \\ x_{r+1} \\ \vdots \\ x_n \end{pmatrix} = c_1 \begin{pmatrix} -b_{11} \\ \vdots \\ -b_{r1} \\ 1 \\ \vdots \\ 0 \end{pmatrix} + \cdots + c_{n-r} \begin{pmatrix} -b_{1,n-r} \\ \vdots \\ -b_{r,n-r} \\ 0 \\ \vdots \\ 1 \end{pmatrix} + \begin{pmatrix} d_1 \\ \vdots \\ d_r \\ 0 \\ \vdots \\ 0 \end{pmatrix}, \tag{3.4}$$

由于参数 c_1，…，c_{n-r} 可任意取值，因此方程组（3.1）有无穷多解.

当 $R(\boldsymbol{A})=R(\boldsymbol{B})=r<n$ 时，由于含 $n-r$ 个参数的解（3.4）可表示线性方程组（3.3）的任一解，从而也可表示线性方程组（3.1）的任一解，因此解（3.4）称为线性方程组（3.1）的**通解**.

定理 3.1 的证明过程给出了求解线性方程组的步骤，这个步骤在例 3.1 中也已显示出来，现将它归纳如下：

(1) 对于非齐次线性方程组，把它的增广矩阵 $\boldsymbol{B}$ 化成行阶梯形，从 $\boldsymbol{B}$ 的行阶梯形同时可看出 $R(\boldsymbol{A})$ 和 $R(\boldsymbol{B})$. 若 $R(\boldsymbol{A})<R(\boldsymbol{B})$，则方程组无解.

(2) 若 $R(\boldsymbol{A})=R(\boldsymbol{B})$，则进一步把增广矩阵 $\boldsymbol{B}$ 化成行最简形 . 而对于齐次线性方程组，则把系数矩阵 $\boldsymbol{A}$ 化成行最简形.

(3) 设 $R(\boldsymbol{A})=R(\boldsymbol{B})=r$，把行最简形的 r 个非零行的非零首元所对应的未知

数取作非自由未知数，其余 $n-r$ 个未知数取作自由未知数，并令自由未知数分别等于 c_1，…，c_{n-r}，由 $\boldsymbol{B}$（或 $\boldsymbol{A}$）的行最简形可写出含 $n-r$ 个参数的通解.

【例 3.2】 求解齐次线性方程组 $\begin{cases} x_1+2x_2+2x_3+x_4=0, \\ 2x_1+x_2-2x_3-2x_4=0, \\ x_1-x_2-4x_3-3x_4=0. \end{cases}$

解 对方程组的系数矩阵 $\boldsymbol{A}$ 施行初等行变换化为行最简形矩阵

$$\boldsymbol{A}=\begin{pmatrix} 1 & 2 & 2 & 1 \\ 2 & 1 & -2 & -2 \\ 1 & -1 & -4 & -3 \end{pmatrix} \xrightarrow[r_3-r_1]{r_2-2r_1} \begin{pmatrix} 1 & 2 & 2 & 1 \\ 0 & -3 & -6 & -4 \\ 0 & -3 & -6 & -4 \end{pmatrix}$$

$$\xrightarrow[r_2\times\left(-\frac{1}{3}\right)]{r_3-r_2} \begin{pmatrix} 1 & 2 & 2 & 1 \\ 0 & 1 & 2 & \frac{4}{3} \\ 0 & 0 & 0 & 0 \end{pmatrix} \xrightarrow{r_1-2r_2} \begin{pmatrix} 1 & 0 & -2 & -\frac{5}{3} \\ 0 & 1 & 2 & \frac{4}{3} \\ 0 & 0 & 0 & 0 \end{pmatrix},$$

得与原方程组同解的方程组

$$\begin{cases} x_1-2x_3-\frac{5}{3}x_4=0, \\ x_2+2x_3+\frac{4}{3}x_4=0, \end{cases}$$

由此即得

$$\begin{cases} x_1=2x_3+\frac{5}{3}x_4, \\ x_2=-2x_3-\frac{4}{3}x_4, \end{cases} \quad (x_3,\ x_4 \text{ 可取任意值})$$

令 $x_3=c_1$，$x_4=c_2$，把它写成通常的参数形式

$$\begin{cases} x_1=2c_1+\frac{5}{3}c_2, \\ x_2=-2c_1-\frac{4}{3}c_2, \ (c_1,\ c_2 \text{ 为任意实数}) \\ x_3=c_1, \\ x_4=c_2, \end{cases} \tag{3.5}$$

或写成向量形式

$$\begin{pmatrix} x_1 \\ x_2 \\ x_3 \\ x_4 \end{pmatrix} = \begin{pmatrix} 2c_1+\frac{5}{3}c_2 \\ -2c_1-\frac{4}{3}c_2 \\ c_1 \\ c_2 \end{pmatrix} = c_1\begin{pmatrix} 2 \\ -2 \\ 1 \\ 0 \end{pmatrix} + c_2\begin{pmatrix} \frac{5}{3} \\ -\frac{4}{3} \\ 0 \\ 1 \end{pmatrix},$$

其中 x_3，x_4 称为**自由未知数**或自由元，(3.5) 式称为方程组的**通解**或**一般解**.

【例 3.3】 求解非齐次线性方程组$\begin{cases} x_1 - x_2 + x_3 - x_4 = 0, \\ 2x_1 - x_2 + 3x_3 - 2x_4 = -1, \\ 3x_1 - 2x_2 - x_3 + 2x_4 = 4. \end{cases}$

解 对方程组的增广矩阵施行初等变换化为标准形

$$\boldsymbol{B} = \begin{pmatrix} 1 & -1 & 1 & -1 & 0 \\ 2 & -1 & 3 & -2 & -1 \\ 3 & -2 & -1 & 2 & 4 \end{pmatrix} \xrightarrow[r_3-3r_1]{r_2-2r_1} \begin{pmatrix} 1 & -1 & 1 & -1 & 0 \\ 0 & 1 & 1 & 0 & -1 \\ 0 & 1 & -4 & 5 & 4 \end{pmatrix}$$

$$\xrightarrow{r_3-r_2} \begin{pmatrix} 1 & -1 & 1 & -1 & 0 \\ 0 & 1 & 1 & 0 & -1 \\ 0 & 0 & -5 & 5 & 5 \end{pmatrix} \xrightarrow{-\frac{1}{5}r_3} \begin{pmatrix} 1 & -1 & 1 & -1 & 0 \\ 0 & 1 & 1 & 0 & -1 \\ 0 & 0 & 1 & -1 & -1 \end{pmatrix}$$

$$\xrightarrow[r_2-r_3]{r_1-r_3} \begin{pmatrix} 1 & -1 & 0 & 0 & 1 \\ 0 & 1 & 0 & 1 & 0 \\ 0 & 0 & 1 & -1 & -1 \end{pmatrix} \xrightarrow{r_1+r_2} \begin{pmatrix} 1 & 0 & 0 & 1 & 1 \\ 0 & 1 & 0 & 1 & 0 \\ 0 & 0 & 1 & -1 & -1 \end{pmatrix},$$

即得与原方程组同解的方程组

$$\begin{cases} x_1 + x_4 = 1, \\ x_2 + x_4 = 0, \\ x_3 - x_4 = -1, \end{cases}$$

由此得

$$\begin{cases} x_1 = 1 - x_4, \\ x_2 = 0 - x_4, \\ x_3 = -1 + x_4, \end{cases} \quad (x_4 \text{ 可取任意值})$$

若令 x_4 取任意常数 c，把它写成通常的参数形式

$$\begin{cases} x_1 = 1 - c, \\ x_2 = 0 - c, \\ x_3 = -1 + c, \\ x_4 = c, \end{cases} \quad (c \text{ 为任意实数})$$

或写成向量形式

$$\begin{pmatrix} x_1 \\ x_2 \\ x_3 \\ x_4 \end{pmatrix} = \begin{pmatrix} 1 \\ 0 \\ -1 \\ 0 \end{pmatrix} + c \begin{pmatrix} -1 \\ -1 \\ 1 \\ 1 \end{pmatrix}.$$

【例 3.4】 求解非齐次线性方程组$\begin{cases} x_1 - x_2 + 2x_3 = 1, \\ 3x_1 + x_2 + 2x_3 = 3, \\ x_1 - 2x_2 + x_3 = -1, \\ 2x_1 - 2x_2 - 3x_3 = -5. \end{cases}$

解　$B=\begin{pmatrix}1&-1&2&1\\3&1&2&3\\1&-2&1&-1\\2&-2&-3&-5\end{pmatrix}\xrightarrow[r_3-r_1,r_4-2r_1]{r_2-3r_1}\begin{pmatrix}1&-1&2&1\\0&4&-4&0\\0&-1&-1&-2\\0&0&-7&-7\end{pmatrix}$

$$\xrightarrow[(-1)r_3,\left(-\frac{1}{7}\right)r_4]{\frac{1}{4}r_2}\begin{pmatrix}1&-1&2&1\\0&1&-1&0\\0&1&1&2\\0&0&1&1\end{pmatrix}\xrightarrow[r_3-r_2]{r_1+r_2}\begin{pmatrix}1&0&1&1\\0&1&-1&0\\0&0&2&2\\0&0&1&1\end{pmatrix}$$

$$\xrightarrow[r_2+r_4,r_3-2r_4]{r_1-r_4}\begin{pmatrix}1&0&0&0\\0&1&0&1\\0&0&0&0\\0&0&1&1\end{pmatrix}\xrightarrow{r_3\leftrightarrow r_4}\begin{pmatrix}1&0&0&0\\0&1&0&1\\0&0&1&1\\0&0&0&0\end{pmatrix},$$

由此即得原方程组有唯一解

$$\begin{cases}x_1=0,\\x_2=1,\\x_3=1.\end{cases}$$

【例 3.5】　求解非齐次线性方程组$\begin{cases}x_1-2x_2+3x_3+2x_4=1,\\3x_1-x_2+5x_3-x_4=-1,\\2x_1+x_2+2x_3-3x_4=3.\end{cases}$

解　$B=\begin{pmatrix}1&-2&3&2&1\\3&-1&5&-1&-1\\2&1&2&-3&3\end{pmatrix}\xrightarrow[r_3-2r_1]{r_2-3r_1}\begin{pmatrix}1&-2&3&2&1\\0&5&-4&-7&-4\\0&5&-4&-7&1\end{pmatrix}$

$$\xrightarrow{r_3-r_2}\begin{pmatrix}1&-2&3&2&1\\0&5&-4&-7&-4\\0&0&0&0&5\end{pmatrix},$$

由此可见 $R(\boldsymbol{A})=2$，$R(\boldsymbol{B})=3$，$R(\boldsymbol{A})<R(\boldsymbol{B})$，故原方程组无解.

【例 3.6】　设有线性方程组

$$\begin{cases}(1+\lambda)x_1+x_2+x_3=0,\\x_1+(1+\lambda)x_2+x_3=3,\\x_1+x_2+(1+\lambda)x_3=\lambda,\end{cases}$$

问 λ 取何值时，此方程组（1）有唯一解；（2）无解；（3）有无穷多解？并在有无穷多解时求其通解.

解　方法一：对增广矩阵 $\boldsymbol{B}=(\boldsymbol{A},\boldsymbol{b})$作初等行变换，变为行阶梯形矩阵

$$\boldsymbol{B}=\begin{pmatrix}1+\lambda&1&1&0\\1&1+\lambda&1&3\\1&1&1+\lambda&\lambda\end{pmatrix}\xrightarrow{r_1\leftrightarrow r_3}\begin{pmatrix}1&1&1+\lambda&\lambda\\1&1+\lambda&1&3\\1+\lambda&1&1&0\end{pmatrix}$$

$$\xrightarrow[r_3-(1+\lambda)r_1]{r_2-r_1}\begin{pmatrix}1 & 1 & 1+\lambda & \lambda \\ 0 & \lambda & -\lambda & 3-\lambda \\ 0 & -\lambda & -\lambda(2+\lambda) & -\lambda(1+\lambda)\end{pmatrix}$$

$$\xrightarrow{r_3+r_2}\begin{pmatrix}1 & 1 & 1+\lambda & \lambda \\ 0 & \lambda & -\lambda & 3-\lambda \\ 0 & 0 & -\lambda(3+\lambda) & (1-\lambda)(3+\lambda)\end{pmatrix}.$$

(1) 当 $\lambda\neq 0$ 且 $\lambda\neq -3$ 时，$R(\boldsymbol{A})=R(\boldsymbol{B})=3$，方程组有唯一解；

(2) 当 $\lambda=0$ 时，$R(\boldsymbol{A})=1$，$R(\boldsymbol{B})=2$，方程组无解；

(3) 当 $\lambda=-3$ 时，$R(\boldsymbol{A})=R(\boldsymbol{B})=2$，方程组有无穷多解.

此时，

$$\boldsymbol{B}\xrightarrow{r}\begin{pmatrix}1 & 1 & -2 & -3 \\ 0 & -3 & 3 & 6 \\ 0 & 0 & 0 & 0\end{pmatrix}\xrightarrow{r}\begin{pmatrix}1 & 0 & -1 & -1 \\ 0 & 1 & -1 & -2 \\ 0 & 0 & 0 & 0\end{pmatrix},$$

由此得通解

$$\begin{cases}x_1=x_3-1, \\ x_2=x_3-2,\end{cases}\quad (x_3\text{ 可取任意值})$$

即

$$\begin{pmatrix}x_1 \\ x_2 \\ x_3\end{pmatrix}=c\begin{pmatrix}1 \\ 1 \\ 1\end{pmatrix}+\begin{pmatrix}-1 \\ -2 \\ 0\end{pmatrix}\quad (c\in\mathbf{R}).$$

方法二：由本例中方程组所含未知元个数与方程组所含方程个数相等，因此方程组的系数矩阵 $\boldsymbol{A}$ 为方阵，故方程组有唯一解的充分必要条件是系数行列式 $|\boldsymbol{A}|\neq 0$. 而

$$|\boldsymbol{A}|=\begin{vmatrix}1+\lambda & 1 & 1 \\ 1 & 1+\lambda & 1 \\ 1 & 1 & 1+\lambda\end{vmatrix}=(3+\lambda)\begin{vmatrix}1 & 1 & 1 \\ 1 & 1+\lambda & 1 \\ 1 & 1 & 1+\lambda\end{vmatrix}$$

$$=(3+\lambda)\begin{vmatrix}1 & 1 & 1 \\ 0 & \lambda & 0 \\ 0 & 0 & \lambda\end{vmatrix}=(3+\lambda)\lambda^2,$$

因此，当 $\lambda\neq 0$ 且 $\lambda\neq -3$ 时，方程组有唯一解.

当 $\lambda=0$ 时，

$$\boldsymbol{B}=\begin{pmatrix}1 & 1 & 1 & 0 \\ 1 & 1 & 1 & 3 \\ 1 & 1 & 1 & 0\end{pmatrix}\xrightarrow{r}\begin{pmatrix}1 & 1 & 1 & 0 \\ 0 & 0 & 0 & 1 \\ 0 & 0 & 0 & 0\end{pmatrix},$$

由此可见 $R(\boldsymbol{A})=1$，$R(\boldsymbol{B})=2$，$R(\boldsymbol{A})<R(\boldsymbol{B})$，故方程组无解.

当 $\lambda=-3$ 时，

$$\boldsymbol{B}=\begin{pmatrix}-2 & 1 & 1 & 0 \\ 1 & -2 & 1 & 3 \\ 1 & 1 & -2 & -3\end{pmatrix}\xrightarrow{r}\begin{pmatrix}1 & 0 & -1 & -1 \\ 0 & 1 & -1 & -2 \\ 0 & 0 & 0 & 0\end{pmatrix},$$

由此可见 $R(\boldsymbol{A})=R(\boldsymbol{B})=2$，故方程组有无穷多解，且通解为

$$\begin{pmatrix}x_1\\x_2\\x_3\end{pmatrix}=c\begin{pmatrix}1\\1\\1\end{pmatrix}+\begin{pmatrix}-1\\-2\\0\end{pmatrix}\quad(c\in\mathbf{R}).$$

比较以上两种解题方法，显然方法二较为简单明了，但方法二只适合用于系数矩阵为方阵的情形.

注意：对含参数的矩阵作初等变换时，例如本例中对矩阵 $\boldsymbol{B}$ 作初等变换时，由于 $\lambda+1,\lambda+3$ 等因式可以等于0，故不宜作类似 $r_2-\frac{1}{\lambda+1}r_1$，$r_2\times(\lambda+1)$，$r_3\times\frac{1}{\lambda+3}$ 等这样的变换．如果作了类似变换，则需对 $\lambda+1=0$（或 $\lambda+3=0$）的情形另作讨论．因此，对含参数的矩阵作初等变换较不方便.

【例 3.7】 设有线性方程组

$$\begin{cases}\lambda x_1+x_2+x_3=5,\\3x_1+2x_2+\lambda x_3=18-5\lambda,\\x_2+2x_3=2,\end{cases}$$

问 λ 取何值时，此方程组（1）有唯一解；（2）无解；（3）有无穷多解？并在有无穷多解时求其通解.

解

$$\boldsymbol{B}=\begin{pmatrix}\lambda&1&1&5\\3&2&\lambda&18-5\lambda\\0&1&2&2\end{pmatrix}\xrightarrow[r_2-2r_3]{r_1-r_3}\begin{pmatrix}\lambda&0&-1&3\\3&0&\lambda-4&14-5\lambda\\0&1&2&2\end{pmatrix}$$

$$\xrightarrow{r_1-\frac{\lambda}{3}r_2}\begin{pmatrix}0&0&\frac{4}{3}\lambda-\frac{1}{3}\lambda^2-1&\frac{5}{3}\lambda^2-\frac{14}{3}\lambda+3\\3&0&\lambda-4&14-5\lambda\\0&1&2&2\end{pmatrix}$$

$$\xrightarrow[r_2\leftrightarrow r_3]{r_1\leftrightarrow r_2}\begin{pmatrix}3&0&\lambda-4&14-5\lambda\\0&1&2&2\\0&0&\frac{4}{3}\lambda-\frac{1}{3}\lambda^2-1&\frac{5}{3}\lambda^2-\frac{14}{3}\lambda+3\end{pmatrix}.$$

（1）当 $\frac{4}{3}\lambda-\frac{1}{3}\lambda^2-1\neq0$ 时，即当 $\lambda\neq1$ 且 $\lambda\neq3$ 时，$R(\boldsymbol{A})=R(\boldsymbol{B})=3$，方程组有唯一解.

（2）当 $\lambda=1$ 时，$\frac{4}{3}\lambda-\frac{1}{3}\lambda^2-1=0$，$\frac{5}{3}\lambda^2-\frac{14}{3}\lambda+3=0$，故 $R(\boldsymbol{A})=R(\boldsymbol{B})=2$，方程组有无穷多解，其通解为

$$\begin{cases}x_1=3+c,\\x_2=2-2c,\\x_3=c\end{cases}\quad(c\in\mathbf{R}).$$

即

$$\begin{pmatrix} x_1 \\ x_2 \\ x_3 \end{pmatrix} = \begin{pmatrix} 3 \\ 2 \\ 0 \end{pmatrix} + c \begin{pmatrix} 1 \\ -2 \\ 1 \end{pmatrix} \quad (c \in \mathbf{R}).$$

(3) 当 $\lambda=3$ 时，$R(\boldsymbol{A})=2<R(\boldsymbol{B})=3$，方程组无解.

定理 3.2 非齐次线性方程组 $\boldsymbol{Ax}=\boldsymbol{b}$ 有解的充分必要条件是 $R(\boldsymbol{A})=R(\boldsymbol{A},\boldsymbol{b})$.

定理 3.3 n 元齐次线性方程组 $\boldsymbol{Ax}=\boldsymbol{0}$ 有非零解的充分必要条件是 $R(\boldsymbol{A})<n$.

显然定理 3.2 就是定理 3.1 的（1），定理 3.3 则是定理 3.1 的（3）的特殊情形. 以上结论可进一步推广到矩阵方程的情形.

定理 3.4 矩阵方程组 $\boldsymbol{AX}=\boldsymbol{B}$ 有解的充分必要条件是 $R(\boldsymbol{A})=R(\boldsymbol{A},\boldsymbol{B})$.

定理 3.5 设 $\boldsymbol{AB}=\boldsymbol{C}$，则 $R(\boldsymbol{C})\leqslant\min\{R(\boldsymbol{A}),R(\boldsymbol{B})\}$.

定理 3.6 矩阵方程组 $\boldsymbol{A}_{m\times n}\boldsymbol{X}_{n\times l}=\boldsymbol{O}$ 只有零解的充分必要条件是 $R(\boldsymbol{A})=n$.

3.2 向量组的线性相关性

为了更深入系统地研究线性方程组解的存在性与唯一性，我们引入向量组的线性相关性、秩、极大线性无关组等基本概念. 其中向量组的线性相关性在线性代数中有着至关重要的作用，它为许多线性代数理论研究奠定了基础，有助于我们更深刻地认识线性方程组. 本节我们首先介绍向量组线性相关性的概念，然后介绍几种有关向量组线性相关性的判定方法，例如利用线性相关性的定义、行列式的值、矩阵的秩等，并比较不同判定方法的适用条件及范围，为圆满解决线性方程组的问题提供了有效的方法.

3.2.1 n 维向量组

第 2 章中我们已经介绍过用来描述速度、位移、力……既有大小又有方向的向量，现再叙述如下：

定义 3.4 由 n 个数 $a_1,a_2,\cdots,a_n$ 组成的一个有序数组称为 **n 维向量**. 其中 $a_i(i=1,2,\cdots,n)$称为 n 维向量的第 i 个**分量**（或**坐标**）.

分量全为零的向量称为**零向量**，记作 $\mathbf{0}$.

分量全为实数的向量称为**实向量**，分量含有复数的向量称为**复向量**，本书中讨论的向量，在不加声明时均指实向量.

第 2 章中指出 $n\times1$ 矩阵也称为 **n 维列向量**，$1\times n$ 矩阵也称为 **n 维行向量**，它们统称为 **n 维向量**. 为书写方便，常把列向量写成行向量转置的形式，即

$$\boldsymbol{a}=\begin{pmatrix} a_1 \\ a_2 \\ \vdots \\ a_n \end{pmatrix}=(a_1,\ a_2,\ \cdots,\ a_n)^{\mathrm{T}}.$$

作为有序数组，n 维行向量与列向量是一致的，但我们规定：当 $n>1$ 时，n

维行向量与 n 维列向量看作是两个不同的向量．本书中讨论的向量，在不加声明时均指列向量.

本书中列向量常用小写英文字母 $\boldsymbol{a}$、$\boldsymbol{b}$ 或希腊字母 $\boldsymbol{\alpha}$、$\boldsymbol{\beta}$、$\boldsymbol{\gamma}$ 等表示，行向量则用 $\boldsymbol{a}^{\mathrm{T}}$、$\boldsymbol{b}^{\mathrm{T}}$ 或 $\boldsymbol{\alpha}^{\mathrm{T}}$、$\boldsymbol{\beta}^{\mathrm{T}}$、$\boldsymbol{\gamma}^{\mathrm{T}}$ 等表示.

在解析几何中，我们把可随意移动的有向线段作为向量的几何形象．引入坐标系后，这种向量就有了坐标表示式——三个有次序的实数，即 3 维向量．因此，当 $n\leqslant 3$ 时，n 维向量可以把有向线段作为几何形象，但当 $n>3$ 时，n 维向量就不再有这种有几何形象，只是沿用一些几何术语罢了.

几何中，“空间”为点的集合，即“空间”的元素是点，我们把 3 维向量的全体组成的集合

$$\mathbf{R}^3=\{\boldsymbol{r}=(x,y,z)^{\mathrm{T}} \mid x,y,z\in\mathbf{R}\}$$

称为三维向量空间．取定坐标系后，空间中的点 $\boldsymbol{P}(x,y,z)$ 与 3 维向量 $\boldsymbol{r}=(x,y,z)^{\mathrm{T}}$ 之间有一一对应的关系，因此，向量空间可看做取定坐标系的点空间．在讨论向量运算时，把向量看作有向线段；在讨论向量集时，则把向量 $\boldsymbol{r}$ 看作以 $\boldsymbol{r}$ 为向量的点 $\boldsymbol{P}$，从而把点 $\boldsymbol{P}$ 的轨迹作为向量集的图形．例如点集

$$\Pi=\{\boldsymbol{P}(x,y,z) \mid ax+by+cz=d\},$$

是一个平面（a,b,c 不全为 0），于是向量集

$$\{\boldsymbol{r}=(x,y,z)^{\mathrm{T}} \mid ax+by+cz=d\},$$

也称为空间 $\mathbf{R}^3$ 中的平面，并把 Π 作为它的图形.

类似地，n 维向量的全体组成的集合

$$\mathbf{R}^n=\{\boldsymbol{x}=(x_1,x_2,\cdots,x_n)^{\mathrm{T}} \mid x_1,x_2,\cdots,x_n\in\mathbf{R}\},$$

称为 n 维向量空间．n 维向量的集合

$$\{\boldsymbol{x}=(x_1,x_2,\cdots x_n)^{\mathrm{T}} \mid a_1x_1+a_2x_2+a_nx_n=b\},$$

称为 n 维向量空间 $\mathbf{R}^n$ 中的 $n-1$ 维超平面.

若干个同维数的列向量（或同维数的行向量）所组成的集合称为**向量组**．例如 $m\times n$ 矩阵 $\mathbf{A}$ 有 m 个 n 维行向量，同时又有 n 个 m 维列向量.

$$\mathbf{A}=\begin{pmatrix} a_{11} & a_{12} & \cdots & a_{1n} \\ a_{21} & a_{22} & \cdots & a_{2n} \\ \cdots & \cdots & \cdots & \cdots \\ a_{m1} & a_{m2} & \cdots & a_{mn} \end{pmatrix}=\begin{pmatrix} \boldsymbol{b}_1 \\ \boldsymbol{b}_2 \\ \vdots \\ \boldsymbol{b}_m \end{pmatrix}=(\boldsymbol{a}_1,\boldsymbol{a}_2,\cdots,\boldsymbol{a}_n),$$

其中 $\boldsymbol{b}_i=(a_{i1},a_{i2},\cdots,a_{in})$ $(i=1,2,\cdots,m)$，$\boldsymbol{a}_j=\begin{pmatrix} a_{1j} \\ a_{2j} \\ \vdots \\ a_{mj} \end{pmatrix}$ $(j=1,2,\cdots,n)$，因此，$m\times n$ 矩阵可以看作是由 m 个 n 维行向量（或 n 个 m 维列向量）组成的向量组，同时由 m 个 n 维行向量（或 n 个 m 维列向量）组成的向量组也可构成一个 $m\times n$ 矩阵．由此可见，含有有限个向量的有序向量组可以与矩阵一一对应，这为我们今后许多问题的讨论带来了较大的便利性与灵活性.

3.2.2 向量组的线性组合

定义 3.5 对给定的向量组 $\boldsymbol{A}$：$\boldsymbol{a}_1,\boldsymbol{a}_2,\cdots,\boldsymbol{a}_m$，任取一组实数 $k_1,k_2,\cdots,k_m$，称

$$k_1\boldsymbol{a}_1+k_2\boldsymbol{a}_2+\cdots+k_m\boldsymbol{a}_m$$

为向量组 $\boldsymbol{A}$ 的一个**线性组合**. $k_1,k_2,\cdots,k_m$ 称为这个线性组合的**系数**.

对给定的向量组 $\boldsymbol{A}$：$\boldsymbol{a}_1,\boldsymbol{a}_2,\cdots,\boldsymbol{a}_m$ 和向量 $\boldsymbol{a}$，若存在一组数 $k_1,k_2,\cdots,k_m$，使得

$$\boldsymbol{a}=k_1\boldsymbol{a}_1+k_2\boldsymbol{a}_2+\cdots+k_m\boldsymbol{a}_m,$$

则称向量 $\boldsymbol{a}$ 可由向量组 $\boldsymbol{A}$ **线性表示**，或称向量 $\boldsymbol{a}$ 是 $\boldsymbol{a}_1,\boldsymbol{a}_2,\cdots,\boldsymbol{a}_m$ 的**线性组合**.

向量 $\boldsymbol{b}$ 能由向量组 $\boldsymbol{A}$ 线性表示，也就是方程组

$$x_1\boldsymbol{a}_1+x_2\boldsymbol{a}_2+\cdots+x_m\boldsymbol{a}_m=\boldsymbol{b}$$

有解．由定理 3.2 立即可得以下定理.

定理 3.7 向量 $\boldsymbol{b}$ 能由向量组 $\boldsymbol{A}$：$\boldsymbol{a}_1,\boldsymbol{a}_2,\cdots,\boldsymbol{a}_m$ 线性表示的充分必要条件是矩阵 $\boldsymbol{A}=(\boldsymbol{a}_1,\boldsymbol{a}_2,\cdots,\boldsymbol{a}_m)$ 的秩等于矩阵 $\boldsymbol{B}=(\boldsymbol{a}_1,\boldsymbol{a}_2,\cdots,\boldsymbol{a}_m,\boldsymbol{b})$ 的秩.

【例 3.8】 设三维向量 $\boldsymbol{e}_1=\begin{pmatrix}1\\0\\0\end{pmatrix}$，$\boldsymbol{e}_2=\begin{pmatrix}0\\1\\0\end{pmatrix}$，$\boldsymbol{e}_3=\begin{pmatrix}0\\0\\1\end{pmatrix}$，则对任何一个三维向量 $\boldsymbol{a}=\begin{pmatrix}a_1\\a_2\\a_3\end{pmatrix}$ 都可由 $\boldsymbol{e}_1$，$\boldsymbol{e}_2$，$\boldsymbol{e}_3$ 线性表示：$\boldsymbol{a}=a_1\boldsymbol{e}_1+a_2\boldsymbol{e}_2+a_3\boldsymbol{e}_3$.

一般地，任何一个 n 维向量 $\boldsymbol{a}=\begin{pmatrix}a_1\\a_2\\\vdots\\a_n\end{pmatrix}$ 都可由 n 维向量组

$$\boldsymbol{e}_1=\begin{pmatrix}1\\0\\\vdots\\0\end{pmatrix},\ \boldsymbol{e}_2=\begin{pmatrix}0\\1\\\vdots\\0\end{pmatrix},\ \cdots,\ \boldsymbol{e}_n=\begin{pmatrix}0\\0\\\vdots\\1\end{pmatrix} \tag{3.6}$$

线性表示：$\boldsymbol{a}=a_1\boldsymbol{e}_1+a_2\boldsymbol{e}_2+\cdots+a_n\boldsymbol{e}_n$. 向量组（3.6）称为 **$n$ 维单位坐标向量组**.

由此可见任意向量都可由单位坐标向量组线性表示，并且线性表示的系数即为该向量的坐标分量.

【例 3.9】 证明向量 $\boldsymbol{b}$ 能由向量组 $\boldsymbol{a}_1,\boldsymbol{a}_2,\boldsymbol{a}_3$ 线性表示，并求出表示式．其中

$$\boldsymbol{a}_1=\begin{pmatrix}1\\1\\2\\2\end{pmatrix},\ \boldsymbol{a}_2=\begin{pmatrix}1\\2\\1\\3\end{pmatrix},\ \boldsymbol{a}_3=\begin{pmatrix}1\\-1\\4\\0\end{pmatrix},\ \boldsymbol{b}=\begin{pmatrix}1\\0\\3\\1\end{pmatrix}.$$

解 由定理 3.7 要证矩阵 $\boldsymbol{A}=(\boldsymbol{a}_1,\boldsymbol{a}_2,\boldsymbol{a}_3)$ 与矩阵 $\boldsymbol{B}=(\boldsymbol{A},\boldsymbol{b})$ 的秩相等．为此，把 $\boldsymbol{B}$ 化为最简形

$$B=\begin{pmatrix}1&1&1&1\\1&2&-1&0\\2&1&4&3\\2&3&0&1\end{pmatrix}\xrightarrow[r_3-2r_1,r_4-2r_1]{r_2-r_1}\begin{pmatrix}1&1&1&1\\0&1&-2&-1\\0&-1&2&1\\0&1&-2&-1\end{pmatrix}\xrightarrow{r}\begin{pmatrix}1&0&3&2\\0&1&-2&-1\\0&0&0&0\\0&0&0&0\end{pmatrix},$$

可见，$R(\boldsymbol{A})=R(\boldsymbol{B})$，因此，向量 $\boldsymbol{b}$ 能由向量组 $\boldsymbol{a}_1,\boldsymbol{a}_2,\boldsymbol{a}_3$ 线性表示.

由行最简形，可得方程$(\boldsymbol{a}_1,\boldsymbol{a}_2,\boldsymbol{a}_3)\boldsymbol{x}=\boldsymbol{b}$ 的通解为

$$\boldsymbol{x}=c\begin{pmatrix}-3\\2\\1\end{pmatrix}+\begin{pmatrix}2\\-1\\0\end{pmatrix}=\begin{pmatrix}-3c+2\\2c-1\\c\end{pmatrix},$$

从而得表示式为

$$\boldsymbol{b}=(\boldsymbol{a}_1,\boldsymbol{a}_2,\boldsymbol{a}_3)\boldsymbol{x}=(-3c+2)\boldsymbol{a}_1+(2c-1)\boldsymbol{a}_2+c\boldsymbol{a}_3,$$

其中 c 可取任意值.

定义 3.6　设有两个向量组 $\boldsymbol{A}$：$\boldsymbol{a}_1,\boldsymbol{a}_2,\cdots,\boldsymbol{a}_m$ 及向量组 $\boldsymbol{B}$：$\boldsymbol{b}_1,\boldsymbol{b}_2,\cdots,\boldsymbol{b}_l$，若 $\boldsymbol{B}$ 组中的每个向量都能由向量组 $\boldsymbol{A}$ 线性表示，则称向量组 $\boldsymbol{B}$ 能由 $\boldsymbol{A}$ 线性表示．若向量组 $\boldsymbol{A}$ 与向量组 $\boldsymbol{B}$ 能互相线性表示，则称这**两个向量组等价**.

例如向量组

$$\boldsymbol{A}：\boldsymbol{a}_1=\begin{pmatrix}1\\1\\3\end{pmatrix},\ \boldsymbol{a}_2=\begin{pmatrix}1\\3\\1\end{pmatrix},\ \boldsymbol{a}_3=\begin{pmatrix}1\\4\\0\end{pmatrix},$$

与向量组

$$\boldsymbol{B}：\boldsymbol{b}_1=\begin{pmatrix}1\\2\\2\end{pmatrix},\ \boldsymbol{b}_2=\begin{pmatrix}0\\-1\\1\end{pmatrix},$$

容易验证

$\boldsymbol{a}_1=\boldsymbol{b}_1+\boldsymbol{b}_2$，$\boldsymbol{a}_2=\boldsymbol{b}_1-\boldsymbol{b}_2$，$\boldsymbol{a}_3=\boldsymbol{b}_1-2\boldsymbol{b}_2$，又有 $\boldsymbol{b}_1=\boldsymbol{a}_1-\boldsymbol{a}_2+\boldsymbol{a}_3$，$\boldsymbol{b}_2=\boldsymbol{a}_2-\boldsymbol{a}_3$，因此向量组 $\boldsymbol{A}$ 与向量组 $\boldsymbol{B}$ 等价.

向量组的等价具有以下性质：

(1) 反身性　每一个向量组都与自身等价.

(2) 对称性　若向量组 $\boldsymbol{A}$ 与向量组 $\boldsymbol{B}$ 等价，则向量组 $\boldsymbol{B}$ 与向量组 $\boldsymbol{A}$ 也等价.

(3) 传递性　若向量组 $\boldsymbol{A}$ 与向量组 $\boldsymbol{B}$ 等价，且向量组 $\boldsymbol{B}$ 与向量组 $\boldsymbol{C}$ 等价，则向量组 $\boldsymbol{A}$ 与向量组 $\boldsymbol{C}$ 等价.

把向量组 $\boldsymbol{A}$ 和 $\boldsymbol{B}$ 所构成的矩阵依次记作 $\boldsymbol{A}=(\boldsymbol{a}_1,\boldsymbol{a}_2,\cdots,\boldsymbol{a}_m)$ 和 $\boldsymbol{B}=(\boldsymbol{b}_1,\boldsymbol{b}_2,\cdots,\boldsymbol{b}_l)$，$\boldsymbol{B}$ 能由 $\boldsymbol{A}$ 线性表示，即对每个向量 $\boldsymbol{b}_j\,(j=1,2,\cdots,l)$ 存在实数 $k_{1j},k_{2j},\cdots k_{mj}$，使得

$$\boldsymbol{b}_j=k_{1j}\boldsymbol{a}_1+k_{2j}\boldsymbol{a}_2+\cdots+k_{mj}\boldsymbol{a}_m=(\boldsymbol{a}_1,\boldsymbol{a}_2,\cdots,\boldsymbol{a}_m)\begin{pmatrix}k_{1j}\\k_{2j}\\\vdots\\k_{mj}\end{pmatrix},$$

从而

$$(\boldsymbol{b}_1,\boldsymbol{b}_2,\cdots,\boldsymbol{b}_l)=(\boldsymbol{a}_1,\boldsymbol{a}_2,\cdots,\boldsymbol{a}_m)\begin{pmatrix} k_{11} & k_{12} & \cdots & k_{1l} \\ k_{21} & k_{22} & \cdots & k_{2l} \\ \cdots & \cdots & \cdots & \cdots \\ k_{m1} & k_{m2} & \cdots & k_{ml} \end{pmatrix},$$

其中矩阵 $\boldsymbol{K}_{m\times l}=(k_{ij})$称为这一线性表示的系数矩阵.

由此可知，若 $\boldsymbol{C}_{m\times n}=\boldsymbol{A}_{m\times l}\boldsymbol{B}_{l\times n}$，则矩阵 $\boldsymbol{C}$ 的列向量组能由矩阵 $\boldsymbol{A}$ 的列向量组线性表示，$\boldsymbol{B}$ 为这一表示的系数矩阵：

$$(\boldsymbol{c}_1,\boldsymbol{c}_2,\cdots,\boldsymbol{c}_n)=(\boldsymbol{a}_1,\boldsymbol{a}_2,\cdots,\boldsymbol{a}_l)\begin{pmatrix} b_{11} & b_{12} & \cdots & b_{1n} \\ b_{21} & b_{22} & \cdots & b_{2n} \\ \cdots & \cdots & \cdots & \cdots \\ b_{l1} & b_{l2} & \cdots & b_{ln} \end{pmatrix},$$

同时，矩阵 $\boldsymbol{C}$ 的行向量组能由矩阵 $\boldsymbol{B}$ 的行向量组线性表示，$\boldsymbol{A}$ 为这一表示的系数矩阵.

【例 3.10】 若矩阵 $\boldsymbol{A}$ 经过初等行（或列）变换变成矩阵 $\boldsymbol{B}$，则 $\boldsymbol{A}$ 的行（或列）向量组与 $\boldsymbol{B}$ 的行（或列）向量组等价.

证 由矩阵 $\boldsymbol{A}$ 经过初等行变换变成矩阵 $\boldsymbol{B}$，则 $\boldsymbol{B}$ 的每个行向量都是 $\boldsymbol{A}$ 的行向量组的线性组合，即 $\boldsymbol{B}$ 的行向量组能由 $\boldsymbol{A}$ 的行向量组线性表示.

又由初等变换的可逆性知矩阵 $\boldsymbol{B}$ 亦可经初等行变换变为 $\boldsymbol{A}$，从而 $\boldsymbol{A}$ 的行向量组能由 $\boldsymbol{B}$ 的行向量组线性表示.

因此，$\boldsymbol{A}$ 的行向量组与 $\boldsymbol{B}$ 的行向量组等价．类似可证关于列的结论.

3.2.3 向量组的线性相关性

定义 3.7 对于 n 维向量组

$$\boldsymbol{a}_1,\boldsymbol{a}_2,\cdots,\boldsymbol{a}_m, \tag{3.7}$$

若存在 m 个不全为零的实数 $k_1,k_2,\cdots,k_m$，使得

$$k_1\boldsymbol{a}_1+k_2\boldsymbol{a}_2+\cdots+k_m\boldsymbol{a}_m=\boldsymbol{0}, \tag{3.8}$$

则称向量组 $\boldsymbol{a}_1,\boldsymbol{a}_2,\cdots,\boldsymbol{a}_m$ **线性相关**，否则称向量组 $\boldsymbol{a}_1,\boldsymbol{a}_2,\cdots,\boldsymbol{a}_m$ **线性无关**，即当且仅当 $k_1=k_2=\cdots=k_m=0$ 时，才有

$$k_1\boldsymbol{a}_1+k_2\boldsymbol{a}_2+\cdots+k_m\boldsymbol{a}_m=\boldsymbol{0}$$

成立.

对于一个向量 $\boldsymbol{a}$ 来说，$\boldsymbol{a}$ 线性相关的充分必要条件是 $\boldsymbol{a}=\boldsymbol{0}$.

例如向量组 $\boldsymbol{a}_1=(1,0,0)^{\mathrm{T}}$，$\boldsymbol{a}_2=(0,1,1)^{\mathrm{T}}$，$\boldsymbol{a}_3=(1,1,1)^{\mathrm{T}}$ 是线性相关的，只需取

$$k_1=k_2=1，k_3=-1$$

即可.

一个向量组不是线性相关，就是线性无关，要证明向量组（3.7）线性无关，常采用如下方法：

先假设若存在 m 个的实数 $k_1,k_2,\cdots,k_m$，使得（3.8）式成立，然后证明 k_1，

$k_2,\cdots,k_m$ 只能全为0.

【例3.11】 证明 n 维单位坐标向量组 $\boldsymbol{e}_1,\boldsymbol{e}_2,\cdots,\boldsymbol{e}_n$ 线性无关.

证 设存在一组实数 $k_1,k_2,\cdots,k_n$ 使得

$$k_1\boldsymbol{e}_1+k_2\boldsymbol{e}_2+\cdots k_n\boldsymbol{e}_n=\boldsymbol{0},$$

即 $(k_1,k_2,\cdots,k_n)^{\mathrm{T}}=\boldsymbol{0}$，则必有

$$k_1=k_2=\cdots=k_n=0,$$

因此向量组 $\boldsymbol{e}_1,\boldsymbol{e}_2,\cdots,\boldsymbol{e}_n$ 线性无关.

向量组 $\boldsymbol{A}$：$\boldsymbol{a}_1,\boldsymbol{a}_2,\cdots,\boldsymbol{a}_m$ 构成的矩阵 $\boldsymbol{A}=(\boldsymbol{a}_1,\boldsymbol{a}_2,\cdots,\boldsymbol{a}_m)$，向量组 $\boldsymbol{A}$ 线性相关，就是齐次线性方程组

$$x_1\boldsymbol{a}_1+x_2\boldsymbol{a}_2+\cdots+x_m\boldsymbol{a}_m=\boldsymbol{0}，\text{即 } \boldsymbol{Ax}=\boldsymbol{0}$$

有非零解．由定理3.3可得到如下定理.

定理3.8 向量组 $\boldsymbol{a}_1,\boldsymbol{a}_2,\cdots,\boldsymbol{a}_m$ 线性相关的充分必要条件是它所构成的矩阵 $\boldsymbol{A}=(\boldsymbol{a}_1,\boldsymbol{a}_2,\cdots,\boldsymbol{a}_m)$ 的秩小于向量个数 m，即 $R(\boldsymbol{A})<m$；向量组线性无关的充分必要条件是它所构成的矩阵 $\boldsymbol{A}=(a_1,a_2,\cdots,a_m)$ 的秩等于向量个数 m，即 $R(\boldsymbol{A})=m$.

【例3.12】 已知向量组 $\boldsymbol{a}_1,\boldsymbol{a}_2,\boldsymbol{a}_3$ 线性无关，$\boldsymbol{b}_1=\boldsymbol{a}_1+\boldsymbol{a}_2$，$\boldsymbol{b}_2=\boldsymbol{a}_2+\boldsymbol{a}_3$，$\boldsymbol{b}_3=\boldsymbol{a}_1+\boldsymbol{a}_3$，试证向量组 $\boldsymbol{b}_1$，$\boldsymbol{b}_2$，$\boldsymbol{b}_3$ 线性无关.

证 方法一：设存在实数 x_1,x_2,x_3 使得

$$x_1\boldsymbol{b}_1+x_2\boldsymbol{b}_2+x_3\boldsymbol{b}_3=\boldsymbol{0},$$

即

$$x_1(\boldsymbol{a}_1+\boldsymbol{a}_2)+x_2(\boldsymbol{a}_2+\boldsymbol{a}_3)+x_3(\boldsymbol{a}_1+\boldsymbol{a}_3)=\boldsymbol{0},$$

亦即

$$(x_1+x_3)\boldsymbol{a}_1+(x_1+x_2)\boldsymbol{a}_2+(x_2+x_3)\boldsymbol{a}_3=\boldsymbol{0},$$

由已知 $\boldsymbol{a}_1,\boldsymbol{a}_2,\boldsymbol{a}_3$ 线性无关，故有 $\begin{cases}x_1+x_3=0,\\x_1+x_2=0,\\x_2+x_3=0,\end{cases}$

由齐次方程组的系数行列式

$$\begin{vmatrix}1&0&1\\1&1&0\\0&1&1\end{vmatrix}=2\neq0,$$

故方程组只有零解 $x_1=x_2=x_3=0$，因此，向量组 $\boldsymbol{b}_1,\boldsymbol{b}_2,\boldsymbol{b}_3$ 线性无关.

方法二：把已知的三个向量等式写成一个矩阵等式

$$(\boldsymbol{b}_1,\boldsymbol{b}_2,\boldsymbol{b}_3)=(\boldsymbol{a}_1,\boldsymbol{a}_2,\boldsymbol{a}_3)\begin{pmatrix}1&0&1\\1&1&0\\0&1&1\end{pmatrix},$$

记作 $\boldsymbol{B}=\boldsymbol{AK}$. 设 $\boldsymbol{Bx}=\boldsymbol{0}$，以 $\boldsymbol{B}=\boldsymbol{AK}$ 代入得 $\boldsymbol{A}(\boldsymbol{Kx})=\boldsymbol{0}$. 由已知矩阵 $\boldsymbol{A}$ 的列向量组线性无关，可得 $\boldsymbol{Kx}=\boldsymbol{0}$. 又由 $|\boldsymbol{K}|=2\neq0$，知方程 $\boldsymbol{Kx}=\boldsymbol{0}$ 只有零解 $\boldsymbol{0}$. 因此矩阵 $\boldsymbol{B}$ 的列向量组 $\boldsymbol{b}_1,\boldsymbol{b}_2,\boldsymbol{b}_3$ 线性无关.

方法三：把已知的三个向量等式写成一个矩阵等式

$$(\boldsymbol{b}_1,\boldsymbol{b}_2,\boldsymbol{b}_3)=(\boldsymbol{a}_1,\boldsymbol{a}_2,\boldsymbol{a}_3)\begin{pmatrix}1&0&1\\1&1&0\\0&1&1\end{pmatrix},$$

记作 $\boldsymbol{B}=\boldsymbol{AK}$. 又由 $|\boldsymbol{K}|=2\neq0$ 知 $\boldsymbol{K}$ 可逆，因此 $R(\boldsymbol{B})=R(\boldsymbol{A})$. 由已知矩阵 $\boldsymbol{A}$ 的列向量组线性无关,可知 $R(\boldsymbol{A})=3$，从而 $R(\boldsymbol{B})=3$，因此，矩阵 $\boldsymbol{B}$ 的列向量组 $\boldsymbol{b}_1$，$\boldsymbol{b}_2,\boldsymbol{b}_3$ 线性无关.

例 3.12 给出三种证明方法，这三种方法都是常用的．方法一的关键步骤是：按定义 3.7 把证明向量组线性无关转化为证明齐次线性方程组只有零解．方法二的证明过程与方法一相同，只是证明时改用矩阵形式．方法三也采用矩阵形式，并用了矩阵秩的相关知识，从而可以不涉及线性方程组而直接证得结论．对以上三种方法来说，本例的重点和难点都是向量组之间的相互转化，即要将未知线性相关性的向量组用线性相关性已知的向量组进行表示，从而利用表示形式对未知线性相关性的向量组的线性相关性进行判别. 通过对线性相关和线性无关定义及性质的内容，理解对立统一思想，二者看似对立，却能由此及彼，因此，要科学地认识世界，客观地理解生活.

定理 3.9 向量组 $\boldsymbol{a}_1,\boldsymbol{a}_2,\cdots,\boldsymbol{a}_m(m\geqslant2)$ 线性相关的充分必要条件是其中至少有一个向量可被其余向量线性表示．

证 必要性：已知向量组 $\boldsymbol{a}_1,\boldsymbol{a}_2,\cdots,\boldsymbol{a}_m$ $(m\geqslant2)$ 线性相关，由定义 3.7 知，存在一组不全为零的实数 $k_1,k_2,\cdots,k_m$ 使得

$$k_1\boldsymbol{a}_1+k_2\boldsymbol{a}_2+\cdots+k_m\boldsymbol{a}_m=\boldsymbol{0},$$

不妨设 $k_m\neq0$，则有

$$k_m\boldsymbol{a}_m=-k_1\boldsymbol{a}_1-k_2\boldsymbol{a}_2-\cdots-k_{m-1}\boldsymbol{a}_{m-1},$$

即

$$\boldsymbol{a}_m=-\frac{k_1}{k_m}\boldsymbol{a}_1-\frac{k_2}{k_m}\boldsymbol{a}_2-\cdots-\frac{k_{m-1}}{k_m}\boldsymbol{a}_{m-1},$$

这说明 $\boldsymbol{a}_m$ 可以由其余向量线性表示.

充分性：已知向量组 $\boldsymbol{a}_1,\boldsymbol{a}_2,\cdots,\boldsymbol{a}_m$ $(m\geqslant2)$ 中至少有一个向量可被其余向量线性表出，不妨设为 $\boldsymbol{a}_m$，即

$$\boldsymbol{a}_m=k_1'\boldsymbol{a}_1+k_2'\boldsymbol{a}_2+\cdots+k_{m-1}'\boldsymbol{a}_{m-1},$$

移项得

$$k_1'\boldsymbol{a}_1+k_2'\boldsymbol{a}_2+\cdots+k_{m-1}'\boldsymbol{a}_{m-1}-\boldsymbol{a}_m=\boldsymbol{0},$$

因 $k_1',k_2',\cdots,k_{m-1}'$，$-1$ 中至少有 -1 不为零，所以 $\boldsymbol{a}_1,\boldsymbol{a}_2,\cdots,\boldsymbol{a}_m$ 线性相关.

由定理 3.9 可得到如下定理.

定理 3.10 向量组 $\boldsymbol{a}_1,\boldsymbol{a}_2,\cdots,\boldsymbol{a}_m$ $(m\geqslant2)$ 线性无关的充分必要条件是其中任何一个向量都不能被其余向量线性表示.

由定义 3.7 易验证以下结论成立.

定理 3.11 （1）任意一个包含零向量的向量组必线性相关.

（2）两个非零向量线性相关的充分必要条件是它们的对应分量成比例.

（3）如果向量组 $\boldsymbol{a}_1,\boldsymbol{a}_2,\cdots,\boldsymbol{a}_m$ 中有一部分向量组线性相关，则向量组 $\boldsymbol{a}_1,\boldsymbol{a}_2,\cdots,\boldsymbol{a}_m$ 必线性相关.

（4）如果向量组 $\boldsymbol{a}_1,\boldsymbol{a}_2,\cdots,\boldsymbol{a}_m$ 线性无关，则任何部分向量组必线性无关.

（5）当 $m>n$ 时，m 个 n 维向量所组成的向量组必线性相关.

（6）如果向量组 $\boldsymbol{a}_1,\boldsymbol{a}_2,\cdots,\boldsymbol{a}_m$ 线性无关，而向量组 $\boldsymbol{a}_1,\boldsymbol{a}_2,\cdots,\boldsymbol{a}_m$，$\boldsymbol{b}$ 线性相关，则 $\boldsymbol{b}$ 可由向量组 $\boldsymbol{a}_1,\boldsymbol{a}_2,\cdots,\boldsymbol{a}_m$ 线性表示，且表示式唯一.

证 只证（6），其余留给读者自证.

记 $\boldsymbol{A}=(\boldsymbol{a}_1,\boldsymbol{a}_2,\cdots,\boldsymbol{a}_m)$，$\boldsymbol{B}=(\boldsymbol{a}_1,\boldsymbol{a}_2,\cdots,\boldsymbol{a}_m,\ \boldsymbol{b})$，则有 $R(\boldsymbol{A})=m$，且

$$m\leqslant R(\boldsymbol{B})<m+1,$$

因此 $R(\boldsymbol{B})=m$.

由定理 3.1 知线性方程组 $\boldsymbol{Ax}=\boldsymbol{b}$ 有唯一解，即向量 $\boldsymbol{b}$ 可由向量组 $\boldsymbol{a}_1,\boldsymbol{a}_2,\cdots,\boldsymbol{a}_m$ 线性表示，且表示式唯一.

3.3 向量组的秩与向量空间

3.3.1 向量组的秩

在第 2 章中已经介绍过矩阵秩的概念及其相关性质，由于矩阵本身可以看作是列向量构成的向量组，因此我们常利用矩阵的秩讨论向量组的线性相关性和线性无关性. 为使讨论进一步深入，有必要把秩的概念引进向量组，从而可直接利用向量组的秩对向量组中各向量的线性关系进行讨论.

任给一个向量组并不一定是线性无关的，但它可能含有一个部分组是线性无关的，而且这个组中的任何一个向量都可能被这个部分组线性表示.

引例 向量组 $\boldsymbol{a}_1=(1,3,-2)^{\mathrm{T}}$，$\boldsymbol{a}_2=(0,3,1)^{\mathrm{T}}$，$\boldsymbol{a}_3=(2,3,-5)^{\mathrm{T}}$ 线性相关，而 $\boldsymbol{a}_1$，$\boldsymbol{a}_2$ 对应分量不成比例，因此线性无关，且有

$$\boldsymbol{a}_1=1\cdot\boldsymbol{a}_1+0\cdot\boldsymbol{a}_2,$$
$$\boldsymbol{a}_2=0\cdot\boldsymbol{a}_1+1\cdot\boldsymbol{a}_2,$$
$$\boldsymbol{a}_3=2\cdot\boldsymbol{a}_1-\boldsymbol{a}_2,$$

可见，$\boldsymbol{a}_1,\boldsymbol{a}_2,\boldsymbol{a}_3$ 可由 $\boldsymbol{a}_1,\boldsymbol{a}_2$ 线性表示，我们把 $\boldsymbol{a}_1,\boldsymbol{a}_2$ 称为该向量组的一个极大线性无关组.

说明：向量组的极大无关组不一定是唯一的，如上例中 $\boldsymbol{a}_1,\boldsymbol{a}_2$ 为该向量组的一个极大线性无关组，同时，读者可自证 $\boldsymbol{a}_2,\boldsymbol{a}_3$ 也为该向量组的一个极大线性无关组.

定义 3.8 若向量组 $\boldsymbol{a}_1,\boldsymbol{a}_2,\cdots,\boldsymbol{a}_m$ 中有 r 个向量 $\boldsymbol{a}_{i_1},\boldsymbol{a}_{i_2},\cdots,\boldsymbol{a}_{i_r}$ 满足：

（1）向量组 $\boldsymbol{a}_{i_1},\boldsymbol{a}_{i_2},\cdots,\boldsymbol{a}_{i_r}$ 线性无关；

（2）向量组 $\boldsymbol{a}_1,\boldsymbol{a}_2,\cdots,\boldsymbol{a}_m$ 中的每一个向量均可由向量组 $\boldsymbol{a}_{i_1},\boldsymbol{a}_{i_2},\cdots,\boldsymbol{a}_{i_r}$ 线性表示，则称向量组 $\boldsymbol{a}_{i_1},\boldsymbol{a}_{i_2},\cdots,\boldsymbol{a}_{i_r}$ 是向量组 $\boldsymbol{a}_1,\boldsymbol{a}_2,\cdots,\boldsymbol{a}_m$ 的一个极大线性无关组，简称**极大无关组**. 极大线性无关组中所含向量的个数 r 称为该**向量组的秩**. 矩阵的

列向量组的秩称为**矩阵的列秩**，矩阵的行向量组的秩称为**矩阵的行秩**.

由定义 3.8 知以下结论成立：

(1) 当向量组中只包含一个零向量时，该向量组没有极大线性无关组，规定其秩为 0.

(2) 若一个向量组线性无关，则它的极大线性无关组就是它本身.

(3) 任何一个含有非零向量的线性相关的向量组一定有极大线性无关组，且不一定是唯一的.

例如，上面的例子中 $\boldsymbol{a}_1,\boldsymbol{a}_3$ 也是该向量组的极大线性无关组.

定义 3.8 中提及了矩阵的列秩与矩阵的行秩，接下来定理 3.12 将给出矩阵的秩与两者的关系.

定理 3.12 矩阵的秩等于它列向量组的秩，也等于它行向量组的秩.

证 设 $\boldsymbol{A}=(\boldsymbol{a}_1,\boldsymbol{a}_2,\cdots,\boldsymbol{a}_m)$，$R(\boldsymbol{A})=r$，并设 r 阶子式 $\boldsymbol{D}_r\neq 0$. 由定理 3.8 知 $\boldsymbol{D}_r$ 所在的 r 列线性无关；又由 $\boldsymbol{A}$ 中所有 $r+1$ 阶子式均为零，知 $\boldsymbol{A}$ 中任意 $r+1$ 个列向量都线性相关. 因此 $\boldsymbol{D}_r$ 所在 r 的列是 $\boldsymbol{A}$ 的列向量组的一个极大无关组，所以列向量组的秩等于 r.

类似可证矩阵 $\boldsymbol{A}$ 的行向量组的秩也等于 r. 由此可见，矩阵的列秩与矩阵的行秩相等.

【例 3.13】 全体 n 维向量构成的向量组记作 $\mathbf{R}^n$，求 $\mathbf{R}^n$ 的一个极大无关组及 $\mathbf{R}^n$ 的秩.

解 由例 3.11 知 n 维单位坐标向量组 $\boldsymbol{e}_1,\boldsymbol{e}_2,\cdots,\boldsymbol{e}_n$ 线性无关. 由定理 3.11 (5) 知 $\mathbf{R}^n$ 中任意 $n+1$ 个向量都线性相关，因此向量组 $\boldsymbol{e}_1,\boldsymbol{e}_2,\cdots,\boldsymbol{e}_n$ 是 $\mathbf{R}^n$ 的一个极大无关组，且 $\mathbf{R}^n$ 的秩等于 n.

因为矩阵的初等变换不改变矩阵的秩，所以可以用矩阵的初等变换来求向量组的秩和极大无关组.

【例 3.14】 求下列矩阵的列向量组的一个极大无关组，并用极大无关组线性表出不属于极大无关组的列向量.

$$\boldsymbol{A}=\begin{pmatrix}2 & -1 & -1 & 1 & 2\\ 1 & 1 & -2 & 1 & 4\\ 4 & -6 & 2 & -2 & 4\\ 3 & 6 & -9 & 7 & 9\end{pmatrix}.$$

解 对 $\boldsymbol{A}$ 实行初等行变换变为阶梯形矩阵

$$\boldsymbol{A}\xrightarrow{r}\begin{pmatrix}1 & 1 & -2 & 1 & 4\\ 0 & 1 & -1 & 1 & 0\\ 0 & 0 & 0 & 1 & -3\\ 0 & 0 & 0 & 0 & 0\end{pmatrix},$$

因此 $R(\boldsymbol{A})=3$，由此知列向量组最大无关组含 3 个向量，而三个非零行的非零首元在 1,2,4 三列，故 $\boldsymbol{a}_1,\boldsymbol{a}_2,\boldsymbol{a}_4$ 为列向量组的一个极大无关组.

为表示 $\boldsymbol{a}_3$，$\boldsymbol{a}_5$，需将 $\boldsymbol{A}$ 化为最简形

$$A \xrightarrow{r} \begin{pmatrix} 1 & 0 & -1 & 0 & 4 \\ 0 & 1 & -1 & 0 & 3 \\ 0 & 0 & 0 & 1 & -3 \\ 0 & 0 & 0 & 0 & 0 \end{pmatrix},$$

将行最简形矩阵记作 $\boldsymbol{B}=(\boldsymbol{b}_1,\boldsymbol{b}_2,\boldsymbol{b}_3,\boldsymbol{b}_4,\boldsymbol{b}_5)$，由于方程组 $\boldsymbol{Ax}=\boldsymbol{0}$ 与 $\boldsymbol{Bx}=\boldsymbol{0}$ 同解，即方程

$$x_1\boldsymbol{a}_1+x_2\boldsymbol{a}_2+x_3\boldsymbol{a}_3+x_4\boldsymbol{a}_4+x_5\boldsymbol{a}_5=\boldsymbol{0}$$

与

$$x_1\boldsymbol{b}_1+x_2\boldsymbol{b}_2+x_3\boldsymbol{b}_3+x_4\boldsymbol{b}_4+x_5\boldsymbol{b}_5=\boldsymbol{0}$$

同解，因此向量 $\boldsymbol{a}_1,\boldsymbol{a}_2,\boldsymbol{a}_3,\boldsymbol{a}_4,\boldsymbol{a}_5$ 之间与向量 $\boldsymbol{b}_1,\boldsymbol{b}_2,\boldsymbol{b}_3,\boldsymbol{b}_4,\boldsymbol{b}_5$ 之间有相同的线性关系. 现在

$$\boldsymbol{b}_3=-\boldsymbol{b}_1-\boldsymbol{b}_2,\ \boldsymbol{b}_5=4\boldsymbol{b}_1+3\boldsymbol{b}_2-3\boldsymbol{b}_4,$$

因此

$$\boldsymbol{a}_3=-\boldsymbol{a}_1-\boldsymbol{a}_2,$$
$$\boldsymbol{a}_5=4\boldsymbol{a}_1+3\boldsymbol{a}_2-3\boldsymbol{a}_4.$$

本例的解法表明：如果矩阵 $\boldsymbol{A}_{m\times n}$ 和 $\boldsymbol{B}_{l\times n}$ 的行向量组等价（这时齐次线性方程组 $\boldsymbol{Ax}=\boldsymbol{0}$ 与 $\boldsymbol{Bx}=\boldsymbol{0}$ 可互推），则方程组 $\boldsymbol{Ax}=\boldsymbol{0}$ 与 $\boldsymbol{Bx}=\boldsymbol{0}$ 同解，从而 $\boldsymbol{A}$ 的列向量组各向量之间与 $\boldsymbol{B}$ 的列向量组各向量之间有相同的线性关系. 若 $\boldsymbol{B}$ 是个行最简形矩阵，则易见 $\boldsymbol{B}$ 的列向量组各向量之间的线性关系，从而即得 $\boldsymbol{A}$ 的列向量组各向量之间的线性关系（一个向量组的这种线性关系一般很多，但只要求出这个向量组的极大无关组，并将不属于极大无关组的向量用极大无关组线性表示，那么从表示式中就能推出原向量组的线性关系).

【例 3.15】 求下列向量组的秩及一个极大无关组，并用极大无关组线性表出其余向量.

$$\boldsymbol{a}_1=\begin{pmatrix} 2 \\ 1 \\ 4 \\ 3 \end{pmatrix},\quad \boldsymbol{a}_2=\begin{pmatrix} -1 \\ 1 \\ -6 \\ 6 \end{pmatrix},\quad \boldsymbol{a}_3=\begin{pmatrix} 1 \\ 1 \\ -2 \\ 7 \end{pmatrix},\quad \boldsymbol{a}_4=\begin{pmatrix} 2 \\ 4 \\ 4 \\ 9 \end{pmatrix}.$$

解 对由向量组 $\boldsymbol{a}_1,\boldsymbol{a}_2,\boldsymbol{a}_3,\boldsymbol{a}_4$ 构成的矩阵实行初等行变换

$$\boldsymbol{A}=(\boldsymbol{a}_1,\boldsymbol{a}_2,\boldsymbol{a}_3,\boldsymbol{a}_4)=\begin{pmatrix} 2 & -1 & 1 & 2 \\ 1 & 1 & 1 & 4 \\ 4 & -6 & -2 & 4 \\ 3 & 6 & 7 & 9 \end{pmatrix} \xrightarrow{r} \begin{pmatrix} 1 & 1 & 1 & 4 \\ 0 & 1 & 1 & 0 \\ 0 & 0 & 1 & -3 \\ 0 & 0 & 0 & 0 \end{pmatrix},$$

因此向量组的秩为 3，$\boldsymbol{a}_1,\boldsymbol{a}_2,\boldsymbol{a}_3$ 为向量组的一个极大无关组. 因为三阶子式

$$\begin{vmatrix} 1 & 1 & 1 \\ 0 & 1 & 1 \\ 0 & 0 & 1 \end{vmatrix} \neq 0,$$

为表示 $\boldsymbol{a}_4$，需利用矩阵的初等行变换将 $\boldsymbol{A}$ 化为最简形，由

$$\boldsymbol{A} \longrightarrow \begin{pmatrix} 1 & 0 & 0 & 4 \\ 0 & 1 & 0 & 3 \\ 0 & 0 & 1 & -3 \\ 0 & 0 & 0 & 0 \end{pmatrix},$$

得
$$\boldsymbol{a}_4 = 4\boldsymbol{a}_1 + 3\boldsymbol{a}_2 - 3\boldsymbol{a}_3.$$

还可以证明：向量组中每一个向量由极大无关组的向量线性表示的表达式是唯一的（过程略）.

由定义 3.6 和定义 3.8 易得如下结论：

定理 3.13 （1）向量组与极大无关组等价；

（2）等价的向量组有相同的秩.

定理 3.14 向量组 $\boldsymbol{b}_1, \boldsymbol{b}_2, \cdots, \boldsymbol{b}_l$ 能由向量组 $a_1, a_2, \cdots, a_m$ 线性表示的充分必要条件是

$$R(\boldsymbol{a}_1, \boldsymbol{a}_2, \cdots, \boldsymbol{a}_m) = R(\boldsymbol{a}_1, \boldsymbol{a}_2, \cdots, \boldsymbol{a}_m, \boldsymbol{b}_1, \boldsymbol{b}_2, \cdots, \boldsymbol{b}_l).$$

3.3.2 向量空间

为了讨论线性方程组解的结构问题，下面介绍有关向量空间的基本知识，对向量空间更一般的讨论将在第 5 章进行.

定义 3.9 设 V 为 n 维向量的非空集合，若对于向量的加法及数乘两种运算封闭，则称 V 为**向量空间**.

定义 3.9 中的封闭是指若 $\boldsymbol{a} \in V$，$\boldsymbol{b} \in V$，则 $\boldsymbol{a} + \boldsymbol{b} \in V$；若 $\boldsymbol{a} \in V$，$\lambda \in \mathbf{R}$ 则 $\lambda\boldsymbol{a} \in V$.

【例 3.16】 n 维向量的全体 $\mathbf{R}^n$ 就是一个向量空间，因为对于任意 $\boldsymbol{a}, \boldsymbol{b} \in \mathbf{R}^n$，都有 $\boldsymbol{a} + \boldsymbol{b} \in \mathbf{R}^n$，对于任意 $\boldsymbol{a} \in \mathbf{R}^n$，$\lambda \in \mathbf{R}$，都有 $\lambda\boldsymbol{a} \in \mathbf{R}^n$. 因此，$n$ 维向量空间一般也记为 $\mathbf{R}^n$.

【例 3.17】 集合 $V = \{\boldsymbol{x} = (0, x_2, \cdots, x_n)^{\mathrm{T}} \mid x_2, \cdots, x_n \in \mathbf{R}\}$ 是向量空间.

因为若 $\boldsymbol{a} = (0, a_2, \cdots, a_n) \in V$，$\boldsymbol{b} = (0, b_2, \cdots, b_n) \in V$，则

$$\boldsymbol{a} + \boldsymbol{b} = (0, a_2 + b_2, \cdots, a_n + b_n) \in V, \quad \lambda\boldsymbol{a} = (0, \lambda a_2, \cdots, \lambda a_n) \in V.$$

【例 3.18】 集合 $V = \{\boldsymbol{x} = (1, x_2, \cdots, x_n)^{\mathrm{T}} \mid x_2, \cdots, x_n \in \mathbf{R}\}$ 不是向量空间.

因为若 $\boldsymbol{a} = (1, a_2, \cdots, a_n) \in V$，则 $2\boldsymbol{a} = (2, 2a_2, \cdots, 2a_n) \notin V$.

【例 3.19】 齐次线性方程组的解集

$$S = \{\boldsymbol{x} \mid \boldsymbol{A}\boldsymbol{x} = \boldsymbol{0}\}$$

是一个向量空间（称为齐次线性方程组的**解空间**）.

因为若 $\boldsymbol{\xi}_1 \in S$，$\boldsymbol{\xi}_2 \in S$，则 $\boldsymbol{A}\boldsymbol{\xi}_1 = \boldsymbol{0}$，$\boldsymbol{A}\boldsymbol{\xi}_2 = \boldsymbol{0}$，$\boldsymbol{A}(\boldsymbol{\xi}_1 + \boldsymbol{\xi}_2) = \boldsymbol{A}\boldsymbol{\xi}_1 + \boldsymbol{A}\boldsymbol{\xi}_2 = \boldsymbol{0}$，故 $\boldsymbol{\xi}_1 + \boldsymbol{\xi}_2 \in S$，由 $\boldsymbol{A}(\lambda\boldsymbol{\xi}_1) = \lambda\boldsymbol{A}\boldsymbol{\xi}_1 = \boldsymbol{0}$ 得 $\lambda\boldsymbol{\xi}_1 \in S$. 因此可知解集 S 对线性运算封闭.

齐次线性方程组的解集 $S = \{\boldsymbol{x} \mid \boldsymbol{A}\boldsymbol{x} = \boldsymbol{0}\}$ 是一个向量空间，称为齐次线性方程组的**解空间**.

【例 3.20】 非齐次线性方程组的解集

$$S = \{\boldsymbol{x} \mid \boldsymbol{A}\boldsymbol{x} = \boldsymbol{b}\}$$

不是向量空间.

因为当 S 为空集时，S 不是向量空间；当 S 非空时，若 $\boldsymbol{a} \in S$，则 $\boldsymbol{A}(2\boldsymbol{a}) = 2\boldsymbol{b} \neq$

$\boldsymbol{b}$，因此 $2\boldsymbol{a}\notin S$.

【例 3.21】 设 $\boldsymbol{a}$，$\boldsymbol{b}$ 为两个已知的 n 维向量，集合

$$L=\{\boldsymbol{x}=\lambda\boldsymbol{a}+\mu\boldsymbol{b}\mid\lambda,\eta\in\mathbf{R}\}$$

是一个向量空间．因为若 $\boldsymbol{x}_1=\lambda_1\boldsymbol{a}+\mu_1\boldsymbol{b}$，$\boldsymbol{x}_2=\lambda_2\boldsymbol{a}+\mu_2\boldsymbol{b}$，则有

$$\boldsymbol{x}_1+\boldsymbol{x}_2=(\lambda_1+\lambda_2)\boldsymbol{a}+(\mu_1+\mu_2)\boldsymbol{b}\in L,$$

$$k\boldsymbol{x}_1=(k\lambda_1)\boldsymbol{a}+(k\mu_1)\boldsymbol{b}\in L.$$

例 3.21 中向量空间 L 称为由向量 $\boldsymbol{a}$，$\boldsymbol{b}$ 所**生成的向量空间**．对于由向量 $\boldsymbol{a}$，$\boldsymbol{b}$ 生成的空间 L，L 中任意向量可由向量 $\boldsymbol{a}$，$\boldsymbol{b}$ 线性表示.

一般地，由向量组 $\boldsymbol{a}_1,\boldsymbol{a}_2,\cdots,\boldsymbol{a}_m$ 所生成的向量空间为

$$L=\{\boldsymbol{x}=\lambda_1\boldsymbol{a}_1+\lambda_2\boldsymbol{a}_2+\cdots+\lambda_m\boldsymbol{a}_m\mid\lambda_1,\lambda_2,\cdots,\lambda_m\in\mathbf{R}\},$$

L 中任意向量可由向量组 $\boldsymbol{a}_1,\boldsymbol{a}_2,\cdots,\boldsymbol{a}_m$ 线性表示.

【例 3.22】 设向量组 $\boldsymbol{\alpha}_1,\boldsymbol{\alpha}_2,\cdots,\boldsymbol{\alpha}_m$ 与向量组 $\boldsymbol{b}_1,\boldsymbol{b}_2,\cdots,\boldsymbol{b}_s$ 等价，记

$$L_1=\{\boldsymbol{x}=\lambda_1\boldsymbol{a}_1+\lambda_2\boldsymbol{a}_2+\cdots+\lambda_m\boldsymbol{a}_m\mid\lambda_1,\lambda_2,\cdots,\lambda_m\in\mathbf{R}\},$$

$$L_2=\{\boldsymbol{x}=\mu_1\boldsymbol{b}_1+\mu_2\boldsymbol{b}_2+\cdots+\mu_s\boldsymbol{b}_s\mid\mu_1,\mu_2,\cdots,\mu_s\in\mathbf{R}\},$$

试证 $L_1=L_2$.

证　设 $\boldsymbol{x}\in L_1$，则 $\boldsymbol{x}$ 可由 $\boldsymbol{a}_1,\boldsymbol{a}_2,\cdots,\boldsymbol{a}_m$ 线性表示．因为 $\boldsymbol{a}_1,\boldsymbol{a}_2,\cdots,\boldsymbol{a}_m$ 可由 $\boldsymbol{b}_1,\boldsymbol{b}_2,\cdots,\boldsymbol{b}_s$ 线性表示，从而 $\boldsymbol{x}$ 可由 $\boldsymbol{b}_1,\boldsymbol{b}_2,\cdots,\boldsymbol{b}_s$ 线性表示，则有 $\boldsymbol{x}\in L_2$，易见，若$\boldsymbol{x}\in L_1$，则有 $\boldsymbol{x}\in L_2$，因此 $L_1\subset L_2$.

类似可证 $L_2\subset L_1$，因此 $L_1=L_2$.

定义 3.10　设有向量空间 V_1,V_2，若 $V_1\subset V_2$，就称 V_1 是 V_2 的**子空间**.

定义 3.11　设 V 为向量空间，若 r 个向量 $\boldsymbol{a}_1,\boldsymbol{a}_2,\cdots,\boldsymbol{a}_r\in V$，且满足：

(1) $\boldsymbol{a}_1,\boldsymbol{a}_2,\cdots,\boldsymbol{a}_r$ 线性无关；

(2) V 中任意一个向量都可由 $\boldsymbol{a}_1,\boldsymbol{a}_2,\cdots,\boldsymbol{a}_r$ 线性表示，则称向量组 $\boldsymbol{a}_1,\boldsymbol{a}_2,\cdots,\boldsymbol{a}_r$ 为向量空间 V 的一个**基**，r 称为向量空间 V 的**维数**，并称 V 为 r **维向量空间**.

若向量空间 V 没有基，则 V 的维数为 0，0 维向量空间只含零向量 $\mathbf{0}$.

若把向量空间 V 看作向量组，则 V 的基就是向量组的极大线性无关组，V 的维数就是向量组的秩.

例如，在 $\mathbf{R}^n$ 中，向量组 $\boldsymbol{e}_1,\boldsymbol{e}_2,\cdots,\boldsymbol{e}_n$ 是线性无关的，且它是 $\mathbf{R}^n$ 的极大无关组，因此 $\boldsymbol{e}_1,\boldsymbol{e}_2,\cdots,\boldsymbol{e}_n$ 是 $\mathbf{R}^n$ 的一个基，从而 $\mathbf{R}^n$ 的维数为 n，因此我们称 $\mathbf{R}^n$ 为 n 维向量空间.

又如，向量空间

$$V=\{\boldsymbol{x}=(0,x_2,\cdots,x_n)^{\mathrm{T}}\mid x_2,\cdots,x_n\in\mathbf{R}\}$$

的一个基可取为 $\boldsymbol{e}_2=(0,1,0,\cdots,0)^{\mathrm{T}}$，…，$\boldsymbol{e}_n=(0,0,0,\cdots,1)^{\mathrm{T}}$，并由此知它是 $n-1$ 维向量空间.

只有一个零向量构成的向量组，也是 $\mathbf{R}^n$ 的一个子空间，称为**零子空间**．$\mathbf{R}^n$ 和零子空间称为 $\mathbf{R}^n$ 的**平凡子空间**.

定义 3.12　设向量 $\boldsymbol{a}_1,\boldsymbol{a}_2,\cdots,\boldsymbol{a}_r$ 为向量空间 V 的一个基，对任意的向量 $\boldsymbol{a}\in V$ 可由 $\boldsymbol{a}_1,\boldsymbol{a}_2,\cdots,\boldsymbol{a}_r$ 线性表示，且表示式

$$\boldsymbol{a}=x_1\boldsymbol{a}_1+x_2\boldsymbol{a}_2+\cdots+x_r\boldsymbol{a}_r$$

唯一，则称数组 $x_1, x_2, \cdots, x_n$ 为向量 $\boldsymbol{a}$ 关于基 $\boldsymbol{a}_1, \boldsymbol{a}_2, \cdots, \boldsymbol{a}_r$ 的**坐标**.

【例 3.23】 证明向量组

$$\boldsymbol{a}_1=\begin{pmatrix}1\\1\\0\end{pmatrix},\ \boldsymbol{a}_2=\begin{pmatrix}2\\1\\3\end{pmatrix},\ \boldsymbol{a}_3=\begin{pmatrix}0\\0\\1\end{pmatrix}$$

是 $\mathbf{R}^3$ 的一个基，并求向量 $\boldsymbol{a}=\begin{pmatrix}2\\1\\2\end{pmatrix}$ 在该基下的坐标.

解　首先讨论向量组的线性相关性，

$$\begin{pmatrix}1&2&0\\1&1&0\\0&3&1\end{pmatrix}\xrightarrow{r_2-r_1}\begin{pmatrix}1&2&0\\0&-1&0\\0&3&1\end{pmatrix}\xrightarrow{r_3+3r_2}\begin{pmatrix}1&2&0\\0&-1&0\\0&0&1\end{pmatrix},$$

所以 $\boldsymbol{a}_1, \boldsymbol{a}_2, \boldsymbol{a}_3$ 是 $\mathbf{R}^3$ 的一个基.

其次求坐标，由

$$(\boldsymbol{a}_1, \boldsymbol{a}_2, \boldsymbol{a}_3, \boldsymbol{a})=\begin{pmatrix}1&2&0&2\\1&1&0&1\\0&3&1&2\end{pmatrix}\xrightarrow{r_2-r_1}\begin{pmatrix}1&2&0&2\\0&-1&0&-1\\0&3&1&2\end{pmatrix}$$

$$\xrightarrow{r_3+3r_2}\begin{pmatrix}1&2&0&2\\0&-1&0&-1\\0&0&1&-1\end{pmatrix}\xrightarrow[(-1)r_2]{r_1+2r_2}\begin{pmatrix}1&0&0&0\\0&1&0&1\\0&0&1&-1\end{pmatrix},$$

因此有 $\boldsymbol{a}=0\cdot\boldsymbol{a}_1+\boldsymbol{a}_2-\boldsymbol{a}_3$，故向量 $\boldsymbol{a}$ 在基 $\boldsymbol{a}_1, \boldsymbol{a}_2, \boldsymbol{a}_3$ 下的坐标为（0，1，-1）.

3.4　线性方程组解的结构

3.4.1　齐次线性方程组解的结构

本节将用向量组线性相关性的理论来讨论线性方程组的解．首先讨论齐次线性方程组的相关结论．在 3.1 节中我们介绍了利用矩阵初等行变换解线性方程组的方法，并建立了两个重要定理：定理 3.3 和定理 3.1，即

（1）n 个未知数的齐次线性方程组 $\boldsymbol{A}_{m\times n}\boldsymbol{x}=\boldsymbol{0}$ 有非零解的充分必要条件是 $R(\boldsymbol{A})<n$.

（2）n 个未知数的非齐次线性方程组 $\boldsymbol{A}_{m\times n}\boldsymbol{x}=\boldsymbol{b}$ 有唯一解的充分必要条件是 $R(\boldsymbol{A})=R(\boldsymbol{A},\boldsymbol{b})=n$；有无穷多解的充分必要条件是 $R(\boldsymbol{A})=R(\boldsymbol{A},\boldsymbol{b})<n$.

设有 n 元齐次线性方程组

$$\begin{cases}a_{11}x_1+a_{12}x_2+\cdots+a_{1n}x_n=0,\\a_{21}x_1+a_{22}x_2+\cdots+a_{2n}x_n=0,\\\cdots\cdots\cdots\cdots\cdots\cdots\cdots\cdots\\a_{m1}x_1+a_{m2}x_2+\cdots+a_{mn}x_n=0,\end{cases}\tag{3.9}$$

(3.9) 式可写成以向量 $\boldsymbol{x}$ 为未知元的向量方程的形式

$$\boldsymbol{A}_{m\times n}\boldsymbol{x}=\boldsymbol{0}. \tag{3.10}$$

对于齐次线性方程组(3.9)或方程组(3.10),它的每一组解都是一个向量,称之为**解向量**. 之前在例 3.19 中,为验证方程组(3.10)的解集为向量空间,已简单讨论过其解向量的性质,现将其总结如下

性质 3.1 若 $\boldsymbol{x}=\boldsymbol{\xi}_1$,$\boldsymbol{x}=\boldsymbol{\xi}_2$ 为(3.10)的解,则 $\boldsymbol{x}=\boldsymbol{\xi}_1+\boldsymbol{\xi}_2$ 为方程组(3.10)的解.

因为 $\boldsymbol{A}(\boldsymbol{\xi}_1+\boldsymbol{\xi}_2)=\boldsymbol{A}\boldsymbol{\xi}_1+\boldsymbol{A}\boldsymbol{\xi}_2=\boldsymbol{0}+\boldsymbol{0}=\boldsymbol{0}$,即 $\boldsymbol{x}=\boldsymbol{\xi}_1+\boldsymbol{\xi}_2$ 为方程组(3.10)的解.

性质 3.2 若 $\boldsymbol{x}=\boldsymbol{\xi}$ 为(3.10)的解,$k\in\mathbf{R}$,则 $\boldsymbol{x}=k\boldsymbol{\xi}$ 为方程组(3.10)的解.

因为 $\boldsymbol{A}(k\boldsymbol{\xi})=k(\boldsymbol{A}\boldsymbol{\xi})=\boldsymbol{0}$,即 $\boldsymbol{x}=k\boldsymbol{\xi}$ 为方程组(3.10)的解.

若用 S 表示齐次线性方程组(3.10)的全体解向量所成的集合,由上述性质可知,集合 S 对向量的线性运算是封闭的,因此集合 S 是一个向量空间,称为齐次线性方程组(3.10)的**解空间**.

这样,求解方程组(3.10)的全体解向量即求出解空间 S,从而转化为求出 S 的一个基,齐次线性方程组(3.10)解空间的基称为齐次线性方程组的一个**基础解系**.

3.1 节中用矩阵初等变换的方法求解线性方程组的通解,下面用同种方法求解齐次线性方程组的基础解系.

设方程组(3.10)的系数矩阵 $\boldsymbol{A}$ 的秩为 r,则经过若干次初等行变换,总可把 $\boldsymbol{A}$ 化为阶梯形矩阵,不妨设 $\boldsymbol{A}$ 的前 r 个列向量线性无关,从而 $\boldsymbol{A}$ 的行最简形为

$$\boldsymbol{B}=\begin{pmatrix} 1 & \cdots & 0 & b_{11} & \cdots & b_{1,n-r} \\ \multicolumn{6}{c}{\cdots\cdots\cdots\cdots\cdots\cdots} \\ 0 & \cdots & 1 & b_{r1} & \cdots & b_{r,n-r} \\ 0 & & & \cdots & & 0 \\ \multicolumn{6}{c}{\cdots\cdots\cdots\cdots\cdots\cdots} \\ 0 & & & \cdots & & 0 \end{pmatrix},$$

方程组(3.10)与矩阵 $\boldsymbol{B}$ 对应的方程组 $\boldsymbol{B}\boldsymbol{x}=\boldsymbol{0}$ 同解,即

$$\begin{cases} x_1=-b_{11}x_{r+1}-\cdots-b_{1,n-r}x_n, \\ x_2=-b_{21}x_{r+1}-\cdots-b_{2,n-r}x_n, \\ \cdots\cdots\cdots\cdots\cdots\cdots\cdots\cdots \\ x_r=-b_{r1}x_{r+1}-\cdots-b_{r,n-r}x_n, \end{cases} \tag{3.11}$$

自由未知数 $x_{r+1},\cdots,x_n$ 取任意常数 $c_1,\cdots,c_{n-r}$,得其通解

$$\boldsymbol{x}=\begin{pmatrix} x_1 \\ \vdots \\ x_r \\ x_{r+1} \\ x_{r+2} \\ \vdots \\ x_n \end{pmatrix}=c_1\begin{pmatrix} -b_{11} \\ \vdots \\ -b_{r1} \\ 1 \\ 0 \\ \vdots \\ 0 \end{pmatrix}+c_2\begin{pmatrix} -b_{12} \\ \vdots \\ -b_{r2} \\ 0 \\ 1 \\ \vdots \\ 0 \end{pmatrix}+\cdots+c_{n-r}\begin{pmatrix} -b_{1,n-r} \\ \vdots \\ -b_{r,n-r} \\ 0 \\ 0 \\ \vdots \\ 1 \end{pmatrix},$$

可得方程组（3.10）的 $n-r$ 个解向量

$$\boldsymbol{\xi}_1=\begin{pmatrix}-b_{11}\\ \vdots\\ -b_{r1}\\ 1\\ 0\\ \vdots\\ 0\end{pmatrix},\quad \boldsymbol{\xi}_2=\begin{pmatrix}-b_{12}\\ \vdots\\ -b_{r2}\\ 0\\ 1\\ \vdots\\ 0\end{pmatrix},\quad \cdots,\quad \boldsymbol{\xi}_{n-r}=\begin{pmatrix}-b_{1,n-r}\\ \vdots\\ -b_{r,n-r}\\ 0\\ 0\\ \vdots\\ 1\end{pmatrix},$$

上式记作

$$\boldsymbol{x}=c_1\boldsymbol{\xi}_1+c_2\boldsymbol{\xi}_2+\cdots+c_{n-r}\boldsymbol{\xi}_{n-r},$$

可知解集 S 中的任一向量 $\boldsymbol{x}$ 能由 $\boldsymbol{\xi}_1,\boldsymbol{\xi}_2,\cdots,\boldsymbol{\xi}_{n-r}$ 线性表示，又由矩阵（$\boldsymbol{\xi}_1,\boldsymbol{\xi}_2,\cdots,\boldsymbol{\xi}_{n-r}$）中有 $n-r$ 阶子式 $|\boldsymbol{E}_{n-r}|\neq 0$，从而 $R(\boldsymbol{\xi}_1,\boldsymbol{\xi}_2,\cdots,\boldsymbol{\xi}_{n-r})=n-r$，知 $\boldsymbol{\xi}_1,\boldsymbol{\xi}_2,\cdots,\boldsymbol{\xi}_{n-r}$ 线性无关，从而 $\boldsymbol{\xi}_1,\boldsymbol{\xi}_2,\cdots,\boldsymbol{\xi}_{n-r}$ 是 S 的极大无关组，即为方程组（3.10）的基础解系.

上述讨论中，先求出齐次线性方程组的通解，再得到基础解系．实际上也可先求出基础解系，再写出通解．这只需在得到方程组（3.11）后，令自由未知数 $x_{r+1},x_{r+2},\cdots,x_n$ 取下列 $n-r$ 组数：

$$\begin{pmatrix}x_{r+1}\\ x_{r+2}\\ \vdots\\ x_n\end{pmatrix}=\begin{pmatrix}1\\ 0\\ \vdots\\ 0\end{pmatrix},\begin{pmatrix}0\\ 1\\ \vdots\\ 0\end{pmatrix},\cdots,\begin{pmatrix}0\\ 0\\ \vdots\\ 1\end{pmatrix},$$

则有

$$\begin{pmatrix}x_1\\ \vdots\\ x_r\end{pmatrix}=\begin{pmatrix}-b_{11}\\ \vdots\\ -b_{r1}\end{pmatrix},\begin{pmatrix}-b_{12}\\ \vdots\\ -b_{r2}\end{pmatrix},\cdots,\begin{pmatrix}-b_{1,n-r}\\ \vdots\\ -b_{r,n-r}\end{pmatrix},$$

即得基础解系

$$\boldsymbol{\xi}_1=\begin{pmatrix}-b_{11}\\ \vdots\\ -b_{r1}\\ 1\\ 0\\ \vdots\\ 0\end{pmatrix},\quad \boldsymbol{\xi}_2=\begin{pmatrix}-b_{12}\\ \vdots\\ -b_{r2}\\ 0\\ 1\\ \vdots\\ 0\end{pmatrix},\quad \cdots,\quad \boldsymbol{\xi}_{n-r}=\begin{pmatrix}-b_{1,n-r}\\ \vdots\\ -b_{r,n-r}\\ 0\\ 0\\ \vdots\\ 1\end{pmatrix}.$$

由上述的推导可得以下结论.

定理 3.15 设 $m\times n$ 矩阵 $\boldsymbol{A}$ 的秩 $R(\boldsymbol{A})=r$，则 n 元齐次线性方程组 $\boldsymbol{Ax}=\boldsymbol{0}$ 的解集 S 的秩 $R(S)=n-r$.

上述讨论中，由于解空间的基不是唯一的，因此方程组（3.10）的任何 $n-r$ 个线性无关的解向量都可作为解空间 S 的基．同时定理 3.15 还给出齐次线性方程组的一个重要特点：**基础解系所含解向量的个数＝未知量的个数－系数矩阵的秩．**

【例3.24】 求齐次线性方程组

$$\begin{cases}x_1-x_2-x_3+x_4=0,\\x_1-x_2+x_3-3x_4=0,\\x_1-x_2-2x_3+3x_4=0\end{cases}$$

的基础解系与通解.

解 利用矩阵的初等行变换将系数矩阵化为行最简形，由

$$\boldsymbol{A}=\begin{pmatrix}1&-1&-1&1\\1&-1&1&-3\\1&-1&-2&3\end{pmatrix}\xrightarrow[r_3-r_1]{r_2-r_1}\begin{pmatrix}1&-1&-1&1\\0&0&2&-4\\0&0&-1&2\end{pmatrix}$$

$$\xrightarrow[\frac{1}{2}r_2]{r_3+\frac{1}{2}r_2}\begin{pmatrix}1&-1&-1&1\\0&0&1&-2\\0&0&0&0\end{pmatrix}\xrightarrow{r_1+r_2}\begin{pmatrix}1&-1&0&-1\\0&0&1&-2\\0&0&0&0\end{pmatrix},$$

对应一个与原方程组的等价方程组

$$\begin{cases}x_1-x_2-x_4=0,\\x_3-2x_4=0,\end{cases}$$

即

$$\begin{cases}x_1=x_2+x_4,\\x_3=2x_4,\end{cases}$$

其中 x_2,x_4 为自由未知数，

取 $\begin{pmatrix}x_2\\x_4\end{pmatrix}=\begin{pmatrix}1\\0\end{pmatrix}$ 及 $\begin{pmatrix}0\\1\end{pmatrix}$ 代入方程组得基础解系

$$\boldsymbol{\eta}_1=\begin{pmatrix}1\\1\\0\\0\end{pmatrix},\ \boldsymbol{\eta}_2=\begin{pmatrix}1\\0\\2\\1\end{pmatrix},$$

所以通解为

$$\begin{pmatrix}x_1\\x_2\\x_3\\x_4\end{pmatrix}=k_1\begin{pmatrix}1\\1\\0\\0\end{pmatrix}+k_2\begin{pmatrix}1\\0\\2\\1\end{pmatrix}\quad(k_1,k_2\in\mathbf{R}).$$

【例3.25】 设 $\boldsymbol{A},\boldsymbol{B}$ 分别是 $m\times n$ 和 $n\times p$ 矩阵，且 $\boldsymbol{AB}=\boldsymbol{O}$. 证明：$R(\boldsymbol{A})+R(\boldsymbol{B})\leqslant n$.

证 将矩阵 $\boldsymbol{B}$ 按列分块为 $\boldsymbol{B}=(\boldsymbol{b}_1,\boldsymbol{b}_2,\cdots\boldsymbol{b}_p)$，由

$$\boldsymbol{AB}=\boldsymbol{A}(\boldsymbol{b}_1,\boldsymbol{b}_2,\cdots\boldsymbol{b}_p)=(\boldsymbol{Ab}_1,\boldsymbol{Ab}_2,\cdots,\boldsymbol{Ab}_p)=\boldsymbol{O},$$

得

$$\boldsymbol{Ab}_j=\mathbf{0},\ j=1,2,\cdots,p,$$

即 $\boldsymbol{B}$ 的每个向量都是齐次线性方程组 $\boldsymbol{Ax}=\mathbf{0}$ 的解向量.

（1）若 $\boldsymbol{B}=\boldsymbol{O}$，则显然有 $R(\boldsymbol{A})+R(\boldsymbol{B})\leqslant n$.

(2) 若 $\boldsymbol{B}\neq\boldsymbol{O}$，则 $\boldsymbol{Ax}=\boldsymbol{0}$ 有非零解，$\boldsymbol{Ax}=\boldsymbol{0}$ 的解空间为 $n-R(\boldsymbol{A})$ 维，因此 $R(\boldsymbol{B})\leqslant n-R(\boldsymbol{A})$.

综上 $R(\boldsymbol{A})+R(\boldsymbol{B})\leqslant n$.

由例 3.25 可见，对矩阵 $\boldsymbol{A}$，$\boldsymbol{B}$，若满足 $\boldsymbol{AB}=\boldsymbol{O}$，则矩阵 $\boldsymbol{B}$ 的每个列向量都是齐次线性方程组 $\boldsymbol{Ax}=\boldsymbol{0}$ 的解向量，因此 $\boldsymbol{B}$ 的每个列向量都包含在齐次线性方程组 $\boldsymbol{Ax}=\boldsymbol{0}$ 的解空间中.

到本节为止，我们已经解决了齐次线性方程组解的结构问题，并且能够利用基础解系求解齐次线性方程组，那么非齐次线性方程组应该如何求解呢？它的解与其对应的齐次线性方程组的解有何联系？为了求解非齐次线性方程组，我们有必要对其解的结构进行研究.

3.4.2 非齐次线性方程组解的结构

对于非齐次线性方程组

$$\begin{cases}a_{11}x_1+a_{12}x_2+\cdots+a_{1n}x_n=b_1,\\a_{21}x_1+a_{22}x_2+\cdots+a_{2n}x_n=b_2,\\\cdots\cdots\cdots\cdots\cdots\cdots\cdots\cdots\cdots\cdots\\a_{m1}x_1+a_{m2}x_2+\cdots+a_{mn}x_n=b_m,\end{cases}\tag{3.12}$$

(3.12) 式可写成以向量 $\boldsymbol{x}$ 为未知元的向量方程

$$\boldsymbol{A}_{m\times n}\boldsymbol{x}=\boldsymbol{b}\quad(\boldsymbol{b}\neq\boldsymbol{0})\tag{3.13}$$

及其对应的齐次线性方程组

$$\boldsymbol{A}_{m\times n}\boldsymbol{x}=\boldsymbol{0}.\tag{3.14}$$

关于非齐线性方程组 (3.13) 的解具有如下性质：

性质 3.3 若 $\boldsymbol{x}=\boldsymbol{\eta}_1$，$\boldsymbol{x}=\boldsymbol{\eta}_2$ 为 (3.13) 的解，则 $\boldsymbol{x}=\boldsymbol{\eta}_1-\boldsymbol{\eta}_2$ 为方程组 (3.14) 的解.

因为 $\boldsymbol{A}(\boldsymbol{\eta}_1-\boldsymbol{\eta}_2)=\boldsymbol{A\eta}_1-\boldsymbol{A\eta}_2=\boldsymbol{b}-\boldsymbol{b}=\boldsymbol{0}$，即 $\boldsymbol{x}=\boldsymbol{\eta}_1-\boldsymbol{\eta}_2$ 为方程组 (3.14) 的解.

性质 3.4 若 $\boldsymbol{x}=\boldsymbol{\eta}$ 为方程组 (3.13) 的解，$\boldsymbol{x}=\boldsymbol{\xi}$ 为方程组 (3.14) 的解，则 $\boldsymbol{x}=\boldsymbol{\xi}+\boldsymbol{\eta}$ 为方程组 (3.13) 的解.

因为 $\boldsymbol{A}(\boldsymbol{\xi}+\boldsymbol{\eta})=\boldsymbol{A\xi}+\boldsymbol{A\eta}=\boldsymbol{0}+\boldsymbol{b}=\boldsymbol{b}$，即 $\boldsymbol{x}=\boldsymbol{\xi}+\boldsymbol{\eta}$ 为方程组 (3.13) 的解.

从而有非齐次线性方程组解的结构定理：

定理 3.16 若方程组 (3.12) 满足 $R(\boldsymbol{A})=R(\boldsymbol{B})=r$，$\boldsymbol{\eta}^*$ 为非齐次线性方程组 (3.13) 的一个解，$\boldsymbol{\xi}_1,\boldsymbol{\xi}_2,\cdots,\boldsymbol{\xi}_{n-r}$ 为齐次线性方程组 (3.14) 的基础解系，则

$$\boldsymbol{x}=\boldsymbol{\eta}^*+k_1\boldsymbol{\xi}_1+k_2\boldsymbol{\xi}_2+\cdots+k_{n-r}\boldsymbol{\xi}_{n-r}\tag{3.15}$$

给出了方程组 (3.13) 的全部解，其中 $\boldsymbol{B}$ 为方程组 (3.13) 的增广矩阵，$k_1,k_2,\cdots,k_{n-r}$ 为任意常数.

证 显然 (3.15) 式是方程组 (3.13) 的解，下证 (3.15) 式为方程组 (3.13) 的全部解，只需证方程组 (3.13) 的任一解都具有 (3.15) 式的形式即可.

设 $\boldsymbol{\eta}$ 方程组为（3.13）的任一解，则 $\boldsymbol{\eta}-\boldsymbol{\eta}^*$ 为方程组（3.14）的解，又由 $\boldsymbol{\xi}_1, \boldsymbol{\xi}_2, \cdots, \boldsymbol{\xi}_{n-r}$ 为方程组（3.14）的基础解系，因此存在一组数 $k_1, k_2, \cdots, k_{n-r}$ 使

$$\boldsymbol{\eta}-\boldsymbol{\eta}^*=k_1\boldsymbol{\xi}_1+k_2\boldsymbol{\xi}_2+\cdots+k_{n-r}\boldsymbol{\xi}_{n-r},$$

即

$$\boldsymbol{\eta}=\boldsymbol{\eta}^*+k_1\boldsymbol{\xi}_1+k_2\boldsymbol{\xi}_2+\cdots+k_{n-r}\boldsymbol{\xi}_{n-r},$$

通常，称 $\boldsymbol{\eta}^*$ 为方程组（3.13）的**特解**，称（3.15）式为非齐次线性方程组（3.13）的**通解**.

由定理3.16可知

非齐次线性方程组的通解=对应齐次线性方程组的通解+一个非齐次线性方程组的特解.

由此可见，要求解非齐次线性方程组的通解只需求解其对应齐次方程组的基础解系及一个非齐线性方程组的特解.

由于对增广矩阵进行行初等变换并不改变方程的解，且能使其对应齐次方程组的基础解系以及非齐特解清晰可见，因此成为求解的有力工具.

【例3.26】 求解非齐次线性方程组 $\begin{cases} x_1-x_2-x_3+x_4=0, \\ x_1-x_2+x_3-3x_4=1, \\ x_1-x_2-3x_3+5x_4=-1. \end{cases}$

解　对增广矩阵 $\boldsymbol{B}$ 进行初等行变换

$$\boldsymbol{B}=\begin{pmatrix} 1 & -1 & -1 & 1 & 0 \\ 1 & -1 & 1 & -3 & 1 \\ 1 & -1 & -3 & 5 & -1 \end{pmatrix} \xrightarrow[r_3-r_1]{r_2-r_1} \begin{pmatrix} 1 & -1 & -1 & 1 & 0 \\ 0 & 0 & 2 & -4 & 1 \\ 0 & 0 & -2 & 4 & -1 \end{pmatrix}$$

$$\xrightarrow[\frac{1}{2}r_2]{r_3+r_2} \begin{pmatrix} 1 & -1 & -1 & 1 & 0 \\ 0 & 0 & 1 & -2 & \frac{1}{2} \\ 0 & 0 & 0 & 0 & 0 \end{pmatrix} \xrightarrow{r_1+r_2} \begin{pmatrix} 1 & -1 & 0 & -1 & \frac{1}{2} \\ 0 & 0 & 1 & -2 & \frac{1}{2} \\ 0 & 0 & 0 & 0 & 0 \end{pmatrix},$$

可见，$R(\boldsymbol{A})=R(\boldsymbol{B})=2<4$，因此方程组有无穷多解，且有

$$\begin{cases} x_1=\dfrac{1}{2}+x_2+x_4, \\ x_3=\dfrac{1}{2}+2x_4, \end{cases}$$

取 $x_2=x_4=0$，则 $x_1=x_3=\dfrac{1}{2}$，即得方程组的一个特解

$$\boldsymbol{\eta}^*=\begin{pmatrix} \frac{1}{2} \\ 0 \\ \frac{1}{2} \\ 0 \end{pmatrix},$$

在对应齐次线性方程组$\begin{cases}x_1=x_2+x_4,\\x_3=2x_4\end{cases}$中，取$\begin{pmatrix}x_2\\x_4\end{pmatrix}=\begin{pmatrix}1\\0\end{pmatrix}$及$\begin{pmatrix}0\\1\end{pmatrix}$代入方程组得基础解系

$$\boldsymbol{\xi}_1=\begin{pmatrix}1\\1\\0\\0\end{pmatrix},\boldsymbol{\xi}_2=\begin{pmatrix}1\\0\\2\\1\end{pmatrix},$$

所以非齐次线性方程组的通解为

$$\begin{pmatrix}x_1\\x_2\\x_3\\x_4\end{pmatrix}=k_1\begin{pmatrix}1\\1\\0\\0\end{pmatrix}+k_2\begin{pmatrix}1\\0\\2\\1\end{pmatrix}+\begin{pmatrix}\frac{1}{2}\\0\\\frac{1}{2}\\0\end{pmatrix}\quad(k_1,k_2\in\mathbf{R}).$$

【例 3.27】 已知$\boldsymbol{\eta}_1,\boldsymbol{\eta}_2,\boldsymbol{\eta}_3$为三元非齐次线性方程组$\boldsymbol{Ax}=\boldsymbol{b}$的解，$R(\boldsymbol{A})=1$，且

$$\boldsymbol{\eta}_1+\boldsymbol{\eta}_2=\begin{pmatrix}1\\0\\0\end{pmatrix},\ \boldsymbol{\eta}_2+\boldsymbol{\eta}_3=\begin{pmatrix}1\\1\\0\end{pmatrix},\ \boldsymbol{\eta}_1+\boldsymbol{\eta}_3=\begin{pmatrix}1\\1\\1\end{pmatrix},$$

求$\boldsymbol{Ax}=\boldsymbol{b}$的通解.

解 由非齐次线性方程组解的结构可知解决本题的关键是求出对应的齐次方程组的基础解系. 由$R(\boldsymbol{A})=1$，则对应齐次线性方程组的解空间为$3-1=2$维的.

又由已知及解的性质有

$$\boldsymbol{\eta}_1-\boldsymbol{\eta}_3=\begin{pmatrix}0\\-1\\0\end{pmatrix}\text{与}\ \boldsymbol{\eta}_2-\boldsymbol{\eta}_3=\begin{pmatrix}0\\-1\\-1\end{pmatrix}$$

是对应齐次线性方程组$\boldsymbol{Ax}=\boldsymbol{0}$的两个线性无关解，因此$\boldsymbol{\eta}_1-\boldsymbol{\eta}_3$与$\boldsymbol{\eta}_2-\boldsymbol{\eta}_3$是对应齐次线性方程组的基础解系. 又由

$$(\boldsymbol{\eta}_1+\boldsymbol{\eta}_2)-(\boldsymbol{\eta}_2+\boldsymbol{\eta}_3)+(\boldsymbol{\eta}_1+\boldsymbol{\eta}_3)=2\boldsymbol{\eta}_1=\begin{pmatrix}1\\0\\1\end{pmatrix},$$

则

$$\boldsymbol{\eta}_1=\begin{pmatrix}\frac{1}{2}\\0\\\frac{1}{2}\end{pmatrix},$$

因此，所求非齐次线性方程组的通解为

$$\boldsymbol{x}=k_1\begin{pmatrix}0\\-1\\0\end{pmatrix}+k_2\begin{pmatrix}0\\-1\\-1\end{pmatrix}+\begin{pmatrix}\frac{1}{2}\\0\\\frac{1}{2}\end{pmatrix}\quad(k_1,k_2\in\mathbf{R}).$$

本章我们对向量组的线性相关性、向量组的秩、向量空间以及求解齐次、非齐次线性方程组等问题作了一系列研究，而这些研究都离不开矩阵的初等变换，可见矩阵初等变换的重要地位。在接下来第 4 章相似矩阵及二次型的研究中，我们仍能感受到它举足轻重的作用.

习　题　3

A　题

1. 求解下列齐次线性方程组：

(1) $\begin{cases}3x_1-5x_2+x_3-2x_4=0,\\2x_1+3x_2-5x_3+x_4=0,\\-x_1+7x_2-x_3+4x_4=0,\\4x_1+15x_2-7x_3+9x_4=0;\end{cases}$　(2) $\begin{cases}x_1+2x_2+x_3-x_4=0,\\3x_1+6x_2-x_3-3x_4=0,\\5x_1+10x_2+x_3-5x_4=0;\end{cases}$

(3) $\begin{cases}2x_1+3x_2-x_3+5x_4=0,\\3x_1+x_2+2x_3-7x_4=0,\\4x_1+x_2-3x_3+6x_4=0,\\x_1-2x_2+4x_3-7x_4=0.\end{cases}$

2. 求解下列非齐次线性方程组：

(1) $\begin{cases}x_1-2x_2+3x_3-4x_4=4,\\x_2-x_3+x_4=-3,\\x_1+3x_2-3x_4=1,\\-7x_2+3x_3+x_4=-3;\end{cases}$　(2) $\begin{cases}2x_1+x_2-x_3+x_4=1,\\4x_1+2x_2-2x_3+x_4=2,\\2x_1+x_2-x_3-x_4=1;\end{cases}$

(3) $\begin{cases}x_1-2x_2+x_3+x_4=1,\\x_1-2x_2+x_3-x_4=-1,\\x_1-2x_2+x_3+2x_4=5.\end{cases}$

3. λ 取何值时，非齐次线性方程组：

$$\begin{cases}\lambda x_1+x_2+x_3=1,\\x_1+\lambda x_2+x_3=\lambda,\\x_1+x_2+\lambda x_3=\lambda^2\end{cases}$$

(1) 有唯一解；(2) 无解；(3) 有无穷多组解？

4. λ 取何值时，非齐次线性方程组

$$\begin{cases}2x_1+\lambda x_2-x_3=1,\\ \lambda x_1-x_2+x_3=2,\\ 4x_1+5x_2-5x_3=-1\end{cases}$$

(1) 有唯一解；(2) 无解；(3) 有无穷多组解？并在有无穷多解时求解.

5. 判断下列命题的正确性. 正确的，加以证明；错误的，举出反例.

(1) 如果 $k_1=k_2=\cdots=k_m=0$ 时，有 $k_1\boldsymbol{\alpha}_1+k_2\boldsymbol{\alpha}_2+\cdots+k_m\boldsymbol{\alpha}_m=\boldsymbol{0}$，那么 $\boldsymbol{\alpha}_1,\boldsymbol{\alpha}_2,\cdots,\boldsymbol{\alpha}_m$ 线性无关.

(2) 如果只有当 $k_1,k_2,\cdots,k_m$ 全为 0 时，等式 $k_1\boldsymbol{\alpha}_1+k_2\boldsymbol{\alpha}_2+\cdots+k_m\boldsymbol{\alpha}_m+k_1\boldsymbol{\beta}_1+k_2\boldsymbol{\beta}_2+\cdots+k_m\boldsymbol{\beta}_m=\boldsymbol{0}$ 才能成立，那么 $\boldsymbol{\alpha}_1,\boldsymbol{\alpha}_2,\cdots,\boldsymbol{\alpha}_m$ 线性无关，$\boldsymbol{\beta}_1,\boldsymbol{\beta}_2,\cdots,\boldsymbol{\beta}_m$ 也线性无关.

(3) 如果有不全为 0 的数 $k_1,k_2,\cdots,k_m$ 使 $k_1\boldsymbol{\alpha}_1+k_2\boldsymbol{\alpha}_2+\cdots+k_m\boldsymbol{\alpha}_m+k_1\boldsymbol{\beta}_1+k_2\boldsymbol{\beta}_2+\cdots+k_m\boldsymbol{\beta}_m=\boldsymbol{0}$ 成立，那么 $\boldsymbol{\alpha}_1,\boldsymbol{\alpha}_2,\cdots,\boldsymbol{\alpha}_m$ 线性无关，$\boldsymbol{\beta}_1,\boldsymbol{\beta}_2,\cdots,\boldsymbol{\beta}_m$ 也线性无关.

(4) 如果 $\boldsymbol{\alpha}_1,\boldsymbol{\alpha}_2,\cdots,\boldsymbol{\alpha}_m$ 线性相关，那么其中每一个向量都可由其余向量线性表出.

(5) 如果 $\boldsymbol{\alpha}_1,\boldsymbol{\alpha}_2,\cdots,\boldsymbol{\alpha}_m$ 线性无关，$\boldsymbol{\alpha}_{m+1}$ 不能由 $\boldsymbol{\alpha}_1,\boldsymbol{\alpha}_2,\cdots,\boldsymbol{\alpha}_m$ 线性表出，那么 $\boldsymbol{\alpha}_1,\boldsymbol{\alpha}_2,\cdots,\boldsymbol{\alpha}_m,\boldsymbol{\alpha}_{m+1}$ 线性无关.

6. 设 $\boldsymbol{\alpha}_1=(1,1,1)^{\mathrm{T}},\boldsymbol{\alpha}_2=(1,2,3)^{\mathrm{T}},\boldsymbol{\alpha}_3=(1,3,t)^{\mathrm{T}}$，问当 t 取何值时，$\boldsymbol{\alpha}_1,\boldsymbol{\alpha}_2,\boldsymbol{\alpha}_3$ 线性无关？又当 t 取何值时线性相关？且将 $\boldsymbol{\alpha}_3$ 表示为 $\boldsymbol{\alpha}_1,\boldsymbol{\alpha}_2$ 的线性组合.

7. 设向量组 $\boldsymbol{\alpha}_1,\boldsymbol{\alpha}_2,\boldsymbol{\alpha}_3$ 线性无关，证明向量组 $\boldsymbol{\alpha}_1-\boldsymbol{\alpha}_2,\boldsymbol{\alpha}_2+\boldsymbol{\alpha}_3,\boldsymbol{\alpha}_3-\boldsymbol{\alpha}_1$ 也线性无关.

8. 设向量组 $\boldsymbol{\alpha}_1,\boldsymbol{\alpha}_2,\boldsymbol{\alpha}_3$ 线性无关，问 l,m 满足什么条件时，向量组 $l\boldsymbol{\alpha}_2-\boldsymbol{\alpha}_1,m\boldsymbol{\alpha}_3-\boldsymbol{\alpha}_2,\boldsymbol{\alpha}_1-\boldsymbol{\alpha}_3$ 也线性无关？

9. 设向量组 $\boldsymbol{\alpha}_1,\boldsymbol{\alpha}_2,\cdots,\boldsymbol{\alpha}_s\ (s\geqslant 2)$ 线性无关，$\boldsymbol{\beta}_1=\boldsymbol{\alpha}_1+\boldsymbol{\alpha}_2,\boldsymbol{\beta}_2=\boldsymbol{\alpha}_2+\boldsymbol{\alpha}_3,\cdots,\boldsymbol{\beta}_{s-1}=\boldsymbol{\alpha}_{s-1}+\boldsymbol{\alpha}_s,\boldsymbol{\beta}_s=\boldsymbol{\alpha}_s+\boldsymbol{\alpha}_1$，试讨论向量组 $\boldsymbol{\beta}_1,\boldsymbol{\beta}_2,\cdots,\boldsymbol{\beta}_s$ 的线性相关性.

10. 求下列向量组的秩，并求一个极大无关组：

(1) $\boldsymbol{\alpha}_1=(1,0,2,1)^{\mathrm{T}},\boldsymbol{\alpha}_2=(1,2,0,1)^{\mathrm{T}},\boldsymbol{\alpha}_3=(2,1,3,0)^{\mathrm{T}},\boldsymbol{\alpha}_4=(1,-1,3,1)^{\mathrm{T}}$；

(2) $\boldsymbol{\alpha}_1=(1,2,1,3)^{\mathrm{T}}$，$\boldsymbol{\alpha}_2=(4,-1,-5,-6)^{\mathrm{T}}$，$\boldsymbol{\alpha}_3=(1,-3,-4,-7)^{\mathrm{T}}$，$\boldsymbol{\alpha}_4=(2,1,-1,0)^{\mathrm{T}}$；

(3) $\boldsymbol{\alpha}_1=(1,1,2,2,1)^{\mathrm{T}}$，$\boldsymbol{\alpha}_2=(0,2,1,5,-1)^{\mathrm{T}}$，$\boldsymbol{\alpha}_3=(2,0,3,-1,3)^{\mathrm{T}}$，$\boldsymbol{\alpha}_4=(1,1,0,4,-1)^{\mathrm{T}}$.

11. 若 n 维单位坐标向量组 $\boldsymbol{e}_1,\boldsymbol{e}_2,\cdots,\boldsymbol{e}_n$ 可由 n 维向量组 $\boldsymbol{\alpha}_1,\boldsymbol{\alpha}_2,\cdots,\boldsymbol{\alpha}_n$ 线性表示，证明向量组 $\boldsymbol{\alpha}_1,\boldsymbol{\alpha}_2,\cdots,\boldsymbol{\alpha}_n$ 线性无关.

12. 设 $\boldsymbol{\alpha}_1,\boldsymbol{\alpha}_2,\cdots,\boldsymbol{\alpha}_n$ 是一组 n 维向量，证明它们线性无关的充分必要条件是：任一 n 维向量都可由它们线性表示.

13. 设向量 $\boldsymbol{\beta}$ 可以由 $\boldsymbol{\alpha}_1,\boldsymbol{\alpha}_2,\cdots,\boldsymbol{\alpha}_r$ 线性表示，但不能由 $\boldsymbol{\alpha}_1,\boldsymbol{\alpha}_2,\cdots,\boldsymbol{\alpha}_{r-1}$ 线性表示，证明向量组 $\boldsymbol{\alpha}_1,\boldsymbol{\alpha}_2,\cdots,\boldsymbol{\alpha}_{r-1},\boldsymbol{\alpha}_r$ 与向量组 $\boldsymbol{\alpha}_1,\boldsymbol{\alpha}_2,\cdots,\boldsymbol{\alpha}_{r-1},\boldsymbol{\beta}$ 等价.

14. 证明：向量组 $\boldsymbol{\alpha}_1(\neq 0),\boldsymbol{\alpha}_2,\cdots,\boldsymbol{\alpha}_m$ 线性相关的充分必要条件是其中至少有一个 $\boldsymbol{\alpha}_i\,(1<i\leqslant m)$ 可由 $\boldsymbol{\alpha}_1,\boldsymbol{\alpha}_2,\cdots,\boldsymbol{\alpha}_{i-1}$ 线性表示.

15. 设向量组 $\boldsymbol{A}$：$\boldsymbol{\alpha}_1,\boldsymbol{\alpha}_2,\cdots,\boldsymbol{\alpha}_s$ 的秩为 r_1，向量组 $\boldsymbol{B}$：$\boldsymbol{\beta}_1,\boldsymbol{\beta}_2,\cdots,\boldsymbol{\beta}_t$ 的秩为 r_2，向量组 $\boldsymbol{C}$：$\boldsymbol{\alpha}_1,\boldsymbol{\alpha}_2,\cdots,\boldsymbol{\alpha}_s,\boldsymbol{\beta}_1,\boldsymbol{\beta}_2,\cdots,\boldsymbol{\beta}_t$ 的秩为 r_3，证明：$max\{r_1,r_2\}\leqslant r_3\leqslant r_1+r_2$.

16. 证明：$R(\boldsymbol{A}+\boldsymbol{B})\leqslant R(\boldsymbol{A})+R(\boldsymbol{B})$.

17. 设 $V_1=\{x=(x_1,x_2,\cdots,x_n)^{\mathrm{T}}\mid x_1,x_2,\cdots,x_n\in\mathbf{R}\text{满足}x_1,x_2,\cdots,x_n=0\}$，$V_2=\{x=(x_1,x_2,\cdots,x_n)^{\mathrm{T}}\mid x_1,x_2,\cdots,x_n\in\mathbf{R},x_1+\cdots+x_n=1\}$，问 V_1,V_2 是不是向量空间？为什么？

18. 试证：由 $\boldsymbol{\alpha}_1=(0,1,1)^{\mathrm{T}},\boldsymbol{\alpha}_2=(1,0,1)^{\mathrm{T}},\boldsymbol{\alpha}_3=(1,1,0)^{\mathrm{T}}$ 所生成的向量空间就是 $\mathbf{R}^3$.

19. 验证：$\boldsymbol{\alpha}_1=(1,-1,0)^{\mathrm{T}},\boldsymbol{\alpha}_2=(2,1,3)^{\mathrm{T}},\boldsymbol{\alpha}_3=(3,1,2)^{\mathrm{T}}$ 为 $\mathbf{R}^3$ 的一个基，并把 $\boldsymbol{\beta}_1=(5,0,7)^{\mathrm{T}},\boldsymbol{\beta}_2=(-9,-8,-13)^{\mathrm{T}}$ 用这个基线性表示.

20. 求下列齐次线性方程组的基础解系：

(1) $\begin{cases}x_1+x_2+2x_3-x_4=0,\\2x_1+x_2+x_3-x_4=0,\\2x_1+2x_2+x_3+2x_4=0\end{cases}$；　(2) $\begin{cases}3x_1+4x_2-5x_3+7x_4=0,\\2x_1-3x_2+3x_3-2x_4=0,\\4x_1+11x_2-13x_3-16x_4=0,\\7x_1-2x_2+x_3+3x_4=0;\end{cases}$

(3) $nx_1+(n-1)x_2+\cdots+2x_{n-1}+x_n=0$.

21. 求解下列非齐次线性方程组：

(1) $\begin{cases}2x_1+3x_2+x_3=4,\\x_1-2x_2+4x_3=-5,\\3x_1+8x_2-2x_3=13,\\4x_1-x_2+9x_3=-6;\end{cases}$　(2) $\begin{cases}x_1+2x_2+4x_3-3x_4=1,\\3x_1+5x_2+6x_3-4x_4=2,\\4x_1+5x_2-2x_3+3x_4=1,\\3x_1+8x_2+24x_3-19x_4=5.\end{cases}$

22. 设四元非齐次线性方程组的系数矩阵的秩为 3，已知 $\boldsymbol{\eta}_1,\boldsymbol{\eta}_2,\boldsymbol{\eta}_3$ 是它的三个解向量，且

$$\boldsymbol{\eta}_1=\begin{pmatrix}2\\3\\4\\5\end{pmatrix},\ \boldsymbol{\eta}_2+\boldsymbol{\eta}_3=\begin{pmatrix}1\\2\\3\\4\end{pmatrix},$$

求该方程组的通解.

23. 设 $\boldsymbol{A}$ 是 n 阶矩阵，若存在正整数 k，使线性方程组 $\boldsymbol{A}^k\boldsymbol{x}=\boldsymbol{0}$ 有解向量 $\boldsymbol{x}$，且 $\boldsymbol{A}^{k-1}\boldsymbol{\alpha}\neq\boldsymbol{0}$，证明：向量组 $\boldsymbol{\alpha},\boldsymbol{A\alpha},\cdots,\boldsymbol{A}^{k-1}\boldsymbol{\alpha}$ 是线性无关的.

24. 设 $\boldsymbol{\eta}^*$ 是非齐次线性方程组 $\boldsymbol{Ax}=\boldsymbol{b}$ 的一个解，$\boldsymbol{\xi}_1,\boldsymbol{\xi}_2,\cdots,\boldsymbol{\xi}_{n-r}$ 是对应的齐次线性方程组的一个基础解系．证明：

(1) $\boldsymbol{\eta}^*,\boldsymbol{\xi}_1,\boldsymbol{\xi}_2,\cdots,\boldsymbol{\xi}_{n-r}$ 线性无关；

(2) $\boldsymbol{\eta}^*,\boldsymbol{\eta}^*+\boldsymbol{\xi}_1,\cdots,\boldsymbol{\eta}^*+\boldsymbol{\xi}_{n-r}$ 线性无关.

25. 设 $\boldsymbol{A}$ 是 $m\times n$ 矩阵，证明：

(1) $\boldsymbol{Ax}=\boldsymbol{0}$ 与 $\boldsymbol{A}^{\mathrm{T}}\boldsymbol{Ax}=\boldsymbol{0}$ 是通解方程组；

(2) $R(\boldsymbol{A})=R(\boldsymbol{A}^{\mathrm{T}}\boldsymbol{A})$.

26. 已知矩阵

$$B=\begin{pmatrix}1 & -2 & 1 & 0 & 0\\1 & -2 & 0 & 1 & 0\\0 & 0 & 1 & -1 & 0\\1 & -2 & 3 & -2 & 0\end{pmatrix}$$

的各个行向量都是齐次线性方程组

$$\begin{cases}x_1+x_2+x_3+x_4+x_5=0,\\3x_1+2x_2+x_3+x_4-3x_5=0,\\x_2+2x_3+2x_4+6x_5=0,\\5x_1+4x_2+3x_3+3x_4-x_5=0\end{cases}$$

的解向量，问 4 个行向量能否构成基础解系？假如不能，这 4 个行向量是多了，还是少了？多了如何去掉？少了如何补充？

27. 设 $\boldsymbol{A}$ 为 n 阶方阵，且 $\boldsymbol{A}^2=\boldsymbol{A}$（称 $\boldsymbol{A}$ 为幂等矩阵），证明：

$$R(\boldsymbol{A})+R(\boldsymbol{A}-\boldsymbol{E})=n.$$

28. 设 $\boldsymbol{A}$ 为 n 阶方阵，且 $\boldsymbol{A}^2=\boldsymbol{E}$（称 $\boldsymbol{A}$ 为对合矩阵），证明：

$$R(\boldsymbol{A}+\boldsymbol{E})+R(\boldsymbol{A}-\boldsymbol{E})=n.$$

B 题

1. 已知 $\boldsymbol{\alpha}_1=(1,4,0,2)^{\mathrm{T}}$，$\boldsymbol{\alpha}_2=(2,7,1,3)^{\mathrm{T}}$，$\boldsymbol{\alpha}_3=(0,1,-1,a)^{\mathrm{T}}$，$\boldsymbol{\beta}=(3,10,b,4)^{\mathrm{T}}$，问

(1) a,b 取何值时，$\boldsymbol{\beta}$ 不能由 $\boldsymbol{\alpha}_1$，$\boldsymbol{\alpha}_2$，$\boldsymbol{\alpha}_3$ 线性表出？

(2) a,b 取何值时，$\boldsymbol{\beta}$ 可能由 $\boldsymbol{\alpha}_1$，$\boldsymbol{\alpha}_2$，$\boldsymbol{\alpha}_3$ 线性表出？并写出此表达式.

2. 设有向量组（Ⅰ）：$\boldsymbol{\alpha}_1=(1,0,2)^{\mathrm{T}}$，$\boldsymbol{\alpha}_2=(1,1,3)^{\mathrm{T}}$，$\boldsymbol{\alpha}_3=(1,-1,a+2)^{\mathrm{T}}$ 和向量组（Ⅱ）：$\boldsymbol{\beta}_1=(1,2,a+3)^{\mathrm{T}}$，$\boldsymbol{\beta}_2=(2,1,a+6)^{\mathrm{T}}$，$\boldsymbol{\beta}_3=(2,1,a+4)^{\mathrm{T}}$. 试问：当 a 为何值时，向量组（Ⅰ）与（Ⅱ）不等价？

3. 确定常数 a，使向量组 $\boldsymbol{\alpha}_1=(1,1,a)^{\mathrm{T}}$，$\boldsymbol{\alpha}_2=(1,a,1)^{\mathrm{T}}$，$\boldsymbol{\alpha}_3=(a,1,1)^{\mathrm{T}}$ 可由向量组 $\boldsymbol{\beta}_1=(1,1,a)^{\mathrm{T}}$，$\boldsymbol{\beta}_2=(-2,a,4)^{\mathrm{T}}$，$\boldsymbol{\beta}_3=(-2,a,a)^{\mathrm{T}}$ 线性表示，但向量组 $\boldsymbol{\beta}_1,\boldsymbol{\beta}_2,\boldsymbol{\beta}_3$ 不能由向量组 $\boldsymbol{\alpha}_1,\boldsymbol{\alpha}_2,\boldsymbol{\alpha}_3$ 线性表示.

4. 设向量 $\boldsymbol{\alpha}_1,\boldsymbol{\alpha}_2,\cdots,\boldsymbol{\alpha}_t$ 是齐次方程组 $\boldsymbol{Ax}=\boldsymbol{0}$ 的一个基础解系，向量 $\boldsymbol{\beta}$ 不是方程组 $\boldsymbol{Ax}=\boldsymbol{0}$ 的解即 $\boldsymbol{A\beta}\neq\boldsymbol{0}$. 试证明：向量组 $\boldsymbol{\beta},\boldsymbol{\beta}+\boldsymbol{\alpha}_1,\boldsymbol{\beta}+\boldsymbol{\alpha}_2,\cdots,\boldsymbol{\beta}+\boldsymbol{\alpha}_t$ 线性无关.

5. 设 $\boldsymbol{\alpha}_i=(a_{i1},a_{i2},\cdots,a_{in})^{\mathrm{T}}(i=1,2,\cdots,r;r<n)$ 是 n 维实向量，且 $\boldsymbol{\alpha}_1,\boldsymbol{\alpha}_2,\cdots,\boldsymbol{\alpha}_r$ 线性无关．已知 $\boldsymbol{\beta}=(b_1,b_2,\cdots,b_n)^{\mathrm{T}}$ 是线性方程组

$$\begin{cases}a_{11}x_1+a_{12}x_2+\cdots a_{1n}x_n=0,\\a_{21}x_1+a_{22}x_2+\cdots a_{2n}x_n=0,\\\cdots\cdots\cdots\cdots\cdots\cdots\\a_{r1}x_1+a_{r2}x_2+\cdots a_{rn}x_n=0\end{cases}$$

的非零解向量．试判断向量组 $\boldsymbol{\alpha}_1,\boldsymbol{\alpha}_2,\cdots,\boldsymbol{\alpha}_r,\boldsymbol{\beta}$ 的线性相关性.

6. 设 $\boldsymbol{A}$ 为 3 阶矩阵，$\boldsymbol{\alpha}_1,\boldsymbol{\alpha}_2$ 为 $\boldsymbol{A}$ 的分别属于特征值 $-1,1$ 的特征向量，向量

$\boldsymbol{\alpha}_3$ 满足 $\boldsymbol{A}\boldsymbol{\alpha}_3=\boldsymbol{\alpha}_2+\boldsymbol{\alpha}_3$.

(1) 证明 $\boldsymbol{\alpha}_1,\boldsymbol{\alpha}_2,\boldsymbol{\alpha}_3$ 线性无关；

(2) 令 $\boldsymbol{P}=(\boldsymbol{\alpha}_1,\boldsymbol{\alpha}_2,\boldsymbol{\alpha}_3)$，求 $\boldsymbol{P}^{-1}\boldsymbol{A}\boldsymbol{P}$.

7. 已知向量组 $\boldsymbol{\beta}_1=\begin{pmatrix}0\\1\\-1\end{pmatrix},\boldsymbol{\beta}_2=\begin{pmatrix}a\\2\\1\end{pmatrix},\boldsymbol{\beta}_3=\begin{pmatrix}b\\1\\0\end{pmatrix}$ 与向量组 $\boldsymbol{\alpha}_1=\begin{pmatrix}1\\2\\-3\end{pmatrix},\boldsymbol{\alpha}_2=\begin{pmatrix}3\\0\\1\end{pmatrix}$，$\boldsymbol{\alpha}_3=\begin{pmatrix}9\\6\\7\end{pmatrix}$ 具有相同的秩，且 $\boldsymbol{\beta}_3$ 可由 $\boldsymbol{\alpha}_1$，$\boldsymbol{\alpha}_2$，$\boldsymbol{\alpha}_3$ 线性表示，求 a,b 的值.

8. 设 4 维向量组 $\boldsymbol{\alpha}_1=(1+a,1,1,1)^{\mathrm{T}}$，$\boldsymbol{\alpha}_2=(2,2+a,2,2)^{\mathrm{T}}$，$\boldsymbol{\alpha}_3=(3,3,3+a,3)^{\mathrm{T}}$，$\boldsymbol{\alpha}_4=(4,4,4,4+a)^{\mathrm{T}}$，问 a 为何值时，$\boldsymbol{\alpha}_1,\boldsymbol{\alpha}_2,\boldsymbol{\alpha}_3,\boldsymbol{\alpha}_4$ 线性相关？当 $\boldsymbol{\alpha}_1,\boldsymbol{\alpha}_2,\boldsymbol{\alpha}_3,\boldsymbol{\alpha}_4$ 线性相关时，求其一个极大线性无关组，并将其余向量用该极大线性无关组线性表出.

9. 设 $\boldsymbol{\alpha}_1,\boldsymbol{\alpha}_2,\cdots,\boldsymbol{\alpha}_s$ 为线性方程组 $\boldsymbol{A}\boldsymbol{x}=0$ 的一个基础解系：$\boldsymbol{\beta}_1=t_1\boldsymbol{\alpha}_1+t_2\boldsymbol{\alpha}_2$，$\boldsymbol{\beta}_2=t_1\boldsymbol{\alpha}_2+t_2\boldsymbol{\alpha}_3$，…，$\boldsymbol{\beta}_s=t_1\boldsymbol{\alpha}_s+t_2\boldsymbol{\alpha}_1$，其中 t_1,t_2 为实常数．试问 t_1,t_2 满足什么关系时，$\boldsymbol{\beta}_1,\boldsymbol{\beta}_2,\boldsymbol{\beta}_s$ 也为 $\boldsymbol{A}\boldsymbol{x}=\boldsymbol{0}$ 的一个基础解系.

10. 设有齐次线性方程组 $\begin{cases}(1+a)x_1+x_2+\cdots x_n=0,\\2x_1+(2+a)x_2+\cdots 2x_n=0,\\\cdots\cdots\cdots\cdots\cdots\cdots\\nx_1+nx_2+\cdots(n+a)x_n=0\end{cases}$ $(n\geqslant 2)$，试问 a 为何值时，该方程组有非零解，并求其通解.

11. 已知 4 阶方阵 $\boldsymbol{A}=(\boldsymbol{\alpha}_1,\boldsymbol{\alpha}_2,\boldsymbol{\alpha}_3,\boldsymbol{\alpha}_4)$，$\boldsymbol{\alpha}_1,\boldsymbol{\alpha}_2,\boldsymbol{\alpha}_3,\boldsymbol{\alpha}_4$ 均为 4 维列向量，其中 $\boldsymbol{\alpha}_2,\boldsymbol{\alpha}_3,\boldsymbol{\alpha}_4$ 线性无关，$\boldsymbol{\alpha}_1=2\boldsymbol{\alpha}_2-\boldsymbol{\alpha}_3$. 如果 $\boldsymbol{\beta}=\boldsymbol{\alpha}_1+\boldsymbol{\alpha}_2+\boldsymbol{\alpha}_3+\boldsymbol{\alpha}_4$，求线性方程组 $\boldsymbol{A}\boldsymbol{x}=\boldsymbol{\beta}$ 的通解.

12. 已知非齐次线性方程组 $\begin{cases}x_1+x_2+x_3+x_4=-1,\\4x_1+3x_2+5x_3-x_4=-1,\\ax_1+x_2+3x_3+bx_4=1\end{cases}$ 有 3 个线性无关的解.

(1) 证明方程组系数矩阵 $\boldsymbol{A}$ 的秩 $r(\boldsymbol{A})=2$；

(2) 求 a,b 的值及方程组的通解.

13. 设 n 元线性方程组 $\boldsymbol{A}\boldsymbol{x}=\boldsymbol{b}$，其中

$$\boldsymbol{A}=\begin{pmatrix}2a & 1 & & & & \\ a^2 & 2a & 1 & & & \\ & a^2 & 2a & 1 & & \\ & & \ddots & \ddots & \ddots & \\ & & & a^2 & 2a & 1\\ & & & & a^2 & 2a\end{pmatrix}_{n\times n},\quad \boldsymbol{x}=\begin{pmatrix}x_1\\x_2\\\vdots\\x_n\end{pmatrix},\quad \boldsymbol{b}=\begin{pmatrix}1\\0\\\vdots\\0\end{pmatrix}.$$

(1) 当 a 为何值时，该方程组有唯一解，并求 x_1；

(2) 当 a 为何值时，该方程组有无穷多解，并求通解.

14. 设

$$\boldsymbol{A}=\begin{pmatrix}1 & -1 & -1\\ -1 & 1 & 1\\ 0 & -4 & -2\end{pmatrix},\ \boldsymbol{\xi}_1=\begin{pmatrix}-1\\ 1\\ -2\end{pmatrix}.$$

(1) 求满足 $\boldsymbol{A\xi}_2=\boldsymbol{\xi}_1, \boldsymbol{A}^2\boldsymbol{\xi}_3=\boldsymbol{\xi}_1$ 的所有向量 $\boldsymbol{\xi}_2, \boldsymbol{\xi}_3$；

(2) 对 (1) 中的任意向量 $\boldsymbol{\xi}_2, \boldsymbol{\xi}_3$，证明 $\boldsymbol{\xi}_1, \boldsymbol{\xi}_2, \boldsymbol{\xi}_3$ 线性无关.

15. 设 $\boldsymbol{A}=\begin{pmatrix}\lambda & 1 & 1\\ 0 & \lambda-1 & 0\\ 1 & 1 & \lambda\end{pmatrix}$，$\boldsymbol{b}=\begin{pmatrix}a\\ 1\\ 1\end{pmatrix}$. 已知线性方程组 $\boldsymbol{Ax}=\boldsymbol{b}$ 存在 2 个不同的解，

(1) 求 λ, a；

(2) 求方程组 $\boldsymbol{Ax}=\boldsymbol{b}$ 的通解.

16. 设线性方程组

$$\begin{cases}x_1+\lambda x_2+x_3+x_4=0,\\ 2x_1+x_2+x_3+2x_4=0,\\ 3x_1+(2+\lambda)x_2+(4+\mu)x_3+4x_4=1.\end{cases}$$

已知$(1,-1,1,-1)^{\mathrm{T}}$ 是该方程组的一个解，试求：

(1) 方程组的全部解，并用对应的齐次方程组的基础解系表示全部解；

(2) 该方程组满足 $x_2=x_3$ 的全部解.

17. 已知齐次线性方程组

$$(1)\begin{cases}x_1+2x_2+3x_3=0,\\ 2x_1+3x_2+5x_3=0,\\ x_1+x_2+ax_3=0\end{cases} \text{和}\ (2)\begin{cases}x_1+bx_2+cx_3=0,\\ 2x_1+b^2x_2+(c+1)x_3=0\end{cases}$$

同解，求 a, b, c 的值.

第 4 章　相似矩阵及二次型

前面，我们讨论了矩阵在等价意义下的标准形与不变量问题，并应用标准形理论全面解决了线性方程组的求解问题和解的结构问题．本章将借助于矩阵的特征值理论，初步研究矩阵在相似意义下的标准形与不变量问题，进而解决矩阵的对角化问题与二次型的化简问题．这些内容不仅在线性代数体系中占有重要地位，而且在数学理论、数值计算及工程技术中都有着广泛的应用.

4.1　向量的内积与正交

关于 n 维向量我们已经讨论了其加法运算和数乘运算，为了讨论矩阵的对角化及二次型化简等问题，本节将引进向量的另一种运算——向量的内积，并讨论向量的度量、正交与向量组正交化的方法，为矩阵的对角化与二次型内容做必要的准备.

4.1.1　向量的内积

定义 4.1　设有 n 维向量

$$\boldsymbol{x}=\begin{pmatrix}x_1\\x_2\\\vdots\\x_n\end{pmatrix},\quad \boldsymbol{y}=\begin{pmatrix}y_1\\y_2\\\vdots\\y_n\end{pmatrix},$$

令 $(\boldsymbol{x},\boldsymbol{y})=x_1y_1+x_2y_2+\cdots+x_ny_n$，$(\boldsymbol{x},\boldsymbol{y})$称为向量 $\boldsymbol{x}$ 与 $\boldsymbol{y}$ 的**内积**.

在解析几何中，我们知道两个向量 $\boldsymbol{\alpha},\boldsymbol{\beta}$ 的内积

$$(\boldsymbol{\alpha},\boldsymbol{\beta})=|\boldsymbol{\alpha}||\boldsymbol{\beta}|\cos\theta,$$

其中$|\boldsymbol{\alpha}|$,$|\boldsymbol{\beta}|$分别为向量 $\boldsymbol{\alpha}$ 与 $\boldsymbol{\beta}$ 的长度，θ 为 $\boldsymbol{\alpha}$ 与 $\boldsymbol{\beta}$ 的夹角.

在直角坐标系下，向量用坐标表示为 $\boldsymbol{\alpha}=(a_1,a_2,a_3)$，$\boldsymbol{\beta}=(b_1,b_2,b_3)$，则

$$(\boldsymbol{\alpha},\boldsymbol{\beta})=a_1b_1+a_2b_2+a_3b_3.$$

向量 $\boldsymbol{\alpha}$ 与它自己的内积$(\boldsymbol{\alpha},\boldsymbol{\alpha})=a_1^2+a_2^2+a_3^2=|\boldsymbol{\alpha}|^2$，即$|\boldsymbol{\alpha}|=\sqrt{(\boldsymbol{\alpha},\boldsymbol{\alpha})}$.

可见，两个向量之间的内积是一种运算，其结果是一个实数，当 $\boldsymbol{x}$ 与 $\boldsymbol{y}$ 都是列

向量时，有

$$(\boldsymbol{x},\boldsymbol{y})=\boldsymbol{x}^{\mathrm{T}}\boldsymbol{y}.$$

根据向量内积运算的定义不难证明内积具有下列性质（其中 $\boldsymbol{\alpha},\boldsymbol{\beta},\boldsymbol{\gamma}$ 为 n 维向量，λ 为实数）：

(1) $(\boldsymbol{\alpha},\boldsymbol{\beta})=(\boldsymbol{\beta},\boldsymbol{\alpha})$；

(2) $(\boldsymbol{\alpha}+\boldsymbol{\gamma},\boldsymbol{\beta})=(\boldsymbol{\alpha},\boldsymbol{\beta})+(\boldsymbol{\gamma},\boldsymbol{\beta})$，$(\lambda\boldsymbol{\alpha},\boldsymbol{\beta})=\lambda(\boldsymbol{\alpha},\boldsymbol{\beta})$；

(3) $(\boldsymbol{\alpha},\boldsymbol{\alpha})\geqslant 0$，当且仅当 $\boldsymbol{\alpha}=\mathbf{0}$ 等号成立.

$\mathbf{R}^n$ 及其上定义的内积 $(\boldsymbol{x},\boldsymbol{y})$，称为**欧几里得（Euclid）空间**，简称**欧氏空间**.

有了内积的概念之后，可利用内积定义 n 维向量的长度.

定义 4.2 设 $\boldsymbol{\alpha}=(a_1,a_2,\cdots,a_n)^{\mathrm{T}}$，称 $\sqrt{(\boldsymbol{\alpha},\boldsymbol{\alpha})}$ 为向量 $\boldsymbol{\alpha}$ 的长度（或范数），记作 $\|\boldsymbol{\alpha}\|$. 即 $\|\boldsymbol{\alpha}\|=\sqrt{(\boldsymbol{\alpha},\boldsymbol{\alpha})}=\sqrt{a_1^2+a_2^2+\cdots+a_n^2}$.

长度为 1 的向量称为**单位向量**. 若 $\boldsymbol{\alpha}\neq\mathbf{0}$，则 $\dfrac{\boldsymbol{\alpha}}{\|\boldsymbol{\alpha}\|}$ 就是单位向量，这样得到单位向量的方法称为**向量的单位化**.

【例 4.1】 把向量 $\boldsymbol{\alpha}=(1,0,-2,0)^{\mathrm{T}}$ 单位化.

解

$$\frac{1}{\|\boldsymbol{\alpha}\|}\boldsymbol{\alpha}=\frac{1}{\sqrt{1^2+0^2+(-2)^2+0^2}}(1,0,-2,0)^{\mathrm{T}}$$

$$=\frac{\sqrt{5}}{5}(1,0,-2,0)^{\mathrm{T}}=\left(\frac{\sqrt{5}}{5},0,-\frac{2\sqrt{5}}{5},0\right)^{\mathrm{T}}.$$

向量的长度具有以下性质：

(1) 非负性　当 $\boldsymbol{\alpha}\neq\mathbf{0}$ 时，$\|\boldsymbol{\alpha}\|>0$，当 $\boldsymbol{\alpha}=\mathbf{0}$ 时，$\|\boldsymbol{\alpha}\|=0$；

(2) 齐次性　$\|\lambda\boldsymbol{\alpha}\|=|\lambda|\,\|\boldsymbol{\alpha}\|$；

(3) 施瓦兹（Schwarz）不等式　$(\boldsymbol{\alpha},\boldsymbol{\beta})^2\leqslant(\boldsymbol{\alpha},\boldsymbol{\alpha})(\boldsymbol{\beta},\boldsymbol{\beta})$，且仅当 $\boldsymbol{\alpha},\boldsymbol{\beta}$ 线性相关时等号成立；

(4) 三角不等式　$\|\boldsymbol{\alpha}+\boldsymbol{\beta}\|\leqslant\|\boldsymbol{\alpha}\|+\|\boldsymbol{\beta}\|$.

4.1.2 向量的正交

由施瓦兹（Schwarz）不等式，对任意非零向量 $\boldsymbol{\alpha},\boldsymbol{\beta}$ 总有

$$\left|\frac{(\boldsymbol{\alpha},\boldsymbol{\beta})}{\|\boldsymbol{\alpha}\|\,\|\boldsymbol{\beta}\|}\right|\leqslant 1.$$

于是我们可以有以下定义：

定义 4.3 非零向量 $\boldsymbol{\alpha}$ 和 $\boldsymbol{\beta}$ 的夹角 $\langle\boldsymbol{\alpha},\boldsymbol{\beta}\rangle$ 规定为

$$\langle\boldsymbol{\alpha},\boldsymbol{\beta}\rangle=\arccos\frac{(\boldsymbol{\alpha},\boldsymbol{\beta})}{\|\boldsymbol{\alpha}\|\,\|\boldsymbol{\beta}\|}.$$

如 $(\boldsymbol{\alpha},\boldsymbol{\beta})=0$，即有 $\langle\boldsymbol{\alpha},\boldsymbol{\beta}\rangle=\dfrac{\pi}{2}$，这时称 $\boldsymbol{\alpha}$ 与 $\boldsymbol{\beta}$ 互相**正交**或**垂直**，记作 $\boldsymbol{\alpha}\perp\boldsymbol{\beta}$. 即若 $\boldsymbol{\alpha}\neq\mathbf{0}$，$\boldsymbol{\beta}\neq\mathbf{0}$，则有 $\boldsymbol{\alpha}$ 与 $\boldsymbol{\beta}$ 正交的充分必要条件为 $(\boldsymbol{\alpha},\boldsymbol{\beta})=0$.

显然零向量与任何向量都正交.

定义 4.4　如果 $\mathbf{R}^n$ 中的非零向量组 $\boldsymbol{\alpha}_1,\boldsymbol{\alpha}_2,\cdots,\boldsymbol{\alpha}_s$ 两两正交，即

$$(\boldsymbol{\alpha},\boldsymbol{\alpha})=\begin{cases}0, & i\neq j\\ |\boldsymbol{\alpha}_i|^2>0, & i=j\end{cases}\quad(i,j=1,2,\cdots,s),$$

则称向量组 $\boldsymbol{\alpha}_1,\boldsymbol{\alpha}_2,\cdots,\boldsymbol{\alpha}_s$ 是**正交向量组**. 若满足

$$(\boldsymbol{\alpha},\boldsymbol{\alpha})=\begin{cases}0,i\neq j\\ 1,i=j\end{cases}\quad(i,j=1,2,\cdots,s),$$

则称向量组 $\boldsymbol{\alpha}_1,\boldsymbol{\alpha}_2,\cdots,\boldsymbol{\alpha}_s$ 为**标准正交向量组**.

例如，n 维向量组 $\boldsymbol{\varepsilon}_1,\boldsymbol{\varepsilon}_2,\cdots,\boldsymbol{\varepsilon}_n$（其中 $\boldsymbol{\varepsilon}_i=(0,0,\cdots,0,\underset{\text{第}i\text{个}}{1},0,\cdots,0)^{\mathrm{T}}$），就是一个标准正交向量组.

【例 4.2】 设 e 为单位向量，$\boldsymbol{\alpha}$ 为任意向量，证明：$\boldsymbol{\alpha}-(\boldsymbol{\alpha},e)e$ 与 e 正交.

证　$(\boldsymbol{\alpha}-(\boldsymbol{\alpha},e)e,e)=(\boldsymbol{\alpha},e)-(\boldsymbol{\alpha},e)(e,e)=(\boldsymbol{\alpha},e)-(\boldsymbol{\alpha},e)=0$.

定理 4.1　正交向量组一定线性无关.

证　设 $\boldsymbol{\alpha}_1,\boldsymbol{\alpha}_2,\cdots,\boldsymbol{\alpha}_r$ 为正交向量组，并设 $k_1\boldsymbol{\alpha}_1+k_2\boldsymbol{\alpha}_2+\cdots+k_r\boldsymbol{\alpha}_r=\mathbf{0}$.
等式两边与向量 $\boldsymbol{\alpha}_1$ 作内积有

$$(\boldsymbol{\alpha}_1,k_1\boldsymbol{\alpha}_1+k_2\boldsymbol{\alpha}_2+\cdots k_r\boldsymbol{\alpha}_r)=k_1(\boldsymbol{\alpha}_1,\boldsymbol{\alpha}_1)+k_2(\boldsymbol{\alpha}_1,\boldsymbol{\alpha}_2)+\cdots+k_r(\boldsymbol{\alpha}_1,\boldsymbol{\alpha}_r)=0,$$

$\boldsymbol{\alpha}_1\neq\mathbf{0}$，则$(\boldsymbol{\alpha}_1,\boldsymbol{\alpha}_1)\neq0$. 又由于$(\boldsymbol{\alpha}_1,\boldsymbol{\alpha}_i)=0(i\neq1)$，所以 $k_1(\boldsymbol{\alpha}_1,\boldsymbol{\alpha}_1)=0$，因而 $k_1=0$. 类似可证 $k_2=0$，…，$k_r=0$ ，即向量组 $\boldsymbol{\alpha}_1,\boldsymbol{\alpha}_2,\cdots,\boldsymbol{\alpha}_r$ 线性无关.

定理 4.1 的逆命题不一定成立．例如 $\boldsymbol{\alpha}_1=(1,2,1)$，$\boldsymbol{\alpha}_2=(3,2,1)$是线性无关的，但 $\boldsymbol{\alpha}_1,\boldsymbol{\alpha}_2$ 不是正交的.

定义 4.5　在向量空间中，由正交向量组构成的基称为**正交基**；由正交单位向量组构成的基称为**标准正交基**（或**规范正交基**）.

任何一个向量空间一定存在标准正交基，而且我们知道向量空间的基一定是线性无关的．那么如何根据一个基构造一个与之等价的标准正交基呢?

如：设向量 $\boldsymbol{\alpha}_1$ 与 $\boldsymbol{\alpha}_2$ 线性无关，要找向量 $\boldsymbol{\beta}_1$，$\boldsymbol{\beta}_2$，使得 $\boldsymbol{\beta}_1$ 与 $\boldsymbol{\beta}_2$ 正交（垂直），并且 $\boldsymbol{\beta}_1$，$\boldsymbol{\beta}_2$ 可由 $\boldsymbol{\alpha}_1$，$\boldsymbol{\alpha}_2$ 线性表示.

显然，可取 $\boldsymbol{\beta}_1=\boldsymbol{\alpha}_1$，则 $\boldsymbol{\beta}_1$ 可由 $\boldsymbol{\alpha}_1$，$\boldsymbol{\alpha}_2$ 线性表示，$\boldsymbol{\beta}_1=\boldsymbol{\alpha}_1+0\cdot\boldsymbol{\alpha}_2$.

令 $\boldsymbol{\beta}_2=\boldsymbol{\alpha}_2+k\boldsymbol{\beta}_1=\boldsymbol{\alpha}_2+k\boldsymbol{\alpha}_1$，所以 $\boldsymbol{\beta}_2$ 可由 $\boldsymbol{\alpha}_1$，$\boldsymbol{\alpha}_2$ 线性表出.

只需确定 k. 对上式两边用 $\boldsymbol{\beta}_1$ 作内积得

左边$=(\boldsymbol{\beta}_2,\boldsymbol{\beta}_1)=0$，右边$=(\boldsymbol{\alpha}_2+k\boldsymbol{\beta}_1,\boldsymbol{\beta}_1)=(\boldsymbol{\alpha}_2,\boldsymbol{\beta}_1)+k(\boldsymbol{\beta}_1,\boldsymbol{\beta}_1)$，

即 $(\boldsymbol{\alpha}_2,\boldsymbol{\beta}_1)+k(\boldsymbol{\beta}_1,\boldsymbol{\beta}_1)=0$，故 $k=-\dfrac{(\boldsymbol{\alpha}_2,\boldsymbol{\beta}_1)}{(\boldsymbol{\beta}_1,\boldsymbol{\beta}_1)}$，所以 $\boldsymbol{\beta}_2=\boldsymbol{\alpha}_2-\dfrac{(\boldsymbol{\alpha}_2,\boldsymbol{\beta}_1)}{(\boldsymbol{\beta}_1,\boldsymbol{\beta}_1)}\boldsymbol{\beta}_1$.

这样得到的 $\boldsymbol{\beta}_1$，$\boldsymbol{\beta}_2$ 是正交向量组，且可由 $\boldsymbol{\alpha}_1$，$\boldsymbol{\alpha}_2$ 线性表出.

类似地，取 $\boldsymbol{\beta}_3=\boldsymbol{\alpha}_3+k_1\boldsymbol{\beta}_1+k_2\boldsymbol{\beta}_2$，其中 k_1,k_2 是待定常数,对上式两式分别用 $\boldsymbol{\beta}_1$ 和 $\boldsymbol{\beta}_2$ 做内积,得,

$$(\boldsymbol{\beta}_3,\boldsymbol{\beta}_1)=(\boldsymbol{\alpha}_3,\boldsymbol{\beta}_1)+k_1(\boldsymbol{\beta}_1,\boldsymbol{\beta}_1),$$
$$(\boldsymbol{\beta}_3,\boldsymbol{\beta}_2)=(\boldsymbol{\alpha}_3,\boldsymbol{\beta}_2)+k_2(\boldsymbol{\beta}_1,\boldsymbol{\beta}_2).$$

这里$(\boldsymbol{\beta}_3,\boldsymbol{\beta}_1)=0,(\boldsymbol{\beta}_3,\boldsymbol{\beta}_2)=0$，所以只要取 $k_1=-\dfrac{(\boldsymbol{\alpha}_3,\boldsymbol{\beta}_1)}{(\boldsymbol{\beta}_1,\boldsymbol{\beta}_1)}$，$k_2=-\dfrac{(\boldsymbol{\alpha}_3,\boldsymbol{\beta}_2)}{(\boldsymbol{\beta}_2,\boldsymbol{\beta}_2)}$，从而

$$\boldsymbol{\beta}_3=\boldsymbol{\alpha}_3-\frac{(\boldsymbol{\alpha}_3,\boldsymbol{\beta}_2)}{(\boldsymbol{\beta}_2,\boldsymbol{\beta}_2)}\boldsymbol{\beta}_2-\frac{(\boldsymbol{\alpha}_3,\boldsymbol{\beta}_1)}{(\boldsymbol{\beta}_1,\boldsymbol{\beta}_1)}\boldsymbol{\beta}_1.$$

这样就找到了正交向量组 $\boldsymbol{\beta}_1,\boldsymbol{\beta}_2,\boldsymbol{\beta}_3$，使得 $\boldsymbol{\alpha}_1$ 与 $\boldsymbol{\beta}_1$；$\boldsymbol{\alpha}_1,\boldsymbol{\alpha}_2$ 与 $\boldsymbol{\beta}_1,\boldsymbol{\beta}_2$；$\boldsymbol{\alpha}_1,\boldsymbol{\alpha}_2,\boldsymbol{\alpha}_3$ 与 $\boldsymbol{\beta}_1,\boldsymbol{\beta}_2,\boldsymbol{\beta}_3$ 等价．如此继续下去，得到

Schmidt 正交化方法　设 $\boldsymbol{\alpha}_1,\boldsymbol{\alpha}_2,\cdots,\boldsymbol{\alpha}_m$ 是线性无关的向量组，$m\geqslant 2$，

令
$$\begin{cases}\boldsymbol{\beta}_1=\boldsymbol{\alpha}_1,\\ \boldsymbol{\beta}_2=\boldsymbol{\alpha}_2-\dfrac{(\boldsymbol{\alpha}_2,\boldsymbol{\beta}_1)}{(\boldsymbol{\beta}_1,\boldsymbol{\beta}_1)}\boldsymbol{\beta}_1,\\ \boldsymbol{\beta}_3=\boldsymbol{\alpha}_3-\dfrac{(\boldsymbol{\alpha}_3,\boldsymbol{\beta}_2)}{(\boldsymbol{\beta}_2,\boldsymbol{\beta}_2)}\boldsymbol{\beta}_2-\dfrac{(\boldsymbol{\alpha}_3,\boldsymbol{\beta}_1)}{(\boldsymbol{\beta}_1,\boldsymbol{\beta}_1)}\boldsymbol{\beta}_1,\\ \cdots\cdots\cdots\cdots\cdots\cdots\cdots\cdots\\ \boldsymbol{\beta}_m=\boldsymbol{\alpha}_m-\dfrac{(\boldsymbol{\alpha}_m,\boldsymbol{\beta}_{m-1})}{(\boldsymbol{\beta}_{m-1},\boldsymbol{\beta}_{m-1})}\boldsymbol{\beta}_{m-1}-\cdots-\dfrac{(\boldsymbol{\alpha}_m,\boldsymbol{\beta}_1)}{(\boldsymbol{\beta}_1,\boldsymbol{\beta}_1)}\boldsymbol{\beta}_1.\end{cases}$$

则 $\boldsymbol{\beta}_1,\boldsymbol{\beta}_2,\cdots,\boldsymbol{\beta}_m$ 是正交向量组，且 $\boldsymbol{\beta}_1,\boldsymbol{\beta}_2,\cdots,\boldsymbol{\beta}_m$ 与 $\boldsymbol{\alpha}_1,\boldsymbol{\alpha}_2,\cdots,\boldsymbol{\alpha}_m$ 等价．

这个正交化过程称为**施密特（Schmidt）正交化过程**．

如果再把上面所得到的每个 $\boldsymbol{\beta}_i$ 单位化，就可得到正交单位向量组．

只需令 $\boldsymbol{\eta}_1=\dfrac{1}{\|\boldsymbol{\beta}_1\|}\boldsymbol{\beta}_1$，$\boldsymbol{\eta}_2=\dfrac{1}{\|\boldsymbol{\beta}_2\|}\boldsymbol{\beta}_2,\cdots,\boldsymbol{\eta}_m=\dfrac{1}{\|\boldsymbol{\beta}_m\|}\boldsymbol{\beta}_m$．

【例 4.3】　设 $\boldsymbol{\alpha}_1=(1,1,0)^{\mathrm{T}},\boldsymbol{\alpha}_2=(1,0,1)^{\mathrm{T}},\boldsymbol{\alpha}_3=(0,1,1)^{\mathrm{T}}$，试用施密特正交化方法化为正交单位向量组．

解　取 $\boldsymbol{\beta}_1=\boldsymbol{\alpha}_1=\begin{pmatrix}1\\1\\0\end{pmatrix}$，

$$\boldsymbol{\beta}_2=\boldsymbol{\alpha}_2-\frac{(\boldsymbol{\alpha}_2,\boldsymbol{\beta}_1)}{(\boldsymbol{\beta}_1,\boldsymbol{\beta}_1)}\boldsymbol{\beta}_1=\begin{pmatrix}1\\0\\1\end{pmatrix}-\frac{1}{2}\begin{pmatrix}1\\1\\0\end{pmatrix}=\begin{pmatrix}\frac{1}{2}\\-\frac{1}{2}\\1\end{pmatrix},$$

$$\boldsymbol{\beta}_3=\boldsymbol{\alpha}_3-\frac{(\boldsymbol{\alpha}_3,\boldsymbol{\beta}_2)}{(\boldsymbol{\beta}_2,\boldsymbol{\beta}_2)}\boldsymbol{\beta}_2-\frac{(\boldsymbol{\alpha}_3,\boldsymbol{\beta}_1)}{(\boldsymbol{\beta}_1,\boldsymbol{\beta}_1)}\boldsymbol{\beta}_1=\begin{pmatrix}0\\1\\1\end{pmatrix}-\frac{\frac{1}{2}}{\frac{3}{2}}\begin{pmatrix}\frac{1}{2}\\-\frac{1}{2}\\1\end{pmatrix}-\frac{1}{2}\begin{pmatrix}1\\1\\0\end{pmatrix}=\begin{pmatrix}-\frac{2}{3}\\\frac{2}{3}\\\frac{2}{3}\end{pmatrix}.$$

再把它们单位化，取 $\boldsymbol{\eta}_1=\dfrac{1}{\|\boldsymbol{\beta}_1\|}\boldsymbol{\beta}_1=\dfrac{1}{\sqrt{2}}\begin{pmatrix}1\\1\\0\end{pmatrix}=\begin{pmatrix}\frac{1}{\sqrt{2}}\\\frac{1}{\sqrt{2}}\\0\end{pmatrix}$，

$$\boldsymbol{\eta}_2=\frac{1}{\|\boldsymbol{\beta}_2\|}\boldsymbol{\beta}_2=\frac{1}{\sqrt{\frac{3}{2}}}\begin{pmatrix}\frac{1}{2}\\-\frac{1}{2}\\1\end{pmatrix}=\begin{pmatrix}\frac{1}{\sqrt{6}}\\-\frac{1}{\sqrt{6}}\\\frac{2}{\sqrt{6}}\end{pmatrix},$$

$$\boldsymbol{\eta}_3=\frac{1}{\|\boldsymbol{\beta}_3\|}\boldsymbol{\beta}_3=\frac{1}{\frac{2}{\sqrt{3}}}\begin{pmatrix}-\frac{2}{3}\\\frac{2}{3}\\\frac{2}{3}\end{pmatrix}=\begin{pmatrix}-\frac{1}{\sqrt{3}}\\\frac{1}{\sqrt{3}}\\\frac{1}{\sqrt{3}}\end{pmatrix},$$

得到正交单位向量组

$$\boldsymbol{\eta}_1=\begin{pmatrix}\frac{1}{\sqrt{2}}\\\frac{1}{\sqrt{2}}\\0\end{pmatrix},\quad \boldsymbol{\eta}_2=\begin{pmatrix}\frac{1}{\sqrt{6}}\\-\frac{1}{\sqrt{6}}\\\frac{2}{\sqrt{6}}\end{pmatrix},\quad \boldsymbol{\eta}_3=\begin{pmatrix}-\frac{1}{\sqrt{3}}\\\frac{1}{\sqrt{3}}\\\frac{1}{\sqrt{3}}\end{pmatrix}.$$

4.1.3 正交矩阵

定义 4.6 设 $\boldsymbol{A}=(a_{ij})$ 为 n 阶实矩阵，且满足 $\boldsymbol{A}^{\mathrm{T}}\boldsymbol{A}=\boldsymbol{E}$（即 $\boldsymbol{A}^{-1}=\boldsymbol{A}^{\mathrm{T}}$），则称 $\boldsymbol{A}$ 为**正交矩阵**，简称**正交阵**.

可见，$a_{i1}^2+a_{i2}^2+\cdots+a_{in}^2=1\ (i=1,2,\cdots,n)$，

$$a_{i1}a_{j1}+a_{i2}a_{j2}+\cdots+a_{in}a_{jn}=0\ (i,j=1,2,\cdots,n;i\neq j).$$

如果把 $\boldsymbol{A}$ 的行向量组记为 $\boldsymbol{\alpha}_1,\boldsymbol{\alpha}_2,\cdots,\boldsymbol{\alpha}_n$，则上式可表为

$$(\boldsymbol{\alpha}_i,\boldsymbol{\alpha}_i)=1\ (i=1,2,\cdots,n),$$

$$(\boldsymbol{\alpha}_i,\boldsymbol{\alpha}_j)=0\ (i,j=1,2,\cdots,n;i\neq j).$$

这为我们提供了一个判别正交矩阵的方法：

定理 4.2 n 阶方阵 $\boldsymbol{A}$ 是正交阵的充分必要条件是 $\boldsymbol{A}$ 的 n 个行向量是两两正交的单位向量.

上述定理对 $\boldsymbol{A}$ 的列向量也成立．因为 $\boldsymbol{A}^{\mathrm{T}}\boldsymbol{A}=\boldsymbol{E}$，$\boldsymbol{A}\boldsymbol{A}^{\mathrm{T}}=\boldsymbol{E}$ 等价.

【例 4.4】 判断下列矩阵是否为正交矩阵：

(1) $\boldsymbol{A}=\begin{pmatrix}\cos\theta & -\sin\theta\\\sin\theta & \cos\theta\end{pmatrix}$，其中 θ 是实数；　(2) $\boldsymbol{B}=\begin{pmatrix}\frac{1}{\sqrt{3}} & -\frac{1}{\sqrt{2}} & \frac{1}{\sqrt{6}}\\-\frac{1}{\sqrt{3}} & 0 & \frac{2}{\sqrt{6}}\\\frac{1}{\sqrt{3}} & \frac{1}{\sqrt{2}} & \frac{1}{\sqrt{6}}\end{pmatrix}$.

解 $\boldsymbol{A},\boldsymbol{B}$ 均是正交阵，因为它们的每一个列向量都是单位向量，且两两正交.

由定义不难得出下列简单的性质：

(1) 若 $\boldsymbol{A}$ 是正交矩阵，则 $\boldsymbol{A}$ 必可逆，且有 $|\boldsymbol{A}|=\pm1$；

(2) 实矩阵 $\boldsymbol{A}$ 是正交矩阵的充分必要条件是 $\boldsymbol{A}\boldsymbol{A}^{\mathrm{T}}=\boldsymbol{A}^{\mathrm{T}}\boldsymbol{A}=\boldsymbol{E}(\boldsymbol{A}^{-1}=\boldsymbol{A}^{\mathrm{T}})$.

证 (1) 由 $\boldsymbol{A}^{\mathrm{T}}\boldsymbol{A}=\boldsymbol{E}$. 有 $|\boldsymbol{A}^{\mathrm{T}}\boldsymbol{A}|=|\boldsymbol{A}||\boldsymbol{A}^{\mathrm{T}}|=|\boldsymbol{A}|^2=1$，即 $|\boldsymbol{A}|=\pm1$.

(2) 由 (1) $\boldsymbol{A}^{\mathrm{T}}\boldsymbol{A}=\boldsymbol{E}$ 知 $\boldsymbol{A}$ 可逆. 且 $\boldsymbol{A}^{-1}=\boldsymbol{A}^{\mathrm{T}}$.

$$\boldsymbol{A}^{-1}(\boldsymbol{A}^{-1})^{\mathrm{T}}=\boldsymbol{A}^{\mathrm{T}}(\boldsymbol{A}^{\mathrm{T}})^{\mathrm{T}}=\boldsymbol{A}^{\mathrm{T}}\boldsymbol{A}=\boldsymbol{E}.$$

同样可证 $(\boldsymbol{A}^{-1})^{\mathrm{T}}\boldsymbol{A}^{-1}=\boldsymbol{E}$，所以 $\boldsymbol{A}^{-1}$ 也是正交矩阵.

定义 4.7 若 $\boldsymbol{P}$ 是正交阵，则线性变换 $\boldsymbol{y}=\boldsymbol{P}\boldsymbol{x}$ 称为**正交变换**.

设 $\boldsymbol{y}=\boldsymbol{P}\boldsymbol{x}$ 为正交变换，则有

$$\|\boldsymbol{y}\|=\sqrt{(\boldsymbol{y},\boldsymbol{y})}=\sqrt{\boldsymbol{y}^{\mathrm{T}}\boldsymbol{y}}=\sqrt{(\boldsymbol{p}\boldsymbol{x})^{\mathrm{T}}(\boldsymbol{p}\boldsymbol{x})}=\sqrt{\boldsymbol{x}^{\mathrm{T}}p^{\mathrm{T}}\boldsymbol{p}\boldsymbol{x}}=\sqrt{\boldsymbol{x}^{\mathrm{T}}\boldsymbol{x}}=\sqrt{(\boldsymbol{x},\boldsymbol{x})}=\|\boldsymbol{x}\|.$$

这说明经正交变换线段长度保持不变.

【例 4.5】 已知 $\boldsymbol{\alpha}_1=\begin{pmatrix}1\\-1\\1\end{pmatrix}$，求一组非零向量 $\boldsymbol{\alpha}_2,\boldsymbol{\alpha}_3$ 使 $\boldsymbol{\alpha}_1,\boldsymbol{\alpha}_2,\boldsymbol{\alpha}_3$ 成正交向量组.

解 $\boldsymbol{\alpha}_2,\boldsymbol{\alpha}_3$ 应满足 $\boldsymbol{\alpha}_1^{\mathrm{T}}\boldsymbol{x}=0$，即 $x_1-x_2+x_3=0$.

它的基础解系为 $\boldsymbol{\xi}_1=\begin{pmatrix}-1\\0\\1\end{pmatrix}$，$\boldsymbol{\xi}_2=\begin{pmatrix}0\\1\\1\end{pmatrix}$，把基础解系正交化，即为所求，亦即取

$$\boldsymbol{\alpha}_2=\boldsymbol{\xi}_1，\ \boldsymbol{\alpha}_3=\boldsymbol{\xi}_2-\frac{(\boldsymbol{\xi}_2,\boldsymbol{\xi}_1)}{(\boldsymbol{\xi}_1,\boldsymbol{\xi}_1)}\boldsymbol{\xi}_1，\ 其中(\boldsymbol{\xi}_2,\boldsymbol{\xi}_1)=1，(\boldsymbol{\xi}_1,\boldsymbol{\xi}_1)=2，$$

于是得
$$\boldsymbol{\alpha}_2=\begin{pmatrix}-1\\0\\1\end{pmatrix}，\quad \boldsymbol{\alpha}_3=\begin{pmatrix}0\\1\\1\end{pmatrix}-\frac{1}{2}\begin{pmatrix}-1\\0\\1\end{pmatrix}=\begin{bmatrix}\frac{1}{2}\\1\\\frac{1}{2}\end{bmatrix}.$$

在求 $\boldsymbol{\alpha}_3$ 的过程中，由 $\boldsymbol{\alpha}_1=\begin{pmatrix}1\\-1\\1\end{pmatrix}$，$\boldsymbol{\alpha}_2=\begin{pmatrix}-1\\0\\1\end{pmatrix}$，也可以利用 $(\boldsymbol{\alpha}_1,\boldsymbol{\alpha}_3)=0$，$(\boldsymbol{\alpha}_2,\boldsymbol{\alpha}_3)=0$，即 $\begin{cases}(\boldsymbol{\alpha}_1,\boldsymbol{\alpha}_3)=\ \ x_1-x_2+x_3=0,\\(\boldsymbol{\alpha}_2,\boldsymbol{\alpha}_3)=-x_1\qquad\ +x_3=0,\end{cases}$ 得出 $\boldsymbol{\alpha}_3=\begin{pmatrix}1\\2\\1\end{pmatrix}$.

4.2 方阵的特征值与特征向量

矩阵的特征值问题是线性代数的重要内容，在许多工程技术领域与经济理论及其应用的研究中，经常要用到矩阵的特征值与特征向量问题. 运用一些特征值与特

征向量的性质和方法可以使问题更简单，运算上更方便．由此，我们引进以下概念．

4.2.1　特征值与特征向量

定义 4.8　设 $\boldsymbol{A}$ 是 n 阶方阵，λ 是一个数，如果有非零列向量 $\boldsymbol{x}$，使得

$$\boldsymbol{Ax}=\lambda\boldsymbol{x},$$

则称 λ 为 $\boldsymbol{A}$ 的**特征值**，非零向量 $\boldsymbol{x}$ 称为 $\boldsymbol{A}$ 的属于特征值 λ 的**特征向量**.

例如，设 $\boldsymbol{A}=\begin{pmatrix}2 & 0\\-3 & -1\end{pmatrix}$，对于 $\boldsymbol{\alpha}_1=\begin{pmatrix}0\\1\end{pmatrix}$，有

$$\boldsymbol{A\alpha}_1=\begin{pmatrix}2 & 0\\-3 & -1\end{pmatrix}\begin{pmatrix}0\\1\end{pmatrix}=\begin{pmatrix}0\\-1\end{pmatrix}=-\begin{pmatrix}0\\1\end{pmatrix}=-\boldsymbol{\alpha}_1,$$

所以 -1 是 $\boldsymbol{A}$ 的一个特征值，$\begin{pmatrix}0\\1\end{pmatrix}$是 $\boldsymbol{A}$ 的属于 -1 的特征向量.

对于 $\boldsymbol{\alpha}_2=\begin{pmatrix}0\\-1\end{pmatrix}$，有

$$\boldsymbol{A\alpha}_2=\begin{pmatrix}2 & 0\\-3 & -1\end{pmatrix}\begin{pmatrix}0\\-1\end{pmatrix}=\begin{pmatrix}0\\1\end{pmatrix}=-\begin{pmatrix}0\\-1\end{pmatrix}=-\boldsymbol{\alpha}_2,$$

所以 $\boldsymbol{\alpha}_2=\begin{pmatrix}0\\-1\end{pmatrix}$也是 $\boldsymbol{A}$ 的属于 -1 的特征向量.

对于 $\boldsymbol{\alpha}_3=\begin{pmatrix}1\\-1\end{pmatrix}$，有

$$\boldsymbol{A\alpha}_3=\begin{pmatrix}2 & 0\\-3 & -1\end{pmatrix}\begin{pmatrix}1\\-1\end{pmatrix}=\begin{pmatrix}2\\-2\end{pmatrix}=2\begin{pmatrix}1\\-1\end{pmatrix}=2\boldsymbol{\alpha}_3,$$

所以 $\boldsymbol{\alpha}_3=\begin{pmatrix}1\\-1\end{pmatrix}$是 $\boldsymbol{A}$ 的属于 2 的特征向量.

可见，对于给定的方阵 $\boldsymbol{A}$ 可以有几个不同的特征值，并且属于同一个特征值的特征向量也不止一个，那么如何求出它的全部特征值及属于这些特征值的特征向量呢?

设非零列向量 $\boldsymbol{x}$ 是 n 阶方阵 $\boldsymbol{A}=(a_{ij})$的属于特征值 λ 的特征向量．则

$$\boldsymbol{Ax}=\lambda\boldsymbol{x},\tag{4.1}$$

即

$$(\boldsymbol{A}-\lambda\boldsymbol{E})\boldsymbol{x}=\boldsymbol{0},\tag{4.2}$$

这是个含 n 个未知量，n 个方程的齐次线性方程组，由齐线性方程组解的理论可知：方程组（4.2）有非零解的充分必要条件是 λ 满足 $|\boldsymbol{A}-\lambda\boldsymbol{E}|=0$.

定义 4.9　设矩阵 $\boldsymbol{A}=(a_{ij})_{n\times n}$，

$$f(\lambda)=|\boldsymbol{A}-\lambda\boldsymbol{E}|=\begin{vmatrix}a_{11}-\lambda & a_{12} & \cdots & a_{1n}\\ a_{21} & a_{22}-\lambda & \cdots & a_{2n}\\ \cdots & \cdots & \cdots & \cdots\\ a_{n1} & a_{n2} & \cdots & a_{nn}-\lambda\end{vmatrix}$$

称为方阵 $\boldsymbol{A}$ 的**特征多项式**，称 $f(\lambda)=|\boldsymbol{A}-\lambda\boldsymbol{E}|=0$ 为方阵 $\boldsymbol{A}$ 的**特征方程**.

由以上讨论可知，方阵 $\boldsymbol{A}$ 的特征值就是 $\boldsymbol{A}$ 的特征方程的根．若 λ 是

$|\boldsymbol{A}-\lambda\boldsymbol{E}|=0$ 的 k 重根，则 λ 称为 $\boldsymbol{A}$ 的 k **重特征值**，由行列式的定义可知，$|\boldsymbol{A}-\lambda\boldsymbol{E}|$是$\lambda$ 的n 次多项式，于是 $f(\lambda)=|\boldsymbol{A}-\lambda\boldsymbol{E}|=0$ 是以 λ 为未知量的一元 n 次方程，可见，特征方程在复数范围内恒有解，其个数为方程的次数 n（重根按重数算）. λ 是方阵$\boldsymbol{A}$ 的特征值，满足$(\boldsymbol{A}-\lambda\boldsymbol{E})\boldsymbol{x}=\boldsymbol{0}$ 的 $\boldsymbol{x}$ 是 $\boldsymbol{A}$ 的属于λ 的特征向量，$\boldsymbol{x}$ 是齐次线性方程组$(\boldsymbol{A}-\lambda\boldsymbol{E})\boldsymbol{x}=\boldsymbol{0}$ 的非零解向量.

综上所述，求方阵 $\boldsymbol{A}$ 的全部特征值和全部特征向量的方法是：

第一步，计算$|\boldsymbol{A}-\lambda\boldsymbol{E}|$；

第二步，求出 $\boldsymbol{A}$ 的特征方程$|\boldsymbol{A}-\lambda\boldsymbol{E}|=0$ 的全部根；

第三步，对于 $\boldsymbol{A}$ 的每一个特征值λ，求出齐次线性方程组$(\boldsymbol{A}-\lambda\boldsymbol{E})\boldsymbol{x}=\boldsymbol{0}$ 的一个基础解系 $\boldsymbol{\xi}_1,\boldsymbol{\xi}_2,\cdots,\boldsymbol{\xi}_r$，并写成列向量的形式，则 $\boldsymbol{A}$ 的属于λ 的全部特征向量是

$$k_1\boldsymbol{\xi}_1+k_2\boldsymbol{\xi}_2+\cdots+k_r\boldsymbol{\xi}_r,$$

其中 $k_1,k_2,\cdots,k_r$ 是不全为零的任意常数.

【例 4.6】 求矩阵 $\boldsymbol{A}=\begin{pmatrix}-1&1&0\\-4&3&0\\1&0&2\end{pmatrix}$的特征值和特征向量.

解 $\boldsymbol{A}$ 的特征方程为

$$f(\lambda)=|\boldsymbol{A}-\lambda\boldsymbol{E}|=\begin{vmatrix}-1-\lambda&1&0\\-4&3-\lambda&0\\1&0&2-\lambda\end{vmatrix}=(2-\lambda)(1-\lambda)^2=0,$$

故 $\boldsymbol{A}$ 的特征值为$\lambda_1=2$，$\lambda_2=\lambda_3=1$.

对应$\lambda_1=2$，解齐次线性方程组$(\boldsymbol{A}-2\boldsymbol{E})\boldsymbol{x}=\boldsymbol{0}$，

由于$\boldsymbol{A}-2\boldsymbol{E}=\begin{pmatrix}-3&1&0\\-4&1&0\\1&0&0\end{pmatrix}\to\begin{pmatrix}0&1&0\\1&0&0\\0&0&0\end{pmatrix}$，秩为 2，

得基础解系为 $\boldsymbol{p}_1=\begin{pmatrix}0\\0\\1\end{pmatrix}$，故对应于$\lambda_1=2$ 的全部特征向量为 $k\boldsymbol{p}_1$ $(k\neq0)$.

对应$\lambda_2=\lambda_3=1$，解齐次线性方程组$(\boldsymbol{A}-\boldsymbol{E})\boldsymbol{x}=\boldsymbol{0}$，

由于$\boldsymbol{A}-\boldsymbol{E}=\begin{pmatrix}-2&1&0\\-4&2&0\\1&0&1\end{pmatrix}\to\begin{pmatrix}-2&1&0\\1&0&1\\0&0&0\end{pmatrix}\to\begin{pmatrix}1&0&1\\0&1&2\\0&0&0\end{pmatrix}$，秩为 2，

得基础解系为 $\boldsymbol{p}_2=\begin{pmatrix}1\\2\\-1\end{pmatrix}$，故对应于$\lambda_2=\lambda_3=1$ 的全部特征向量为 $k\boldsymbol{p}_2$ $(k\neq0)$.

【例 4.7】 求矩阵 $\boldsymbol{A}=\begin{pmatrix}0&1&1\\1&0&1\\1&1&0\end{pmatrix}$的特征值和特征向量.

解 $|\boldsymbol{A}-\lambda\boldsymbol{E}|=\begin{vmatrix}-\lambda&1&1\\1&-\lambda&1\\1&1&-\lambda\end{vmatrix}=(2-\lambda)(\lambda+1)^2$，

故 $\boldsymbol{A}$ 的特征值为 $\lambda_1=2$，$\lambda_2=\lambda_3=-1$.

对应 $\lambda_1=2$ 时，解齐次线性方程组 $(\boldsymbol{A}-2\boldsymbol{E})\boldsymbol{x}=\boldsymbol{0}$，

由于 $\boldsymbol{A}-2\boldsymbol{E}=\begin{pmatrix}-2&1&1\\1&-2&1\\1&1&-2\end{pmatrix}\rightarrow\begin{pmatrix}-2&1&1\\1&-2&1\\0&0&0\end{pmatrix}\rightarrow\begin{pmatrix}1&0&-1\\0&1&-1\\0&0&0\end{pmatrix}$，秩为 2，

得基础解系为 $\boldsymbol{\xi}_1=\begin{pmatrix}1\\1\\1\end{pmatrix}$，故对应于 $\lambda_1=2$ 的全部特征向量为 $k_1\boldsymbol{\xi}_1$ $(k\neq0)$.

对应 $\lambda_2=\lambda_3=-1$ 时，解齐次线性方程组 $(\boldsymbol{A}+\boldsymbol{E})\boldsymbol{x}=\boldsymbol{0}$，

由于 $\boldsymbol{A}+\boldsymbol{E}=\begin{pmatrix}1&1&1\\1&1&1\\1&1&1\end{pmatrix}\rightarrow\begin{pmatrix}1&1&1\\0&0&0\\0&0&0\end{pmatrix}$，秩为 1，

得基础解系为　$\boldsymbol{\xi}_2=\begin{pmatrix}-1\\1\\0\end{pmatrix}$，$\boldsymbol{\xi}_3=\begin{pmatrix}-1\\0\\1\end{pmatrix}$，

故对应于 $\lambda_2=\lambda_3=-1$ 的全部特征向量为 $k_2\boldsymbol{\xi}_2+k_3\boldsymbol{\xi}_3$ （k_2,k_3 不同时为 0).

【例 4.8】 设 $\boldsymbol{A}$ 为幂等矩阵（即 $\boldsymbol{A}^2=\boldsymbol{A}$)，证明 $\boldsymbol{A}$ 的特征值只能是 0 或 1.

证　设 λ 为 $\boldsymbol{A}$ 的任一特征值，$\boldsymbol{x}$ 是 $\boldsymbol{A}$ 对应于 λ 的特征向量，所以 $\boldsymbol{x}\neq\boldsymbol{0}$ 且有

$$\boldsymbol{A}\boldsymbol{x}=\lambda\boldsymbol{x}.$$

由于　$\boldsymbol{A}\boldsymbol{x}=\boldsymbol{A}^2\boldsymbol{x}=\boldsymbol{A}\cdot\boldsymbol{A}\boldsymbol{x}=\boldsymbol{A}\cdot(\lambda\boldsymbol{x})=\lambda(\boldsymbol{A}\boldsymbol{x})=\lambda^2\boldsymbol{x}$，

故 $\lambda^2\boldsymbol{x}=\lambda\boldsymbol{x}$，即　$(\lambda^2-\lambda)\boldsymbol{x}=\boldsymbol{0}$.

由 $\lambda^2-\lambda=0$，得 $\lambda=0$ 或 $\lambda=1$.

4.2.2 特征值与特征向量的性质

性质 4.1　矩阵 $\boldsymbol{A}$ 与其转置矩阵 $\boldsymbol{A}^{\mathrm{T}}$ 有相同的特征值.

证　由于 $|\boldsymbol{A}^{\mathrm{T}}-\lambda\boldsymbol{E}|=|(\boldsymbol{A}-\lambda\boldsymbol{E})^{\mathrm{T}}|=|\boldsymbol{A}-\lambda\boldsymbol{E}|^{\mathrm{T}}=|\boldsymbol{A}-\lambda\boldsymbol{E}|$，

所以 $\boldsymbol{A}$ 与其转置矩阵 $\boldsymbol{A}^{\mathrm{T}}$ 有相同的特征值.

性质 4.2　设 λ 是矩阵 $\boldsymbol{A}$ 的特征值，则 λ^m 是矩阵 $\boldsymbol{A}^m$ 的特征值，$k\lambda$ 是矩阵 $k\boldsymbol{A}$ 的特征值.

证　设 $\boldsymbol{A}\boldsymbol{\alpha}=\lambda\boldsymbol{\alpha}$，则

$$\begin{aligned}\boldsymbol{A}^m\boldsymbol{\alpha}&=\boldsymbol{A}^{m-1}(\boldsymbol{A}\boldsymbol{\alpha})=\boldsymbol{A}^{m-1}(\lambda\boldsymbol{\alpha})=\lambda\boldsymbol{A}^{m-1}\boldsymbol{\alpha}\\&=\lambda\boldsymbol{A}^{m-2}(\boldsymbol{A}\boldsymbol{\alpha})=\lambda\boldsymbol{A}^{m-2}(\lambda\boldsymbol{\alpha})=\lambda^2\boldsymbol{A}^{m-2}\boldsymbol{\alpha}\\&=\cdots=\lambda^{m-1}(\boldsymbol{A}\boldsymbol{\alpha})=\lambda^m\boldsymbol{\alpha},\end{aligned}$$

所以 λ^m 是 $\boldsymbol{A}^m$ 的特征值，又由

$$(k\boldsymbol{A})\boldsymbol{\alpha}=k(\boldsymbol{A}\boldsymbol{\alpha})=k(\lambda\boldsymbol{\alpha})=(k\lambda)\boldsymbol{\alpha},$$

知 $k\lambda$ 是 $k\boldsymbol{A}$ 的特征值.

性质 4.3　设 λ 是矩阵 $\boldsymbol{A}$ 的特征值，$g(x)$ 是 x 的多项式，则 $g(\lambda)$ 是矩阵 $g(\boldsymbol{A})$ 的特征值.

证　设 $\boldsymbol{A}\boldsymbol{\alpha}=\lambda\boldsymbol{\alpha}$，

$$g(x)=a_0x^m+a_1x^{m-1}+\cdots+a_{m-1}x+a_m,$$

则

$$\begin{aligned}g(\boldsymbol{A})\boldsymbol{\alpha}&=(a_0\boldsymbol{A}^m+a_1\boldsymbol{A}^{m-1}+\cdots+a_{m-1}\boldsymbol{A}+a_m\boldsymbol{E})\boldsymbol{\alpha}\\&=a_0\boldsymbol{A}^m\boldsymbol{\alpha}+a_1\boldsymbol{A}^{m-1}\boldsymbol{\alpha}+\cdots+a_{m-1}\boldsymbol{A}\boldsymbol{\alpha}+a_m\boldsymbol{\alpha}\\&=a_0\lambda^m\boldsymbol{\alpha}+a_1\lambda^{m-1}\boldsymbol{\alpha}+\cdots+a_{m-1}\lambda\boldsymbol{\alpha}+a_m\boldsymbol{\alpha}\\&=(a_0\lambda^m+a_1\lambda^{m-1}+\cdots+a_{m-1}\lambda+a_m)\boldsymbol{\alpha}\\&=g(\lambda)\boldsymbol{\alpha},\end{aligned}$$

所以 $g(\lambda)$是 $g(\boldsymbol{A})$的特征值.

性质 4.4　设$\lambda_1,\lambda_2,\cdots,\lambda_n$ 是n 阶方阵$\boldsymbol{A}=(a_{ij})_{n\times n}$ 的n 个特征值（m 重特征值算作m 个特征值)，则

$$|\boldsymbol{A}|=\lambda_1\lambda_2\cdots\lambda_n,\quad \sum_{i=1}^{n}a_{ii}=\sum_{i=1}^{n}\lambda_i.$$

证　由行列式的定义，知

$$f(\lambda)=|\lambda\boldsymbol{E}-\boldsymbol{A}|=\begin{vmatrix}\lambda-a_{11} & -a_{12} & \cdots & -a_{1n}\\ -a_{21} & \lambda-a_{22} & \cdots & -a_{2n}\\ \cdots & \cdots & \cdots & \cdots\\ -a_{n1} & -a_{n2} & \cdots & \lambda-a_{nn}\end{vmatrix}$$

$$=\lambda^n-(a_{11}+a_{22}+\cdots+a_{nn})\lambda^{n-1}+\cdots+(-1)^n|\boldsymbol{A}|.$$

又$\lambda_i(i=1,2,\cdots,n)$是 $f(\lambda)=0$ 的 n 个根，故 $f(\lambda)$可以表示为

$$\begin{aligned}f(\lambda)&=(\lambda-\lambda_1)(\lambda-\lambda_2)\cdots(\lambda-\lambda_n)\\&=\lambda^n-(\lambda_1+\lambda_2+\cdots+\lambda_n)\lambda^{n-1}+\cdots+(-1)^n\lambda_1\lambda_2\cdots\lambda_n,\end{aligned}$$

比较以上两式中λ 的同次项的系数，即可得

$$a_{11}+a_{22}+\cdots+a_{nn}=\lambda_1+\lambda_2+\cdots+\lambda_n,$$
$$|\boldsymbol{A}|=\lambda_1\lambda_2\cdots\lambda_n.$$

称 $\sum_{i=1}^{n}a_{ii}$ 为**方阵A 的迹**，记为 $\mathrm{tr}(\boldsymbol{A})$，即

$$\mathrm{tr}(\boldsymbol{A})=\sum_{i=1}^{n}a_{ii}=\sum_{i=1}^{n}\lambda_i.$$

性质 4.5　矩阵$\boldsymbol{A}$ 可逆的充分必要条件为$\boldsymbol{A}$ 的特征值都不为零.

由性质 4.4 即可知性质 4.5 成立.

性质 4.6　设λ 是可逆矩阵$\boldsymbol{A}$ 的特征值，则$\frac{1}{\lambda}$是$\boldsymbol{A}^{-1}$ 的特征值，$|\boldsymbol{A}|\frac{1}{\lambda}$是$\boldsymbol{A}$ 的伴随矩阵$\boldsymbol{A}^*$ 的特征值.

证　设$\boldsymbol{A}\boldsymbol{\alpha}=\lambda\boldsymbol{\alpha}$，则在等式两端左乘矩阵$\boldsymbol{A}^{-1}$，得$\boldsymbol{\alpha}=\lambda\boldsymbol{A}^{-1}\boldsymbol{\alpha}$，因为$\lambda\neq0$，所以$\frac{1}{\lambda}\boldsymbol{\alpha}=\boldsymbol{A}^{-1}\boldsymbol{\alpha}$，即$\frac{1}{\lambda}$是$\boldsymbol{A}^{-1}$ 的特征值，又由性质 4.2 及$\boldsymbol{A}^*=|\boldsymbol{A}|\boldsymbol{A}^{-1}$ 可知$|\boldsymbol{A}|\frac{1}{\lambda}$是$\boldsymbol{A}$ 的伴随矩阵$\boldsymbol{A}^*$ 的特征值.

定理 4.3　设$\boldsymbol{x}_1,\boldsymbol{x}_2,\cdots,\boldsymbol{x}_m$ 是方阵$\boldsymbol{A}$ 各不相等的特征值$\lambda_1,\lambda_2,\cdots,\lambda_m$ 对应的特征向量，则$\boldsymbol{x}_1,\boldsymbol{x}_2,\cdots,\boldsymbol{x}_m$ 线性无关.

证　对特征值的个数 m 用数学归纳法：

当 $m=1$ 时，结论显然成立，由于任意一个非零向量都是线性无关的.

假设当 $m=l-1$ 时结论成立，往证 $m=l$ 时结论也成立.

设
$$k_1\boldsymbol{x}_1+k_2\boldsymbol{x}_2+\cdots+k_{l-1}\boldsymbol{x}_{l-1}+k_l\boldsymbol{x}_l=\boldsymbol{0},\tag{4.3}$$

用 $\boldsymbol{A}$ 左乘式（4.3），由 $\boldsymbol{A}\boldsymbol{x}_i=\lambda_i\boldsymbol{x}_i$ 得
$$k_1\lambda_1\boldsymbol{x}_1+k_2\lambda_2\boldsymbol{x}_2+\cdots+k_{l-1}\lambda_{l-1}\boldsymbol{x}_{l-1}+k_l\lambda_l\boldsymbol{x}_l=\boldsymbol{0},\tag{4.4}$$

将式（4.3）两端同乘 λ_l，得
$$k_1\lambda_l\boldsymbol{x}_1+k_2\lambda_l\boldsymbol{x}_2+\cdots+k_{l-1}\lambda_l\boldsymbol{x}_{l-1}+k_l\lambda_l\boldsymbol{x}_l=\boldsymbol{0}.\tag{4.5}$$

式(4.5)－式(4.4)，得
$$k_1(\lambda_l-\lambda_1)\boldsymbol{x}_1+k_2(\lambda_l-\lambda_2)\boldsymbol{x}_2+\cdots+k_{l-1}(\lambda_l-\lambda_{l-1})\boldsymbol{x}_{l-1}=\boldsymbol{0},$$

由归纳假设知 $\boldsymbol{x}_1,\boldsymbol{x}_2,\cdots,\boldsymbol{x}_{l-1}$ 线性无关，又因为 $\lambda_l-\lambda_i\neq0$ $(i=1,2,\cdots,l-1)$，

故
$$k_1=k_2=\cdots=k_{l-1}=0,\tag{4.6}$$

把式（4.6）代入式（4.3）得 $k_l\boldsymbol{x}_l=\boldsymbol{0}$，而 $\boldsymbol{x}_l\neq\boldsymbol{0}$，所以　$k_l=0$，

即 $\boldsymbol{x}_1,\boldsymbol{x}_2,\cdots,\boldsymbol{x}_l$ 线性无关. 故 $\boldsymbol{x}_1,\boldsymbol{x}_2,\cdots,\boldsymbol{x}_m$ 线性无关.

定理 4.4　设 λ_1,λ_2 是矩阵 $\boldsymbol{A}$ 的两个不同的特征值，$\boldsymbol{x}_1,\cdots,\boldsymbol{x}_s;\boldsymbol{y}_1,\cdots,\boldsymbol{y}_t$ 分别为 $\boldsymbol{A}$ 对应于 λ_1,λ_2 的线性无关的特征向量，则 $\boldsymbol{x}_1,\cdots,\boldsymbol{x}_s;\boldsymbol{y}_1,\cdots,\boldsymbol{y}_t$ 线性无关.

证　考察
$$k_{11}\boldsymbol{x}_1+\cdots+k_s\boldsymbol{x}_s+k_{s+1}\boldsymbol{x}_1+\cdots+k_t\boldsymbol{x}_t=\boldsymbol{0},$$

令
$$k_1\boldsymbol{x}_1+\cdots+k_s\boldsymbol{x}_s=\boldsymbol{u}_1,\ k_{s+1}\boldsymbol{y}_1+\cdots+k_t\boldsymbol{y}_t=\boldsymbol{u}_2,$$

则有 $\boldsymbol{u}_1+\boldsymbol{u}_2=\boldsymbol{0}$（假设 $\boldsymbol{u}_1,\boldsymbol{u}_2$ 不为 $\boldsymbol{0}$，则 $\boldsymbol{u}_1=-\boldsymbol{u}_2$ 线性相关与定理 4.3 矛盾）.

所以 $\boldsymbol{u}_1=\boldsymbol{u}_2=\boldsymbol{0}$，进而有 $k_1=\cdots=k_s=0$，$k_{s+1}=\cdots=k_t=0$，

故 $\boldsymbol{x}_1,\cdots,\boldsymbol{x}_s;\boldsymbol{y}_1,\cdots,\boldsymbol{y}_t$ 线性无关.

【例 4.9】　设三阶方阵 $\boldsymbol{A}$ 的特征值为 1，2，3，试求行列式 $|\boldsymbol{A}^2-2\boldsymbol{A}+3\boldsymbol{E}|$ 及 $|2\boldsymbol{A}-\boldsymbol{A}^*|$ 的值.

解　由特征值的定义可知 $\boldsymbol{E}$ 的特征值为 1，由特征值的性质可知 $\boldsymbol{A}^2-2\boldsymbol{A}+3\boldsymbol{E}$ 的特征值分别为
$$\lambda_1=1^2-2\times1+3\times1=2,\ \lambda_2=2^2-2\times2+3\times1=3,\ \lambda_3=3^2-2\times3+3\times1=6,$$

所以
$$|\boldsymbol{A}^2-2\boldsymbol{A}+3\boldsymbol{E}|=\lambda_1\lambda_2\lambda_3=36.$$

由 $\boldsymbol{A}$ 的特征值全不为零可知 $\boldsymbol{A}$ 可逆，又 $\boldsymbol{A}^*=|\boldsymbol{A}|\boldsymbol{A}^{-1}=6\boldsymbol{A}^{-1}$，$\boldsymbol{A}^{-1}$ 的特征值为 $1,\dfrac{1}{2},\dfrac{1}{3}$，所以 $2\boldsymbol{A}-\boldsymbol{A}^*$ 的特征值分别为
$$\lambda_1=2\times1-6\times1=-4,\ \lambda_2=2\times2-6\times\frac{1}{2}=1,\ \lambda_3=2\times3-6\times\frac{1}{3}=4,$$

故
$$|2\boldsymbol{A}-\boldsymbol{A}^*|=(-4)\times1\times4=-16.$$

【例 4.10】　设方阵 $\boldsymbol{A}$ 满足方程 $\boldsymbol{A}^2-\boldsymbol{A}-2\boldsymbol{E}=\boldsymbol{O}$，证明 $\boldsymbol{A}+2\boldsymbol{E}$ 可逆.

证　设 λ 是 $\boldsymbol{A}$ 的特征值，则 $\boldsymbol{A}^2-\boldsymbol{A}-2\boldsymbol{E}$ 的特征值为 $\lambda^2-\lambda-2$，λ 满足方程 $\lambda^2-\lambda-2=0$，即 -2 不是 $\boldsymbol{A}$ 的特征值，故 $|\boldsymbol{A}+2\boldsymbol{E}|\neq0$，因此 $\boldsymbol{A}+2\boldsymbol{E}$ 可逆.

4.3　相似矩阵及矩阵的相似对角化

我们在第 2 章学习了矩阵等价的概念，本章将讨论矩阵等价的一种特殊情形，

即矩阵的相似．矩阵相似有着广泛的应用，首先可用于简化计算，这里主要探讨对于一个给定的矩阵，能否找到一个最简单的对角阵与之相似．以相似变换和“变与不变”的辩证关系为切入点，讲解对矩阵进行相似变化，矩阵改变，但是特征值不变，这就是所谓“形变质不变”的辩证思想．

4.3.1 相似矩阵

定义 4.10 设 $\boldsymbol{A},\boldsymbol{B}$ 都是 n 阶方阵，若存在一个 n 阶可逆矩阵 $\boldsymbol{P}$，使得

$$\boldsymbol{B}=\boldsymbol{P}^{-1}\boldsymbol{A}\boldsymbol{P},$$

则称矩阵 $\boldsymbol{A}$ 与 $\boldsymbol{B}$ 是**相似的**，记作 $\boldsymbol{A}\sim\boldsymbol{B}$．可逆矩阵 $\boldsymbol{P}$ 称为把 $\boldsymbol{A}$ 变成 $\boldsymbol{B}$ 的**相似变换矩阵**．

n 阶方阵之间的相似关系是一种等价关系，它具备以下三条基本性质：

（1）反身性　对任一方阵 $\boldsymbol{A}$ 都有 $\boldsymbol{A}\sim\boldsymbol{A}$；

（2）对称性　若 $\boldsymbol{A}\sim\boldsymbol{B}$，则 $\boldsymbol{B}\sim\boldsymbol{A}$；

（3）传递性　若 $\boldsymbol{A}\sim\boldsymbol{B}$，$\boldsymbol{B}\sim\boldsymbol{C}$，则 $\boldsymbol{A}\sim\boldsymbol{C}$．

证　$\boldsymbol{A}\sim\boldsymbol{B}$，$\boldsymbol{B}\sim\boldsymbol{C}$，所以分别有可逆 $\boldsymbol{P}_1$，$\boldsymbol{P}_2$ 使得

$$\boldsymbol{B}=\boldsymbol{P}_1{}^{-1}\boldsymbol{A}\boldsymbol{P}_1,\ \boldsymbol{C}=\boldsymbol{P}_2{}^{-1}\boldsymbol{A}\boldsymbol{P}_2,$$

因此 $\boldsymbol{C}=\boldsymbol{P}_2{}^{-1}(\boldsymbol{P}_1{}^{-1}\boldsymbol{A}\boldsymbol{P}_1)\boldsymbol{P}_2=(\boldsymbol{P}_2^{-1}\boldsymbol{P}_1{}^{-1})\boldsymbol{A}(\boldsymbol{P}_1\boldsymbol{P}_2)=(\boldsymbol{P}_2\boldsymbol{P}_1)^{-1}\boldsymbol{A}(\boldsymbol{P}_1\boldsymbol{P}_2)$，即 $\boldsymbol{A}\sim\boldsymbol{C}$．

相似矩阵之间除了以上的基本性质，还有下面的常用性质：

（4）若 $\boldsymbol{A}\sim\boldsymbol{B}$，则 $R(\boldsymbol{A})=R(\boldsymbol{B})$；

证　设 $\boldsymbol{P}^{-1}\boldsymbol{A}\boldsymbol{P}=\boldsymbol{B}$，$\boldsymbol{P}$ 可逆，则 $\boldsymbol{P}$ 和 $\boldsymbol{P}^{-1}$ 均可表示为一些初等方阵的乘积，故 $\boldsymbol{A}\sim\boldsymbol{B}$，所以 $R(\boldsymbol{A})=R(\boldsymbol{B})$．

（5）若 $\boldsymbol{A}\sim\boldsymbol{B}$，则 $|\boldsymbol{A}|=|\boldsymbol{B}|$；

证　$\boldsymbol{P}^{-1}\boldsymbol{A}\boldsymbol{P}=\boldsymbol{B}$，则　$|\boldsymbol{B}|=|\boldsymbol{P}^{-1}\boldsymbol{A}\boldsymbol{P}|=|\boldsymbol{P}^{-1}||\boldsymbol{A}||\boldsymbol{P}|=|\boldsymbol{A}|$．

（6）若 $\boldsymbol{A}\sim\boldsymbol{B}$，则 $\boldsymbol{A}$ 与 $\boldsymbol{B}$ 或者都可逆，或者都不可逆，且当它们可逆时，有 $\boldsymbol{A}^{-1}\sim\boldsymbol{B}^{-1}$．

证　$\boldsymbol{A}\sim\boldsymbol{B}$，则 $|\boldsymbol{A}|=|\boldsymbol{B}|$，说明 $\boldsymbol{A}$ 与 $\boldsymbol{B}$ 或者都可逆，或者都不可逆，当它们都可逆时，由于 $\boldsymbol{B}=\boldsymbol{P}^{-1}\boldsymbol{A}\boldsymbol{P}$，则 $\boldsymbol{B}^{-1}=(\boldsymbol{P}^{-1}\boldsymbol{A}\boldsymbol{P})^{-1}=\boldsymbol{P}^{-1}\boldsymbol{A}^{-1}\boldsymbol{P}$，所以 $\boldsymbol{A}^{-1}\sim\boldsymbol{B}^{-1}$．

（7）若 $\boldsymbol{A}\sim\boldsymbol{B}$，则 $\boldsymbol{A}^k\sim\boldsymbol{B}^k$（$k$ 为任一正整数）．

证　设 $\boldsymbol{A}\sim\boldsymbol{B}$，则有可逆阵 $\boldsymbol{P}$，使得 $\boldsymbol{B}=\boldsymbol{P}^{-1}\boldsymbol{A}\boldsymbol{P}$．

$$\boldsymbol{B}^k=(\boldsymbol{P}^{-1}\boldsymbol{A}\boldsymbol{P})^k=(\boldsymbol{P}^{-1}\boldsymbol{A}\boldsymbol{P})(\boldsymbol{P}^{-1}\boldsymbol{A}\boldsymbol{P})\cdots(\boldsymbol{P}^{-1}\boldsymbol{A}\boldsymbol{P})=\boldsymbol{A}^k,$$

即

$$\boldsymbol{A}^k\sim\boldsymbol{B}^k.$$

进一步可推证，$\boldsymbol{A}$ 的多项式与 $\boldsymbol{B}$ 的多项式也相似．即

$$\boldsymbol{P}^{-1}\zeta(\boldsymbol{A})\boldsymbol{P}=\zeta(\boldsymbol{B}).$$

定理 4.5　若 $\boldsymbol{A}$ 与 $\boldsymbol{B}$ 相似，则 $\boldsymbol{A}$ 与 $\boldsymbol{B}$ 的特征多项式相同，从而 $\boldsymbol{A}$ 与 $\boldsymbol{B}$ 的特征值亦相同．

证　因 $\boldsymbol{A}$ 与 $\boldsymbol{B}$ 相似，即有可逆矩阵 $\boldsymbol{P}$，使 $\boldsymbol{P}^{-1}\boldsymbol{A}\boldsymbol{P}=\boldsymbol{B}$．故

$$\begin{aligned}|\boldsymbol{B}-\lambda\boldsymbol{E}|&=|\boldsymbol{P}^{-1}\boldsymbol{A}\boldsymbol{P}-\boldsymbol{P}^{-1}(\lambda\boldsymbol{E})\boldsymbol{P}|=|\boldsymbol{P}^{-1}(\boldsymbol{A}-\lambda\boldsymbol{E})\boldsymbol{P}|\\&=|\boldsymbol{P}^{-1}||\boldsymbol{A}-\lambda\boldsymbol{E}||\boldsymbol{P}|=|\boldsymbol{A}-\lambda\boldsymbol{E}|.\end{aligned}$$

从而 $\boldsymbol{A}$ 与 $\boldsymbol{B}$ 的特征值也相同．

推论 4.1　若 n 阶矩阵 $\boldsymbol{A}$ 与对角阵

$$\boldsymbol{\Lambda}=\begin{pmatrix}\lambda_1 & & & \\ & \lambda_2 & & \\ & & \ddots & \\ & & & \lambda_n\end{pmatrix}$$

相似，则 $\lambda_1,\lambda_2,\cdots,\lambda_n$ 就是 $\boldsymbol{A}$ 的 n 个特征值.

证　因 $\lambda_1,\lambda_2,\cdots,\lambda_n$ 是 $\boldsymbol{\Lambda}$ 的 n 个特征值，由定理 4.5 知 $\lambda_1,\lambda_2,\cdots,\lambda_n$ 也就是 $\boldsymbol{A}$ 的 n 个特征值.

4.3.2 矩阵的相似对角化

由相似矩阵的定义可看出，任意两个同阶方阵未必是相似的，但和任一 n 阶方阵 $\boldsymbol{A}$ 相似的矩阵却可以有无穷多个，在这些矩阵中，如何寻求一个最简单的矩阵是我们所关注的，由于相似矩阵有很多共同的性质，所以与 $\boldsymbol{A}$ 相似的矩阵中找一个最简单的矩阵，只要研究这个最简单的矩阵，就可以知道 $\boldsymbol{A}$ 的一些性质，由于对角阵是最简单的矩阵，所以研究一个矩阵与一个对角阵相似是这部分的重点，那么如何求使得 $\boldsymbol{P}^{-1}\boldsymbol{A}\boldsymbol{P}=\boldsymbol{\Lambda}$ 成立的可逆矩阵 $\boldsymbol{P}$ 就是我们所关心的问题.

如
$$\underset{\boldsymbol{P}^{-1}}{\begin{pmatrix}0 & \frac{1}{\sqrt{2}} & -\frac{1}{\sqrt{2}}\\ 1 & 0 & 0\\ 0 & \frac{1}{\sqrt{2}} & \frac{1}{\sqrt{2}}\end{pmatrix}}\underset{\boldsymbol{A}}{\begin{pmatrix}4 & 0 & 0\\ 0 & 3 & 1\\ 0 & 1 & 3\end{pmatrix}}\underset{\boldsymbol{P}}{\begin{pmatrix}0 & 1 & 0\\ \frac{1}{\sqrt{2}} & 0 & \frac{1}{\sqrt{2}}\\ -\frac{1}{\sqrt{2}} & 0 & \frac{1}{\sqrt{2}}\end{pmatrix}}\underset{=}{=}\underset{\boldsymbol{B}}{\begin{pmatrix}2 & & \\ & 4 & \\ & & 4\end{pmatrix}},$$

故 $\boldsymbol{A}\sim\boldsymbol{B}$.

若有可逆矩阵 $\boldsymbol{P}$ 使 $\boldsymbol{P}^{-1}\boldsymbol{A}\boldsymbol{P}=\boldsymbol{\Lambda}$，即为对角阵，则

$$\boldsymbol{A}=\boldsymbol{P}\boldsymbol{\Lambda}\boldsymbol{P}^{-1}$$

故
$$\boldsymbol{A}^k=\underbrace{(\boldsymbol{P}\boldsymbol{\Lambda}\boldsymbol{P}^{-1})(\boldsymbol{P}\boldsymbol{\Lambda}\boldsymbol{P}^{-1})\cdots(\boldsymbol{P}\boldsymbol{\Lambda}\boldsymbol{P}^{-1})}_{k\text{个}}=\boldsymbol{P}\boldsymbol{\Lambda}^k\boldsymbol{P}^{-1},$$

所以当 $\boldsymbol{B}$ 为 $\boldsymbol{\Lambda}$ 时，$\zeta(\boldsymbol{A})=\boldsymbol{P}\zeta(\boldsymbol{\Lambda})\boldsymbol{P}^{-1}$.

因此可把计算 $\boldsymbol{A}^k$ 和 $\zeta(\boldsymbol{A})$ 的问题转化为计算 $\boldsymbol{P}\boldsymbol{\Lambda}^k\boldsymbol{P}^{-1}$ 和 $\boldsymbol{P}\zeta(\boldsymbol{\Lambda})\boldsymbol{P}^{-1}$ 的问题，而我们知道，若

$$\boldsymbol{\Lambda}=\begin{pmatrix}\lambda_1 & & & \\ & \lambda_2 & & \\ & & \ddots & \\ & & & \lambda_n\end{pmatrix}，则有\ \boldsymbol{\Lambda}^k=\begin{pmatrix}\lambda_1^k & & & \\ & \lambda_2^k & & \\ & & \ddots & \\ & & & \lambda_n^k\end{pmatrix},$$

$$\zeta(\boldsymbol{\Lambda})=\begin{pmatrix}\zeta(\lambda_1) & & & \\ & \zeta(\lambda_2) & & \\ & & \ddots & \\ & & & \zeta(\lambda_n)\end{pmatrix},$$

这样可使计算简化，可以很方便地计算 $\boldsymbol{A}^k$ 和 $\zeta(\boldsymbol{A})$.

对 n 阶方阵 $\boldsymbol{A}$ 寻求相似变换矩阵 $\boldsymbol{P}$，使得 $\boldsymbol{P}^{-1}\boldsymbol{A}\boldsymbol{P}=\boldsymbol{\Lambda}$ 为对角阵，这就称为**把矩阵 $\boldsymbol{A}$ 对角化**. 那么，是不是所有的 n 阶方阵 $\boldsymbol{A}$ 都可以对角化呢？答案是否定的.

这里先来分析 $\boldsymbol{A}$ 是可以对角化的，且存在 $\boldsymbol{P}$，使 $\boldsymbol{P}^{-1}\boldsymbol{A}\boldsymbol{P}=\boldsymbol{\Lambda}$，将会引出什么结果.

把 $\boldsymbol{P}$ 用列向量表示为 $\quad \boldsymbol{P}=(\boldsymbol{p}_1,\boldsymbol{p}_2,\cdots,\boldsymbol{p}_n)$.

由 $\boldsymbol{P}^{-1}\boldsymbol{A}\boldsymbol{P}=\boldsymbol{\Lambda}$，则 $\quad \boldsymbol{A}\boldsymbol{P}=\boldsymbol{P}\boldsymbol{\Lambda}$.

即
$$\boldsymbol{A}(\boldsymbol{p}_1,\boldsymbol{p}_2,\cdots,\boldsymbol{p}_n)=(\boldsymbol{p}_1,\boldsymbol{p}_2,\cdots,\boldsymbol{p}_n)\begin{pmatrix}\lambda_1 & & & \\ & \lambda_2 & & \\ & & \ddots & \\ & & & \lambda_n\end{pmatrix}=(\lambda_1\boldsymbol{p}_1,\lambda_2\boldsymbol{p}_2,\cdots,\lambda_n\boldsymbol{p}_n),$$

即
$$(\boldsymbol{A}\boldsymbol{p}_1,\boldsymbol{A}\boldsymbol{p}_2,\cdots,\boldsymbol{A}\boldsymbol{p}_n)=(\lambda_1\boldsymbol{p}_1,\lambda_2\boldsymbol{p}_2,\cdots,\lambda_n\boldsymbol{p}_n),$$

所以
$$\boldsymbol{A}\boldsymbol{p}_i=\lambda_i\boldsymbol{p}_i\quad(i=1,2,\cdots,n).$$

可见，寻求与已知矩阵 $\boldsymbol{A}$ 相似的对角阵，关键在于找出矩阵 $\boldsymbol{A}$ 的特征值和特征向量.

4.3.3 矩阵可对角化的条件

定理 4.6 n 阶方阵 $\boldsymbol{A}$ 可对角化的充分必要条件是 $\boldsymbol{A}$ 有 n 个线性无关的特征向量.

结合定理 4.3，可得如下推论.

推论 4.2 如果 n 阶方阵 $\boldsymbol{A}$ 的 n 个特征值互不相等，则 $\boldsymbol{A}$ 与对角阵相似.

【例 4.11】 判断矩阵 $\boldsymbol{A}=\begin{pmatrix}2 & -1 & 2\\ 5 & -3 & 3\\ -1 & 0 & -2\end{pmatrix}$是否与对角矩阵相似？

解 先求 $\boldsymbol{A}$ 的特征值. 由
$$|\boldsymbol{A}-\lambda\boldsymbol{E}|=\begin{vmatrix}2-\lambda & -1 & 2\\ 5 & -3-\lambda & 3\\ -1 & 0 & -2-\lambda\end{vmatrix}=(-\lambda-1)^3=0,$$

求得
$$\lambda_1=\lambda_2=\lambda_3=-1.$$

当 $\lambda_1=\lambda_2=\lambda_3=-1$ 时，解方程组 $(\boldsymbol{A}+\boldsymbol{E})\boldsymbol{x}=\boldsymbol{0}$ 得基础解系 $\boldsymbol{\xi}_1=\begin{pmatrix}1\\ 1\\ -1\end{pmatrix}$,

由于 $\boldsymbol{A}$ 只有一个线性无关的特征向量，所以由定理 4.6 知 $\boldsymbol{A}$ 不能与对角矩阵相似.

此例中，三重特征根的重数 $\neq$ 线性无关的特征向量的个数.

定理 4.7 n 阶矩阵 $\boldsymbol{A}$ 与对角矩阵相似的充分必要条件是 $\boldsymbol{A}$ 的每个 k 重特征值 λ 对应有 k 个线性无关的特征向量（即矩阵 $\boldsymbol{A}-\lambda\boldsymbol{E}$ 的秩为 $n-k$）.

可见，求与方阵 $\boldsymbol{A}$ 相似的对角矩阵的步骤为：

(1) 计算 $\boldsymbol{A}$ 的特征多项式，并求出 $\boldsymbol{A}$ 的全部不同的特征值．设为 λ_1，$\lambda_2,\cdots,\lambda_m$；

(2) 对每一特征值 λ_i，求出齐次线性方程组 $(\boldsymbol{A}-\lambda_i\boldsymbol{E})\boldsymbol{x}=\boldsymbol{0}$ 的一个基础解系：$\boldsymbol{\xi}_{i1},\cdots,\boldsymbol{\xi}_{is_i}$.

显然，向量组
$$\boldsymbol{\xi}_{11},\cdots,\boldsymbol{\xi}_{1s_i};\boldsymbol{\xi}_{21},\cdots,\boldsymbol{\xi}_{2s_2};\cdots;\boldsymbol{\xi}_{m1},\cdots,\boldsymbol{\xi}_{ms_m} \tag{4.7}$$
就是 $\boldsymbol{A}$ 的最大的线性无关的特征向量组.

所以，如果它含有 n 个向量，则 $\boldsymbol{A}$ 可对角化，否则 $\boldsymbol{A}$ 就不可对角化；

(3) 在式 (4.7) 中有 n 个向量时，以这 n 个向量为列向量组成矩阵 $\boldsymbol{P}$；

(4) 按特征向量在 $\boldsymbol{P}$ 中的顺序，写出由相应特征值为主对角线元素的对角矩阵 $\boldsymbol{\Lambda}$，则 $\boldsymbol{P}^{-1}\boldsymbol{A}\boldsymbol{P}=\boldsymbol{\Lambda}$.

由于基础解系不唯一，所以 $\boldsymbol{P}$ 的取法也不唯一，但 $\boldsymbol{P}^{-1}\boldsymbol{A}\boldsymbol{P}$ 主对角线元素是 $\boldsymbol{A}$ 的特征值，所以如果不考虑主对角线上元素的顺序，那么与 $\boldsymbol{A}$ 相似的对角矩阵是唯一确定的.

【例 4.12】 设矩阵 $\boldsymbol{A}=\begin{pmatrix}4&6&0\\-3&-5&0\\-3&-6&1\end{pmatrix}$，

求：(1) 与 $\boldsymbol{A}$ 相似的对角矩阵；

(2) 相似变换矩阵 $\boldsymbol{P}$；

(3) $\boldsymbol{A}^{100}$.

解　$|\boldsymbol{A}-\lambda\boldsymbol{E}|=(\lambda+2)(1-\lambda)^2$，故 $\lambda_1=-2,\lambda_2=\lambda_3=1$.

当 $\lambda_1=-2$ 时，解方程组 $(\boldsymbol{A}+2\boldsymbol{E})\boldsymbol{x}=\boldsymbol{0}$，得基础解系 $\boldsymbol{\xi}_1=(-1,1,1)^{\mathrm{T}}$；

当 $\lambda_2=\lambda_3=1$ 时，解方程组 $(\boldsymbol{A}-\boldsymbol{E})\boldsymbol{x}=\boldsymbol{0}$，得基础解系 $\boldsymbol{\xi}_2=(-2,1,0)^{\mathrm{T}},\boldsymbol{\xi}_3=(0,0,1)^{\mathrm{T}}$.

(1) 显然，$\boldsymbol{A}$ 有三个线性无关的特征向量，所以 $\boldsymbol{A}$ 与对角阵
$$\boldsymbol{\Lambda}=\begin{pmatrix}-2&&\\&1&\\&&1\end{pmatrix}\text{相似；}$$

(2) 以 $\boldsymbol{\xi}_1,\boldsymbol{\xi}_2,\boldsymbol{\xi}_3$ 为列向量，得矩阵
$$\boldsymbol{P}=\begin{pmatrix}-1&-2&0\\1&1&0\\1&0&1\end{pmatrix}\text{，且有 }\boldsymbol{P}^{-1}\boldsymbol{A}\boldsymbol{P}=\begin{pmatrix}-2&&\\&1&\\&&1\end{pmatrix};$$

(3) $\boldsymbol{A}=\boldsymbol{P}\boldsymbol{\Lambda}\boldsymbol{P}^{-1}$，故　$\boldsymbol{A}^2=\boldsymbol{P}\boldsymbol{\Lambda}\boldsymbol{P}^{-1}\cdot\boldsymbol{P}\boldsymbol{\Lambda}\boldsymbol{P}^{-1}=\boldsymbol{P}\boldsymbol{\Lambda}^2\boldsymbol{P}^{-1},\cdots,\boldsymbol{A}^{100}=\boldsymbol{P}\boldsymbol{\Lambda}^{100}\boldsymbol{P}^{-1}$.

又由 $\boldsymbol{P}=\begin{pmatrix}-1&-2&0\\1&1&0\\1&0&1\end{pmatrix}$，　求得 $\boldsymbol{P}^{-1}=\begin{pmatrix}1&2&0\\-1&-1&0\\-1&-2&1\end{pmatrix}$，

所以
$$\boldsymbol{A}^{100}=\begin{pmatrix}-1&-2&0\\1&1&0\\1&0&1\end{pmatrix}\begin{pmatrix}2^{100}&&\\&1&\\&&1\end{pmatrix}\begin{pmatrix}1&2&0\\-1&-1&0\\-1&-2&1\end{pmatrix}$$

$$=\begin{pmatrix}-2^{100}+2 & -2^{101}+2 & 0\\ 2^{100}-1 & 2^{101}-1 & 0\\ 2^{100}-1 & 2^{101}-2 & 1\end{pmatrix}.$$

【例 4.13】 设矩阵 $\boldsymbol{A}=\begin{pmatrix}1 & 0 & -1\\ 0 & 1 & 0\\ -2 & 1 & 0\end{pmatrix}$，$\boldsymbol{B}=\begin{pmatrix}2 & 3 & -3\\ 2 & 1 & 0\\ a & b & c\end{pmatrix}$相似，求 a,b,c 及可逆矩阵$\boldsymbol{P}$，使 $\boldsymbol{P}^{-1}\boldsymbol{AP}=\boldsymbol{B}$.

解 由 $\boldsymbol{A}\sim\boldsymbol{B}$，则有相同的特征值，知 $tr(\boldsymbol{A})=tr(\boldsymbol{B})$，即 $1+1+0=2+1+c$，得 $c=-1$. 又因为

$$|\boldsymbol{A}-\lambda\boldsymbol{E}|=\begin{vmatrix}1-\lambda & 0 & -1\\ 0 & 1-\lambda & 0\\ -2 & 1 & -\lambda\end{vmatrix}=-(\lambda-1)(\lambda-2)(\lambda+1),$$

故 $\boldsymbol{A}$ 的特征值为 $\lambda_1=1$，$\lambda_2=2$，$\lambda_3=-1$.

解方程组$(\boldsymbol{A}-\boldsymbol{E})\boldsymbol{x}=\boldsymbol{0}$，得基础解系 $\boldsymbol{\xi}_1=(1,2,0)^{\mathrm{T}}$ 是 $\lambda_1=1$ 的特征向量.

解方程组$(\boldsymbol{A}-2\boldsymbol{E})\boldsymbol{x}=\boldsymbol{0}$，得基础解系 $\boldsymbol{\xi}_2=(1,0,-1)^{\mathrm{T}}$ 是 $\lambda_2=2$ 的特征向量.

解方程组$(\boldsymbol{A}+\boldsymbol{E})\boldsymbol{x}=\boldsymbol{0}$，得基础解系 $\boldsymbol{\xi}_3=(1,0,2)^{\mathrm{T}}$ 是 $\lambda_3=-1$ 的特征向量.

令 $\boldsymbol{P}_1=(\boldsymbol{\xi}_1,\boldsymbol{\xi}_2,\boldsymbol{\xi}_3)$，得 $\boldsymbol{P}_1^{-1}\boldsymbol{AP}_1=\begin{pmatrix}1 & & \\ & 2 & \\ & & -1\end{pmatrix}$.

因为 $\boldsymbol{A}\sim\boldsymbol{B}$，故 $1,2,-1$ 也是 $\boldsymbol{B}$ 的特征值，由

$$|\boldsymbol{B}-\boldsymbol{E}|=\begin{vmatrix}1 & 3 & 3\\ 2 & 0 & 0\\ a & b & -2\end{vmatrix}=-2(-6-3b)=0,$$

$$|\boldsymbol{B}-2\boldsymbol{E}|=\begin{vmatrix}0 & 3 & 3\\ 2 & -1 & 0\\ a & b & -3\end{vmatrix}=3(a+2b+6)=0,$$

解得 $a=-2,b=-2$，则

$$\boldsymbol{B}-\boldsymbol{E}=\begin{pmatrix}1 & 3 & 3\\ 2 & 0 & 0\\ -2 & -2 & -2\end{pmatrix}\to\begin{pmatrix}2 & 0 & 0\\ 0 & 2 & 2\\ 0 & 0 & 0\end{pmatrix},$$

得对应于 $\lambda=1$ 的特征向量 $\boldsymbol{\eta}_1=(0,1,-1)^{\mathrm{T}}$.

$$\boldsymbol{B}-2\boldsymbol{E}=\begin{pmatrix}0 & 3 & 3\\ 2 & -1 & 0\\ -2 & -2 & -3\end{pmatrix}\to\begin{pmatrix}2 & -1 & 0\\ 0 & 1 & 1\\ 0 & 0 & 0\end{pmatrix},$$

得对应于 $\lambda=2$ 的特征向量 $\boldsymbol{\eta}_2=(1,2,-2)^{\mathrm{T}}$.

$$\boldsymbol{B}+\boldsymbol{E}=\begin{pmatrix}3 & 3 & 3\\ 2 & 2 & 0\\ -2 & -2 & 0\end{pmatrix}\to\begin{pmatrix}1 & 1 & 0\\ 0 & 0 & 1\\ 0 & 0 & 0\end{pmatrix},$$

得对应于 $\lambda=-1$ 的特征向量 $\boldsymbol{\eta}_3=(1,-1,0)^{\mathrm{T}}$.

那么，令 $\boldsymbol{P}_2=(\boldsymbol{\eta}_1,\boldsymbol{\eta}_2,\boldsymbol{\eta}_3)$得 $\boldsymbol{P}_2^{-1}\boldsymbol{B}\boldsymbol{P}_2=\begin{pmatrix}1 & & \\ & 2 & \\ & & -1\end{pmatrix}$.

于是， $$\boldsymbol{P}_1^{-1}\boldsymbol{A}\boldsymbol{P}_1=\boldsymbol{P}_2^{-1}\boldsymbol{B}\boldsymbol{P}_2.$$

从而 $\boldsymbol{P}_2\boldsymbol{P}_1^{-1}\boldsymbol{A}\boldsymbol{P}_1\boldsymbol{P}_2^{-1}=\boldsymbol{B}$，因此，取

$$\boldsymbol{P}=\boldsymbol{P}_1\boldsymbol{P}_2^{-1}=\begin{pmatrix}1 & 1 & 1\\ 2 & 0 & 0\\ 0 & -1 & 2\end{pmatrix}\begin{pmatrix}0 & 1 & 1\\ 1 & 2 & -1\\ -1 & -2 & 0\end{pmatrix}^{-1}=\begin{pmatrix}-1 & -2 & -3\\ -4 & -4 & -6\\ -1 & -3 & -3\end{pmatrix},$$

就有 $\boldsymbol{P}^{-1}\boldsymbol{A}\boldsymbol{P}=\boldsymbol{B}$.

4.3.4 实对称矩阵的特征值与特征向量的性质

任意 n 阶方阵不一定与对角阵相似，但 $\boldsymbol{A}$ 为实对称阵时，则 $\boldsymbol{A}$ 一定与对角阵相似．为什么呢？我们先来研究实对称矩阵的特征值与特征向量.

由于要用到共轭矩阵的知识，先来介绍一些有关复数的知识.

当 $\boldsymbol{A}=(a_{ij})$为复数时，用 $\overline{a}_{ij}$ 表示 a_{ij} 的共轭复数，记为 $\overline{\boldsymbol{A}}=(\overline{a}_{ij})$，$\overline{\boldsymbol{A}}$ 称为 $\boldsymbol{A}$ 的共轭矩阵.

共轭矩阵满足：

(1) $\overline{\boldsymbol{A}+\boldsymbol{B}}=\overline{\boldsymbol{A}}+\overline{\boldsymbol{B}}$;

(2) $\overline{\lambda\boldsymbol{A}}=\overline{\lambda}\,\overline{\boldsymbol{A}}$;

(3) $\overline{\boldsymbol{A}\boldsymbol{B}}=\overline{\boldsymbol{A}}\cdot\overline{\boldsymbol{B}}$.

定理 4.8 实对称矩阵的特征值为实数.

证 设 $\boldsymbol{A}$ 为实对称矩阵（所以有 $\overline{\boldsymbol{A}}^{\mathrm{T}}=\boldsymbol{A}$)，$\lambda$ 是 $\boldsymbol{A}$ 的任一特征值，则有 $\boldsymbol{x}=(x_1,x_2,\cdots,x_n)^{\mathrm{T}}\neq\boldsymbol{0}$，使 $\boldsymbol{A}\boldsymbol{x}=\lambda\boldsymbol{x}$.

两边取共轭转置，得 $\overline{\boldsymbol{x}}^{\mathrm{T}}\,\overline{\boldsymbol{A}}^{\mathrm{T}}=\overline{\lambda}\,\overline{\boldsymbol{x}}^{\mathrm{T}}$，则

$$\overline{\boldsymbol{x}}^{\mathrm{T}}\boldsymbol{A}=\overline{\lambda}\overline{\boldsymbol{x}}^{\mathrm{T}}. \tag{4.8}$$

用 $\boldsymbol{x}$ 右乘 (4.8) 式，得 $$\overline{\boldsymbol{x}}^{\mathrm{T}}\boldsymbol{A}\overline{\boldsymbol{x}}=\lambda\,\overline{\boldsymbol{x}}^{\mathrm{T}}\boldsymbol{x}, \tag{4.9}$$

用$\overline{\boldsymbol{x}}^{T}$ 左乘 $\boldsymbol{A}\boldsymbol{x}=\lambda\boldsymbol{x}$，得 $$\overline{\boldsymbol{x}}^{\mathrm{T}}\boldsymbol{A}\boldsymbol{x}=\lambda\,\overline{\boldsymbol{x}}^{\mathrm{T}}\boldsymbol{x}, \tag{4.10}$$

(4.10)式－(4.9)式得

$$(\lambda-\overline{\lambda})\overline{\boldsymbol{x}}^{\mathrm{T}}\boldsymbol{x}=0.$$

由于 $\boldsymbol{x}\neq\boldsymbol{0}$，所以 $\overline{\boldsymbol{x}}^{\mathrm{T}}\boldsymbol{x}=\overline{x}_1x_1+\cdots+\overline{x}_nx_n\neq0$,

故 $\lambda=\overline{\lambda}$,即 λ 是实数．又因为 λ 是任取的，所以 $\boldsymbol{A}$ 的所有特征值都是实数.

定理 4.9 实对称矩阵 $\boldsymbol{A}$ 的不同特征值所对应的特征向量是正交的.

证 设 λ_1,λ_2 是 $\boldsymbol{A}$ 的两个不同的特征值，$\boldsymbol{x}_1,\boldsymbol{x}_2$ 是对应的特征向量，则有

$$\boldsymbol{A}\boldsymbol{x}_1=\lambda_1\boldsymbol{x}_1,\ \boldsymbol{A}\boldsymbol{x}_2=\lambda_2\boldsymbol{x}_2$$

两端转置得 $\boldsymbol{x}_1^{\mathrm{T}}\boldsymbol{A}^{\mathrm{T}}=\lambda_1\boldsymbol{x}_1^{\mathrm{T}}$，所以 $\boldsymbol{x}_1^{\mathrm{T}}\boldsymbol{A}=\lambda_1\boldsymbol{x}_1^{\mathrm{T}}$.

两端右乘 $\boldsymbol{x}_2$ 得 $$\boldsymbol{x}_1^{\mathrm{T}}\boldsymbol{A}\boldsymbol{x}_2=\lambda_1\boldsymbol{x}_1^{\mathrm{T}}\boldsymbol{x}_2$$

故 $x_1^T\lambda_2x_2=\lambda_1x_1^Tx_2$，即 $\lambda_2x_1^Tx_2=\lambda_1x_1^Tx_2$，所以

$$(\lambda_1-\lambda_2)x_1^Tx_2=0.$$

而 $\lambda_1\neq\lambda_2$，所以 $x_1^Tx_2=0$，即 x_1 与 x_2 正交.

定理 4.10 设 A 为 n 阶实对称阵，λ 是 A 的特征方程的 r 重根，则方阵 $A-\lambda E$ 的秩 $R(A-\lambda E)=n-r$，从而对应特征值 λ 恰有 r 个线性无关的特征向量（证明略）.

前面所求的使 A 与对角阵相似的相似变换矩阵未必都是正交的，下面介绍如何用正交矩阵将实对称矩阵对角化的方法.

4.3.5 实对称矩阵的对角化

方法如下：

(1) 求 $|A-\lambda E|=0$ 的全部不同的根 $\lambda_1,\cdots,\lambda_t$，它们都是 A 的特征值，由定理 4.8 知各 λ_i 全为实数，它们的重数设为 s_i，则 $s_1+s_2+\cdots+s_t=n$.

(2) 对每个 λ_i，解齐次线性方程组 $(A-\lambda_iE)x=0$，求出它的一个基础解系，并把它们正交化，单位化为正交单位向量组.

由定理 4.10 知，对每个 λ_i，必含有 s_i 个线性无关的特征向量，记作 $\alpha_{i1},\alpha_{i2},\cdots,\alpha_{is_i}$，而且由 $s_1+s_2+\cdots+s_t=n$ 知，向量组

$$\alpha_{11},\cdots,\alpha_{1s_1},\alpha_{21},\cdots,\alpha_{2s_2},\cdots,\alpha_{t1},\cdots,\alpha_{ts_t} \tag{4.11}$$

恰含 n 个向量，而由定理 4.9 又知这是一个正交向量组，从而线性无关，故根据定理 4.6 知 A 必可对角化.

(3) 因向量组（4.11）为正交单位向量组，故由其组成的矩阵 T 必是正交矩阵.

定理 4.11 对任一实对称矩阵 A，必有正交矩阵 T，使 $T^{-1}AT$ 为对角阵.

【例 4.14】 用正交矩阵把对称阵 $A=\begin{pmatrix}1&1&1&1\\1&1&-1&-1\\1&-1&1&-1\\1&-1&-1&1\end{pmatrix}$ 对角化.

解 $|A-\lambda E|=\begin{vmatrix}1-\lambda&1&1&1\\1&1-\lambda&-1&-1\\1&-1&1-\lambda&-1\\1&-1&-1&1-\lambda\end{vmatrix}=\begin{vmatrix}2-\lambda&2-\lambda&0&0\\1&1-\lambda&-1&-1\\1&-1&1-\lambda&-1\\1&-1&-1&1-\lambda\end{vmatrix}$

$$=\begin{vmatrix}2-\lambda&0&0&0\\1&-\lambda&-1&-1\\1&-2&1-\lambda&-1\\1&-2&-1&1-\lambda\end{vmatrix}=(2-\lambda)\begin{vmatrix}-\lambda&-1&-1\\-2&1-\lambda&-1\\-2&-1&1-\lambda\end{vmatrix}$$

$$=(2-\lambda)\begin{vmatrix}-\lambda&-1&-1\\\lambda-2&2-\lambda&0\\\lambda-2&0&2-\lambda\end{vmatrix}=(2-\lambda)\begin{vmatrix}-1-\lambda&-1&-1\\0&2-\lambda&0\\\lambda-2&0&2-\lambda\end{vmatrix}$$

$$=(2-\lambda)^2((-1-\lambda)(2-\lambda)+(\lambda-2))=(2-\lambda)^3(-\lambda-2)$$
$$=(\lambda-2)^3(\lambda+2),$$

得 $\boldsymbol{A}$ 的特征值为 2（三重）和 -2.

对于 $\lambda=2$，解齐次线性方程组 $(\boldsymbol{A}-2\boldsymbol{E})\boldsymbol{x}=\boldsymbol{0}$，求得一个基础解系为

$$\boldsymbol{\alpha}_1=\begin{pmatrix}1\\1\\0\\0\end{pmatrix},\quad \boldsymbol{\alpha}_2=\begin{pmatrix}1\\0\\1\\0\end{pmatrix},\quad \boldsymbol{\alpha}_3=\begin{pmatrix}1\\0\\0\\1\end{pmatrix}.$$

先正交化，令 $\boldsymbol{\beta}_1=\boldsymbol{\alpha}_1=\begin{pmatrix}1\\1\\0\\0\end{pmatrix}$，$\boldsymbol{\beta}_2=\boldsymbol{\alpha}_2-\dfrac{(\boldsymbol{\alpha}_2,\boldsymbol{\beta}_1)}{(\boldsymbol{\beta}_1,\boldsymbol{\beta}_1)}\boldsymbol{\beta}_1=\begin{pmatrix}1\\0\\1\\0\end{pmatrix}-\dfrac{1}{2}\begin{pmatrix}1\\1\\0\\0\end{pmatrix}=\begin{pmatrix}\frac{1}{2}\\-\frac{1}{2}\\1\\0\end{pmatrix}$，

$$\boldsymbol{\beta}_3=\boldsymbol{\alpha}_3-\frac{(\boldsymbol{\alpha}_3,\boldsymbol{\beta}_1)}{(\boldsymbol{\beta}_1,\boldsymbol{\beta}_1)}\boldsymbol{\beta}_1-\frac{(\boldsymbol{\alpha}_3,\boldsymbol{\beta}_2)}{(\boldsymbol{\beta}_2,\boldsymbol{\beta}_2)}\boldsymbol{\beta}_2=\begin{pmatrix}1\\0\\0\\1\end{pmatrix}-\frac{1}{2}\begin{pmatrix}1\\1\\0\\0\end{pmatrix}-\frac{1}{6}\begin{pmatrix}1\\-1\\2\\0\end{pmatrix}=\frac{1}{6}\begin{pmatrix}2\\-2\\-2\\6\end{pmatrix}.$$

再单位化

$$\boldsymbol{\gamma}_1=\frac{1}{\|\boldsymbol{\beta}_1\|}\boldsymbol{\beta}_1=\begin{pmatrix}\frac{\sqrt{2}}{2}\\\frac{\sqrt{2}}{2}\\0\\0\end{pmatrix},\ \boldsymbol{\gamma}_2=\frac{1}{\|\boldsymbol{\beta}_2\|}\boldsymbol{\beta}_2=\begin{pmatrix}\frac{\sqrt{6}}{6}\\-\frac{\sqrt{6}}{6}\\\frac{\sqrt{6}}{3}\\0\end{pmatrix},\ \boldsymbol{\gamma}_3=\frac{1}{\|\boldsymbol{\beta}_3\|}\boldsymbol{\beta}_3=\begin{pmatrix}\frac{\sqrt{3}}{6}\\-\frac{\sqrt{3}}{6}\\-\frac{\sqrt{3}}{6}\\\frac{\sqrt{3}}{2}\end{pmatrix}.$$

当 $\lambda=-2$ 时，解齐次线性方程组 $(\boldsymbol{A}+2\boldsymbol{E})\boldsymbol{x}=\boldsymbol{0}$，求得它的一个基础解系为

$$\boldsymbol{\alpha}_4=\begin{pmatrix}-1\\1\\1\\1\end{pmatrix}.$$

不需正交化，只要单位化，所以

$$\boldsymbol{\gamma}_4=\frac{1}{\|\boldsymbol{\alpha}_4\|}\boldsymbol{\alpha}_4=\frac{1}{2}\begin{pmatrix}-1\\1\\1\\1\end{pmatrix}.$$

因此以正交单位向量组 $\boldsymbol{\gamma}_1,\boldsymbol{\gamma}_2,\boldsymbol{\gamma}_3,\boldsymbol{\gamma}_4$ 为列向量的矩阵 $\boldsymbol{T}$ 就是所求的正交矩阵

$$T=\begin{pmatrix}\frac{\sqrt{2}}{2} & \frac{\sqrt{6}}{6} & \frac{\sqrt{3}}{6} & -\frac{1}{2}\\ \frac{\sqrt{2}}{2} & -\frac{\sqrt{6}}{6} & -\frac{\sqrt{3}}{6} & \frac{1}{2}\\ 0 & \frac{\sqrt{6}}{3} & -\frac{\sqrt{3}}{6} & \frac{1}{2}\\ 0 & 0 & \frac{\sqrt{3}}{2} & \frac{1}{2}\end{pmatrix},\quad 有\quad T^{-1}AT=\begin{pmatrix}2&0&0&0\\0&2&0&0\\0&0&2&0\\0&0&0&-2\end{pmatrix}.$$

【例 4.15】 用正交矩阵把对称阵 $A=\begin{pmatrix}2&1&1\\1&2&1\\1&1&2\end{pmatrix}$ 对角化.

解

$$|A-\lambda E|=\begin{vmatrix}2-\lambda & 1 & 1\\ 1 & 2-\lambda & 1\\ 1 & 1 & 2-\lambda\end{vmatrix}=-(\lambda-4)(\lambda-1)^2=0,$$

得 A 的特征值为 4 和 1（二重）.

对于 $\lambda=4$，解齐次线性方程组 $(A-4E)x=0$，

$$\begin{pmatrix}-2&1&1\\1&-2&1\\1&1&-2\end{pmatrix}\to\begin{pmatrix}1&-2&1\\0&3&-3\\0&0&0\end{pmatrix},$$

得到特征向量为 $\alpha_1=\begin{pmatrix}1\\1\\1\end{pmatrix}$.

对于 $\lambda=1$，解齐次线性方程组 $(A-E)x=0$，

$$\begin{pmatrix}1&1&1\\1&1&1\\1&1&1\end{pmatrix}\to\begin{pmatrix}1&1&1\\0&0&0\\0&0&0\end{pmatrix}$$

得到特征向量为

$$\alpha_2=\begin{pmatrix}1\\-1\\0\end{pmatrix},\ \alpha_3=\begin{pmatrix}1\\0\\-1\end{pmatrix}.$$

不同特征值的特征向量已经正交，只需将 α_2,α_3 正交化，令

$$\beta_1=\alpha_1,\ \beta_2=\alpha_2,$$

则

$$\beta_3=\alpha_3-\frac{(\alpha_3,\beta_2)}{(\beta_2,\beta_2)}\beta_2=\frac{1}{2}\begin{pmatrix}1\\1\\-2\end{pmatrix}.$$

再单位化，有

$$\gamma_1=\frac{\alpha_1}{\|\alpha_1\|}=\frac{1}{\sqrt{3}}\begin{pmatrix}1\\1\\1\end{pmatrix},\ \gamma_2=\frac{\beta_2}{\|\beta_2\|}=\frac{1}{\sqrt{2}}\begin{pmatrix}1\\-1\\0\end{pmatrix},\ \gamma_3=\frac{\beta_3}{\|\beta_3\|}=\frac{1}{\sqrt{6}}\begin{pmatrix}1\\1\\-2\end{pmatrix},$$

令 $\boldsymbol{T}=(\boldsymbol{\gamma}_1,\boldsymbol{\gamma}_2,\boldsymbol{\gamma}_3)=\begin{pmatrix} \frac{1}{\sqrt{3}} & \frac{1}{\sqrt{2}} & \frac{1}{\sqrt{6}} \\ \frac{1}{\sqrt{3}} & -\frac{1}{\sqrt{2}} & \frac{1}{\sqrt{6}} \\ \frac{1}{\sqrt{3}} & 0 & -\frac{2}{\sqrt{6}} \end{pmatrix}$，

则 $\boldsymbol{T}$ 就是所要求的正交矩阵，并且

$$\boldsymbol{T}^{-1}\boldsymbol{A}\boldsymbol{T}=\begin{pmatrix} 4 & & \\ & 1 & \\ & & 1 \end{pmatrix}.$$

4.4　二次型及其标准形

在解析几何中，中心在坐标原点上的有的二次曲线的一般方程为

$$ax^2+2bxy+cy^2=d, \tag{4.12}$$

为了便于研究这个二次曲线的几何性质，我们通过适当的坐标旋转变换

$$\begin{cases} x=x'\cos\theta-y'\sin\theta, \\ y=x'\sin\theta+y'\cos\theta \end{cases}$$

把式（4.12）的左端 $f(x,y)=ax^2+2bxy+cy^2$ 化为只含平方项，即所谓标准形式

$$g(x',y')=ax'^2+cy'^2.$$

类似地，对于空间有的二次曲面也有同样的问题．设中心在坐标原点上的二次曲面方程为

$$a_{11}x^2+a_{22}y^2+a_{33}z^2+2a_{12}xy+2a_{13}xz+2a_{23}yz=d. \tag{4.13}$$

通过适当地坐标轴旋转，把式（4.13）的左端化为只含平方项，即标准形式

$$g(x',y',z')=a'_{11}x'^2+a'_{22}y'^2+a'_{33}z'^2.$$

从代数学的观点看，化标准形的过程就是通过变量的线性变换化简一个二次齐次多项式，使它只含有平方项的过程，这样的问题，在许多理论或实际问题中常会遇到，因此有必要把它推广．

定义 4.11　把含 n 元的二次齐次多项式

$$f(x_1,x_2,\cdots,x_n)=a_{11}x_1^2+a_{22}x_2^2+\cdots+a_{nn}x_n^2+2a_{12}x_1x_2+2a_{13}x_1x_3+\cdots+2a_{n-1,n}x_{n-1}x_n \tag{4.14}$$

称为**二次型**，即 $f(x_1,x_2,\cdots,x_n)=\sum\limits_{i,j=1}^{n}a_{ij}x_ix_j$ $(a_{ij}=a_{ji})$，当系数 a_{ij} 都是实数时，二次型称为**实二次型**．

本节我们主要讨论二次型化标准形的方法，二次型的分类和判定问题，以及正定二次型的性质．

首先讨论二次型的矩阵表示．

4.4.1 二次型的矩阵表示

二次型（4.14）式可以写成

$$f=x_1(a_{11}x_1+a_{12}x_2+\cdots+a_{1n}x_n)+x_2(a_{21}x_1+a_{22}x_2+\cdots+a_{2n}x_n)+\cdots+x_n(a_{n1}x_1+a_{n2}x_2+\cdots+a_{nn}x_n).\tag{4.15}$$

f 的系数可以确定一个 n 阶矩阵 $\boldsymbol{A}=\begin{pmatrix}a_{11} & a_{12} & \cdots & a_{1n}\\ a_{21} & a_{22} & \cdots & a_{2n}\\ \cdots & \cdots & \cdots & \cdots\\ a_{n1} & a_{n2} & \cdots & a_{nn}\end{pmatrix}$，其中 $a_{ij}=a_{ji}$.

反之，若给定一个 n 阶矩阵 $\boldsymbol{A}$ 为对称阵，也就唯一地确定一个二次型．即 n 元二次型与 n 阶对称矩阵相互唯一确定，也就是说：一切 n 元二次型与全体 n 阶对称矩阵之间建立了一一对应的关系.

我们把对称阵 $\boldsymbol{A}$ 叫做**二次型 f 的矩阵**，也把 f 叫做**对称阵 $\boldsymbol{A}$ 的二次型**．对称阵 $\boldsymbol{A}$ 的秩就叫做**二次型 f 的秩**.

若记 $\boldsymbol{x}^{\mathrm{T}}=(x_1,x_2,\cdots,x_n)$，则（4.15）式又可用矩阵表示为

$$f=(x_1,x_2,\cdots,x_n)\begin{pmatrix}a_{11}x_1+a_{12}x_2+\cdots+a_{1n}x_n\\ a_{21}x_1+a_{22}x_2+\cdots+a_{2n}x_n\\ \cdots\cdots\\ a_{n1}x_1+a_{n2}x_2+\cdots+a_{nn}x_n\end{pmatrix}$$

$$=(x_1,x_2,\cdots,x_n)\begin{pmatrix}a_{11} & a_{12} & \cdots & a_{1n}\\ a_{21} & a_{22} & \cdots & a_{2n}\\ \cdots & \cdots & \cdots & \cdots\\ a_{n1} & a_{n2} & \cdots & a_{nn}\end{pmatrix}\begin{pmatrix}x_1\\ x_2\\ \vdots\\ x_n\end{pmatrix}=\boldsymbol{x}^{\mathrm{T}}\boldsymbol{A}\boldsymbol{x}.$$

定义 4.12 设 $\boldsymbol{A}$ 和 $\boldsymbol{B}$ 是 n 阶矩阵，若有可逆矩阵 $\boldsymbol{C}$，使 $\boldsymbol{B}=\boldsymbol{C}^{\mathrm{T}}\boldsymbol{A}\boldsymbol{C}$，则称**矩阵 $\boldsymbol{A}$ 与 $\boldsymbol{B}$ 合同**.

显然，若 $\boldsymbol{A}$ 为对称阵，则 $\boldsymbol{B}=\boldsymbol{C}^{\mathrm{T}}\boldsymbol{A}\boldsymbol{C}$ 也为对称阵，且 $R(\boldsymbol{B})=R(\boldsymbol{A})$．事实上，

$$\boldsymbol{B}^{\mathrm{T}}=(\boldsymbol{C}^{\mathrm{T}}\boldsymbol{A}\boldsymbol{C})^{\mathrm{T}}=\boldsymbol{C}^{\mathrm{T}}\boldsymbol{A}^{\mathrm{T}}\boldsymbol{C}=\boldsymbol{C}^{\mathrm{T}}\boldsymbol{A}\boldsymbol{C}=\boldsymbol{B},$$

即 $\boldsymbol{B}$ 为对称阵．又因 $\boldsymbol{B}=\boldsymbol{C}^{\mathrm{T}}\boldsymbol{A}\boldsymbol{C}$，而 $\boldsymbol{C}$ 可逆，从而 $\boldsymbol{C}^{\mathrm{T}}$ 也可逆，由矩阵秩的性质即知 $R(\boldsymbol{B})=R(\boldsymbol{A})$.

由此可知，经可逆变换 $\boldsymbol{x}=\boldsymbol{C}\boldsymbol{y}$ 后，二次型 f 的矩阵由 $\boldsymbol{A}$ 变为与 $\boldsymbol{A}$ 合同的矩阵 $\boldsymbol{C}^{\mathrm{T}}\boldsymbol{A}\boldsymbol{C}$，且二次型的秩不变.

4.4.2 二次型的化简

要使二次型 f 经可逆变换 $\boldsymbol{x}=\boldsymbol{C}\boldsymbol{y}$ 变成标准形，这就是要使

$$\boldsymbol{y}^{\mathrm{T}}\boldsymbol{C}^{\mathrm{T}}\boldsymbol{A}\boldsymbol{C}\boldsymbol{y}=k_1y_1^2+k_2y_2^2+\cdots+k_ny_n^2$$

$$=(y_1,y_2,\cdots,y_n)\begin{pmatrix}k_1 & & & \\ & k_2 & & \\ & & \ddots & \\ & & & k_n\end{pmatrix}\begin{pmatrix}y_1\\y_2\\\vdots\\y_n\end{pmatrix}.$$

也就是要使 $\boldsymbol{C}^{\mathrm{T}}\boldsymbol{AC}$ 成为对角阵．因此，我们的主要问题就是：对于对称阵 $\boldsymbol{A}$，寻求可逆矩阵 $\boldsymbol{C}$，使 $\boldsymbol{C}^{\mathrm{T}}\boldsymbol{AC}$ 为对角阵．这个问题称为**把对称阵 $\boldsymbol{A}$ 合同对角化**.

由上节定理 4.11 知，任给实对称阵 $\boldsymbol{A}$．总有正交阵 $\boldsymbol{P}$，使 $\boldsymbol{P}^{-1}\boldsymbol{AP}=\boldsymbol{\Lambda}$，即 $\boldsymbol{P}^{\mathrm{T}}\boldsymbol{AP}=\boldsymbol{\Lambda}$．把此结论应用于二次型，即有

定理 4.12 任给二次型 $f=\sum\limits_{i,j=1}^{n}a_{ij}x_ix_j\,(a_{ij}=a_{ji})$，总有正交变换 $\boldsymbol{x}=\boldsymbol{Py}$，使 f 化为标准形

$$f=\lambda_1y_1^2+\lambda_2y_2^2+\cdots+\lambda_ny_n^2,$$

其中 $\lambda_1,\lambda_2,\cdots,\lambda_n$ 是 f 的矩阵 $\boldsymbol{A}=(a_{ij})$ 的特征值.

推论 4.3 任给 n 元二次型 $f(\boldsymbol{x})=\boldsymbol{x}^{\mathrm{T}}\boldsymbol{Ax}\,(\boldsymbol{A}^{\mathrm{T}}=\boldsymbol{A})$，总有可逆变换 $\boldsymbol{x}=\boldsymbol{Cz}$，使 $f(\boldsymbol{Cz})$ 为规范形.

证 按定理 4.12，有

$$f(\boldsymbol{Py})=\boldsymbol{y}^{\mathrm{T}}\boldsymbol{\Lambda y}=\lambda_1y_1^2+\lambda_2y_2^2+\cdots+\lambda_ny_n^2,$$

设二次型 f 的秩为 r，则特征值 λ_i 中恰有 r 个不为 0，不妨设 $\lambda_1,\cdots,\lambda_r$ 不等于 0，$\lambda_{r+1}=\cdots=\lambda_n=0$，令 $\boldsymbol{K}=\begin{pmatrix}k_1 & & & \\ & k_2 & & \\ & & \ddots & \\ & & & k_n\end{pmatrix}$，其中 $k_i=\begin{cases}\dfrac{1}{\sqrt{|\lambda_i|}}, & i\leqslant r,\\ 1, & i>r.\end{cases}$

则 $\boldsymbol{K}$ 可逆，变换 $\boldsymbol{y}=\boldsymbol{Kz}$ 把 $f(\boldsymbol{Py})$ 化为

$$f(\boldsymbol{PKz})=\boldsymbol{z}^{\mathrm{T}}\boldsymbol{K}^{\mathrm{T}}\boldsymbol{P}^{\mathrm{T}}\boldsymbol{APKz}=\boldsymbol{z}^{\mathrm{T}}\boldsymbol{K}^{\mathrm{T}}\boldsymbol{\Lambda Kz},$$

而

$$\boldsymbol{K}^{\mathrm{T}}\boldsymbol{\Lambda K}=\mathrm{diag}\left(\frac{\lambda_1}{|\lambda_1|},\cdots,\frac{\lambda_r}{|\lambda_r|},0,\cdots,0\right),$$

记 $\boldsymbol{C}=\boldsymbol{PK}$，即知可逆变换 $\boldsymbol{x}=\boldsymbol{Cz}$ 把 f 化为规范形

$$f(\boldsymbol{Cz})=\frac{\lambda_1}{|\lambda_1|}z_1^2+\cdots+\frac{\lambda_r}{|\lambda_r|}z_r^2.$$

【例 4.16】 已知二次型 $f(x_1,x_2,x_3)=x_1^2+4x_2^2+x_3^2-4x_1x_2-8x_1x_3-4x_2x_3$，写出二次型的矩阵 $\boldsymbol{A}$，并求二次型的秩.

解 设二次型为 $f=\boldsymbol{x}^{\mathrm{T}}\boldsymbol{Ax}$，则二次型 $f(x_1,x_2,x_3)$ 的矩阵是

$$\boldsymbol{A}=\begin{pmatrix}1 & -2 & -4\\ -2 & 4 & -2\\ -4 & -2 & 1\end{pmatrix}.$$

由 $|\boldsymbol{A}|\neq 0$，可知 $R(\boldsymbol{A})=3$，所以二次型 $f(x_1,x_2,x_3)$ 的秩为 3.

【例 4.17】 求一个正交变换 $\boldsymbol{x}=\boldsymbol{Py}$，把二次型

$$f(x_1,x_2,x_3)=2x_1^2+2x_2^2+2x_3^2+2x_1x_2+2x_1x_3+2x_2x_3.$$

化为标准形.

解　二次型的矩阵为

$$\boldsymbol{A}=\begin{pmatrix}2&1&1\\1&2&1\\1&1&2\end{pmatrix},$$

这与例 4.15 所给矩阵相同．按照例 4.15 的结果，有正交阵

$$\boldsymbol{P}=\begin{pmatrix}\frac{1}{\sqrt{3}}&\frac{1}{\sqrt{2}}&\frac{1}{\sqrt{6}}\\\frac{1}{\sqrt{3}}&-\frac{1}{\sqrt{2}}&\frac{1}{\sqrt{6}}\\\frac{1}{\sqrt{3}}&0&-\frac{2}{\sqrt{6}}\end{pmatrix}，使得\quad \boldsymbol{P}^{-1}\boldsymbol{AP}=\boldsymbol{\Lambda}=\begin{pmatrix}4&&\\&1&\\&&1\end{pmatrix},$$

于是有正交变换

$$\begin{pmatrix}x_1\\x_2\\x_3\end{pmatrix}=\begin{pmatrix}\frac{1}{\sqrt{3}}&\frac{1}{\sqrt{2}}&\frac{1}{\sqrt{6}}\\\frac{1}{\sqrt{3}}&-\frac{1}{\sqrt{2}}&\frac{1}{\sqrt{6}}\\\frac{1}{\sqrt{3}}&0&-\frac{2}{\sqrt{6}}\end{pmatrix}\begin{pmatrix}y_1\\y_2\\y_3\end{pmatrix},$$

把二次型 f 化成标准形

$$f=4y_1^2+y_2^2+y_3^2.$$

因此可归纳出用正交变换化实二次型为标准形的方法如下：

第一步，写出二次型 f 的矩阵 $\boldsymbol{A}$；

第二步，求出矩阵 $\boldsymbol{A}$ 的全部特征值 $\lambda_1,\lambda_2,\cdots,\lambda_n$；

第三步，求 $(\boldsymbol{A}-\lambda\boldsymbol{E})\boldsymbol{x}=\boldsymbol{0}$ 的基础解系，并将它们正交化，单位化；

第四步，写出正交矩阵 $\boldsymbol{T}$，正交变换 $\boldsymbol{x}=\boldsymbol{Ty}$，写出 f 的标准形.

注意：用正交变换化二次型为标准形，其特点是保持几何形状不变.

如果不限于用正交变换，那么还可以有多种方法（对应有多个可逆的线性变换）把二次型化成标准形．这里只介绍拉格朗日配方法．下面举例来说明这种方法.

【例 4.18】　用配方法将二次型 $f(x_1,x_2,x_3)=x_1^2+4x_2^2+x_3^2-4x_1x_2-8x_1x_3-4x_2x_3$ 化成标准形.

解

$$\begin{aligned}f&=x_1^2+4x_2^2+x_3^2-4x_1x_2-8x_1x_3-4x_2x_3\\&=x_1^2-4x_1x_2-8x_1x_3+4x_2^2+x_3^2-4x_2x_3\\&=x_1^2-4(x_2+2x_3)x_1+[2(x_2+2x_3)]^2-[2(x_2+2x_3)]^2+4x_2^2+x_3^2-4x_2x_3\\&=[x_1-2(x_2+2x_3)]^2-20x_2x_3-15x_3^2\end{aligned}$$

$$=[x_1-2(x_2+2x_3)]^2-15\left[x_3^2+\frac{4}{3}x_2x_3+\left(\frac{2}{3}x_2\right)^2-\left(\frac{2}{3}x_2\right)^2\right]$$

$$=(x_1-2x_2-4x_3)^2-15(x_3+\frac{2}{3}x_2)^2+\frac{20}{3}x_2^2.$$

令
$$\begin{cases}y_1=x_1-2x_2-4x_3,\\ y_2=\quad\frac{2}{3}x_2+\ x_3,\\ y_3=\qquad x_2,\end{cases}$$

则
$$f(x_1,x_2,x_3)=y_1^2-15y_2^2+\frac{20}{3}y_3^2.$$

所作的线性变换是
$$\begin{cases}x_1=y_1+4y_2-\frac{2}{3}y_3,\\ x_2=\qquad\qquad y_3,\\ x_3=\qquad y_2-\frac{2}{3}y_3.\end{cases}$$

因为 $\begin{vmatrix}1 & 4 & -\frac{2}{3}\\ 0 & 0 & 1\\ 0 & 1 & -\frac{2}{3}\end{vmatrix}\neq 0$，所以，所作的线性变换是可逆的.

【例 4.19】 用配方法将二次型 $f=f(x_1,x_2,x_3)=2x_1x_2+x_1x_3-x_2x_3$ 化成标准形.

解 此二次型中没有平方项．为了能进行配方，首先要变成有平方项.

令
$$\begin{cases}x_1=y_1\quad -y_3\ ,\\ x_2=\quad y_2\qquad ,\\ x_3=y_1\quad +y_3,\end{cases}$$

代入原二次型即有

$$\begin{aligned}f(x_1,x_2,x_3)&=2(y_1-y_3)y_2+(y_1-y_3)(y_1+y_3)-y_2(y_1+y_3)\\&=y_1^2+y_1y_2-3y_2y_3-y_3^2\\&=(y_1+\frac{1}{2}y_2)^2-\frac{1}{4}y_2^2-3y_2y_3-{y_3}^2\\&=(y_1+\frac{1}{2}y_2)^2-\frac{1}{4}(y_2+6y_3)^2+8{y_3}^2.\end{aligned}$$

令 $\begin{cases}z_1=y_1+\frac{1}{2}y_2\qquad ,\\ z_2=\qquad y_2+6y_3,\\ z_3=\qquad\quad y_3,\end{cases}$ 则　$f(x_1,x_2,x_3)=z_1^2-\frac{1}{4}z_2^2+8z_3^2.$

可以证明，任何一个二次型都可用正交变换及配方的方法化简为标准形，而且所用的线性变换是可逆的．同一个二次型用两种不同的线性变换化简所得的标准形是不相同的，但标准形中平方和的项数相等，并等于二次型的秩，且标准形中正项的个数相等，负项的个数也相等.

定理 4.13 设有实二次型 $f=\boldsymbol{x}^{\mathrm{T}}\boldsymbol{A}\boldsymbol{x}$，它的秩为 r，有两个实的可逆变换

$$\boldsymbol{x}=\boldsymbol{C}\boldsymbol{y} \text{ 及 } \boldsymbol{x}=\boldsymbol{P}\boldsymbol{z}$$

使
$$f=k_1y_1^2+k_2y_2^2+\cdots+k_ry_r^2 \quad (k_i\neq 0)$$
及
$$f=\lambda_1z_1^2+\lambda_2z_2^2+\cdots+\lambda_rz_r^2 \quad (\lambda_i\neq 0),$$
则 $k_1,\cdots,k_r$ 中正数的个数与 $\lambda_1,\cdots,\lambda_r$ 中正数的个数相等，从而其中负数的个数也相等.

这个定理称为**惯性定理**，这里不予证明.

4.4.3 正定二次型与正定矩阵

比较常用的二次型是标准形的系数全为正($r=n$)或全为负的情形.

定义 4.13 设有实二次型 $f(\boldsymbol{x})=\boldsymbol{x}^{\mathrm{T}}\boldsymbol{A}\boldsymbol{x}$，如果对任何 $\boldsymbol{x}\neq\boldsymbol{0}$ 都有 $f(\boldsymbol{x})>0$，则称 f 为**正定二次型**，而称对称阵 $\boldsymbol{A}$ 为**正定矩阵**，记作 $\boldsymbol{A}>0$；如果对于任何 $\boldsymbol{x}\neq\boldsymbol{0}$ 都有 $f(\boldsymbol{x})<0$，则称 f 是**负定二次型**，而称对称阵 $\boldsymbol{A}$ 是**负定矩阵**，记作 $\boldsymbol{A}<0$.

由定义可得如下结论：

可逆线性变换不改变二次型的正定性.

这是由于二次型 $\boldsymbol{x}^{\mathrm{T}}\boldsymbol{A}\boldsymbol{x}$ 经可逆线性变换 $\boldsymbol{x}=\boldsymbol{C}\boldsymbol{y}$ 化为二次型 $\boldsymbol{y}^{\mathrm{T}}\boldsymbol{B}\boldsymbol{y}$ 时（其中 $\boldsymbol{B}=\boldsymbol{C}^{\mathrm{T}}\boldsymbol{A}\boldsymbol{C}$），则对任意非零向量 $\boldsymbol{y}_1\neq\boldsymbol{0}$，有 $\boldsymbol{x}_1=\boldsymbol{C}\boldsymbol{y}_1\neq\boldsymbol{0}$（否则，若 $\boldsymbol{x}_1=\boldsymbol{0}$，则 $\boldsymbol{y}_1=\boldsymbol{C}^{-1}\boldsymbol{x}_1=\boldsymbol{0}$ 与 $\boldsymbol{y}_1=\boldsymbol{0}$ 矛盾），当 $\boldsymbol{x}^{\mathrm{T}}\boldsymbol{A}\boldsymbol{x}$ 正定时，必有 $\boldsymbol{x}^{\mathrm{T}}\boldsymbol{A}\boldsymbol{x}>0$，于是对任意 $\boldsymbol{y}_1\neq\boldsymbol{0}$，$\boldsymbol{y}_1{}^{\mathrm{T}}\boldsymbol{B}\boldsymbol{y}_1=\boldsymbol{y}_1^{\mathrm{T}}(\boldsymbol{C}^{\mathrm{T}}\boldsymbol{A}\boldsymbol{C})\boldsymbol{y}_1=\boldsymbol{x}_1^{\mathrm{T}}\boldsymbol{A}\boldsymbol{x}_1>0$. 由此可知 $\boldsymbol{x}^{\mathrm{T}}\boldsymbol{A}\boldsymbol{x}$ 正定时，$\boldsymbol{y}^{\mathrm{T}}\boldsymbol{A}\boldsymbol{y}$ 必正定.

另一方面，由于线性变换的可逆性又有 $\boldsymbol{y}^{\mathrm{T}}\boldsymbol{A}\boldsymbol{y}$ 正定时，$\boldsymbol{x}^{\mathrm{T}}\boldsymbol{A}\boldsymbol{x}$ 必正定.

定理 4.14 对实二次型 $f(x_1,x_2,\cdots,x_n)=\boldsymbol{x}^{\mathrm{T}}\boldsymbol{A}\boldsymbol{x}$，下列结论等价：

(1) $f(x_1,x_2,\cdots,x_n)$是正定二次型；

(2) $f(x_1,x_2,\cdots,x_n)$的标准形的 n 个系数全为正；

(3) 对称阵 $\boldsymbol{A}$ 的特征值 $\lambda_1,\lambda_2,\cdots,\lambda_n$ 全是正数.

定理中的任意两个结论都互为充分必要条件.

证 (1)⇒(2).

若 $f(x_1,x_2,\cdots,x_n)$正定，则标准形 $a_1y_1^2+\cdots+a_ny_n^2$ 也是正定的.
从而 $a_1,a_2,\cdots,a_n$ 全大于 0，故 $f(x_1,x_2,\cdots,x_n)$的标准形的 n 个系数全大于 0.

(2)⇒(3).

若 $f(x_1,x_2,\cdots,x_n)$的标准形的 n 个系数全为正，则实二次型经正交线性变换 $\boldsymbol{x}=\boldsymbol{T}\boldsymbol{y}$ 化为标准形 $\lambda_1y_1^2+\cdots+\lambda_ny_n^2$，其中 $\lambda_1,\cdots,\lambda_n$ 就是 $\boldsymbol{A}$ 的特征值，故 $\lambda_1,\cdots,\lambda_n$ 全为正数.

(3)⇒(1).

若 $\boldsymbol{A}$ 的特征值 $\lambda_1,\cdots,\lambda_n$ 全是正数，则经线性变换 $\boldsymbol{x}=\boldsymbol{T}\boldsymbol{y}$ 化为标准形 $\lambda_1y_1^2+\cdots$

$+\lambda_n y_n^2$ 是正定的，从而可知 $f(x_1,x_2,\cdots,x_n)$是正定的.

定理 4.15　对称阵 $\boldsymbol{A}$ 为正定的充分必要条件是：$\boldsymbol{A}$ 的各阶主子式都为正，即

$$a_{11}>0,\quad \begin{vmatrix} a_{11} & a_{12} \\ a_{21} & a_{22} \end{vmatrix}>0,\ \cdots,\ \begin{vmatrix} a_{11} & \cdots & a_{1n} \\ \cdots & \cdots & \cdots \\ a_{n1} & \cdots & a_{nn} \end{vmatrix}>0.$$

对称阵 $\boldsymbol{A}$ 为负定的充分必要条件是：奇数阶主子式为负，而偶数阶主子式为正，

即
$$(-1)^r \begin{vmatrix} a_{11} & \cdots & a_{1r} \\ \cdots & \cdots & \cdots \\ a_{r1} & \cdots & a_{rr} \end{vmatrix}>0 \quad (r=1,2,\cdots,n).$$

这个定理称为**霍尔维茨定理**.

【例 4.20】　判断下列实二次型是否正定：

(1) $f(x_1,x_2,x_3)=3x_1^2+4x_2^2+5x_3^2+4x_1x_2-4x_2x_3$；

(2) $f(x_1,x_2,x_3)=x_1^2+2x_2^2+x_3^2+2x_1x_2+4x_2x_3$.

解　(1)　$f(x_1,x_2,x_3)$的矩阵为　$\boldsymbol{A}=\begin{pmatrix} 3 & 2 & 0 \\ 2 & 4 & -2 \\ 0 & -2 & 5 \end{pmatrix}$.

由于它的顺序主子式

$$|3|=3>0,\quad \begin{vmatrix} 3 & 2 \\ 2 & 4 \end{vmatrix}=8>0,\quad \begin{vmatrix} 3 & 2 & 0 \\ 2 & 4 & -2 \\ 0 & -2 & 5 \end{vmatrix}=28>0,$$

所以 $f(x_1,x_2,x_3)$是正定二次型.

(2) $f(x_1,x_2,x_3)$的矩阵为　$\boldsymbol{A}=\begin{pmatrix} 1 & 1 & 0 \\ 1 & 2 & 2 \\ 0 & 2 & 1 \end{pmatrix}$.

它的顺序主子式

$$|1|=1>0,\quad \begin{vmatrix} 1 & 1 \\ 1 & 2 \end{vmatrix}=+1>0,\quad \begin{vmatrix} 1 & 1 & 0 \\ 1 & 2 & 2 \\ 0 & 2 & 1 \end{vmatrix}=-3<0,$$

所以二次型不是正定的.

【例 4.21】　设 $\boldsymbol{A},\boldsymbol{B}$ 都是 n 阶正定矩阵，证明 $\boldsymbol{A}+\boldsymbol{B}$ 也是正定矩阵.

证　设二次型

$$f_1=\boldsymbol{x}^{\mathrm{T}}\boldsymbol{A}\boldsymbol{x},\quad f_2=\boldsymbol{x}^{\mathrm{T}}\boldsymbol{B}\boldsymbol{x},\quad f=\boldsymbol{x}^{\mathrm{T}}(\boldsymbol{A}+\boldsymbol{B})\boldsymbol{x}.$$

由 $\boldsymbol{A},\boldsymbol{B}$ 正定知 f_1,f_2 均为正定二次型.

对任意非零向量 $\boldsymbol{x}$，有

$$\boldsymbol{x}^{\mathrm{T}}\boldsymbol{A}\boldsymbol{x}>0,\quad \boldsymbol{x}^{\mathrm{T}}\boldsymbol{B}\boldsymbol{x}>0,$$

因此 $f=\boldsymbol{x}^{\mathrm{T}}(\boldsymbol{A}+\boldsymbol{B})\boldsymbol{x}=\boldsymbol{x}^{\mathrm{T}}\boldsymbol{A}\boldsymbol{x}+\boldsymbol{x}^{\mathrm{T}}\boldsymbol{B}\boldsymbol{x}>0$，即 f 为正定二次型，从而 $\boldsymbol{A}+\boldsymbol{B}$ 为正定

矩阵.

【例 4.22】 已知二次型 $f(x_1,x_2,x_3)=x_1^2+4x_2^2+x_3^2+2tx_1x_2+10x_1x_3+6x_2x_3$. 试问 t 取何值时，二次型是正定的？

解 二次型的矩阵为 $\boldsymbol{A}=\begin{pmatrix}1 & t & 5\\ t & 4 & 3\\ 5 & 3 & 1\end{pmatrix}$.

若正定，则它的顺序主子式都应当大于零，即

$$|1|=1>0,\quad \begin{vmatrix}1 & t\\ t & 4\end{vmatrix}=4-t^2>0,\quad |\boldsymbol{A}|=\begin{vmatrix}1 & t & 5\\ t & 4 & 3\\ 5 & 3 & 1\end{vmatrix}=-t^2+30t-105>0.$$

由于不等式组

$$\begin{cases}4-t^2>0 & \Rightarrow\quad t\in(-2,2),\\ t^2-30t+105<0 & \Rightarrow\quad t\in(15-2\sqrt{30},15+2\sqrt{30})\end{cases}$$

无解，所以对任意 t，二次型都不可能正定.

将二次型利用可逆线性变换化成标准形，但二次型的正定性保持不变，这种以变为突破、以不变为根基，解决问题的方法是形变质不变的完美体现.

习　题　4

A　题

1. 判断下列矩阵是否为正交矩阵：

(1) $\begin{pmatrix}\dfrac{\sqrt{3}}{2} & -\dfrac{1}{2}\\ \dfrac{1}{2} & \dfrac{\sqrt{3}}{2}\end{pmatrix}$；　(2) $\begin{pmatrix}\dfrac{1}{\sqrt{3}} & -\dfrac{2}{\sqrt{6}} & 0\\ \dfrac{1}{\sqrt{3}} & \dfrac{1}{\sqrt{6}} & \dfrac{1}{\sqrt{2}}\\ -\dfrac{1}{\sqrt{3}} & -\dfrac{1}{\sqrt{6}} & \dfrac{1}{\sqrt{2}}\end{pmatrix}$.

2. 证明：若 $\boldsymbol{A},\boldsymbol{B}$ 都是 n 阶正交矩阵，则 $\boldsymbol{AB}$ 也是 n 阶正交矩阵.

3. 证明：若 $\boldsymbol{A}$ 为正交矩阵，则 $\boldsymbol{A}^*$ 也是正交矩阵.

4. 设 $\boldsymbol{A},\boldsymbol{B}$ 为 n 阶正交矩阵，且 $|\boldsymbol{A}|\neq|\boldsymbol{B}|$，证明 $\boldsymbol{A}+\boldsymbol{B}$ 为不可逆矩阵.

5. 证明：若向量 $\boldsymbol{\beta}$ 与 $\boldsymbol{\alpha}_1,\boldsymbol{\alpha}_2,\boldsymbol{\alpha}_3$ 都正交，则 $\boldsymbol{\beta}$ 与 $\boldsymbol{\alpha}_1,\boldsymbol{\alpha}_2,\boldsymbol{\alpha}_3$ 的任意线性组合也正交.

6. 试用施密特正交化方法把下列向量组正交化：

(1) $\boldsymbol{\alpha}_1=\begin{pmatrix}1\\1\\1\end{pmatrix}$，　$\boldsymbol{\alpha}_2=\begin{pmatrix}1\\2\\3\end{pmatrix}$，　$\boldsymbol{\alpha}_3=\begin{pmatrix}1\\4\\9\end{pmatrix}$；

(2) $\boldsymbol{\alpha}_1=\begin{pmatrix}1\\1\\0\\0\end{pmatrix}$，　$\boldsymbol{\alpha}_2=\begin{pmatrix}1\\0\\1\\0\end{pmatrix}$，　$\boldsymbol{\alpha}_3=\begin{pmatrix}-1\\0\\0\\1\end{pmatrix}$.

7. 证明：若矩阵 $\boldsymbol{A}\sim\boldsymbol{B}$，则 $\boldsymbol{A}^{\mathrm{T}}\sim\boldsymbol{B}^{\mathrm{T}}$.

8. 证明：若矩阵 $\boldsymbol{A}$ 可逆，则 $\boldsymbol{AB}\sim\boldsymbol{BA}$.

9. 求下列矩阵的特征值与特征向量：

(1) $\begin{pmatrix}3&1\\5&-1\end{pmatrix}$；　(2) $\begin{pmatrix}4&6&0\\-3&-5&0\\-3&-6&1\end{pmatrix}$；　(3) $\begin{pmatrix}-1&2&2\\3&-1&1\\2&2&-1\end{pmatrix}$.

10. 设矩阵 $\boldsymbol{A}=\begin{pmatrix}1&-2&-4\\-2&x&-2\\-4&-2&1\end{pmatrix}$ 与 $\boldsymbol{\Lambda}=\begin{pmatrix}5&&\\&y&\\&&-4\end{pmatrix}$ 相似，求 x,y.

11. 证明：若 $|\boldsymbol{A}-\boldsymbol{A}^2|=0$，则 0 与 1 至少有一个是 $\boldsymbol{A}$ 的特征值.

12. 设 4 阶矩阵 $\boldsymbol{A}$ 与 $\boldsymbol{B}$ 相似，且矩阵 $\boldsymbol{A}$ 的特征值为 $\frac{1}{2},\frac{1}{3},\frac{1}{4},\frac{1}{5}$，试求行列式 $|\boldsymbol{B}^{-1}-\boldsymbol{E}|$ 的值.

13. 设 $\boldsymbol{A}$ 为 n 阶实矩阵，满足 $\boldsymbol{AA}^{\mathrm{T}}=\boldsymbol{E}$，$|\boldsymbol{A}|<0$，若 $\boldsymbol{A}$ 有一个特征值为 -1，试求 $\boldsymbol{A}$ 的伴随矩阵 $\boldsymbol{A}^*$ 的一个特征值.

14. 设 $\boldsymbol{p}_1,\boldsymbol{p}_2$ 是矩阵 $\boldsymbol{A}$ 的属于不同特征值 λ_1,λ_2 的特征向量，证明 $\boldsymbol{p}_1+\boldsymbol{p}_2$ 不是 $\boldsymbol{A}$ 的特征向量.

15. 设 3 阶矩阵 $\boldsymbol{A}$ 的特征值为 $\lambda_1=1,\lambda_2=0,\lambda_3=-1$，对应的特征向量依次为

$$\boldsymbol{p}_1=\begin{pmatrix}1\\2\\2\end{pmatrix},\ \boldsymbol{p}_2=\begin{pmatrix}2\\-2\\1\end{pmatrix},\ \boldsymbol{p}_3=\begin{pmatrix}-2\\-1\\2\end{pmatrix},$$

求 $\boldsymbol{A}$.

16. 试求正交矩阵，将下列矩阵化为对角矩阵：

(1) $\begin{pmatrix}1&0&0\\0&2&1\\0&1&2\end{pmatrix}$；　(2) $\begin{pmatrix}0&1&1&-1\\1&0&-1&1\\1&-1&0&1\\-1&1&1&0\end{pmatrix}$.

17. 设 $\boldsymbol{A}$ 为 n 阶实对称幂等矩阵($\boldsymbol{A}^2=\boldsymbol{A}$)，且 $R(\boldsymbol{A})=r$ $(0<r\leqslant n)$.

(1) 证明：$\boldsymbol{A}\sim\begin{bmatrix}\boldsymbol{E}_r&0\\0&0\end{bmatrix}$；$\boldsymbol{E}_r$ 是 r 阶单位阵；

(2) 计算 $|\boldsymbol{A}-2\boldsymbol{E}|$.

18. 将下列二次型表示成矩阵形式

(1) $f(x_1,x_2,\cdots,x_n)=\lambda_1x_1^2+\lambda_2x_2^2+\cdots+\lambda_nx_n^2$；

(2) $f(x_1,x_2,x_3,x_4)=x_1x_2+x_1x_3+x_1x_4+x_2x_3+x_2x_4+x_3x_4$.

19. 试写出下列矩阵的二次型：

(1) $\begin{bmatrix}2&-1&0&3\\-1&0&0&1\\0&0&-1&2\\3&1&2&0\end{bmatrix}$；　(2) $\begin{bmatrix}2&0&0&0\\0&-3&0&0\\0&0&0&0\\0&0&0&0\end{bmatrix}$.

20. 用正交变换化下列二次型为标准形，并写出所作的正交变换：

(1) $f(x_1,x_2,x_3)=2x_1x_3+x_2^2$；

(2) $f(x_1,x_2,x_3)=x_1^2-2x_2^2-2x_3^2-4x_1x_2+4x_1x_3+8x_2x_3$.

21. 已知二次型 $f(x_1,x_2,x_3)=2x_1^2+3x_2^2+3x_2^2+2ax_2x_3(a>0)$，经正交变换 $\boldsymbol{x}=\boldsymbol{Ty}$ 变为标准形：$f=y_1^2+2y_2^2+5y_3^2$，求 a 的值及所用的正交变换矩阵 $\boldsymbol{T}$.

22. 判断下列二次型是否正定？

(1) $f(x_1,x_2,x_3)=5x_1^2+6x_2^2+4x_3^2-4x_1x_2-4x_2x_3$；

(2) $f(x_1,x_2,x_3,x_4)=x_1^2+x_2^2+4x_3^2+7x_4^2+6x_1x_3+4x_1x_4-4x_2x_3+2x_2x_4+4x_3x_4$.

23. 证明：如果 $\boldsymbol{A}$ 是正定矩阵，则 $\boldsymbol{A}^{-1},\boldsymbol{A}^*$ 也是正定矩阵.

24. 证明：实对称矩阵 $\boldsymbol{A}$ 正定的充分必要条件是：存在可逆矩阵 $\boldsymbol{P}$，使 $\boldsymbol{A}=\boldsymbol{P}^{\mathrm{T}}\boldsymbol{P}$.

25. 设 $\boldsymbol{A}$ 为 m 阶实对称阵且正定，$\boldsymbol{B}$ 为 $m\times n$ 实阵，证明：$\boldsymbol{B}^{\mathrm{T}}\boldsymbol{AB}$ 正定的充分必要条件是 $R(\boldsymbol{B})=n$.

B 题

1. 设 $\boldsymbol{A}=\begin{pmatrix}1&-2&-4\\-2&x&-2\\-4&-2&1\end{pmatrix}$，$\boldsymbol{B}=\begin{pmatrix}5&&\\&y&\\&&-4\end{pmatrix}$，如果 $\boldsymbol{A},\boldsymbol{B}$ 相似，求

(1) x,y 的值；

(2) 相应的可逆矩阵 $\boldsymbol{P}$，使 $\boldsymbol{P}^{-1}\boldsymbol{AP}=\boldsymbol{B}$.

2. 设 $\boldsymbol{A}$ 是秩为 r 的 n 阶幂等矩阵（$\boldsymbol{A}^2=\boldsymbol{A}$），证明：

(1) 若有向量 $\boldsymbol{\beta}$，使 $\boldsymbol{A\beta}\neq\boldsymbol{\beta}$，则 $\boldsymbol{A\beta}-\boldsymbol{\beta}$ 是 $\boldsymbol{A}$ 的一个特征向量；

(2) 证明 $\boldsymbol{A}$ 相似于对角阵，并求出这个对角阵.

3. 设 $\boldsymbol{A}=\begin{pmatrix}0&-1&0\\1&0&0\\0&0&-1\end{pmatrix}$，$\boldsymbol{B}=\boldsymbol{P}^{-1}\boldsymbol{AP}$，其中 $\boldsymbol{P}$ 为三阶可逆矩阵，试求 $\boldsymbol{B}^{2004}-2\boldsymbol{A}^2$.

4. 已知实二次型 $f(x_1,x_2,x_3)=a(x_1^2+x_2^2+x_3^2)+4x_1x_2+4x_1x_3+4x_2x_3$ 经正交变换 $\boldsymbol{x}=\boldsymbol{Py}$ 可化成标准形，计算 a 的值.

5. 计算二次型 $f(x_1,x_2,x_3)=(x_1+x_2)^2+(x_2-x_3)^2+(x_3+x_1)^2$ 的秩.

6. 设二次型 $f(x_1,x_2,x_3)=ax_1^2+2x_2^2-2x_3^2+2bx_1x_3(b>0)$，其中二次型的矩阵 $\boldsymbol{A}$ 的特征值之和为 1，特征值之积为 -12.

(1) 求 a,b 的值；

(2) 利用正交变换将二次型 f 化为标准形，并写出所用的正交变换和对应的正交矩阵.

7. 已知二次型 $f(x_1,x_2,x_3)=(1-a)x_1^2+(1-a)x_2^2+2x_3^2+2(1+a)x_1x_2$ 的秩为 2.

(1) 求 a 的值；

（2）求正交变换 $\boldsymbol{x}=\boldsymbol{P}\boldsymbol{y}$，把 $f(x_1,x_2,x_3)$ 化成标准形；

（3）求方程 $f(x_1,x_2,x_3)=0$ 的解.

8. 设 $\boldsymbol{A}$ 为 $m\times n$ 实矩阵，$\boldsymbol{E}$ 为 n 阶单位矩阵. 已知矩阵 $\boldsymbol{B}=\lambda\boldsymbol{E}+\boldsymbol{A}^{\mathrm{T}}\boldsymbol{A}$，试证：当 $\lambda>0$ 时，矩阵 $\boldsymbol{B}$ 为正定矩阵.

第 5 章　线性空间与线性变换

本章将研究一种抽象的数学模型——线性空间，它是线性代数中一个最基本的概念，并进一步研究线性空间上的线性变换．即对 n 维向量空间及其线性变换进行推广，使其更具有一般性，从而使线性代数能够处理问题的范围大大拓宽．虽然推广后的向量概念更为抽象，但抽象的东西都是源于具体的．线性空间和线性变换就与我们已熟悉的向量组和矩阵有着密切的关系.

5.1　线性空间的概念与性质

5.1.1　数域

定义 5.1　设 F 是元素个数多于 1 的数集．如果 F 中任意两个数的和、差、积、商（除数不为 0）仍在 F 中，则称 F 是一个**数域**.

显然任何数域 F 至少包含 0 和 1. 这是因为若 $a\in F$，则 $a-a=0\in F$；又由于 F 不止含有一个元素，必有非零数 $b\in F$，则有 $\dfrac{b}{b}=1\in F$.

数域本质上是含多个元素，且对四则运算封闭的数集.

容易验证：全体有理数集 **Q** 构成数域，通常称为有理数域 **Q**；同样，全体实数集 **R**，构成实数域 **R**；全体复数集 **C**，构成复数域 **C**. 而自然数集 **N**，整数集 **Z** 不能构成数域.

【例 5.1】　设验证集合 $F=\{a+b\sqrt{2}\mid a,b\in \mathbf{Q}\}$ 构成一个数域.

解　任取 $a,b,c,d\in \mathbf{Q}$，则因为（加、减、乘显然封闭）

$$\frac{a+b\sqrt{2}}{c+d\sqrt{2}}=\frac{(a+b\sqrt{2})(c-d\sqrt{2})}{c^2-2d^2}$$

$$=\frac{ac-2bd}{c^2-2d^2}+\frac{bc-ad}{c^2-2d^2}\sqrt{2}\in F,$$

故 F 构成一个数域.

由上例可知，数域可有无穷多个，且在所有数域中，有理数域 $\mathbf{Q}$ 是最小的数域，复数域 $\mathbf{C}$ 是最大的数域.

5.1.2　线性空间的概念

定义 5.2　设 V 是非空集合，F 是数域．如果在 V 的元素间定义了一种运算，称为**加法**：对任意的 $\boldsymbol{\alpha},\boldsymbol{\beta}\in V$，有唯一的 $\boldsymbol{\delta}\in V$ 与它们对应，称为 $\boldsymbol{\alpha}$ 与 $\boldsymbol{\beta}$ 的**和**，记作 $\boldsymbol{\delta}=\boldsymbol{\alpha}+\boldsymbol{\beta}$；在 F 和 V 之间还定义了一种运算，称为**数乘**：对任意的 $\boldsymbol{\alpha}\in V$ 和 $k\in F$，有唯一的元素 $\boldsymbol{\eta}\in V$ 与之对应，称为 k 与 $\boldsymbol{\alpha}$ 的**数量乘积**（简称**数乘**），记作 $\boldsymbol{\eta}=k\boldsymbol{\alpha}$. 而且满足：对任意的 $\boldsymbol{\alpha},\boldsymbol{\beta},\boldsymbol{\gamma}\in V$ 及 $k,l\in F$，

(1) $\boldsymbol{\alpha}+\boldsymbol{\beta}=\boldsymbol{\beta}+\boldsymbol{\alpha}$；

(2) $(\boldsymbol{\alpha}+\boldsymbol{\beta})+\boldsymbol{\gamma}=\boldsymbol{\alpha}+(\boldsymbol{\beta}+\boldsymbol{\gamma})$；

(3) V 中存在零元素 $\mathbf{0}$，对任意的 $\boldsymbol{\alpha}\in V$，有 $\boldsymbol{\alpha}+\mathbf{0}=\boldsymbol{\alpha}$；

(4) 对任意的 $\boldsymbol{\alpha}\in V$，都有 $\boldsymbol{\alpha}$ 的负元素 $-\boldsymbol{\alpha}$，使 $\boldsymbol{\alpha}+(-\boldsymbol{\alpha})=\mathbf{0}$；

(5) $1\boldsymbol{\alpha}=\boldsymbol{\alpha}$；

(6) $k(l\boldsymbol{\alpha})=l(k\boldsymbol{\alpha})=(kl)\boldsymbol{\alpha}$；

(7) $(k+l)\boldsymbol{\alpha}=k\boldsymbol{\alpha}+l\boldsymbol{\alpha}$；

(8) $k(\boldsymbol{\alpha}+\boldsymbol{\beta})=k\boldsymbol{\alpha}+k\boldsymbol{\beta}$，

则称 V 为数域 F 上的一个**线性空间**.

显然，n 维向量空间 $\mathbf{R}^n$ 对向量的加法、数乘是一个线性空间.

线性空间有时也称为**向量空间**. V 中的元素不论其本来的性质如何，统称为**向量**（但已经不仅是 $\mathbf{R}^n$ 中的数组向量了）. 此外，在定义中非空集合 V 的元素是什么，加法和数乘运算如何进行都没有规定，这样就使得线性空间的内涵变得十分丰富，亦即线性空间是把集合、数域以及满足相应算律的两种运算作为统一整体的一个概念. 今后当说到某个非空集合是线性空间时，就必须指出这个集合的元素及加法、数乘运算的具体定义. 这一点可以通过下面的例子来加深理解.

【例 5.2】　次数不超过 n 的多项式的全体，记作 $P[x]_n$，即

$$P[x]_n=\{P=a_nx^n+a_{n-1}x^{n-1}+\cdots+a_1x+a_0\mid a_n,a_{n-1},\cdots,a_1,a_0\in\mathbf{R}\},$$

对于通常的多项式加法、数乘多项式，$P[x]_n$ 构成一线性空间.

【例 5.3】　实数域 $\mathbf{R}$ 上 $m\times n$ 矩阵的全体所构成的集合 $M^{m\times n}$，对于矩阵加法与矩阵数乘两种运算构成实数域 $\mathbf{R}$ 上的一个线性空间.

【例 5.4】　定义在区间$[a,b]$上的连续函数的全体，对于函数加法及数与函数相乘两种运算构成实数域 $\mathbf{R}$ 上的一个线性空间，通常记为 $C[a,b]$.

由于 $C[a,b]$中的每个元素均是$[a,b]$上的连续函数，且零元素是恒等于零的连续函数，元素 $f(x)$的负元素是$-f(x)$，从而根据微积分学的知识容易验证其满足定义(1)～(8)的运算规律且封闭.

【例 5.5】　我们已知齐次线性方程组 $\boldsymbol{Ax}=\mathbf{0}$ 的全体解向量所组成的集合，对于向量加法和数乘构成向量空间，即解空间，但非齐次线性方程组 $\boldsymbol{Ax}=\boldsymbol{b}$ 的全体解向量所组成的集合不构成线性空间，因为它的两个解向量的和已经不是它的解

向量.

【例 5.6】 n 维向量的集合

$$S^n=\{\boldsymbol{x}=(x_1,x_2,\cdots,x_n)^{\mathrm{T}}\mid x_1,x_2,\cdots,x_n\in\mathbf{R}\}$$

对于通常的向量加法及如下定义的数乘

$$\lambda\cdot(x_1,x_2,\cdots,x_n)^{\mathrm{T}}=(0,0,\cdots,0)^{\mathrm{T}}$$

不构成线性空间.

这是因为，虽然 S^n 对运算是封闭的，但因 $1\cdot\boldsymbol{x}=\mathbf{0}$ 不满足运算规律（5).

由本例可以看出，S^n 作为集合与 $\mathbf{R}^n$ 一样，但 $\mathbf{R}^n$ 构成线性空间，而 S^n 不构成线性空间．究其原因就是因为它们所定义的运算不同．这说明同一个集合，若定义的运算不同，可以构成不同的线性空间，也可能不构成线性空间．所以，规定的运算是线性空间的本质，而其中的元素是什么并不重要.

5.1.3 线性空间的性质与子空间

定理 5.1 设 V 是数域 F 上的线性空间，则

(1) V 中的零元素是唯一的.

(2) V 中每个元素 $\boldsymbol{\alpha}$ 的负元素是唯一的.

(3) $0\boldsymbol{\alpha}=\mathbf{0}$，$(-1)\boldsymbol{\alpha}=-\boldsymbol{\alpha}$，$k\boldsymbol{\alpha}=\mathbf{0}$.

(4) 如果 $\lambda\boldsymbol{\alpha}=\mathbf{0}$，则 $\lambda=0$ 或 $\boldsymbol{\alpha}=\mathbf{0}$.

证 (1) 设 $\mathbf{0}_1$，$\mathbf{0}_2$ 是 V 中的两个零元素，即 $\forall\boldsymbol{\alpha}\in V$，有 $\boldsymbol{\alpha}+\mathbf{0}_1=\boldsymbol{\alpha}$，$\boldsymbol{\alpha}+\mathbf{0}_2=\boldsymbol{\alpha}$，于是特别有

$$\mathbf{0}_1+\mathbf{0}_2=\mathbf{0}_2,\ \mathbf{0}_1+\mathbf{0}_2=\mathbf{0}_1,\ \text{所以}\ \mathbf{0}_1=\mathbf{0}_1+\mathbf{0}_2=\mathbf{0}_2+\mathbf{0}_1=\mathbf{0}_2.$$

(2) 设 $\boldsymbol{\alpha}\in V$，$\boldsymbol{\alpha}_1$，$\boldsymbol{\alpha}_2$ 是 $\boldsymbol{\alpha}$ 的两个负元素，即

$$\boldsymbol{\alpha}+\boldsymbol{\alpha}_1=\mathbf{0},\ \boldsymbol{\alpha}+\boldsymbol{\alpha}_2=\mathbf{0},$$

于是
$$\boldsymbol{\alpha}_1=\boldsymbol{\alpha}_1+\mathbf{0}=\boldsymbol{\alpha}_1+(\boldsymbol{\alpha}+\boldsymbol{\alpha}_2)=(\boldsymbol{\alpha}_1+\boldsymbol{\alpha})+\boldsymbol{\alpha}_2=\mathbf{0}+\boldsymbol{\alpha}_2=\boldsymbol{\alpha}_2.$$

(3) 由 $\boldsymbol{\alpha}+0\boldsymbol{\alpha}=1\boldsymbol{\alpha}+0\boldsymbol{\alpha}=(1+0)\boldsymbol{\alpha}=1\boldsymbol{\alpha}=\boldsymbol{\alpha}$，所以 $0\boldsymbol{\alpha}=\mathbf{0}$.

由 $\boldsymbol{\alpha}+(-1)\boldsymbol{\alpha}=1\boldsymbol{\alpha}+(-1)\boldsymbol{\alpha}=[1+(-1)]\boldsymbol{\alpha}=0\boldsymbol{\alpha}=\mathbf{0}$，所以 $(-1)\boldsymbol{\alpha}=-\boldsymbol{\alpha}$.

又 $k\mathbf{0}=k[\boldsymbol{\alpha}+(-1)\boldsymbol{\alpha}]=k\boldsymbol{\alpha}+(-k)\boldsymbol{\alpha}=[k+(-k)]\boldsymbol{\alpha}=0\boldsymbol{\alpha}=\mathbf{0}$.

(4) 如果 $\lambda\boldsymbol{\alpha}=\mathbf{0}$，但 $\lambda\neq0$，则有 $\frac{1}{\lambda}(\lambda\boldsymbol{\alpha})=\frac{1}{\lambda}\mathbf{0}=\mathbf{0}$，而

$$\frac{1}{\lambda}(\lambda\boldsymbol{\alpha})=\left(\frac{1}{\lambda}\lambda\right)\boldsymbol{\alpha}=1\boldsymbol{\alpha}=\boldsymbol{\alpha},\ \text{所以}\ \boldsymbol{\alpha}=\mathbf{0}.$$

在第 3 章中，曾定义过向量空间的子空间，下面给出子空间的一般定义.

定义 5.3 设 V 是一个线性空间，U 是 V 的一个非空子集，如果 U 对于 V 中定义的加法和数乘运算也构成一个线性空间，则称 U 为 V 的**子空间**.

由定义易知，假如 U 是 V 的子空间，则 U 的零元素也是 V 中的零元素，U 中元 $\boldsymbol{\alpha}$ 的负元也是 V 中 $\boldsymbol{\alpha}$ 元的负元．于是有

定理 5.2 线性空间 V 的非空子集 U 构成子空间的充分必要条件是：U 对于 V 中的线性运算封闭.

【例 5.7】 任何线性空间 V 本身是 V 的一个线性子空间，子集合 $\{\mathbf{0}\}$ 也构成 V

的线性子空间，称为**零子空间**.

【例 5.8】 设 V 是数域 F 上的线性空间，$\boldsymbol{\alpha}_1,\boldsymbol{\alpha}_2,\cdots,\boldsymbol{\alpha}_s$ 是 V 中的向量，证明：由这些向量的任意线性组合所成的集合

$$L(\boldsymbol{\alpha}_1,\boldsymbol{\alpha}_2,\cdots,\boldsymbol{\alpha}_s)=\{\boldsymbol{\alpha}\mid\boldsymbol{\alpha}=\sum_{i=1}^{s}k_i\boldsymbol{\alpha}_i,\quad k_1,k_2,\cdots,k_s\in F\}$$

构成 V 的一个线性子空间.

证 $\forall\boldsymbol{\alpha},\boldsymbol{\beta}\in L(\boldsymbol{\alpha}_1,\boldsymbol{\alpha}_2,\cdots,\boldsymbol{\alpha}_s)$ 及 $\forall k\in F$，

设 $\boldsymbol{\alpha}=k_1\boldsymbol{\alpha}_1+k_2\boldsymbol{\alpha}_2+\cdots+k_s\boldsymbol{\alpha}_s$，$\boldsymbol{\beta}=l_1\boldsymbol{\alpha}_1+l_2\boldsymbol{\alpha}_2+\cdots+l_s\boldsymbol{\alpha}_s$，则

$$\boldsymbol{\alpha}+\boldsymbol{\beta}=(k_1+l_1)\boldsymbol{\alpha}_1+\cdots+(k_s+l_s)\boldsymbol{\alpha}_s\in L;$$

$$k\boldsymbol{\alpha}=kk_1\boldsymbol{\alpha}_1+\cdots+kk_s\boldsymbol{\alpha}_s\in L,$$

故 $L(\boldsymbol{\alpha}_1,\boldsymbol{\alpha}_2,\cdots,\boldsymbol{\alpha}_s)$ 为 V 的子空间，且通常称为由 V 中向量 $\boldsymbol{\alpha}_1,\boldsymbol{\alpha}_2,\cdots,\boldsymbol{\alpha}_s$ **生成的子空间**，$\boldsymbol{\alpha}_1,\boldsymbol{\alpha}_2,\cdots,\boldsymbol{\alpha}_s$ 称为**生成元素**.

5.2 坐标与坐标变换

在第三章中我们已看到了向量空间及其结构在讨论齐次线性方程组解的结构中的重要作用．对于一般线性空间，它的结构及数学表达式同样是重要问题．由于向量线性运算的一致性，使得我们可以将第三章中有关基于向量线性运算的那些概念、性质及与之相关的命题，都照搬到一般线性空间中来直接引用．如向量组的线性相关性与线性无关性，向量空间的基与维数等．下面进一步讨论有关线性空间的坐标及其变换问题.

5.2.1 坐标

定义 5.4 设 $\boldsymbol{\alpha}_1,\boldsymbol{\alpha}_2,\cdots,\boldsymbol{\alpha}_n$ 是 n 维线性空间 V 的一组基，$\boldsymbol{\alpha}\in V$，且有

$$\boldsymbol{\alpha}=x_1\boldsymbol{\alpha}_1+x_2\boldsymbol{\alpha}_2+\cdots+x_n\boldsymbol{\alpha}_n,$$

则称有序数组 $x_1,x_2,\cdots,x_n$ 为元素 $\boldsymbol{\alpha}$ 在 $\boldsymbol{\alpha}_1,\boldsymbol{\alpha}_2,\cdots,\boldsymbol{\alpha}_n$ 下的**坐标**，记作 $\boldsymbol{\alpha}=(x_1,x_2,\cdots,x_n)^{\mathrm{T}}$.

由于 $\boldsymbol{\alpha}_1,\boldsymbol{\alpha}_2,\cdots,\boldsymbol{\alpha}_n$ 是线性无关的，因此 $\boldsymbol{\alpha}$ 的坐标是唯一的.

显然，定义 5.4 把线性空间中的元素 $\boldsymbol{\alpha}$ 与 $\mathbf{R}^n$ 中的向量 $(x_1,x_2,\cdots,x_n)^{\mathrm{T}}$ 一一对应起来．由此我们可以理解为什么将线性空间的元素称为向量.

尤其值得注意的是这种一一对应，确切地说是 V 与 $\mathbf{R}^n$ 间的一一对应映射，且保持了线性关系的不变，即

设 $\boldsymbol{\alpha}\leftrightarrow(x_1,x_2,\cdots,x_n)^{\mathrm{T}}$，$\boldsymbol{\beta}\leftrightarrow(y_1,y_2,\cdots,y_n)^{\mathrm{T}}$，则

(1) $\boldsymbol{\alpha}+\boldsymbol{\beta}\leftrightarrow(x_1,x_2,\cdots,x_n)^{\mathrm{T}}+(y_1,y_2,\cdots,y_n)^{\mathrm{T}}$；

(2) $k\boldsymbol{\alpha}\leftrightarrow k(x_1,x_2,\cdots,x_n)^{\mathrm{T}}$.

这样，V 中元素间的线性关系和它们的坐标向量间的线性关系完全相同，我们称这样的映射为**同构映射**，而称 V 与 $\mathbf{R}^n$ 是**同构的**.

一般地，设 V 与 U 是两个线性空间，如果在它们的元素之间有一一对应关系，

且保持线性关系的对应，则称**线性空间 V 与 U 同构**.

于是讨论 V 中元素的线性关系，也就可以通过讨论它们的坐标向量的关系来进行，而后者我们已比较熟悉了.

【例 5.9】 在线性空间 $\boldsymbol{P}[x]_2$ 中，取 $\boldsymbol{\alpha}_1=1$，$\boldsymbol{\alpha}_2=x$，$\boldsymbol{\alpha}_3=x^2$，它是 $\boldsymbol{P}[x]_2$ 的一组基. 任何一个不超过 2 次的多项式 $\boldsymbol{P}(x)=a_0+a_1x+a_2x^2$ 可表示为

$$\boldsymbol{P}(x)=a_0\boldsymbol{\alpha}_1+a_1\boldsymbol{\alpha}_2+a_2\boldsymbol{\alpha}_3.$$

因此，$\boldsymbol{P}(x)$ 在基 $\boldsymbol{\alpha}_1,\boldsymbol{\alpha}_2,\boldsymbol{\alpha}_3$ 下的坐标为 (a_0,a_1,a_2).

若另取一组基 $\boldsymbol{\beta}_1=1$，$\boldsymbol{\beta}_2=1+x$，$\boldsymbol{\beta}_3=x^2$，则

$$\boldsymbol{P}(x)=(a_0-a_1)\boldsymbol{\beta}_1+a_1\boldsymbol{\beta}_2+a_2\boldsymbol{\beta}_3,$$

即 $\boldsymbol{P}(x)$ 在基 $\boldsymbol{\beta}_1,\boldsymbol{\beta}_2,\boldsymbol{\beta}_3$ 下的坐标为 (a_0-a_1,a_1,a_2).

【例 5.10】 在由所有二阶实方阵构成的线性空间 $M^{2\times 2}$ 中，考虑

$$\boldsymbol{E}_{11}=\begin{pmatrix}1&0\\0&0\end{pmatrix},\ \boldsymbol{E}_{12}=\begin{pmatrix}0&1\\0&0\end{pmatrix},\ \boldsymbol{E}_{21}=\begin{pmatrix}0&0\\1&0\end{pmatrix},\ \boldsymbol{E}_{22}=\begin{pmatrix}0&0\\0&1\end{pmatrix},$$

若有实数 k_1,k_2,k_3,k_4 使得 $k_1\boldsymbol{E}_{11}+k_2\boldsymbol{E}_{12}+k_3\boldsymbol{E}_{21}+k_4\boldsymbol{E}_{22}=\boldsymbol{O}$，则显然只能有 $k_1=k_2=k_3=k_4=0$，故

$\boldsymbol{E}_{11},\boldsymbol{E}_{12},\boldsymbol{E}_{21},\boldsymbol{E}_{22}$ 是线性无关的. 而任一 $\boldsymbol{\alpha}=\begin{pmatrix}a&b\\c&d\end{pmatrix}\in M^{2\times 2}$，可表示为

$$\boldsymbol{\alpha}=a\boldsymbol{E}_{11}+b\boldsymbol{E}_{12}+c\boldsymbol{E}_{21}+d\boldsymbol{E}_{22},$$

因此 $M^{2\times 2}$ 是 4 维线性空间. $\boldsymbol{E}_{11},\boldsymbol{E}_{12},\boldsymbol{E}_{21},\boldsymbol{E}_{22}$ 是一组基，$\boldsymbol{\alpha}$ 在这组基下的坐标为 $(a,b,c,d)^{\mathrm{T}}$.

5.2.2 坐标变换

由例 5.9 可知，同一元素在不同的基下有不同的坐标，那么自然要问，不同的坐标之间有怎样的关系呢?

设 $\boldsymbol{\alpha}_1,\boldsymbol{\alpha}_2,\cdots,\boldsymbol{\alpha}_n$ 及 $\boldsymbol{\beta}_1,\boldsymbol{\beta}_2,\cdots,\boldsymbol{\beta}_n$ 是 n 维线性空间 V 的两个基，且

$$\begin{cases}\boldsymbol{\beta}_1=a_{11}\boldsymbol{\alpha}_1+a_{21}\boldsymbol{\alpha}_2+\cdots+a_{n1}\boldsymbol{\alpha}_n,\\ \boldsymbol{\beta}_2=a_{12}\boldsymbol{\alpha}_1+a_{22}\boldsymbol{\alpha}_2+\cdots+a_{n2}\boldsymbol{\alpha}_n,\\ \cdots\cdots\cdots\cdots\cdots\cdots\cdots\cdots\cdots\cdots\\ \boldsymbol{\beta}_n=a_{1n}\boldsymbol{\alpha}_1+a_{2n}\boldsymbol{\alpha}_2+\cdots+a_{nn}\boldsymbol{\alpha}_n.\end{cases} \tag{5.1}$$

即
$$\begin{pmatrix}\boldsymbol{\beta}_1\\ \boldsymbol{\beta}_2\\ \vdots\\ \boldsymbol{\beta}_n\end{pmatrix}=\begin{pmatrix}a_{11}&a_{21}&\cdots&a_{n1}\\ a_{12}&a_{22}&\cdots&a_{n2}\\ \cdots&\cdots&\cdots&\cdots\\ a_{1n}&a_{2n}&\cdots&a_{nn}\end{pmatrix}\begin{pmatrix}\boldsymbol{\alpha}_1\\ \boldsymbol{\alpha}_2\\ \vdots\\ \boldsymbol{\alpha}_n\end{pmatrix}=\boldsymbol{A}^{\mathrm{T}}\begin{pmatrix}\boldsymbol{\alpha}_1\\ \boldsymbol{\alpha}_2\\ \vdots\\ \boldsymbol{\alpha}_n\end{pmatrix},$$

或
$$(\boldsymbol{\beta}_1,\boldsymbol{\beta}_2,\cdots,\boldsymbol{\beta}_n)=(\boldsymbol{\alpha}_1,\boldsymbol{\alpha}_2,\cdots,\boldsymbol{\alpha}_n)\boldsymbol{A}. \tag{5.2}$$

式(5.1) 或式 (5.2) 称为**基变换公式**，矩阵 $\boldsymbol{A}$ 称为由基 $\boldsymbol{\alpha}_1,\boldsymbol{\alpha}_2,\cdots,\boldsymbol{\alpha}_n$ 到基 $\boldsymbol{\beta}_1,\boldsymbol{\beta}_2,\cdots,\boldsymbol{\beta}_n$ 的**过渡矩阵**. 由于 $\boldsymbol{\beta}_1,\boldsymbol{\beta}_2,\cdots,\boldsymbol{\beta}_n$ 线性无关，故过渡矩阵 $\boldsymbol{A}$ 可逆.

两组不同坐标之间与所取的基有如下关系：

定理 5.3 设 $\boldsymbol{\alpha}_1,\boldsymbol{\alpha}_2,\cdots,\boldsymbol{\alpha}_n$ 和 $\boldsymbol{\beta}_1,\boldsymbol{\beta}_2,\cdots,\boldsymbol{\beta}_n$ 是 n 维线性空间 V 的两组基，V 中元素 $\boldsymbol{\alpha}$ 在两组基下的坐标分别为 $\boldsymbol{x}=\begin{pmatrix}x_1\\x_2\\\vdots\\x_n\end{pmatrix}$ 和 $\boldsymbol{x}'=\begin{pmatrix}x'_1\\x'_2\\\vdots\\x'_n\end{pmatrix}$. 若两组基满足关系式(5.2)，则有坐标变换公式

$$\boldsymbol{x}=\boldsymbol{A}\boldsymbol{x}', \tag{5.3}$$

或

$$\boldsymbol{x}'=\boldsymbol{A}^{-1}\boldsymbol{x}. \tag{5.4}$$

证 因为

$$\boldsymbol{\alpha}=(\boldsymbol{\alpha}_1,\boldsymbol{\alpha}_2,\cdots,\boldsymbol{\alpha}_n)\begin{pmatrix}x_1\\x_2\\\vdots\\x_n\end{pmatrix}=(\boldsymbol{\alpha}_1,\boldsymbol{\alpha}_2,\cdots,\boldsymbol{\alpha}_n)\boldsymbol{x},$$

并注意到 $\boldsymbol{A}$ 为两组基之间的过渡矩阵，则

$$\boldsymbol{\alpha}=(\boldsymbol{\beta}_1,\boldsymbol{\beta}_2,\cdots,\boldsymbol{\beta}_n)\begin{pmatrix}x'_1\\x'_2\\\vdots\\x'_n\end{pmatrix}=(\boldsymbol{\beta}_1,\boldsymbol{\beta}_2,\cdots,\boldsymbol{\beta}_n)\boldsymbol{x}'=(\boldsymbol{\alpha}_1,\boldsymbol{\alpha}_2,\cdots,\boldsymbol{\alpha}_n)\boldsymbol{A}\boldsymbol{x}'.$$

由于 $\boldsymbol{\alpha}_1,\boldsymbol{\alpha}_2,\cdots,\boldsymbol{\alpha}_n$ 线性无关，故得关系式(5.3).

定理 5.3 的逆命题也成立．即若任一元素的两种坐标满足坐标变换公式(5.3)，则两组基满足基变换公式(5.2).

【例 5.11】 给定 $\mathbf{R}^3$ 中的两组基 $\boldsymbol{\alpha}_1=(1,2,1)^{\mathrm{T}}$，$\boldsymbol{\alpha}_2=(2,3,3)^{\mathrm{T}}$，$\boldsymbol{\alpha}_3=(3,7,1)^{\mathrm{T}}$ 和 $\boldsymbol{\beta}_1=(3,1,4)^{\mathrm{T}}$，$\boldsymbol{\beta}_2=(5,2,1)^{\mathrm{T}}$，$\boldsymbol{\beta}_3=(1,1,-6)^{\mathrm{T}}$.

(1) 求由 $\boldsymbol{\alpha}_1,\boldsymbol{\alpha}_2,\boldsymbol{\alpha}_3$ 到 $\boldsymbol{\beta}_1,\boldsymbol{\beta}_2,\boldsymbol{\beta}_3$ 的过渡矩阵 $\boldsymbol{A}$；

(2) 若向量 $\boldsymbol{\alpha}$ 在 $\boldsymbol{\beta}_1,\boldsymbol{\beta}_2,\boldsymbol{\beta}_3$ 下的坐标为$(1,-1,0)^{\mathrm{T}}$，求 $\boldsymbol{\alpha}$ 在 $\boldsymbol{\alpha}_1,\boldsymbol{\alpha}_2,\boldsymbol{\alpha}_3$ 下的坐标；

(3) 若向量 $\boldsymbol{\beta}$ 在 $\boldsymbol{\alpha}_1,\boldsymbol{\alpha}_2,\boldsymbol{\alpha}_3$ 下的坐标为$(1,-1,0)^{\mathrm{T}}$，求 $\boldsymbol{\beta}$ 在 $\boldsymbol{\beta}_1,\boldsymbol{\beta}_2,\boldsymbol{\beta}_3$ 下的坐标.

解 (1) 由$(\boldsymbol{\beta}_1,\boldsymbol{\beta}_2,\boldsymbol{\beta}_3)=(\boldsymbol{\alpha}_1,\boldsymbol{\alpha}_2,\boldsymbol{\alpha}_3)\boldsymbol{A}$，则

$$\begin{pmatrix}3&5&1\\1&2&1\\4&1&-6\end{pmatrix}=\begin{pmatrix}1&2&3\\2&3&7\\1&3&1\end{pmatrix}\boldsymbol{A},$$

故

$$\boldsymbol{A}=\begin{pmatrix}1&2&3\\2&3&7\\1&3&1\end{pmatrix}^{-1}\begin{pmatrix}3&5&1\\1&2&1\\4&1&-6\end{pmatrix}=\begin{pmatrix}-27&-71&-41\\9&20&9\\4&12&8\end{pmatrix}.$$

(2) 根据式(5.3)，$\boldsymbol{\alpha}$ 在 $\boldsymbol{\alpha}_1,\boldsymbol{\alpha}_2,\boldsymbol{\alpha}_3$ 下的坐标为

$$\boldsymbol{A}\begin{pmatrix}1\\-1\\0\end{pmatrix}=\begin{pmatrix}-27&-71&-41\\9&20&9\\4&12&8\end{pmatrix}\begin{pmatrix}1\\-1\\0\end{pmatrix}=\begin{pmatrix}44\\-11\\-8\end{pmatrix}.$$

(3) 根据式(5.4)，$\boldsymbol{\beta}$ 在 $\boldsymbol{\beta}_1,\boldsymbol{\beta}_2,\boldsymbol{\beta}_3$ 下的坐标为

$$\boldsymbol{A}^{-1}\begin{pmatrix}1\\-1\\0\end{pmatrix}=\begin{pmatrix}-27&-71&-41\\9&20&9\\4&12&8\end{pmatrix}^{-1}\begin{pmatrix}1\\-1\\0\end{pmatrix}=\begin{pmatrix}-6\\4\\-3\end{pmatrix}.$$

【例 5.12】 若线性空间 V_4 的基变换是把基

$\boldsymbol{\alpha}_1=(1,2,-1,0)^{\mathrm{T}}$，$\boldsymbol{\alpha}_2=(1,-1,1,1)^{\mathrm{T}}$，$\boldsymbol{\alpha}_3=(-1,2,1,1)^{\mathrm{T}}$，$\boldsymbol{\alpha}_4=(-1,-1,0,1)^{\mathrm{T}}$
变为基

$\boldsymbol{\beta}_1=(2,1,0,1)^{\mathrm{T}}$，$\boldsymbol{\beta}_2=(0,1,2,2)^{\mathrm{T}}$，$\boldsymbol{\beta}_3=(-2,1,1,2)^{\mathrm{T}}$，$\boldsymbol{\beta}_4=(1,3,1,2)^{\mathrm{T}}$，
试求坐标变换公式.

解 我们可由 $\boldsymbol{\beta}_1,\boldsymbol{\beta}_2,\boldsymbol{\beta}_3,\boldsymbol{\beta}_4$ 关于 $\boldsymbol{\alpha}_1,\boldsymbol{\alpha}_2,\boldsymbol{\alpha}_3,\boldsymbol{\alpha}_4$ 的表达式求得式(5.3) 中的 $\boldsymbol{A}$，但下面的做法较简便.

设决定 $\boldsymbol{\alpha}_i,\boldsymbol{\beta}_i(i=1,2,3,4)$的坐标的基是 $\boldsymbol{\gamma}_1,\boldsymbol{\gamma}_2,\boldsymbol{\gamma}_3,\boldsymbol{\gamma}_4$，那么

$$(\boldsymbol{\alpha}_1,\boldsymbol{\alpha}_2,\boldsymbol{\alpha}_3,\boldsymbol{\alpha}_4)=(\boldsymbol{\gamma}_1,\boldsymbol{\gamma}_2,\boldsymbol{\gamma}_3,\boldsymbol{\gamma}_4)\boldsymbol{B},$$
$$(\boldsymbol{\beta}_1,\boldsymbol{\beta}_2,\boldsymbol{\beta}_3,\boldsymbol{\beta}_4)-(\boldsymbol{\gamma}_1,\boldsymbol{\gamma}_2,\boldsymbol{\gamma}_3,\boldsymbol{\gamma}_4)\boldsymbol{C},$$

其中
$$\boldsymbol{B}=\begin{pmatrix}1&1&-1&-1\\2&-1&2&-1\\-1&1&1&0\\0&1&1&1\end{pmatrix},\ \boldsymbol{C}=\begin{pmatrix}2&0&-2&1\\1&1&1&3\\0&2&1&1\\1&2&2&2\end{pmatrix}.$$

则有$(\boldsymbol{\beta}_1,\boldsymbol{\beta}_2,\boldsymbol{\beta}_3,\boldsymbol{\beta}_4)=(\boldsymbol{\alpha}_1,\boldsymbol{\alpha}_2,\boldsymbol{\alpha}_3,\boldsymbol{\alpha}_4)\boldsymbol{B}^{-1}\boldsymbol{C}$，故坐标变换公式为

$$\begin{pmatrix}x_1'\\x_2'\\x_3'\\x_4'\end{pmatrix}=\boldsymbol{C}^{-1}\boldsymbol{B}\begin{pmatrix}x_1\\x_2\\x_3\\x_4\end{pmatrix}.$$

可以用矩阵的初等行变换求 $\boldsymbol{C}^{-1}\boldsymbol{B}$，把矩阵$(\boldsymbol{C}\,|\,\boldsymbol{B})$中的 $\boldsymbol{C}$ 变成 $\boldsymbol{E}$，则 $\boldsymbol{B}$ 变成 $\boldsymbol{C}^{-1}\boldsymbol{B}$（过程略），从而有

$$\begin{pmatrix}x_1'\\x_2'\\x_3'\\x_4'\end{pmatrix}=\begin{pmatrix}0&1&-1&1\\-1&1&0&0\\0&0&0&1\\1&-1&1&-1\end{pmatrix}\begin{pmatrix}x_1\\x_2\\x_3\\x_4\end{pmatrix}.$$

5.3 线性变换及其矩阵

5.3.1 线性变换的概念

定义 5.5 设有两个非空集合 A,B，如果对于 A 中任一元素 $\boldsymbol{\alpha}$，按照一定的规则 T，总有 B 中一个确定的元素 $\boldsymbol{\beta}$ 和它对应，则称 T 为集合 A 到集合 B 的**变换**（或**映射**），记作

$$\boldsymbol{\beta}=T(\boldsymbol{\alpha})\text{或}\boldsymbol{\beta}=T\boldsymbol{\alpha}\ (\boldsymbol{\alpha}\in A).$$

$\boldsymbol{\beta}$ 称为 $\boldsymbol{\alpha}$ **在变换** T **下的象**，$\boldsymbol{\alpha}$ 称为 $\boldsymbol{\beta}$ **在** T **下的源**，A 称为**变换** $\boldsymbol{T}$ **下的源集**，象的全体所构成的集合称为**象集**，记作 $T(A)$. 即 $T(A)=\{\boldsymbol{\beta}=T(\boldsymbol{\alpha})\mid\boldsymbol{\alpha}\in A\}$.

显然 $T(A)\subset B$.

变换的概念是函数概念的推广．例如，设二元函数 $z=f(x,y)$ 的定义域为平面区域 G，函数值域为 Z. 那么，函数关系 f 就是一个从定义域 G 到实数域 $\mathbf{R}$ 的变换；函数值 $f(x_0,y_0)=z_0$ 就是元素 (x_0,y_0) 的象，(x_0,y_0) 就是 z_0 的源；G 就是源集，Z 就是象集.

定义 5.6　设 V_n,U_m 分别是实数域上的 n 维和 m 维线性空间，T 是一个从 V_n 到 U_m 的变换．如果变换 T 满足

(1) 任给 $\boldsymbol{\alpha}_1,\boldsymbol{\alpha}_2\in V_n$，有 $T(\boldsymbol{\alpha}_1+\boldsymbol{\alpha}_2)=T(\boldsymbol{\alpha}_1)+T(\boldsymbol{\alpha}_2)$；

(2) 任给 $\boldsymbol{\alpha}\in V_n,k\in\mathbf{R}$，有 $T(k\boldsymbol{\alpha})=kT(\boldsymbol{\alpha})$，

则称 T **为从** V_n **到** U_m **的线性变换**.

显然，线性变换就是保持线性运算的变换.

特别地，如果 $V_n=U_m$，即 T 是一个从线性空间 V_n 到其自身的线性变换，称为**线性空间** V_n **中的线性变换**．下面只讨论线性空间 V_n 中的线性变换.

容易验证，把线性空间 V_n 中的任意元都变成零元的变换是一个线性变换，称为**零变换**．把 V_n 中任意元都变为自身的变换，也是一个线性变换，称为**恒等变换**或**单位变换**.

【例 5.13】　在线性空间 $P[x]_n$ 中：

(1) 微分运算 D 是一个线性变换.

这是因为任取 $P,Q\in P[x]_n$，则

$$D(P+Q)=(P+Q)'=P'+Q'=D(P)+D(Q),$$
$$D(kP)=(kP)'=kP'=kD(P).$$

(2) 如果 $T_1(P)=1$，则 T_1 是变换，但不是线性变换.

这是因为 $T_1(P+Q)=1$，而 $T_1(P)+T_1(Q)=1+1=2$.

【例 5.14】　在线性空间 $C[a,b]$ 中，对任一 $f(x)\in C[a,b]$ 定义

$$T[f(x)]=\int_a^x f(t)\mathrm{d}t\ .$$

因为当 $f(x)\in C[a,b]$ 时，积分上限函数 $\int_a^x f(t)\mathrm{d}t$ 是 $[a,b]$ 上的连续函数，即

$$T[f(x)]=\int_a^x f(t)\mathrm{d}t\in C[a,b]\ ,$$

则 T 是 $C[a,b]$ 中的变换．又因为

$$\begin{aligned}T[f(x)+g(x)]&=\int_a^x[f(t)+g(t)]\mathrm{d}t=\int_a^x f(t)\mathrm{d}t+\int_a^x g(t)\mathrm{d}t\\&=T[f(x)]+T[g(x)],\end{aligned}$$
$$T[kf(x)]=\int_a^x kf(t)\mathrm{d}t=k\int_a^x f(t)\mathrm{d}t=kT[f(x)]\ ,$$

所以 T 是 $C[a,b]$ 中的一个线性变换.

【例 5.15】　设 $\boldsymbol{A}$ 为 n 阶方阵，对任一向量 $\boldsymbol{x}=(x_1,x_2,\cdots,x_n)^{\mathrm{T}}\in\mathbf{R}^n$，规定

$T(\boldsymbol{x})=\boldsymbol{A}\boldsymbol{x}$，则 T 是 $\mathbf{R}^n$ 中的一个线性变换.

事实上，当 $\boldsymbol{x}\in\mathbf{R}^n$ 时，$T(\boldsymbol{x})=\boldsymbol{A}\boldsymbol{x}\in\mathbf{R}^n$.

又对任意 $\boldsymbol{x},\boldsymbol{y}\in\mathbf{R}^n$ 及 $k\in\mathbf{R}$，有

$$T(\boldsymbol{x}+\boldsymbol{y})=\boldsymbol{A}(\boldsymbol{x}+\boldsymbol{y})=\boldsymbol{A}\boldsymbol{x}+\boldsymbol{A}\boldsymbol{y}=T(\boldsymbol{x})+T(\boldsymbol{y}),$$
$$T(k\boldsymbol{x})=\boldsymbol{A}(k\boldsymbol{x})=k\boldsymbol{A}(\boldsymbol{x})=kT(\boldsymbol{x}),$$

所以 T 是 $\mathbf{R}^n$ 中的一个线性变换.

对任一 $\boldsymbol{x}\in\mathbf{R}^n$，如果用 $\boldsymbol{y}=(y_1,y_2,\cdots,y_n)^{\mathrm{T}}$ 表示它的相，即 $\boldsymbol{y}=\boldsymbol{A}\boldsymbol{x}$，写成矩阵形式，即

$$\begin{pmatrix}y_1\\y_2\\\vdots\\y_n\end{pmatrix}=\begin{pmatrix}a_{11}&a_{12}&\cdots&a_{1n}\\a_{21}&a_{22}&\cdots&a_{2n}\\\cdots&\cdots&\cdots&\cdots\\a_{n1}&a_{n2}&\cdots&a_{nn}\end{pmatrix}\begin{pmatrix}x_1\\x_2\\\vdots\\x_n\end{pmatrix},$$

这就是前面几章中所用的线性变换，现在它不过是一般线性变换的一个特殊情形.

5.3.2 线性变换的性质

性质 5.1 $T(\mathbf{0})=\mathbf{0}$，$T(-\boldsymbol{\alpha})=-T(\boldsymbol{\alpha})$.

性质 5.2 若 $\boldsymbol{\beta}=k_1\boldsymbol{\alpha}_1+k_2\boldsymbol{\alpha}_2+\cdots+k_m\boldsymbol{\alpha}_m$，则

$$T(\boldsymbol{\beta})=k_1T(\boldsymbol{\alpha}_1)+k_2T(\boldsymbol{\alpha}_2)+\cdots+k_mT(\boldsymbol{\alpha}_m).$$

性质 5.3 若 $\boldsymbol{\alpha}_1,\boldsymbol{\alpha}_2,\cdots,\boldsymbol{\alpha}_m$ 线性相关，则 $T(\boldsymbol{\alpha}_1),T(\boldsymbol{\alpha}_2),\cdots,T(\boldsymbol{\alpha}_m)$ 亦线性相关.

证 由 $k_1\boldsymbol{\alpha}_1+k_2\boldsymbol{\alpha}_2+\cdots+k_m\boldsymbol{\alpha}_m=\mathbf{0}$，有

$T(k_1\boldsymbol{\alpha}_1+k_2\boldsymbol{\alpha}_2+\cdots+k_m\boldsymbol{\alpha}_m)=k_1T(\boldsymbol{\alpha}_1)+k_2T(\boldsymbol{\alpha}_2)+\cdots+k_mT(\boldsymbol{\alpha}_m)=\mathbf{0}$,

故线性变换把线性相关元仍然变为线性相关元.

但其逆不成立．因为线性变换也可能把线性无关的元变为线性相关的元，如零变换就是如此．从而可知，线性变换不一定把基变为基.

性质 5.4 V_n 中线性变换 T 的象集 $T(V_n)$ 是一个线性空间（V_n 的子空间），称为线性变换 T 的**象空间**.

证 设 $\boldsymbol{\beta}_1,\boldsymbol{\beta}_2\in T(V_n)$，则有 $\boldsymbol{\alpha}_1,\boldsymbol{\alpha}_2\in V_n$，使 $T(\boldsymbol{\alpha}_1)=\boldsymbol{\beta}_1,T(\boldsymbol{\alpha}_2)=\boldsymbol{\beta}_2$，从而

$$\boldsymbol{\beta}_1+\boldsymbol{\beta}_2=T(\boldsymbol{\alpha}_1)+T(\boldsymbol{\alpha}_2)=T(\boldsymbol{\alpha}_1+\boldsymbol{\alpha}_2)\in T(V_n)，因为\ \boldsymbol{\alpha}_1+\boldsymbol{\alpha}_2\in V_n.$$
$$k\boldsymbol{\beta}_1=kT(\boldsymbol{\alpha}_1)=T(k\boldsymbol{\alpha}_1)\in T(V_n)，因为\ k\boldsymbol{\alpha}_1\in V_n.$$

由于 $T(V_n)\subseteq V_n$，且对 V_n 中的线性运算封闭，故它是 V_n 的子空间.

性质 5.5 使 $T(\boldsymbol{\alpha})=\mathbf{0}$ 的 $\boldsymbol{\alpha}$ 的全体 $S_T=\{\boldsymbol{\alpha}\mid\boldsymbol{\alpha}\in V_n,T(\boldsymbol{\alpha})=\mathbf{0}\}$ 也是 V_n 的子空间，S_T 称为**线性变换 T 的核**.

证 显然 $S_T\subset V_n$，且

若 $\boldsymbol{\alpha}_1,\boldsymbol{\alpha}_2\in S_T$，即 $T(\boldsymbol{\alpha}_1)=\mathbf{0}$，$T(\boldsymbol{\alpha}_2)=\mathbf{0}$，则

$$T(\boldsymbol{\alpha}_1+\boldsymbol{\alpha}_2)=T(\boldsymbol{\alpha}_1)+T(\boldsymbol{\alpha}_2)=\mathbf{0}，所以\ \boldsymbol{\alpha}_1+\boldsymbol{\alpha}_2\in S_T.$$

若 $\boldsymbol{\alpha}_1\in S_T,k\in\mathbf{R}$，则 $T(k\boldsymbol{\alpha}_1)=kT(\boldsymbol{\alpha}_1)=k\mathbf{0}=\mathbf{0}$，所以 $k\boldsymbol{\alpha}_1\in S_T$.

这说明 S_T 对线性运算封闭，所以 S_T 是 V_n 的子空间.

对例 5.15 中的 T，若取 $\boldsymbol{A}=(\boldsymbol{\alpha}_1,\boldsymbol{\alpha}_2,\cdots,\boldsymbol{\alpha}_n)$，则 T 的象空间就是由 $\boldsymbol{\alpha}_1,\boldsymbol{\alpha}_2,\cdots,\boldsymbol{\alpha}_n$ 所生成的向量空间：

$$T(\mathbf{R}^n)=\{\boldsymbol{y}=x_1\boldsymbol{\alpha}_1+x_2\boldsymbol{\alpha}_2+\cdots+x_n\boldsymbol{\alpha}_n \mid x_1,x_2,\cdots,x_n\in\mathbf{R}\},$$

T 的核 S_T 就是齐次线性方程组 $\boldsymbol{A}\boldsymbol{x}=\boldsymbol{0}$ 的解空间.

5.3.3 线性变换的矩阵

我们已经知道线性空间中的元素可以用坐标来表示，下面通过坐标来建立线性变换的矩阵表示，使得比较抽象的线性变换问题能够用矩阵来更好地处理.

定义 5.7　设 T 是线性空间 V_n 中的线性变换，在 V_n 中取定一个基 $\boldsymbol{\alpha}_1,\boldsymbol{\alpha}_2,\cdots,\boldsymbol{\alpha}_n$，如果这个基在变换 T 下的象（用这个基线性表示）为

$$\begin{cases} T(\boldsymbol{\alpha}_1)=a_{11}\boldsymbol{\alpha}_1+a_{21}\boldsymbol{\alpha}_2+\cdots+a_{n1}\boldsymbol{\alpha}_n, \\ T(\boldsymbol{\alpha}_2)=a_{12}\boldsymbol{\alpha}_1+a_{22}\boldsymbol{\alpha}_2+\cdots+a_{n2}\boldsymbol{\alpha}_n, \\ \cdots\cdots\cdots\cdots\cdots\cdots\cdots\cdots\cdots\cdots \\ T(\boldsymbol{\alpha}_n)=a_{1n}\boldsymbol{\alpha}_1+a_{2n}\boldsymbol{\alpha}_2+\cdots+a_{nn}\boldsymbol{\alpha}_n. \end{cases}$$

记 $T(\boldsymbol{\alpha}_1,\boldsymbol{\alpha}_2,\cdots,\boldsymbol{\alpha}_n)=(T(\boldsymbol{\alpha}_1),T(\boldsymbol{\alpha}_2),\cdots,T(\boldsymbol{\alpha}_n))$，上式可表示为

$$T(\boldsymbol{\alpha}_1,\boldsymbol{\alpha}_2,\cdots,\boldsymbol{\alpha}_n)=(\boldsymbol{\alpha}_1,\boldsymbol{\alpha}_2,\cdots,\boldsymbol{\alpha}_n)\boldsymbol{A},$$

其中 $\boldsymbol{A}=\begin{pmatrix} a_{11} & a_{12} & \cdots & a_{1n} \\ a_{21} & a_{22} & \cdots & a_{2n} \\ \cdots & \cdots & \cdots & \cdots \\ a_{n1} & a_{n2} & \cdots & a_{nn} \end{pmatrix}$，那么，$\boldsymbol{A}$ 就称为**线性变换 T 在基 $\boldsymbol{\alpha}_1,\boldsymbol{\alpha}_2,\cdots,\boldsymbol{\alpha}_n$ 下的矩阵**.

可以验证，线性变换 T 与矩阵 $\boldsymbol{A}$ 之间是一一对应的.

设 $\boldsymbol{\alpha}=\begin{pmatrix} x_1 \\ x_2 \\ \vdots \\ x_n \end{pmatrix}$，$T(\boldsymbol{\alpha})=\boldsymbol{A}\begin{pmatrix} x_1 \\ x_2 \\ \vdots \\ x_n \end{pmatrix}$. 按坐标表示，有 $T(\boldsymbol{\alpha})=\boldsymbol{A}\boldsymbol{\alpha}$.

【例 5.16】　在 $P[x]_3$ 中，取基 $p_1=x^3$，$p_2=x^2$，$p_3=x$，$p_4=1$，求微分运算 D 的矩阵.

解　由于

$$\begin{aligned} \mathrm{D}p_1&=3x^2=0p_1+3p_2+0p_3+0p_4, \\ \mathrm{D}p_2&=2x=0p_1+0p_2+2p_3+0p_4, \\ \mathrm{D}p_3&=1=0p_1+0p_2+0p_3+1p_4, \\ \mathrm{D}p_4&=0=0p_1+0p_2+0p_3+0p_4, \end{aligned}$$

所以 D 在这组基下的矩阵为

$$\boldsymbol{A}=\begin{pmatrix} 0 & 0 & 0 & 0 \\ 3 & 0 & 0 & 0 \\ 0 & 2 & 0 & 0 \\ 0 & 0 & 1 & 0 \end{pmatrix}.$$

【例 5.17】 在 $\mathbf{R}^3$ 中，T 表示将向量投影到 xOy 平面的线性变换，即

$$T(x\boldsymbol{i}+y\boldsymbol{j}+z\boldsymbol{k})=x\boldsymbol{i}+y\boldsymbol{j}.$$

(1) 取基为 $\boldsymbol{i},\boldsymbol{j},\boldsymbol{k}$，求 T 的矩阵；

(2) 取基为 $\boldsymbol{\alpha}=\boldsymbol{i},\boldsymbol{\beta}=\boldsymbol{j},\boldsymbol{\gamma}=\boldsymbol{i}+\boldsymbol{j}+\boldsymbol{k}$，求 T 的矩阵.

解 (1) 由于 $T(\boldsymbol{i})=\boldsymbol{i}$，$T(\boldsymbol{j})=\boldsymbol{j}$，$T(\boldsymbol{k})=\boldsymbol{0}$，

即
$$T(\boldsymbol{i},\boldsymbol{j},\boldsymbol{k})=(\boldsymbol{i},\boldsymbol{j},\boldsymbol{k})\begin{pmatrix}1&0&0\\0&1&0\\0&0&0\end{pmatrix}.$$

(2) 由于 $T(\boldsymbol{\alpha})=\boldsymbol{i}=\boldsymbol{\alpha}$，$T(\boldsymbol{\beta})=\boldsymbol{j}=\boldsymbol{\beta}$，$T(\boldsymbol{\gamma})=\boldsymbol{i}+\boldsymbol{j}=\boldsymbol{\alpha}+\boldsymbol{\beta}$，

即
$$T(\boldsymbol{\alpha},\boldsymbol{\beta},\boldsymbol{\gamma})=(\boldsymbol{\alpha},\boldsymbol{\beta},\boldsymbol{\gamma})\begin{pmatrix}1&0&1\\0&1&1\\0&0&0\end{pmatrix}.$$

由此可见，同一个线性变换在不同的基下有不同的矩阵．一般有如下定理.

定理 5.4 设在线性空间 V_n 中取定的两个基 $\boldsymbol{\alpha}_1,\boldsymbol{\alpha}_2,\cdots,\boldsymbol{\alpha}_n$；$\boldsymbol{\beta}_1,\boldsymbol{\beta}_2,\cdots,\boldsymbol{\beta}_n$. 由基 $\boldsymbol{\alpha}_1,\boldsymbol{\alpha}_2,\cdots,\boldsymbol{\alpha}_n$ 到基 $\boldsymbol{\beta}_1,\boldsymbol{\beta}_2,\cdots,\boldsymbol{\beta}_n$ 的过渡矩阵为 $\boldsymbol{P}$，V_n 中的线性变换 T 在这两个基下的矩阵依次为 $\boldsymbol{A}$ 和 $\boldsymbol{B}$，则 $\boldsymbol{B}=\boldsymbol{P}^{-1}\boldsymbol{A}\boldsymbol{P}$.

证 由假设，有$(\boldsymbol{\beta}_1,\boldsymbol{\beta}_2,\cdots,\boldsymbol{\beta}_n)=(\boldsymbol{\alpha}_1,\boldsymbol{\alpha}_2,\cdots,\boldsymbol{\alpha}_n)\boldsymbol{P}$，且 $\boldsymbol{P}$ 可逆，及

$$T(\boldsymbol{\alpha}_1,\boldsymbol{\alpha}_2,\cdots,\boldsymbol{\alpha}_n)=(\boldsymbol{\alpha}_1,\boldsymbol{\alpha}_2,\cdots,\boldsymbol{\alpha}_n)\boldsymbol{A},$$
$$T(\boldsymbol{\beta}_1,\boldsymbol{\beta}_2,\cdots,\boldsymbol{\beta}_n)=(\boldsymbol{\beta}_1,\boldsymbol{\beta}_2,\cdots,\boldsymbol{\beta}_n)\boldsymbol{B},$$

于是
$$\begin{aligned}(\boldsymbol{\beta}_1,\boldsymbol{\beta}_2,\cdots,\boldsymbol{\beta}_n)\boldsymbol{B}&=T(\boldsymbol{\beta}_1,\boldsymbol{\beta}_2,\cdots,\boldsymbol{\beta}_n)=T[(\boldsymbol{\alpha}_1,\boldsymbol{\alpha}_2,\cdots,\boldsymbol{\alpha}_n)\boldsymbol{P}]\\&=[T(\boldsymbol{\alpha}_1,\boldsymbol{\alpha}_2,\cdots,\boldsymbol{\alpha}_n)]\boldsymbol{P}=(\boldsymbol{\alpha}_1,\boldsymbol{\alpha}_2,\cdots,\boldsymbol{\alpha}_n)\boldsymbol{A}\boldsymbol{P}\\&=(\boldsymbol{\beta}_1,\boldsymbol{\beta}_2,\cdots,\boldsymbol{\beta}_n)\boldsymbol{P}^{-1}\boldsymbol{A}\boldsymbol{P}.\end{aligned}$$

因为 $\boldsymbol{\beta}_1,\boldsymbol{\beta}_2,\cdots,\boldsymbol{\beta}_n$ 线性无关，所以 $\boldsymbol{B}=\boldsymbol{P}^{-1}\boldsymbol{A}\boldsymbol{P}$.

定理 5.4 表明，$\boldsymbol{B}$ 与 $\boldsymbol{A}$ 相似，且两个基间的过渡矩阵 $\boldsymbol{P}$ 就是相似变换矩阵.

【例 5.18】 设 V_2 中的线性变换 T 在基 $\boldsymbol{\alpha}_1,\boldsymbol{\alpha}_2$ 下的矩阵为 $\boldsymbol{A}=\begin{pmatrix}a_{11}&a_{12}\\a_{21}&a_{22}\end{pmatrix}$，求 T 在基 $\boldsymbol{\alpha}_2,\boldsymbol{\alpha}_1$ 下的矩阵.

解 $(\boldsymbol{\alpha}_2,\boldsymbol{\alpha}_1)=(\boldsymbol{\alpha}_1,\boldsymbol{\alpha}_2)\begin{pmatrix}0&1\\1&0\end{pmatrix}$，即 $\boldsymbol{P}=\begin{pmatrix}0&1\\1&0\end{pmatrix}$，且 $\boldsymbol{P}^{-1}=\boldsymbol{P}$，于是 T 在基 $\boldsymbol{\alpha}_2,\boldsymbol{\alpha}_1$ 下的矩阵为

$$\boldsymbol{B}=\begin{pmatrix}0&1\\1&0\end{pmatrix}\begin{pmatrix}a_{11}&a_{12}\\a_{21}&a_{22}\end{pmatrix}\begin{pmatrix}0&1\\1&0\end{pmatrix}=\begin{pmatrix}a_{22}&a_{21}\\a_{12}&a_{11}\end{pmatrix}.$$

定义 5.8 线性变换 T 的象空间 $T(V_n)$的维数称为**线性变换 T 的秩**.

显然，若 $\boldsymbol{A}$ 是 T 的矩阵，则 T 的秩就是 $R(\boldsymbol{A})$.

若 T 的秩为 r，则 T 的核空间 S_T 的维数为 $n-r$.

5.4 在化学计量矩阵与化学平衡问题中的应用

线性代数与化学理论有着很多的联系. 量子化学就是建立在线性希尔伯特

(Hilbert) 空间的理论基础上的，没有很好的线性代数的基础，不可能很好地掌握量子化学. 而如今新药的研发和化学都离不开量子化学的计算. 随着化学科技和信息技术的发展，线性代数对化学的影响越来越大，应用也越来越来广泛. 本节对线性代数的基本意义和在化学中涉及的线性代数常见理论进行了简述，并通过例子来具体说明线性代数在化学理论中的应用，对进一步了解抽象的线性代数很有意义.

5.4.1 用矩阵对物质进行表示

在对物质和物质间的反应进行表示时，假定给定 n 个原子的总和，由这些原子构成所讨论的分子. 用 B_j 表示相应于每个原子（用 j 标记）的排列有序的数和，它由 0 和 1 构成，其本质即原子的符号. 于是，由这些原子组成的 A_i 物质的分子向量可表示为

$$A_i = \sum_{j=1}^{n} \beta_{ij} B_j \tag{5.5}$$

式中，β_{ij} 是 A_i 分子中 B_j 原子的数目. 称具有整系数 β_{ij} 的向量式(5.5) 为分子式或分子.

由原子 $B_1, B_2, \cdots, B_n$ 组成的 $A_1, A_2, \cdots, A_N$ 分子的总和可用以下方程组写出

$$\begin{cases} A_1 = \sum_{j=1}^{n} \beta_{1j} B_j \\ A_2 = \sum_{j=1}^{n} \beta_{2j} B_j \\ \cdots\cdots\cdots \\ A_N = \sum_{j=1}^{n} \beta_{Nj} B_j \end{cases} \tag{5.6}$$

若记

$$\boldsymbol{B} = \begin{pmatrix} B_1 \\ B_2 \\ \vdots \\ B_n \end{pmatrix}, \quad \boldsymbol{A} = \begin{pmatrix} A_1 \\ A_2 \\ \vdots \\ A_N \end{pmatrix} \tag{5.7}$$

则有

$$\boldsymbol{A} = \begin{pmatrix} A_1 \\ A_2 \\ \vdots \\ A_N \end{pmatrix} = \begin{pmatrix} \beta_{11} & \beta_{12} & \cdots & \beta_{1n} \\ \beta_{21} & \beta_{22} & \cdots & \beta_{2n} \\ \cdots & \cdots & \cdots & \cdots \\ \beta_{N1} & \beta_{N2} & \cdots & \beta_{Nn} \end{pmatrix} \begin{pmatrix} B_1 \\ B_2 \\ \vdots \\ B_n \end{pmatrix} \tag{5.8}$$

或写成

$$\boldsymbol{A} = \boldsymbol{\beta} \boldsymbol{B} \tag{5.9}$$

式中，$\boldsymbol{\beta}$ 表示由数 β_{ij} 组成的 $N \times n$ 矩阵，称其为原子矩阵.

【例 5.19】 由三种元素 H,C 和 O 组成的三种物质 CO_2,H_2O 和 H_2CO_3 的混合物，写出其原子矩阵形式的表示式及其原子矩阵.

解 因

$$\begin{pmatrix} CO_2 \\ H_2O \\ H_2CO_3 \end{pmatrix} = \begin{pmatrix} 0 & 1 & 2 \\ 2 & 0 & 1 \\ 2 & 1 & 3 \end{pmatrix} \begin{pmatrix} H \\ C \\ O \end{pmatrix},$$

则原子矩阵为

$$\boldsymbol{\beta} = \begin{pmatrix} 0 & 1 & 2 \\ 2 & 0 & 1 \\ 2 & 1 & 3 \end{pmatrix}.$$

5.4.2 用线性空间对物质和物质间的反应进行表示

【例 5.20】 求含有物质 CO_2,H_2O 和 H_2CO_3 的子空间的维数、基底和坐标.

解 由

$$\begin{pmatrix} CO_2 \\ H_2O \\ H_2CO_3 \end{pmatrix} = \begin{pmatrix} 0 & 1 & 2 \\ 2 & 0 & 1 \\ 2 & 1 & 3 \end{pmatrix} \begin{pmatrix} H \\ C \\ O \end{pmatrix}$$

得

$$\boldsymbol{\beta} = \begin{pmatrix} 0 & 1 & 2 \\ 2 & 0 & 1 \\ 2 & 1 & 3 \end{pmatrix} \xrightarrow{\text{初等行变换}} \begin{pmatrix} 0 & 1 & 2 \\ 2 & 0 & 1 \\ 0 & 0 & 0 \end{pmatrix} \xrightarrow{r} \begin{pmatrix} 2 & 0 & 1 \\ 0 & 1 & 2 \\ 0 & 0 & 0 \end{pmatrix} \xrightarrow{r} \begin{pmatrix} 1 & 0 & \frac{1}{2} \\ 0 & 1 & 2 \\ 0 & 0 & 0 \end{pmatrix},$$

故其秩为 $R(\boldsymbol{\beta})=2$.

因为

$$\boldsymbol{\beta}_3 = \begin{pmatrix} \frac{1}{2} \\ 2 \\ 0 \end{pmatrix} = \frac{1}{2}\begin{pmatrix} 1 \\ 0 \\ 0 \end{pmatrix} + 2\begin{pmatrix} 0 \\ 1 \\ 0 \end{pmatrix} = \frac{1}{2}\boldsymbol{\beta}_1 + 2\boldsymbol{\beta}_2,$$

即原子矩阵中第三列 $\boldsymbol{\beta}_3$ 可用第一列 $\boldsymbol{\beta}_1$ 和第二列 $\boldsymbol{\beta}_2$ 线性表示，故含有物质 CO_2，H_2O 和 H_2CO_3 的子空间的维数等于 2.

由于

$$\boldsymbol{\beta} = \begin{pmatrix} 0 & 1 \\ 2 & 0 \\ 2 & 1 \end{pmatrix} \begin{pmatrix} 1 & 0 & \frac{1}{2} \\ 0 & 1 & 2 \end{pmatrix},$$

所以

$$\begin{pmatrix} CO_2 \\ H_2O \\ H_2CO_3 \end{pmatrix} = \begin{pmatrix} 0 & 1 \\ 2 & 0 \\ 2 & 1 \end{pmatrix} \begin{pmatrix} 1 & 0 & \frac{1}{2} \\ 0 & 1 & 2 \end{pmatrix} \begin{pmatrix} H \\ C \\ O \end{pmatrix}$$

即

$$\begin{pmatrix} CO_2 \\ H_2O \\ H_2CO_3 \end{pmatrix} = \begin{pmatrix} 0 & 1 \\ 2 & 0 \\ 2 & 1 \end{pmatrix} \begin{pmatrix} H+\frac{1}{2}O \\ C+2O \end{pmatrix},$$

所以，可将结构片断 $H+\frac{1}{2}O$ 和 $C+2O$ 作为由物质 CO_2，H_2O 和 H_2CO_3 构成的子空间的基底．第一个片断可写为$\frac{1}{2}H_2O$，第二个片断可写为 CO_2，在该子空间的基底中，分子（向量）的总和可表示为

$$\begin{pmatrix} CO_2 \\ H_2O \\ H_2CO_3 \end{pmatrix} = \begin{pmatrix} 0 & 1 \\ 1 & 0 \\ 1 & 1 \end{pmatrix} \begin{pmatrix} H_2O \\ CO_2 \end{pmatrix}.$$

5.4.3　用矩阵对化学反应方程组进行表示

定理 5.5　如果分子 $\{A_i\}$ $(i=1,2,\cdots,M)$ 的原子矩阵 $\boldsymbol{\beta}$ 的秩为 m，则这些分子必处于 m 维的空间 $\mathbf{R}^m$ 中．

向量空间 $\mathbf{R}^n$ 包括了所有可能的由原子 $B_1,B_2,\cdots,B_n$ 构成的物质．例如，碳氢化合物就可看作是由两类元素氢和碳构成的，即某空间 $\mathbf{R}^n$ 中的子集合 $\{A_i\}$ $(i=1,2,\cdots,M)$．所以，重要的问题是确定一子空间 $\mathbf{R}^m$，而子集合 $\{A_1,A_2,\cdots,A_M\}$ 处于子空间 $\mathbf{R}^m$ 中．

如果 $R(\beta)=m$，则不失一般性，可设矩阵 $\boldsymbol{\beta}$ 的前 m 列线性无关，并用它们表示其余的 $(n-m)$ 列．用 $\boldsymbol{\beta}_1,\boldsymbol{\beta}_2,\cdots,\boldsymbol{\beta}_m,\boldsymbol{\beta}_{m+1},\cdots,\boldsymbol{\beta}_n$ 表示矩阵 $\boldsymbol{\beta}$ 的相应列向量，依上所述，则有

$$\boldsymbol{\beta}_{m+1}=\alpha_{m+1,1}\boldsymbol{\beta}_1+\alpha_{m+1,2}\boldsymbol{\beta}_2+\cdots\alpha_{m+1,m}\boldsymbol{\beta}_m,$$

$$\cdots\cdots\cdots\cdots\cdots\cdots$$

$$\boldsymbol{\beta}_n=\alpha_{n1}\boldsymbol{\beta}_1+\alpha_{n2}\boldsymbol{\beta}_2+\cdots\alpha_{nm}\boldsymbol{\beta}_m.$$

其中 $\alpha_{m+1,j}$ 是相应的线性无关向量线性组合的系数．系数矩阵为

$$\boldsymbol{\alpha}=\begin{pmatrix} 1 & 0 & 0 & \cdots & 0 & \alpha_{m+1,1} & \alpha_{m+2,1} & \cdots & \alpha_{n1} \\ 0 & 1 & 0 & \cdots & 0 & \alpha_{m+1,2} & \alpha_{m+2,2} & \cdots & \alpha_{n2} \\ \cdots & \cdots & \cdots & \cdots & \cdots & \cdots & \cdots & \cdots & \cdots \\ 0 & 0 & 0 & \cdots & 1 & \alpha_{m+1,m} & \alpha_{m+2,m} & \cdots & \alpha_{nm} \end{pmatrix},$$

若用 $\bar{\beta}$ 表示由线性无关的列向量 $\beta_1,\beta_2,\cdots,\beta_m$ 所组成的矩阵，不难证明

$$\beta=\bar{\beta}\alpha, \tag{5.10}$$

物质分子的矩阵形式为

$$\boldsymbol{A}=\beta\boldsymbol{B}. \tag{5.11}$$

将式(5.10)代入式(5.11)得

$$\boldsymbol{A}=\bar{\beta}\alpha\boldsymbol{B}. \tag{5.12}$$

即

$$\mathbf{A}=\overline{\beta}\,\overline{\boldsymbol{B}}. \tag{5.13}$$

其中列向量 $\overline{\boldsymbol{B}}$ 的元素是式(5.8) 中列向量 $\boldsymbol{B}$ 的元素的线性组合．因为通过它们表示所有的分子 A_i，则它们就组成了子空间 $\mathbf{R}^m$ 的基底，其中包括所研究的分子 $\{A_1,A_2,\cdots,A_M\}$. 对于处在子空间 $\mathbf{R}^m$ 中的物质集合 $\{A_i\}(i=1,2,\cdots,M)$，利用式(5.5)～式(5.8) 总可以选择 m 个线性无关的元素 $\overline{\boldsymbol{B}}_j$，它们构成了该子空间的基底. 此时原子矩阵 $\overline{\beta}$ 表示该基底里的物质 $\{A_1,A_2,\cdots,A_M\}$ 的和，而 $\overline{\beta}$ 的秩为 m (m 个线性无关的行和列)。现设 β 的前 m 行线性无关，则 $m+1,m+2,\cdots,M$ 行可用前 m 行的线性组合表示，得到 $(M-m)$ 个方程

$$\begin{cases}\sum_{i=1}^{m+1}\alpha_{m+1,i}A_1=0,\\ \cdots\cdots\cdots\\ \sum_{i=1}^{m+1}\alpha_{Mi}A_i=0.\end{cases} \tag{5.14}$$

式(5.14) 的形式与一般化学反应方程组是一致的，故可将方程组 (5.14) 作为物质（反应物）$\{A_1,A_2,\cdots,A_m\}$ 的集合上的化学反应方程组．显然，表示原子矩阵 β 的行之间的线性关系的齐次方程的最小数目为 $(M-m)$，其中 M 是所研究体系中反应物 A_i 的数目，m 是它的原子矩阵的秩．把这些方程进行相互组合，可得到该反应物集合上的任何化学反应的方程，所以，对于描写 M 个反应物体系中的化学反应所必须的最小反应数目为 $(M-m)$.

对于规则反应有

$$\sum_i\alpha_{ki}A_i=0. \tag{5.15}$$

式中，i 是参加反应物质的序号，k 是反应的序号．对给定体系中的化学反应，可将化学计量系数写成向量的形式

$$\alpha_k^{\mathrm{T}}=(\alpha_{k1}\quad\alpha_{k2}\quad\cdots\quad\alpha_{kM}). \tag{5.16}$$

所以该体系中所有反应总和的矩阵 $\boldsymbol{a}$ 为

$$\boldsymbol{a}=\begin{pmatrix}\alpha_1^T\\ \alpha_2^T\\ \vdots\\ \alpha_k^T\end{pmatrix}=\begin{pmatrix}a_{11} & a_{12} & \cdots & a_{1M}\\ a_{21} & a_{22} & \cdots & a_{2M}\\ \cdots & \cdots & \cdots & \cdots\\ a_{k1} & a_{k2} & \cdots & a_{kM}\end{pmatrix}. \tag{5.17}$$

引入参加反应物质（分子）的列向量 $\mathbf{A}$

$$\mathbf{A}=\begin{pmatrix}A_1\\ A_2\\ \vdots\\ A_N\end{pmatrix}. \tag{5.18}$$

于是式(5.15) 写成

$$\alpha_k^{\mathrm{T}}\boldsymbol{A}=\boldsymbol{0},\tag{5.19}$$

或者对所有的反应写为

$$\boldsymbol{aA}=\boldsymbol{0}.\tag{5.20}$$

借助原子矩阵，使其变成原子的组合，即

$$\boldsymbol{A}=\beta\boldsymbol{B}\Rightarrow\alpha_k^{\mathrm{T}}\beta\boldsymbol{B}=\boldsymbol{0}\ \text{或}\ \alpha\beta\boldsymbol{B}=\boldsymbol{0},$$

于是在独立原子组合条件下可得到

$$\alpha_k^{\mathrm{T}}\beta=\boldsymbol{0},\tag{5.21}$$

$$\alpha\beta=\boldsymbol{0}.\tag{5.22}$$

所以，对标以 k 的每个反应都存在同样相对于 α_{ki} 的线性方程组 (5.21)，这个方程组完全符合众所周知的化学反应方程组的一般原则，即化学反应式左边的某种原子数及电荷数等于右边的该原子数及电荷数.

【例 5.21】 写出由四种物质 CH_4,CH_2O,O_2 和 H_2O 所组成的集合的一套化学计量系数.

解

$$\boldsymbol{A}=\begin{pmatrix}CH_4\\CH_2O\\O_2\\H_2O\end{pmatrix},\ \boldsymbol{B}=\begin{pmatrix}H\\C\\O\end{pmatrix}.$$

原子矩阵写为

$$\boldsymbol{\beta}=\begin{pmatrix}4&1&0\\2&1&1\\0&0&2\\2&0&1\end{pmatrix},$$

求得 $R(\beta)=3$，所以存在一个独立的化学反应。由式(5.22)，写出方程组

$$(a_1\quad a_2\quad a_3\quad a_4)\begin{pmatrix}4&1&0\\2&1&1\\0&0&2\\2&0&1\end{pmatrix}=\boldsymbol{0},$$

即

$$\begin{cases}4a_1+2a_2\qquad\quad+2a_4=0,\\ \ a_1+\ a_2\qquad\qquad\quad=0,\\ \qquad\quad a_2+2a_3+\ a_4=0.\end{cases}$$

解该方程组得：$a_2=a_4=-a_1$，$a_3=a_1$，所以对上述物质的体系，独立反应具有

$$a_1CH_4+a_1O_2-a_1CH_2O-a_1H_2O=0$$

的形式，即

$$CH_4+O_2=\!=\!=CH_2O+H_2O.$$

习 题 5

A 题

1. 下列 n 阶方阵的集合，关于矩阵的加法和矩阵数乘两种运算是否构成线性空间？

(1) n 阶实对称方阵的全体所组成的集合；

(2) n 阶可逆实矩阵的全体所组成的集合；

(3) 主对角线上各个元素之和等于零的 n 阶方阵全体所组成的集合.

2. 下列集合对指定的运算是否构成实数域上的线性空间？

(1) 微分方程 $y'''+3y''+3y'+y=0$ 的全体解所构成的集合，关于函数相加和函数乘实数两种运算；

(2) 微分方程 $y'''+3y''+3y'+y=5$ 的全体解所组成的集合，关于函数相加和函数乘实数两种运算；

(3) $\mathbf{R}^3$ 中与向量$(0,0,1)^{\mathrm{T}}$ 不平行的全体向量所组成的集合，关于 $\mathbf{R}^3$ 中向量的线性运算.

3. 设 V_r 是n 维线性空间 V_n 的一个子空间，$\boldsymbol{\alpha}_1,\boldsymbol{\alpha}_2,\cdots,\boldsymbol{\alpha}_r$ 是 V_r 的一个基，试证 V_n 中存在元素 $\boldsymbol{\alpha}_{r+1},\cdots,\boldsymbol{\alpha}_n$，使 $\boldsymbol{\alpha}_1,\boldsymbol{\alpha}_2,\cdots,\boldsymbol{\alpha}_r,\boldsymbol{\alpha}_{r+1},\cdots,\boldsymbol{\alpha}_n$ 成为 V_n 的一个基.

4. 在 $\mathbf{R}^3$ 中求向量 $\boldsymbol{\alpha}=(3,7,1)^{\mathrm{T}}$ 在基 $\boldsymbol{\alpha}_1=(1,3,5)^{\mathrm{T}}$，$\boldsymbol{\alpha}_2=(6,3,2)^{\mathrm{T}}$，$\boldsymbol{\alpha}_3=(3,1,0)^{\mathrm{T}}$ 下的坐标.

5. 在所有实对称二阶方阵所组成的线性空间 S_2 中，求它的一个基，并写出矩阵$\begin{pmatrix}3 & -2\\ -2 & 1\end{pmatrix}$关于这个基的坐标.

6. 已知 $\mathbf{R}^3$ 中的两个基

$$\boldsymbol{\alpha}_1=(1,1,1)^{\mathrm{T}},\ \boldsymbol{\alpha}_2=(0,1,1)^{\mathrm{T}},\ \boldsymbol{\alpha}_3=(0,0,1)^{\mathrm{T}};$$
$$\boldsymbol{\beta}_1=(1,0,1)^{\mathrm{T}},\ \boldsymbol{\beta}_2=(1,1,0)^{\mathrm{T}},\ \boldsymbol{\beta}_3=(0,1,1)^{\mathrm{T}}.$$

求向量 $\boldsymbol{\alpha}=2\boldsymbol{\alpha}_1+4\boldsymbol{\alpha}_2$ 关于基 $\boldsymbol{\beta}_1,\boldsymbol{\beta}_2,\boldsymbol{\beta}_3$ 的坐标.

7. 在 $\mathbf{R}^4$ 中取两个基，一个为标准基 $\boldsymbol{e}_1,\boldsymbol{e}_2,\boldsymbol{e}_3,\boldsymbol{e}_4$，一个为 $\boldsymbol{\alpha}_1=(2,1,-1,1)^{\mathrm{T}}$，$\boldsymbol{\alpha}_2=(0,3,1,0)^{\mathrm{T}}$，$\boldsymbol{\alpha}_3=(5,3,2,1)^{\mathrm{T}}$，$\boldsymbol{\alpha}_4=(6,6,1,3)^{\mathrm{T}}$.

(1) 求由基 $\boldsymbol{e}_1,\boldsymbol{e}_2,\boldsymbol{e}_3,\boldsymbol{e}_4$ 到基 $\boldsymbol{\alpha}_1,\boldsymbol{\alpha}_2,\boldsymbol{\alpha}_3,\boldsymbol{\alpha}_4$ 的过渡矩阵；

(2) 求向量 $\boldsymbol{\alpha}=(x_1,x_2,x_3,x_4)^{\mathrm{T}}$ 关于基 $\boldsymbol{\alpha}_1,\boldsymbol{\alpha}_2,\boldsymbol{\alpha}_3,\boldsymbol{\alpha}_4$ 的坐标；

(3) 求在这两个基下有相同坐标的向量.

8. 下列变换中哪些是线性变换？

(1) 在 n 阶方阵所构成的线性空间 M_n 中，对每个 $\boldsymbol{A}\in M_n$. 规定 $T(\boldsymbol{A})=\boldsymbol{PAQ}$，其中 $\boldsymbol{P},\boldsymbol{Q}$ 是两个固定的 n 阶方阵；

(2) 在 $\mathbf{R}^3$ 中，规定 $T((x_1,x_2,x_3))=(x_1^2,x_1+x_2,x_3)$；

(3) 在 $C(a,b)$ 中，规定 $T(f(x))=\int_b^a f(x)\mathrm{d}x$.

9. 说明 xOy 平面上变换 $T\begin{pmatrix}x\\y\end{pmatrix}=\mathbf{A}\begin{pmatrix}x\\y\end{pmatrix}$ 的几何意义，其中

(1) $\mathbf{A}=\begin{pmatrix}-1&0\\0&1\end{pmatrix}$；　　(2) $\mathbf{A}=\begin{pmatrix}0&0\\0&1\end{pmatrix}$；

(3) $\mathbf{A}=\begin{pmatrix}0&1\\1&0\end{pmatrix}$；　　(4) $\mathbf{A}=\begin{pmatrix}0&1\\-1&0\end{pmatrix}$.

10. 在 $\mathbf{R}^3$ 中，定义 $T[(x,y,z)^{\mathrm{T}}]=(x+y,x-y,z)^{\mathrm{T}}$

(1) 求 T 在标准基下的矩阵；

(2) 求 T 在基 $\boldsymbol{\alpha}_1=(1,0,0)^{\mathrm{T}}$，$\boldsymbol{\alpha}_2=(1,1,0)^{\mathrm{T}}$，$\boldsymbol{\alpha}_3=(1,1,1)^{\mathrm{T}}$ 下的矩阵.

11. 设线性变换 T 在基 $\boldsymbol{\alpha}_1,\boldsymbol{\alpha}_2,\boldsymbol{\alpha}_3$ 下的矩阵为

$$\mathbf{A}=\begin{pmatrix}2&3&5\\-1&3&-1\\-1&0&0\end{pmatrix},$$

求 T 在基 $\boldsymbol{\beta}_1,\boldsymbol{\beta}_2,\boldsymbol{\beta}_3$ 下的矩阵，其中 $\boldsymbol{\beta}_1=\boldsymbol{\alpha}_1,\boldsymbol{\beta}_2=\boldsymbol{\alpha}_1+\boldsymbol{\alpha}_2,\boldsymbol{\beta}_3=\boldsymbol{\alpha}_1+\boldsymbol{\alpha}_2+\boldsymbol{\alpha}_3$.

12. 函数集合

$$\mathbf{V_3}=\{\boldsymbol{\alpha}=(a_2x^2+a_1x+a_0)\mathrm{e}^x\mid a_2,a_1,a_0\in\mathbf{R}\}$$

对于函数的线性运算构成三维线性空间，在 V_3 中取一个基

$$\boldsymbol{\alpha}_1=x^2\mathrm{e}^x,\quad \boldsymbol{\alpha}_2=x\mathrm{e}^x,\quad \boldsymbol{\alpha}_3=\mathrm{e}^x,$$

求微分运算 $\mathbf{D}$ 在这个基下的矩阵.

13. $\boldsymbol{\alpha}_1,\boldsymbol{\alpha}_2,\boldsymbol{\alpha}_3$ 是三维线性空间 V 的基，线性变换 T 的矩阵为

$$\mathbf{A}=\begin{pmatrix}-8&-2&-1\\6&-3&-2\\-6&4&3\end{pmatrix}.$$

请选择一组新基，使 T 在新基下的矩阵为对角阵.

14. 用固定床反应器的拟均相二维模型求解乙苯脱氢反应器中沿径向反应物浓度分布时，得到一组有关沿反应器内径向六个点处乙苯转化率 x 的方程组

$$\begin{cases}x_1-0.333x_2=0.0296,\\0.05x_1-x_2+0.15x_3=-0.0356,\\0.075x_2-x_3+0.125x_4=-0.0356,\\0.0833x_3-x_4+0.1167x_5=-0.0356,\\0.0875x_4-x_5+0.1125x_6=-0.0356,\\0.2x_5-x_6=-0.0472.\end{cases}$$

试求沿反应器径向上各点的转化率.

B　题

1. 若 $\boldsymbol{\alpha}_1,\boldsymbol{\alpha}_2,\cdots,\boldsymbol{\alpha}_s$ 是 s 个已知的 n 维向量，集合

$$\mathbf{V}=\{k_1\boldsymbol{\alpha}_1+k_2\boldsymbol{\alpha}_2+\cdots+k_s\boldsymbol{\alpha}_s\mid k_i\in\mathbf{R}\}.$$

证明 V 是 $\mathbf{R}$ 上的一向量空间（称此向量空间为 $\boldsymbol{\alpha}_1,\boldsymbol{\alpha}_2,\cdots,\boldsymbol{\alpha}_s$ 的生成子空间).

2. 在 $\mathbf{R}^4$ 中找一个向量 γ，它在下面两组基下有相同的坐标；

$$\boldsymbol{\alpha}_1=\begin{pmatrix}1\\0\\0\\0\end{pmatrix},\quad \boldsymbol{\alpha}_2=\begin{pmatrix}0\\1\\0\\0\end{pmatrix},\quad \boldsymbol{\alpha}_3=\begin{pmatrix}0\\0\\1\\0\end{pmatrix},\quad \boldsymbol{\alpha}_4=\begin{pmatrix}0\\0\\0\\1\end{pmatrix}$$

和

$$\boldsymbol{\beta}_1=\begin{pmatrix}2\\1\\-1\\1\end{pmatrix},\quad \boldsymbol{\beta}_2=\begin{pmatrix}0\\3\\1\\0\end{pmatrix},\quad \boldsymbol{\beta}_3=\begin{pmatrix}5\\3\\2\\1\end{pmatrix},\quad \boldsymbol{\beta}_4=\begin{pmatrix}6\\6\\1\\3\end{pmatrix}.$$

3. 设 $\boldsymbol{W}=\{(\boldsymbol{x}_1,\boldsymbol{x}_2,\boldsymbol{x}_3)\mid x_1-x_2+x_3=0\}$，

(1) 证明：$\boldsymbol{W}$ 是 $\mathbf{R}$ 上的一个向量空间（称为解空间）；

(2) 求出 $\boldsymbol{W}$ 的一组标准正交基，并把它扩充为 $\mathbf{R}^3$ 的一组标准正交基.

4. 2 阶对称矩阵的全体

$$\mathbf{V_3}=\left\{\mathbf{A}=\begin{pmatrix}x_1 & x_2\\x_2 & x_3\end{pmatrix}\middle| x_1,x_2,x_3\in\mathbf{R}\right\}$$

对于矩阵的线性运算构成 3 维线性空间．在 $\mathbf{V_3}$ 中取一个基

$$\mathbf{A}_1=\begin{pmatrix}1 & 0\\0 & 0\end{pmatrix},\quad \mathbf{A}_2=\begin{pmatrix}0 & 1\\1 & 0\end{pmatrix},\quad \mathbf{A}_3=\begin{pmatrix}0 & 0\\0 & 1\end{pmatrix},$$

在 $\mathbf{V}_3$ 中定义合同变换

$$T(\mathbf{A})=\begin{pmatrix}1 & 0\\1 & 0\end{pmatrix}\mathbf{A}\begin{pmatrix}1 & 1\\0 & 1\end{pmatrix},$$

求 T 在基 $\mathbf{A}_1,\mathbf{A}_2,\mathbf{A}_3$ 下的矩阵.

5. 设

$$\mathbf{A}=\begin{pmatrix}1 & -1 & 5 & -1\\1 & 1 & -2 & 3\\3 & -1 & 8 & 1\\1 & 3 & -9 & 7\end{pmatrix},$$

在 $\mathbf{R}^4$ 中定义 $T(\boldsymbol{\alpha})=\mathbf{A}\boldsymbol{\alpha}(\boldsymbol{\alpha}\in\mathbf{R}^4)$.

(1) 求线性变换 T 的核的维数和象空间的维数；

(2) 求 T 的核的一个基和象空间的一个基.

6. 假设物系服从 Beer 定律，试确定下列混合物中四种组分的浓度. 设光程长度为 1cm，观测数据如表 5-1.

表 5-1　摩尔吸收率/(L/mol·cm)

波长	对二甲苯	间二甲苯	邻二甲苯	乙苯	总吸收率
12.5	1.502	0.0514	0	0.0408	0.1013
13.0	0.0261	1.1516	0	0.0820	0.09943
13.4	0.0343	0.0355	2.532	0.2933	0.2194
14.3	0.0340	0.0684	0	0.3470	0.0339

第6章　Matlab 软件简介与上机实验

在工科数学基础课程的教学中，初步培养学生动手解决实际问题的兴趣和能力，是我们引入数学软件的主要目的．借助计算机辅助教学，不仅可以帮助学生理解和掌握所学知识，同时也为运用知识进行研究、创新及后续课程留一下个可以延拓的良好接口．本章依据实际教学环境，以力所能及为原则，简要介绍目前应用较多的数学软件 Matlab，并结合线性代数基本问题作数学实验的初步练习.

6.1　Matlab 软件简介

Matlab 是 Matrix Laboratory（矩阵实验室）的缩写，是由美国 Math Works 公司开发并于 1984 年正式推出的集数值计算、符号计算和图形可视化三大功能于一体的应用软件，历经二十多年的发展与竞争，现已成为（IEEE 评述）国际公认的优秀数学应用软件之一．在 Matlab 的主要应用方向上，如科学计算、建模仿真以及信息工程系统的设计开发上已经成为行业内的首选设计工具，全球现有超过五十万的企业用户和上千万的个人用户，广泛的分布在航空航天、金融财务、机械化工、电信、教育等各个行业．Matlab 可以在所有的 PC 机和大型计算机上运行，适用于 Windows、UNIX 等多种系统平台.

下面，我们以 Matlab7.1 版本为例介绍它的一些使用方法.

6.1.1　Matlab7.1的启动和退出

6.1.1.1　启动

Matlab7.1 的启动有三种方法：

（1）如果 Matlab 的可执行文件已搁置到桌面上，直接双击桌面上的 MATLAB 图标；

（2）单击开始按钮，选择程序菜单上中的 Matlab7.1；

（3）进入安装 Matlab 的目录，找到 matlab.exe，打开这个文件.

Matlab 启动后就会出现下面的窗口，如图 6-1 所示.

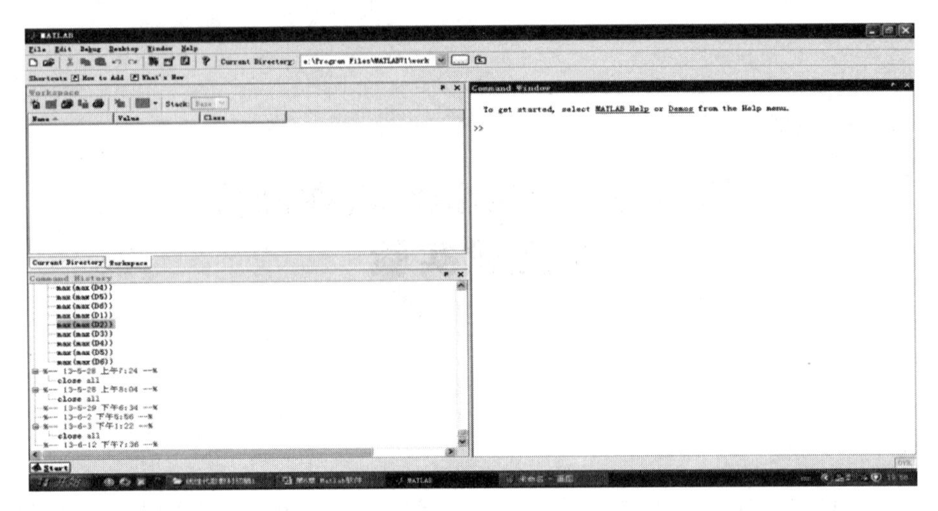

图 6-1 Matlab 的工作界面

6.1.1.2 退出

当完成任务后，要退出 Matlab7.1 也有三种方法：

（1）可直接单击命令窗口右上角的“关闭”按钮；

（2）打开 File 菜单，单击 Exit 选项；

（3）在窗口命令中输入 quit 并按 Enter 键.

6.1.2 Matlab 的界面

Matlab 的界面主要包括工具栏（Tool Bar）、命令窗口（Command Window）、历史窗口（Command History）、工作空间管理窗口（Workspace）、路径管理窗口（Current Directory）（如图 6-1 所示）. 这些窗口可以单独打开使用，也可以按照自己的喜好对 Matlab 界面进行调整，这些窗口显示与否可以通过菜单中的 View 的选项来调整.

6.1.2.1 命令窗口（Command Window）

Matlab7.1 的命令窗口如上图所示，其中“≫”为运算提示符，表示 Matlab 处于准备状态. 当在当前提示符后面输入一段提示程序或一段运算式后按 Enter 键，Matlab 会给出计算结果，并再次进入准备状态（所有结果将会被保存在工作空间管理窗口中）. 单击命令窗口右上角的↗按钮. 可以使命令窗口脱离主窗口而成为一个独立的窗口，如图 6-2 所示. 在该窗口中选中某一表达式，然后单击鼠标右键，弹出上下文菜单，通过不同选项可以对选中的表达式进行相应的操作.

6.1.2.2 历史窗口（Command History）

该窗口主要用于记录所有执行过的命令，在默认设置下，该窗口会保留自动安装后所有使用过的命令的历史记录，并标明使用时间，同时，用户可以通过鼠标双击某一历史命令来重新执行该命令. 该窗口也可以脱离主窗口成为一个独立的窗口.

6.1.2.3 工作空间管理窗口（Workspace）

在工作空间管理窗口中将显示目前内存中所有的 Matlab 变量的变量名、数据

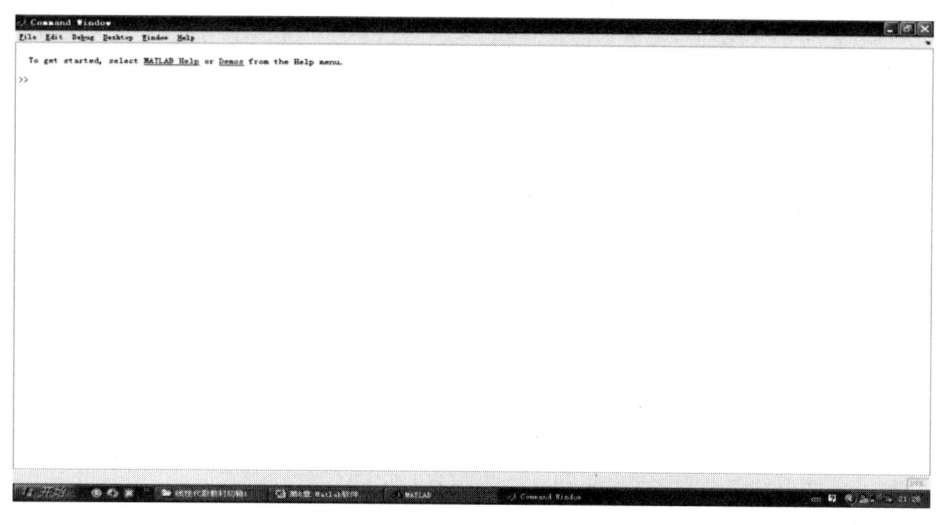

图 6-2　独立的命令窗口

结构、字节数以及类型等信息，不同的变量类型分别对应不同的变量名图标．初学者需要特别注意的是工作空间中保存的变量只在本次操作中有效，当操作完毕关上了 Matlab 时，就会发现上次操作时保存的变量都丢失了．

6.1.2.4　**路径管理窗口**（Current Directory）

路径管理窗口显示当前路径、目录以及所有文件的信息，对路径与目录进行管理．

6.1.3　Matlab 的帮助系统

初学 Matlab 时，用户可以用该软件自带的帮助功能进行救助，通过 Help 菜单可以查到关于 Matlab 的所有帮助信息．若你忘记命令如何用了，可以使用 Help 命令，在命令窗口输入 help 即命令，就会出现该命令的使用说明，如图 6-3 所示．

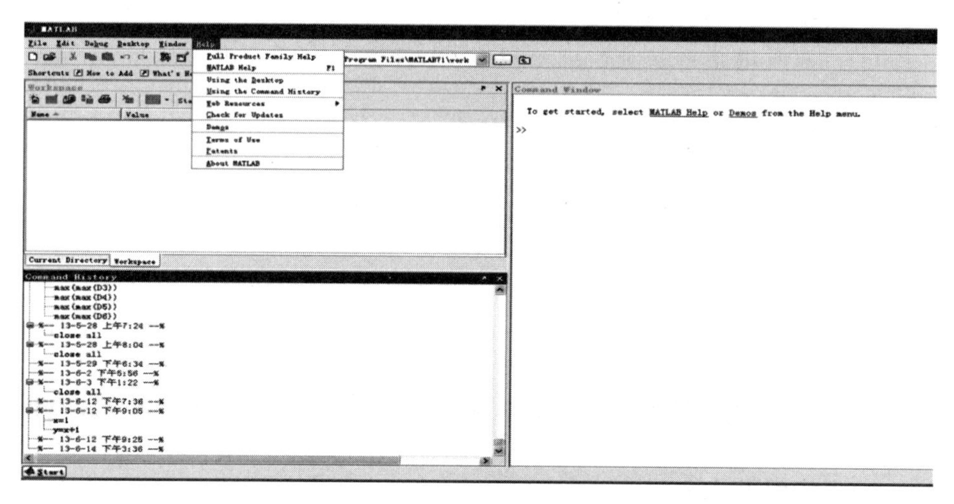

图 6-3　Help 菜单栏

通过联机帮助与观看 Demos（演示）是学好 Matlab 的重要途径．在 Demos 观看演示程序中可以让你形象直观了解其功能及用法．其中源文件（M-File）可以打开让你编辑，有些演示需要联网，一些动画、视频演示还需要计算机安装其播放软件.

6.1.4　常量和变量

例如 2.3，0.0023，3e+8，pi，1+2i 都是 Matlab 的合法常量．其中 3e+8 表示 3×10^8，1+2i 是复数常量.

Matlab 的变量无需事先定义，在遇到新的变量名时，Matlab 会自动建立改变量并分配存储空间．当遇到已存在的变量时，Matlab 将改变它的内容．如 a=2.5 定义了一个变量 a 并给它赋值 2.5，如果再输入 a=4，则变量 a 的值就变为 4.

变量名由字母、数字、或下划线构成，并且必须以字母开头，最长为 31 个字符．Matlab 可以区分大小写，如 MY_NAME，MY_name，my_name 分别表示不同的变量.

另外，Matlab 还提供了一些用户不能清除的固定变量.

（1）ans：缺省变量，以操作中最近的应答作为它的值.

（2）eps：浮点相对精度．$eps=2^{-52}$.

（3）pi：即圆周率 π.

（4）inf：表示正无穷大，当输入 1/0 时会产生 Inf.

（5）Nan：代表不定值（或称非数），它由 Inf/Inf 或 0/0 运算而产生.

（6）i，j：代表虚数单位 $i=j=\sqrt{-1}$.

6.1.5　基本函数与表达式

6.1.5.1　三角函数与反三角函数

sin( )，cos( )，tan( )，asin( )，acos( )，atan( )

6.1.5.2　双曲函数与反双曲函数

sinh( )(双曲正弦)，cosh( )，tanh( )，asinh ( )(反双曲正弦)，acosh( )，atanh( )

6.1.5.3　指数函数和对数函数

exp( )（指数函数），log( )（以 e 为底的自然对数），

log10( )（以 10 为底的常用对数），log2( )（以 2 为底的常用对数）.

6.1.5.4　取整和求余函数

fix(x)（取 x 的整数部分），floor( )（朝负无穷大方向取整），

ceil(x)（朝正无穷大方向取整），round(x)（朝与 x 最近的整数取整，即四舍五入），

rem(x，y)（求 x 除以 y 的余数），mod(x，y)（模数，即有符号数的除后余数）.

6.1.5.5　其它常用函数

abs(x)(取绝对值或复数模)，sqrt(x)(求 x 的平方根)，sign(x)(符号函数)，

上述函数中的 x 可以时标量，也可以是一个矩阵．例如：

```
≫sin(pi/3)
ans=
    0.8660
≫A=[0,1;3,-2];
≫exp(A)
ans=
    1.0000     2.7183
    20.0855     0.1353
≫sign(A)
ans=
    0    1
    1    -1
```

6.1.5.6　表达式

将变量、数值、函数用操作符连接起来就构成了表达式．例如：

```
≫a= (1+sqrt (10) ) /2;
≫b=sin (exp (-2.3) ) +eps;
≫c=pi * b;
```

行末的分号表示不显示结果．因此，上述表达式将计算后的结果赋给左边相应的变量，但并不在屏幕上显示结果．如果要察看变量的值，只需键入相应的变量名.

6.1.6　Matlab 的符号

Matlab 有算数运算符、关系运算符、逻辑运算符、特殊运算符、位操作运算符、和设置运算符共 61 种，下面就介绍一下部分符号的含义.

6.1.6.1　算术运算符

算数运算符是构成运算的最基本的操作命令，可以在 Matlab 的命令窗口中直接运行，如表 6-1 所示．这些运算符的使用和我们在算术运算中几乎一样，需要注意的是，在进行相同的运算时，数组的运算符和标量数以及矩阵的运算符是不同的.

表 6-1　算术运算符

运算符	功能	运算符	功能
+	相加	-	相减
*	矩阵相乘	.*	数组相乘
^	矩阵乘方	.^	数组乘方
\	左除	.\	数组左除
/	右除	./	数组右除

6.1.6.2　关系运算符

关系运算符主要用以比较数字、字符串、矩阵之间的大小或不等关系，其返回值为 0 或 1. 当返回值为 1 时，表示两个比较对象关系为真；否则当返回值为 0 时，则表示两个比较的两个对象关系为假．关系运算符如表 6-2 所示．需要注意的是关系运算符的“＝＝”与赋值运算符的“＝”不同，“＝＝”是判断两个数字或者变量是否有相等关系的运算符，运算结果是 1（相等关系为真）或 0（相等关系为假）；“＝”是用来给变量赋值的赋值运算符．

表 6-2　关系运算符

运算符	功能	运算符	功能
＞	判断大于关系	＞＝	判断大于或等于关系
＜	判断小于关系	＜＝	判断小于或等于关系
＝＝	判断等于关系	～＝	判断不等于关系

6.1.6.3　**逻辑运算符**

在 Matlab 中有 3 种基本逻辑运算如表 6-3 所示．逻辑表达式和逻辑函数的值应该为一个逻辑量“真”或“假”，其中以 0 代表“假”，任意非 0 数代表“真”.

表 6-3　逻辑运算符

运算符	功能	运算符	功能
&(and)	逻辑与	～(not)	逻辑非
|(or)	逻辑或		

6.1.7　Matlab 通用命令

通用命令是 Matlab 经常使用的一组命令，这些命令可用来管理目录、命令、函数、变量、工作空间、文件和窗口．下面就简单介绍一下这些命令.

6.1.7.1　**常用命令**

常用命令的功能如表 6-4 所示．

表 6-4　Matlab 常用命令

运算符	功能	运算符	功能
cd	显示或改变当前目录	diary	日志文件命令
clc	清除工作窗中的所有显示内容	!	调用 DOS 命令
home	将光标移至命令窗口的最左上角	exit	退出 Matlab7.1
clf	清除图形窗口	quit	退出 Matlab7.1
type	显示文件内容	pack	收集内存碎片
clear	清理内存变量	hold	图形保持开关
echo	工作窗信息显示开关	path	显示搜索目录
disp	显示变量或文字内容	save	保存内存变量到指定文件
dir	显示当前目录或指定目录下的文件	load	加载指定文件的变量

6.1.7.2　标点

常用命令的功能如表 6-5 所示。

表 6-5　Matlab 语言的标点

运算符	功能	运算符	功能
：	冒号，具有多种应用功能	%	百分号，注释标记
；	分号，区分行及取消运算结果显示	！	惊叹号，调用操作系统运算
，	逗号，区分行及函数参数分隔符	=	等号，赋值标记
（ ）	括号，指定运算的优先级	′	单引号，字符串的标示符
[ ]	方括号，定义矩阵	.	小数点及对象域访问
{ }	大括号，构造单元数组	…	续行符号

6.1.8　Matlab 的绘图功能

6.1.8.1　二维图形的绘制

函数 plot 是最基本、最重要的二维图形命令．下面简要介绍 plot 的使用方法.

plot（x，y）绘制二元数组的曲线图形，其中 x 为横坐标数据，y 为纵坐标数据，若 x，y 是同规模的向量，则绘制一条曲线．若 x 是向量而 y 是矩阵，则绘制多条曲线，它们具有相同的横坐标数据．例如：

```
>>x=0:pi/100:2*pi;    %确定自变量 x 的变化范围
>>y=sin(x);
>>plot(x,y);          %绘制 y=sin(x)的图形,如图 6-4 所示:
>>z=cos(x);
>>w=0.2*x-0.3;
>>plot(x,[y;z;w]);    %在同一坐标轴里,绘制三个函数的图形,如图 6-5 所示:
```

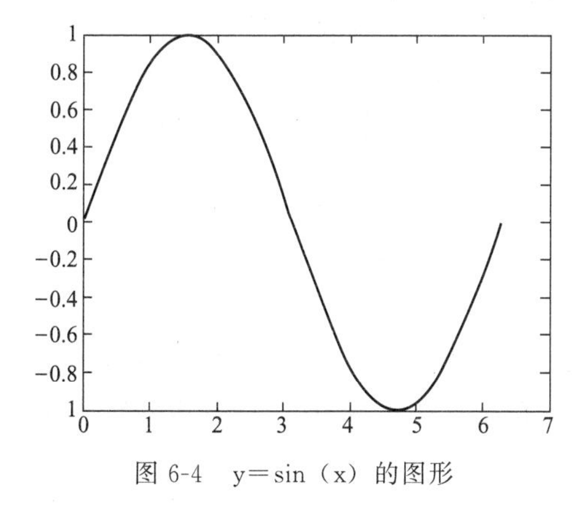

图 6-4　y=sin（x）的图形

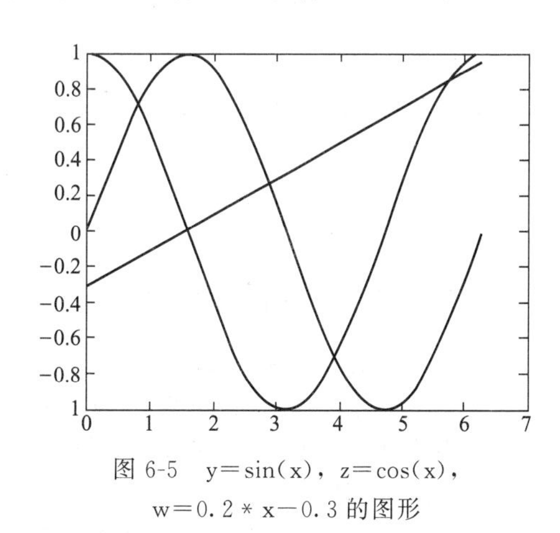

图 6-5　y=sin(x)，z=cos(x)，w=0.2*x−0.3 的图形

6.1.8.2　三维图形的绘制

绘制三维曲线最常用的函数是 plot3，它的一般格式为 plot3（x，y，z）

例如：要绘制 x=sin(t)，y=cos(t)，z=1.5 * t，t∈（0.5π）的三维曲线图可输入下列命令：

```
>>t=0:pi/50:5 * pi;
>>plot3(sin(t),cos(t),1.5 * t);
>>grid on
```

其效果如图 6-6 所示.

Matlab 除了能够绘制曲线图形外，还能够绘制网格图形和曲面图.

例如：可以利用 mesh(x，y，z）函数绘制三维网格图形，可以利用 surf(x，y，z）函数绘制曲面图.

下面利用 mesh 函数来绘制曲面 $z=\frac{\sin\sqrt{x^2+y^2}}{\sqrt{x^2+y^2}}$ 的三维网格图：

```
>>x=-8:0.5:8;
>>y=x;
>>[x,y]=meshgrid(x,y);
>>r=sqrt(x.^2+y.^2)+eps;
>>z=sin(r)./r;
>>mesh(x,y,z);
```

其效果如图 6-7 所示.

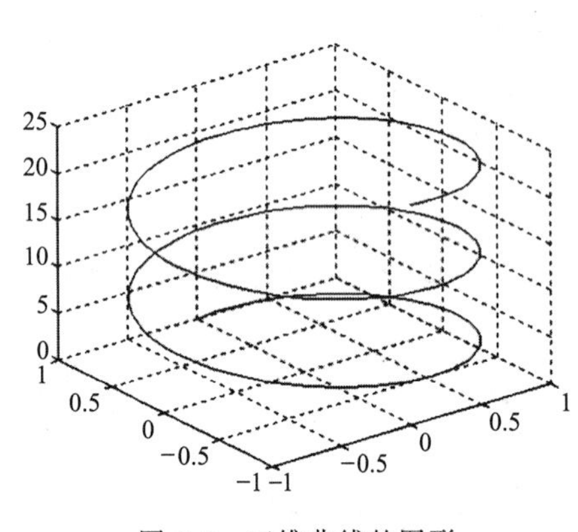

图 6-6　三维曲线的图形

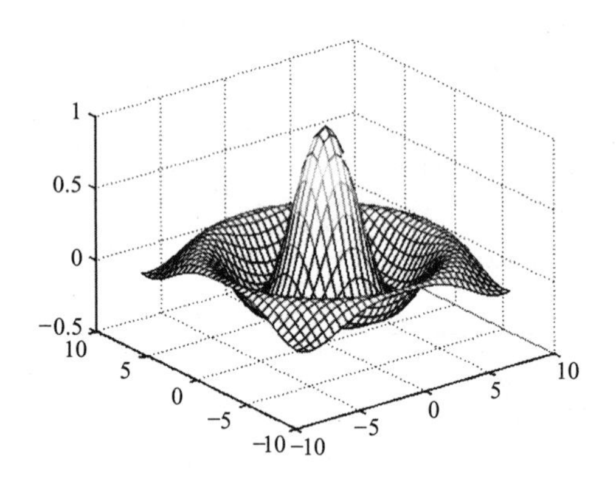

图 6-7　曲面的三维网格图

6.1.9　Matlab 程序设计

Matlab 作为一种高级计算机语言，不仅可以采用人机交互式的命令行方式进行工作，还可以像其他高级语言一样进行控制流的程序设计．下面我们将讨论 Matlab 下进行程序设计的有关问题.

6.1.9.1　m 文件

Matlab 有 1000 余条内装函数，比如上面介绍的常用函数、矩阵运算函数、积分函数、微分函数、微分方程求解函数和图形绘制函数等．这些函数都是用后缀为 m 的函数文件编写，故又称函数 m 文件．m 文件有两类，文件式文件和函数文件.

将原本在 Matlab 环境下直接输入的语句放在一个以．m 为后缀的文件中，这一文件就称为文件式文件．有了文件式文件就可以直接在 Matlab 中输入文件名（不含后缀），这时 Matlab 会打开这一文件式文件，并依次执行文件中的每一条语句，这与在 Matlab 中直接输入语句的结果完全一致.

另一类 m 文件是函数文件，它的标志为文件内容的第一行为 function 语句．函数文件能够接受输入参数并返回输出参数．在 Matlab 中，函数名必须和 m 文件名相同.

例如，分别用文件式文件和函数文件将华氏温度转化为摄氏温度.

$$c=\frac{5}{9}(f-32)$$

（1）文件式文件：输入以下内容并以文件名 f2cs. m 存盘

```
clear；%清除当前工作空间中的变量
f=input（'Please input Fahrenheit temperature：'）；
c=5 * （f-32）/9；
fprintf（'The Centigrade Temperature is %g \ n'，c）；
```

在 Matlab 命令窗口中输入 f2cs ，即可执行该命令文件．不用输入参数，也没有输出参数，执行完后，变量 c、f 仍保留在工作空间．（可用 whos 查看）.

（2）函数文件：建立函数文件 f2cf. m ，内容如下：

```
function c=f2cf（f）
c=5 * （f-32）/9；
```

在 Matlab 命令窗口中输入

```
≫f2cf（100）
```

调用该函数时，既有输入参数，又有输出参数；函数调用完后，变量 c、f 没有被保留在工作空间.

6.1.9.2　函数工作空间

每个 m 文件的函数都有一块用作为工作空间的存储区域，它与 Matlab 的基本工作空间不通，这块区域称为函数工作空间．每个函数都有自己的工作空间，其中保存着在函数中使用的局部变量.

在调用函数时，只有输入变量传递给函数的变量值，才能在函数中使用，它们来自于被调用函数所在的基本工作空间或函数空间．同样，函数返回的结果传递给被调用函数所在的基本空间或函数工作空间．

6.1.9.3　子函数

在函数文件中可以包含多个函数，其中第一个函数称为主函数，其函数名与文件名相同，它可由其他 m 文件或基本工作空间引用．在 m 函数文件中的其他函数称为子函数，它只能有这一个 m 函数文件中得主函数或其他子函数引用.

每个子函数也由函数定义行开始，紧跟其后的语句为函数体．各种子函数的次序任意，但主函数必须是第一个函数.

【例 6.1】　编写一个求均值和中值的函数 mmval. m，它包含了两个子函数.

```
function [avg,med]=mmval(u)
% Find mean and median with internal functions
n=length(u);
avg=mean(u,n);
med=median(u,n);

function a=mean(v,n)
% Calculate average
a=sum(v)/n;

function m=median(v,n)
% Calculate median
w=sort(v);
if rem(n,2)==1
  m=w((n+1)/2);
else
  m=(w(n/2)+w(n/2+1))/2;
end
```

6.1.9.4 程序控制结构

程序控制结构有三种：顺序结构、选择结构和循环结构；任何复杂的程序都可以由这三种基本结构构成.

（1）顺序结构　按排列顺序依次执行，直到程序的最后一个语句．这是最简单的一种程序结构，一般涉及数据的输入、数据的计算或处理、数据的输出等.

数据输入的 Matlab 语句为

```
A=input(提示信息);
```

其中提示信息为字符串

```
A=input(提示信息,'s');
```

允许用户输入字符串

```
name=input('What''s your name?' ,'s')
```

数据输出的 Matlab 语句为

```
disp(x)
```

其中 x 是字符串或矩阵

程序的暂停的 Matlab 语句为

```
pause(n);
```

其中 n 是延迟时间，以秒为单位；也可以直接使用 pause，则将暂停程序，直到用户按任一键后继续．若想强行中止程序的运行，可以使用 Ctrl+C.

（2）选择结构

（a）条件语句

• 单分支

```
if expr(条件)
   statement(语句组)
end
```

• 双分支

```
if expr(条件)
   statement1(语句组 1)
else
   statement2(语句组 2)
end
```

• 多分支

```
if expr1(条件 1)
   statement1(语句组 1)
elseif expr2(条件 2)
   statement2(语句组 2)
   … …
elseif exprm(条件 m)
   statementm(语句组 m)
else
   statement(语句组)
end
```

注意在同一个 if 块中，可含有多个 else if 语句但 else 只能有一个 . if 语句还可嵌套使用，多层嵌套可完成复杂的设计任务.

【例 6.2】 输入一个字符，若为大写字母，则输出其对应的小写字母；若为小写字母，则输出其对应的大写字母；若为数字字符则输出其对应的数值，若为其他字符则原样输出.

程序如下：

```
c=input('请输入一个字符','s');
if c>='A' & c<='Z'
    disp(char(abs(c)+abs('a')-abs('A')));
elseif c>='a'& c<='z'
    disp(char(abs(c)- abs('a')+abs('A')));
elseif c>='0'& c<='9'
    disp(abs(c)-abs('0'));
else
    disp(c);
end
```

(b) 情况切换语句　switch 语句可根据表达式的不同取值执行不同的语句，这相当于多条 if 语句的嵌套使用.

```
switch  expr（表达式）
  case expr1（表达式 1）
    statement1（语句组 1）
  case expr2（表达式 2）
    statement2（语句组 2）
  ……
  case exprm（表达式 m）
    statementm（语句组 m）
  otherwise
    statement（语句组）
end
```

其中 switch 子句后面的表达式可以是一个标量或字符串．当任意一个分支的语句执行完后，直接执行 switch 语句后面的语句.

【例 6.3】 某商场对顾客所购买的商品实行打折销售，标准如下（商品价格用 price 来表示）：

price<200	没有折扣
200≤price<500	3%折扣
500≤price<1000	5%折扣
1000≤price	10%折扣

输入所售商品的价格，求其实际销售价格.

程序如下：

```
price=input('请输入商品价格');
switch fix(price/100)
  case {0,1}                %价格小于 200
    rate=0;
  case {2,3,4}              %价格大于等于 200 但小于 500
    rate=3/100;
  case {5,6,7,8,9}          %价格大于等于 500 但小于 1000
    rate=5/100;
otherwise                   %价格大于等于 1000
    rate=10/100;
end
price=price*(1-rate)        %输出商品实际销售价格
```

（3）循环结构

（a）指定次重复循环语句　for 语句可完成指定次重复的循环，这是广泛应用的语句.

```
for variable=expr
   statement（循环体语句）
end
```

其中 expr 可以是行向量，也可以是矩阵 . for 语句还可以嵌套使用，从而构成多重循环 . for 循环中可利用 break 语句来终止 for 循环.

【例 6.4】 求 [100，200] 之间第一个能被 21 整除的整数.

程序如下：

```
for n=100:200
    if rem(n,21)~=0
      continue
    end
    break
end
n
```

(b) 不定次重复循环语句　while 语句可完成不定次重复的循环，它与 for 语句不同，每次循环前要判别其条件，如果条件为真或非零值，则循环，否则结束循环 . 而条件是一表达式，其值必定会受到循环语句的影响.

```
while expr（条件）
    statement（循环体语句）
end
```

【例 6.5】 求出一个值 n，使其 $n!$ 最大但小于 10^{50}.

程序如下：

```
r=1;k=1;
while r<le50
    r=r*k;k=k+1;
end
k=k-1;r=r./k;k=k-1;
disp(['The',num2str(k),'!',num2str(r)])
```

6.2　用 Matlab 处理矩阵

矩阵在 Matlab 中是基本数据单元，本节介绍用 Matlab 处理矩阵的一些基本问题.

6.2.1　矩阵的输入

向量、常量可看作是特殊的矩阵 . Matlab 提供了多种输入和产生矩阵的方法.

6.2.1.1　直接写出矩阵

直接输入矩阵时，整个矩阵须用 [ ] 括起来，用空格或逗号分隔各行，用分号或换行分隔各列.

例如：在 Matlab 命令窗口中输入如下命令：

```
≫A= [1, 2, 3; 4, 5, 6; 7, 8, 9]
```

按回车键后 Matlab 在工作空间（内存）中建立矩阵 **A** 同时显示输入矩阵：

```
A=
    1    2    3
    4    5    6
    7    8    9
```

若在上述命令后面添上分号，则表示只在内存中建立矩阵 **A**，屏幕上将不再显示其结果.

又如，在 Matlab 命令窗口中输入如下命令：

```
≫x= [1, 2, 3, 4, 5]
x=
    1    2    3    4    5
```

x 也可以看作一个行向量.

```
≫y= [1; 2; 3]
y=
    1
    2
    3
```

y 也可以看作为一个列向量.

6.2.1.2 **利用冒号产生矩阵**.

冒号是 Matlab 中最常用的操作符之一，下面是几个利用冒号产生矩阵的例子：

```
≫x=1: 5
x=
    1    2    3    4    5
≫x=1:0.5:3
x=
    1    1.5    2    2.5    3
≫A= [1:3; 4:6; 7:9]
A=
    1    2    3
    4    5    6
    7    8    9
```

6.2.1.3 **利用函数命令创建矩阵**

Matlab 提供了许多生成和操作矩阵的函数，可以利用他们来创建一些特殊形式的矩阵.

(1) zeros：产生一个元素全为零的矩阵，用法如下：

zeros (n)：产生一个 n 阶元素全为零的矩阵.

zeros (m, n)：产生一个 m * n 阶元素全为零的矩阵.

例如：≫A1=zeros (3, 4)　　%生成一个 3 * 4 的全零矩阵

```
A1=
    0    0    0    0
```

```
        0    0    0    0
        0    0    0    0
```

（2）ones：产生一个元素全为 1 的矩阵，用法同上.

（3）eye：产生一个单位矩阵，用法同上.

例如：≫A2＝eye（3）　%生成一个 3 阶单位阵

```
        A2=

            1    0    0
            0    1    0
            0    0    1
```

（4）rand：产生一个元素在 0 和 1 之间均匀分布的随机矩阵，用法同上.

（5）randn：产生一个零均值，单位方差正态分布的随机矩阵，用法同上.

（6）diag：产生对角矩阵，用法如下：

diag（V）：其中 **V** 是一个 n 元向量（行向量或列向量），diag（V）是一个 n 阶方阵，主对角线上元素为 **V**，其它元素均为 0.

diag（V，k）：是一个 n＋abs（k）阶方阵，其第 k 条对角线上元素为 **V**，$k>0$ 时，在主对角线之上；$k<0$ 时，在主对角线之下.

例如：≫V＝［7，－5，3］；

```
    >>A3=diag(V)
        A3=

            7    0    0
            0   -5    0
            0    0    3

    >>A4=diag(V,1)
        A4=

            0    7    0    0
            0    0   -5    0
            0    0    0    3
            0    0    0    0
```

6.2.1.4 利用 M 文件来创建矩阵

在菜单种选择“File”→“New”→“M-file”，或在命令窗口中输入“edit”，即可打开 Matlab 的编辑窗口．在此窗口中输入如下内容：

```
A=[1,2,3;4,5,6;7,8,9];
```

然后保存到 Matlab 的工作目录中，文件名为“My _ matrix. m”，在 Matlab 中运行这个文件，就在 Matlab 的工作空间中建立了矩阵 **A**，以供用户使用.

6.2.1.5 矩阵的下标

例如：已在 Matlab 工作空间中建立了如下矩阵：

```
A=

    1    2    3
    4    5    6
```

```
    7     8     9
```

若要修改该矩阵中的个别元素时，利用下表就很方便．例如：输入下列命令

```
≫A (2, 3) =15;
≫A (2, 1: 2) = [5, 10];
```

此时，**A** 变成：

```
A=
    1     2     3
    5    10    15
    7     8     9
```

当访问不存在的矩阵元素时，会产生出错信息，如：

```
≫A (4, 2)
???  Index exceeds matrix dimensions.
```

另一方面，如果用户在矩阵下标以外的元素中存储了数值，那么矩阵的行数和列数会相应自动增加，如：

```
≫A (4, 2) =19
A=
    1     2     3
    5    10    15
    7     8     9
    0    19     0
```

6.2.2 矩阵的基本操作

6.2.2.1 矩阵的连接

通过连接操作符 [ ]，可将矩阵连接成大矩阵，例如：

```
≫A= [1, 2, 3; 4, 5, 6];
≫B= [7, 8, 9; 10, 11, 12];
≫C= [A, B]
C=
    1     2     3     7     8     9
    4     5     6    10    11    12
≫D= [A; B]
D=
    1     2     3
    4     5     6
    7     8     9
   10    11    12
```

6.2.2.2 矩阵行列的删除

利用空矩阵可从矩阵中删除指定行或列，例如：

```
≫A (2,:) = [ ];          %表示删除 A 的第二行
```

≫A（:，2）=［ ］；　　　%表示删除 **A** 的第二列
≫A（:，[1，2]）=［ ］；%表示删除 **A** 的第一、二列

6.2.2.3　利用 diag( ) 函数抽取矩阵的对角元素

若 **A** 是一个矩阵，则 diag（A）是一个列向量，其元素为 **A** 的主对角线元素. diag（A，k）是一个列向量，其元素为 **A** 的第 k 条对角线元素，当 $k>0$ 时，在主对角线之上；$k<0$ 时，在主对角线之下.

6.2.2.4　利用 rot90( ) 函数旋转矩阵

rot90（A）可将矩阵 **A** 按逆时针方向旋转 90°；rot90（A，k）（k 为整数），可将矩阵 **A** 按逆时针方向旋转 $k*90°$.

6.2.2.5　利用 fliplr( ) 函数左右翻转矩阵

6.2.2.6　利用 flipud( ) 函数上下翻转矩阵

6.2.2.7　利用 tril( ) 函数抽取下三角矩阵

tril（A）产生下三角矩阵，阶数同 **A**，非零元素于 **A** 的下三角部分相同 . tril（A，k）抽取 **A** 的第 k 条对角线及其下部的三角部分，k 的正负含义同上.

6.2.2.8　利用 triu（ ）函数抽取上三角矩阵.

tril（A）产生上三角矩阵，阶数同 **A**，非零元素于 **A** 的上三角部分相同 . triu（A，k）的用法同上.

例如：输入下列命令：

```
≫A=[1，2，3；4，5，6；7，8，9]；
≫B1=diag（A）
B1=
    1
    5
    9
≫B2=diag（A，1）
B2=
    2
    6
≫B3=rot90（A）
B3=
    3    6    9
    2    5    8
    1    4    7
≫B4=fliplr（A）
B4=
    3    2    1
    6    5    4
    9    8    7
```

```
≫B5=flipud（A）
B5=
    7    8    9
    4    5    6
    1    2    3
≫B3=tril（A）
B3=
    1    0    0
    4    5    0
    7    8    9
```

6.2.2.9 利用冒号从大矩阵中抽取小矩阵

例如：设 **A** 是一个 8 阶方阵，则

≫B=A（2：4，3：7）；　产生一个 3＊5 矩阵，元素是 A 的第 2 行到第 4 行，第 3 列到第 7 列的元素．

≫B=A（2：4，:）；　产生一个 3＊8 矩阵，元素是 A 的第 2 行到第 4 行的元素．

≫B=A（:）；　表示将 **A** 的元素按列排列后方入一个列向量中（**A** 的本身保持不变）．

6.2.3 矩阵运算

在 Matlab 中，通常意义上的运算（与线性代数运算的意义相同）称为矩阵运算．矩阵运算包括＋ 加，－减，＊乘，/右除，\ 左除，^乘幂．

6.2.3.1 加减法运算

加减法运算的基本要求是两矩阵或向量的维数必须相同，其中元素对元素的运算符是对矩阵或向量中的每个元素进行操作．如：

```
≫ A=[1 2 3；2 3 4；0 1 0]
A=
    1    2    3
    2    3    4
    0    1    0
≫ B=[0 1 2；2 1 3；4 7 2]
B=
    0    1    2
    2    1    3
    4    7    2
≫C=A+B
C=
    1    3    5
    4    4    7
    4    8    2
```

矩阵可以和数字相加，如：

```
≫A+2
ans=
    3    4    5
    4    5    6
    2    3    2
```

相当于每个元素+2，对于向量也一样.

6.2.3.2　乘法运算

矩阵乘法有数乘运算，即纯量与矩阵相乘，如：

```
≫2 * A
ans=
    2    4    6
    4    6    8
    0    2    0
```

矩阵与矩阵相乘，如：

```
≫D=A * B
D=
    16    24    14
    22    33    21
    2      1     3
```

矩阵相乘需要满足线性代数中矩阵乘法的运算规则.

6.2.3.3　矩阵的逆

inv（ ）函数是矩阵求逆的运算函数，如

```
≫inv（A）
ans=
    -2.0000     1.5000   -0.5000
          0          0    1.0000
     1.0000    -0.5000   -0.5000
```

表示矩阵 $\boldsymbol{A}$ 的逆 $\boldsymbol{A}^{-1}$. 因此

```
≫I=inv（A） * A
I=
    1    0    0
    0    1    0
    0    0    1
```

是单位矩阵.

6.2.3.4　矩阵除法运算

例如，输入向量 $\boldsymbol{b}$，做左除运算：

```
≫b=［1，1，1］′
b=
```

```
     1
     1
     1
>>x=A\b
x=
    -1
     1
     0
```

表示 $x=A^{-1}b$. 如果输入

```
>>inv(A)*b
```

将得到相同结果.

6.2.3.5　乘幂运算

矩阵乘幂运算与通常的矩阵乘幂运算概念相同，如：

```
>>D=A^2
D=
     5    11    11
     8    17    18
     2     3     4
```

表示 $A*A$，即 $D=A^2$.

6.2.3.6　关系运算

< 小于　　　　<= 小于等于　　　> 大于

>= 大于等于　　== 等于　　　　~= 不等于

对大小相同的两个矩阵运行关系运算符时，是对相应的每一个元素进行比较．如果能满足指定关系，则返回 1，否则返回 0. 若其中一个是标量，则关系运算符将标量与另一个矩阵中的每个元素一一比较．例如：

```
>>A=[1,2;3,4];
>>B=[1,0;3,5];
>>A<=B
ans=
     1    0
     1    1
>>A==B
ans=
     1    0
     1    0
>>B>2
ans=
     0    0
     1    1
```

6.2.3.7　逻辑运算

& 与　　　～非　　　| 或

A&B 条件 A 与条件 B 同时成立，则为真（返回值为 1）.

A | B 条件 A 或条件 B 成立，则为真（返回值为 1）.

～A 与条件 A 相反的条件成立，则为真（返回值为 1）.

如：

```
≫ A= [-1  2  4; 5  4  -8]
A=
    -1     2     4
     5     4    -8
≫B= [-2  1  -1; 3  -1  2]
B=
    -2     1    -1
     3    -1     2
≫C= (A>0) & (B>0)
C=
     0     1     0
     1     0     0
≫D= (A>0) | (B>0)
D=
     0     1     1
     1     1     1
≫E=~(A>0)
E=
     1     0     0
     0     0     1
```

6.2.3.8　函矩阵运算函数

求行列式的值 det（ ）　　三角分解 lu（ ）　　正交三角分解 qr（ ）

奇异值分解 svd（ ）　　特征值分解 eig（）

这里只介绍求行列式的值 det（ ），如：

```
≫A= [1 2 3; 4 5 6; 7 8 0];
≫det (A)
ans=
    27
```

6.3　线性代数基本问题上机实验

本节结合线性代数课程的基本内容安排了四个上机实验，初步介绍利用 Matlab 软件实现有关线性代数运算的基本方法，为学习数学建模等后续课程及应用数学知识并通过使用计算机来解决实际问题打下必要基础.

实验1 行列式的计算与应用

实验目的

(1) 掌握运用 Matlab 函数命令计算行列式的值的方法;

(2) 掌握用克莱姆 (Cramer) 法则求解线性方程组方法;

(3) 练习行列式在确定多项式系数上的应用.

实验准备

(1) 复习范德蒙行列式的结果;

(2) 复习克莱姆 (Cramer) 法则的内容;

(3) 复习非齐次线性方程组有非零解的条件.

实验内容

(1) 输入行列式, 用命令 det 计算行列式的值;

(2) 利用克莱姆 (Cramer) 法则解线性方程组.

软件命令

如表 6-6 所示。

表 6-6 Matlab 操作命令

函数名称	调用格式	说明
syms	syms 变量名	定义符号变量
det	det(A)	计算行列式的值
simple	simple(A)	寻找符号矩阵或符号表达式的最简形
factor	factor(y)	表达式 y 因式分解
size	size(A)	显示矩阵维数
linsolve	linsolve(A,b)	求 $\boldsymbol{Ax}=\boldsymbol{b}$ 的解
polyfit	polyfit(x,y,n)	计算 n 次多项式的值
vpa	vpa(x,n)	以 n 位精度输出 x
min	min(x)	函数最小值
max	max(x)	函数最大值
plot	plot(x,y)	以 x 为横坐标 y 为纵坐标绘图

实验示例

【例 6.6】 用 Matlab 符号运算的方法计算行列式 $\boldsymbol{A}$ 的值.

$$\boldsymbol{A}=\begin{vmatrix}1 & 1 & 1 & 1\\ a & b & c & d\\ a^2 & b^2 & c^2 & d^2\\ a^4 & b^4 & c^4 & d^4\end{vmatrix}.$$

解 编写程序 prog1. m 如下:

%用符号运算计算行列式的值

```
clear all
syms a b c d                                                  %符号变量说明
A=[1 1 1 1;a b c d;a^2 b^2 c^2 d^2;a^4 b^4 c^4 d^4];         %矩阵输入
disp('行列式的值为')
d1=det(A)                                                     %计算行列式的值
disp('简化表达式是')
d2=simple(d1)                                                 %简化表达式 d,也可用 pretty 等
```

程序执行结果是:

```
行列式的值为
d1=
   b*c^2*d^4-b*d^2*c^4-b^2*c*d^4+b^2*d*c^4+b^4*c*d^2-b^4*d*c^2-a*c^2*d^4+a*d^2*c^4+a*b^2*d^4-a*b^2*c^4-a*b^4*d^2+a*b^4*c^2+a^2*c*d^4-a^2*d*c^4-a^2*b*d^4+a^2*b*c^4+a^2*b^4*d-a^2*b^4*c-a^4*c*d^2+a^4*d*c^2+a^4*b*d^2-a^4*b*c^2-a^4*b^2*d+a^4*b^2*c
简化表达式是
d2=
   (-d+c)*(b-d)*(b-c)*(-d+a)*(a-c)*(a-b)*(a+c+d+b)
```

【例 6.7】 问 λ 为何值时，齐次方程组

$$\begin{cases}(1-\lambda)x_1-2x_2+4x_3=0,\\2x_1+(3-\lambda)x_2+x_3=0,\\x_1+x_2+(1-\lambda)x_3=0\end{cases}$$

有非 0 解？

解 方程组的系数行列式为

$$A=\begin{vmatrix}1-\lambda & -2 & 4\\2 & 3-\lambda & 1\\1 & 1 & 1-\lambda\end{vmatrix}.$$

当行列式 $A=0$ 时，方程组有非 0 解．直接用 Matlab 基本命令语句就可以完成.

```
≫syms k
≫A=[1-k -2 4;2 3-k 1;1 1 1-k];
≫det(A)
ans=
   -6*k+5*k^2-k^3
≫factor(det(A))
ans=
   -k*(k-2)*(-3+k)
```

所以，当 $k=0$，$k=2$，$k=3$ 时，方程组有非 0 解.

【例 6.8】 编程求解满足 Cramer 法则条件的方程组

$$\begin{cases} x_1 - x_3 + x_4 = 1, \\ 2x_1 - x_2 + 4x_3 + 8x_4 = 0, \\ 3x_1 + 2x_3 + x_4 = -1, \\ 4x_1 + x_2 + 6x_3 + 3x_4 = 0. \end{cases}$$

解 方法一：编写程序 prog2. m 如下：

```
%求解满足 Gramer 法则条件的方程组
A=[1 0 -1 1;2 -1 4 8;3 0 2 1;4 1 6 3]   %输入系数矩阵
b=[1 0 -1 0]                            %输入常数列向量
[m,n]=size(A);
b=b(:);k=size(b,1);
if m~=n | m~=k                          %检查输入正误
    disp('您输入的系统矩阵或常数列向量有错误!')
    return
else
    disp('系数行列式的值为:')
    D=det(A)                            %计算系数行列式的值
    if D==0
    disp('输入的系数行列式不满足足 Gramer 法则条件!')
    else
      for j=1:n B=A; B(:,j)=b; Dj(j)=det(B);      end
                                        %求常数列替换后的行列式的值
      disp('用常数列 b 替换系数行列式中的第 j 列所得的行列式的值分别为:')
      Dj
    disp('原方程组有唯一解,解是:')        %输出原方程的唯一解
        X=Dj./D
    end
end
```

程序执行结果是

```
A=
    1    0   -1    1
    2   -1    4    8
    3    0    2    1
    4    1    6    3
b=
    1      0   -1      0
```

系数行列式的值为

```
D=
```

```
    -57
```

用常数列 b 替换系数行列式中的第 j 列所得的行列式的值分别为：

```
Dj=
    9   -126    32   -34
```

原方程组有唯一解，解是

```
X=
    -0.1579    2.2105   -0.5614    0.5965
```

方法二：本题也可以借助与 Matlab 中的符号运算函数 linsolve 来求解．程序 prog3.m 如下：

```
%用 linsolve 函数命令求解线性方程组
clear all
disp('输入系数矩阵或常数列向量为:')
A=[1 0 -1 1;2 -1 4 8;3 0 2 1;4 1 6 3]   %输入系数矩阵
b=[1 0 -1 0]                             %输入常数列向量
b=b(:);
x=Linsolve(A,b)'                         %调用 linsolve 函数命令,并以分数形式输出结果
    x=vpa(x,8)                           %以 8 位实数形式输出
```

程序执行结果是：

```
输入系数矩阵或常数列向量为:
A=
    1    0   -1    1
    2   -1    4    8
    3    0    2    1
    4    1    6    3
b=
    1    0   -1    0
    原方程的解为:
x=
    -0.1579    2.2105   -0.5614    0.5965
x=
    [-.15789474,2.2105263,-.56140351,.59649123]
```

调用 linsolve 函数时，如果矩阵或常数列向量中含有字母符号，只要在输入前对字母符号用 syms 作出说明即可．

【例 6.9】 求三次多项式

$$f(x)=a_0x^3+a_1x^2+a_2x+a_3,$$

使得 $f(-1)=0$， $f(1)=4$， $f(2)=3$， $f(3)=16$，并作出其图形．

解 由题意，所求多项式系数满足线性方程组

$$\begin{cases} a_0 \cdot (-1)^3 + a_1 \cdot (-1)^2 + a_2 \cdot (-1) + a_3 = 0, \\ a_0 \cdot 1^3 + a_1 \cdot 1^2 + a_2 \cdot 1 + a_3 = 4, \\ a_0 \cdot 2^3 + a_1 \cdot 2^2 + a_2 \cdot 2 + a_3 = 3, \\ a_0 \cdot 3^3 + a_1 \cdot 3^2 + a_2 \cdot 3 + a_3 = 16. \end{cases}$$

该方程组的未知量为 a_0, a_1, a_2, a_3，而其系数行列式为

$$\begin{vmatrix} -1 & 1 & -1 & 1 \\ 1 & 1 & 1 & 1 \\ 8 & 4 & 2 & 1 \\ 27 & 9 & 3 & 1 \end{vmatrix},$$

是范德蒙行列式，它的值不等于 0，所以从理论上讲可以按照 Cramer 法则求方程组的解，但求解的工作量不小．而直接调用 Matlab 中已有的曲线拟合命令函数 polyfit，自然十分方便.

下面编程求解，程序 prog4. m 如下：

```
%求多项式拟合曲线并作图
clear all
disp('输入拟合点的坐标为:')
X=[-1 1 2 3]                          %输入拟合点的横坐标
Y=[0 4 3 16]                          %输入拟合点的纵坐标
X=X(:);m=size(X,1);
Y=Y(:);n=size(Y,1);
if m~=n                               %检查输入正确性
    disp('您输入的拟合点坐标有误!')
    return
else
    disp('拟和多项式系数为:')
P=polyfit(X,Y,n-1)                    %计算比输出拟和多项式系数
    x=min(X)-1:0.1:max(X)+1;          %确定 x 轴上左图范围与步长
    y=polyval(P,x);                   %计算拟合多项式在 x 处的函数值
    plot(X,Y,'o',x,y)                 %描点与作图
end
```

程序执行结果：

```
输入拟合点的坐标为
X=
    -1     1     2     3
Y=
     0     4     3    16
拟合多项式系数为
P=
```

2.0000 −5.0000 0.0000 7.0000

拟合多项式曲线如图 6-8 所示。

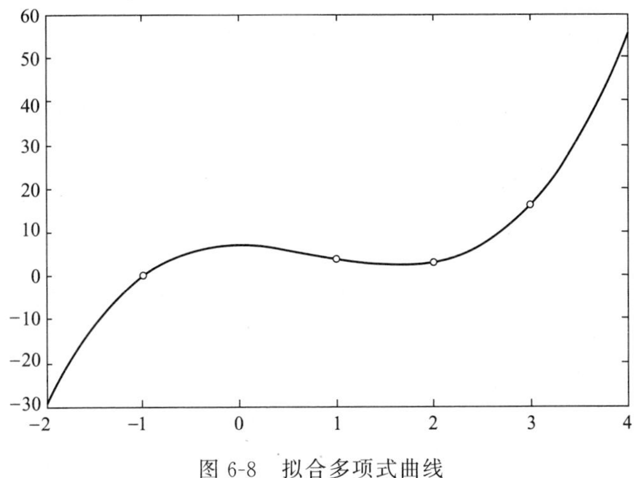

图 6-8 拟合多项式曲线

上机练习题

1. 计算下列行列式

(1) $\begin{vmatrix} 4 & 1 & 2 & 4 \\ 1 & 2 & 0 & 2 \\ 10 & 5 & 2 & 0 \\ 0 & 1 & 1 & 7 \end{vmatrix}$； (2) $\begin{vmatrix} a & 1 & 0 & 0 \\ -1 & b & 1 & 0 \\ 0 & -1 & c & 1 \\ 0 & 0 & -1 & d \end{vmatrix}$.

2. 问 λ，μ 为何值时，齐次方程组

$$\begin{cases} \lambda x_1 + x_2 + x_3 = 0, \\ x_1 + \mu x_2 + x_3 = 0, \\ x_1 + 2\mu x_2 + x_3 = 0 \end{cases}$$

有非 0 解？

3. 用克莱姆法则解方程组：

$$\begin{cases} 5x_1 + 6x_2 = 1, \\ x_1 + 5x_2 + 6x_3 = 0, \\ x_2 + 5x_3 + 6x_4 = 0, \\ x_3 + 5x_4 + 6x_5 = 0, \\ x_4 + 5x_5 = 1. \end{cases}$$

4. 求五次多项式

$$f(x) = a_0 x^5 + a_1 x^4 + a_2 x^3 + a_3 x^2 + a_4 x + a_5,$$

使得

$f(-2)=1$， $f(-1)=0$， $f(1)=3$， $f(2)=12$， $f(3)=2$， $f(4)=4$，

并作出其图形 .

实验2 矩阵的运算

实验目的

（1）掌握利用 Matlab 基本命令完成矩阵的四则运算，求逆矩阵的运算，解矩阵方程的方法；

（2）掌握利用 Matlab 基本命令将矩阵经过初等变换化为行标准形的方法，从而加强化矩阵为行标准形的熟练程度；

（3）利用 Matlab 编程实现将可逆阵表示为一系列初等矩阵的乘积，加深对初等矩阵概念的理解.

实验准备

（1）复习矩阵的四则运算，求逆矩阵的运算，求解矩阵方程的方法；

（2）复习矩阵经过初等变换化为行标准形的方法；

（3）复习初等矩阵的相关内容.

实验内容

（1）利用 Matlab 基本命令完成矩阵的四则运算，求逆矩阵的运算，从而求解矩阵方程；

（2）利用 Matlab 基本命令通过初等行、列变换，将矩阵化为规范形；

（3）将可逆阵表示为一系列初等矩阵的乘积.

软件命令

常用命令的功能如表 6-7 所示.

表 6-7 Matlab 操作命令

函数名称	调用格式	说明
syms	syms 变量名	定义符号变量
inv	inv(A)	计算矩阵 $\boldsymbol{A}$ 的逆
eye	eye(n,n)	生成 n 阶单位阵
rref	rref(A)	对矩阵 $\boldsymbol{A}$ 进行初等行变换
solve	solve( )	求解符号方程
length	length( )	显示向量的维数
subs	subs( )	赋值函数,用数值替代符号变量

实验示例

【例 6.10】 设 $\boldsymbol{A}=\begin{pmatrix}0&3&3\\1&1&0\\-1&2&3\end{pmatrix}$，$\boldsymbol{AB}=\boldsymbol{A}+2\boldsymbol{B}$，求 $\boldsymbol{B}$.

解 由 $\boldsymbol{AB}=\boldsymbol{A}+2\boldsymbol{B}$ 可得 $(\boldsymbol{A}-2\boldsymbol{E})\boldsymbol{B}=\boldsymbol{A}$，

故 $\boldsymbol{B}=(\boldsymbol{A}-2\boldsymbol{E})^{-1}\boldsymbol{A}=\begin{pmatrix}-2&3&3\\1&-1&0\\-1&2&1\end{pmatrix}^{-1}\begin{pmatrix}0&3&3\\1&1&0\\-1&2&3\end{pmatrix}=\begin{pmatrix}0&3&3\\-1&2&3\\1&1&0\end{pmatrix}$.

只需用到 Matlab 中用来求矩阵逆的函数命令 inv（ ），直接在 Matlab 命令窗口输入命令即可.

输入：

```
≫A= [0 3 3; 1 1 0; -1 2 3]
```

按回车键得：

```
A=
     0     3     3
     1     1     0
    -1     2     3
```

输入：

```
≫B=inv (A-2 * eye (3, 3) ) * A
```

按回车键得：

```
B=
     0     3     3
    -1     2     3
     1     1     0
```

【例 6.11】 通过初等行、列变换，试将下列矩阵化为规范形

$$\boldsymbol{A}=\begin{pmatrix} 8 & 2 & 1 & 2 \\ -1 & 10 & -1 & 1 \\ 1 & 2 & 30 & -4 \\ 26 & -2 & 34 & -11 \end{pmatrix}.$$

解 只需用到 Matlab 中专门用来求通过初等变换将矩阵化为阶梯形的函数命令 reff（ ）. 因为问题简单，直接在 Matlab 命令窗口输入命令即可. 输入：

```
≫A= [8 2 1 -2; -1 10 -1 1; 1 2 30 -4; 26 -2 34 -11]
```

按回车键，得

```
A=
     8     2     1    -2
    -1    10    -1     1
     1     2    30    -4
    26    -2    34   -11
≫B=rref (A)     %对矩阵 A 进行初等行变换
```

按回车键，得：

```
B=
    1.0000         0         0   -0.2494
         0    1.0000         0    0.0621
         0         0    1.0000   -0.1292
         0         0         0         0
```

再输入：

```
≫C=rref (B')     %对 B 的转置矩阵作初等行变换，即对 B 作初等列变换
```

按回车键，最后得到 A 的规范形：

```
C=
    1    0    0    0
    0    1    0    0
    0    0    1    0
    0    0    0    0
```

【例 6.12】 设

$$A=\begin{pmatrix} 1 & 1 & -1 \\ a & 2 & 0 \\ -1 & a & 3 \end{pmatrix},$$

问常数 a 满足什么条件时，矩阵 $\boldsymbol{A}$ 可逆，并求其逆矩阵；特别给出当矩阵 $\boldsymbol{A}$ 的行列式等于－6 时的逆矩阵.

解 这样的带有符号变量的计算问题手工方法是很难完成的.

编程 prog5 如下：

```
%判断符号矩阵何时可逆，并求其逆.
clear all
syms a                                  %符号变量说明
disp('输入矩阵是:')
A=[1 1 -1;a 2 0;-1 a 3]                 %符号矩阵输入
D=det(A);
disp('当参数 a 不等于')
p=solve(D)
disp('时,其逆阵:')
B=inv(A)                                %求符号逆矩阵
q=solve(D+6);                           %求行列式等于指定值-6 时的参数
                                        a 的值
L=length(q);
for i=1:L
    disp('当参数 a 等于')
    subs(q(i))                          %将参数 a 的值 q 转化为实数形式
    disp('时矩阵的行列式等于指定值
(-6),其逆矩阵为:')
    B=sym(subs(B,a,subs(q(i))))         %求 a 等于 q(i)时的逆矩阵,并以简
                                  化形式输出
end
```

程序执行结果为：

输入矩阵是

```
A=
[  1, 1,-1]
```

```
[      a, 2, 0]
[ -1, a, 3]
```

当参数 a 不等于

```
p=
     -4
     1
```

时,其逆阵

```
B=
[     -6/(-4+3*a+a^2),      (3+a)/(-4+3*a+a^2),           -2/(-4+3*a+a^2)]
[     3*a/(-4+3*a+a^2),      -2/(-4+3*a+a^2),            a/(-4+3*a+a^2)]
[-(a^2+2)/(-4+3*a+a^2),  (a+1)/(-4+3*a+a^2),  (a-2)/(-4+3*a+a^2)]
```

当参数 a 等于

```
ans=
     -5
```

时矩阵的行列式等于指定值(-6),其逆矩阵为

```
B=
[   -1,-1/3,-1/3]
[-5/2,-1/3,-5/6]
[-9/2,-2/3,-7/6]
```

当参数 a 等于

```
ans=
     2
```

时矩阵的行列式等于指定值(-6),其逆矩阵为

```
B=
[   -1,-1/3,-1/3]
[-5/2,-1/3,-5/6]
[-9/2,-2/3,-7/6]
```

【例 6.13】 设有可逆阵

$$
\boldsymbol{A}=\begin{pmatrix} 1 & 0 & 1 \\ -1 & 2 & 1 \\ 0 & 3 & -1 \end{pmatrix},
$$

试将其表示为一系列初等矩阵的乘积.

解 由第 2 章关于初等矩阵的定理，对初等矩阵作初等行变换，即

$$
\boldsymbol{P}_k\cdots\boldsymbol{P}_2\boldsymbol{P}_1\boldsymbol{A}=\boldsymbol{E},
$$

则有

$$
\boldsymbol{A}=\boldsymbol{P}_1^{-1}\boldsymbol{P}_2^{-1}\cdots\boldsymbol{P}_k^{-1}.
$$

所以，只要记录下对 $\boldsymbol{A}$ 所作的初等行变换所对应的初等矩阵，并输出其逆矩阵即可.

编程 prog6 如下：

```
%将已知的可逆方阵写成一系列初等矩阵的乘积
```

```
%A=P1 * P2 * ...Ps
clear all
disp('输入的方阵为:')
A=[1 0 1;-1 2 1;0 3 -1]                    %输入可逆阵
[m,n]=size(A);
if m~=n | det(A)==0
    disp('输入的矩阵不是方阵或可逆阵!')
    return
else
    disp('将其表示为一系列初等矩阵的乘积,所得到的初等矩阵依次是:')
    E=eye(n,n);P=E;s=0;
    for i=1:n
    if A(i,i)==0
      j=i+1;
      while j<=n;
        if A(j,i)~=0
          t=A(i,:);A(i,:)=A(j,:);A(j,:)=t;
                                           %作交换第 i,j 两行的初等变换
          s=s+1;
          t=P(i,:);P(i,:)=P(j,:);P(j,:)=t
                                           %得到与上述变换对应的初等矩阵的逆矩
                                           阵,并输出
          P=E;
          j=n+1;
      else
          j=j+1;
        end
    end
  else
      if A(i,i)~=1
        h=A(i,i);
        A(i,:)=A(i,:)./h;                  %作用非零数乘某一行的初等变换
        s=s+1;
        P(i,i)=P(i,i) * h
                                           %得到与上述变换对应的初等矩阵的逆矩
                                           阵,并输出
          P=E;
    end
    for j=1:n
```

```
        if j~=i&A(j,i)~=0
          h=A(j,i);
          A(j,:)=A(j,:)-h.*A(i,:);  %做第三种初等变换
          s=s+1;
          P(j,i)=P(j,i)+h
                                    %得到与上述变换对应的初等矩阵的逆矩
                                    阵,并输出
            P=E;
          end
        end
      end
    end
    disp('这样的初等矩阵一共有个数:')
    s
end
```

程序执行结果为:

输入的方阵为

```
A=
     1   0    1
    -1   2    1
     0   3   -1
```

将其表示为一系列初等矩阵的乘积,所得到的初等矩阵依次是

```
P=
     1     0     0
    -1     1     0
     0     0     1
P=
     1     0     0
     0     2     0
     0     0     1
P=
     1     0     0
     0     1     0
     0     3     1
P=
     1     0     0
     0     1     0
     0     0    -4
```

```
P=
     1    0    1
     0    1    0
     0    0    1
P=
     1    0    0
     0    1    1
     0    0    1
```

这样的初等矩阵个数一共有

```
s=
     6
```

上机练习题

1. 设 $\boldsymbol{A}=\begin{pmatrix}2&1&2\\1&2&2\\2&2&1\end{pmatrix}$,求 $\varphi(\boldsymbol{A})=\boldsymbol{A}^{10}-6\boldsymbol{A}^{9}+5\boldsymbol{A}^{8}$.

2. 已知 $\boldsymbol{A}=\begin{pmatrix}1&1&-1\\0&1&1\\0&0&-1\end{pmatrix}$，且 $\boldsymbol{A}^2-\boldsymbol{AB}=\boldsymbol{E}$，其中 $\boldsymbol{E}$ 是三阶单位阵，求矩阵 $\boldsymbol{B}$.

3. 通过初等行、列变换，试将下列矩阵化为规范形

$$\boldsymbol{A}=\begin{pmatrix}2&2&-4&6&-3&2\\7&9&1&-5&8&-7\\0&0&-2&1&5&5\\-7&1&2&0&-1&0\\-2&0&3&2&-7&3\\2&5&6&-3&0&5\end{pmatrix}.$$

4. 将上题中的矩阵 $\boldsymbol{A}$ 表示为一系列初等矩阵的乘积.

实验 3 线性方程组及向量组的线性相关性

实验目的

(1) 掌握齐次线性方程组的通解的求解方法；

(2) 掌握非齐次线性方程组的特解和通解的求解方法；

(3) 利用向量组线性相关与无关的几何演示，加深理解线性相关与线性无关的概念；

(4) 掌握向量组的秩和最大线性无关组的计算方法；

(5) 理解线性方程组的解的结构的几何意义.

实验准备

(1) 复习线性方程组的解法及其表示；

(2) 复习向量的基本运算、向量的线性组合及线性表示；

(3) 复习向量组的线性相关（无关）、向量组的秩和最大线性无关组的求法等；

（4）复习向量空间的基及维数.

实验内容

（1）线性方程组的解法；

（2）向量的基本运算及线性组合；

（3）向量组的线性相关性的判别；

（4）向量组的秩和最大线性无关组的求法；

（5）线性方程组的解的结构.

软件命令

常用命令的功能如表 6-8 所示。

表 6-8　Matlab 向量操作命令

函数名称	调用格式	说明
syms	syms 变量名 1,变量名 2,…	定义符号变量
sym	sym('x',…)	定义符号变量
rank	rank(A)	求矩阵 $\boldsymbol{A}$ 的秩
rref	rref(A)	求矩阵 $\boldsymbol{A}$ 的行最简形
\	A\b	求 $\boldsymbol{Ax}=\boldsymbol{b}$ 的解
null	null(A, 'r');注:用于符号计算含义有变	求 $\boldsymbol{Ax}=\boldsymbol{0}$ 的基础解系
format	format rat	指定有理数输出格式
linsolve	x=linsolve(A,B,opt)	解线性方程组 $\boldsymbol{Ax}=\boldsymbol{b}$
	绘图指令 plot、surf、patch 等	

实验示例

【例 6.14】 求向量组 $\boldsymbol{a}_1=\begin{pmatrix}1\\-2\\2\\3\end{pmatrix}$，$\boldsymbol{a}_2=\begin{pmatrix}-2\\4\\-1\\3\end{pmatrix}$，$\boldsymbol{a}_3=\begin{pmatrix}-1\\2\\0\\3\end{pmatrix}$，$\boldsymbol{a}_4=\begin{pmatrix}0\\6\\2\\3\end{pmatrix}$，$\boldsymbol{a}_5=\begin{pmatrix}2\\-6\\3\\4\end{pmatrix}$ 的秩，并判断其线性相关性.

解　矩阵 $\boldsymbol{A}$ 的秩是矩阵 $\boldsymbol{A}$ 中最高阶非零子式的阶数；向量组的秩通常由该向量组构成的矩阵来计算.

rank（A）给出矩阵 $\boldsymbol{A}$ 的行（或列）向量中线性无关个数．输入 matlab 代码及运算结果如下：

```
≫A=[1 -2 2 3;-2 4 -1 3;-1 2 0 3;0 6 2 3;2 -6 3 4]
≫k=rank(A)
```

运算结果：

```
k=
    3                    %由于秩为 3 < 向量个数，因此向量组线性相关
```

原理：（1）若向量组的秩=向量个数，则向量组线性无关；

（2）若向量组的秩<向量个数，则向量组线性相关．

【例 6.15】 求向量组 $\boldsymbol{a}_1=\begin{pmatrix}1\\-2\\2\\3\end{pmatrix}$，$\boldsymbol{a}_2=\begin{pmatrix}-2\\4\\-1\\3\end{pmatrix}$，$\boldsymbol{a}_3=\begin{pmatrix}-1\\2\\0\\3\end{pmatrix}$，$\boldsymbol{a}_4=\begin{pmatrix}0\\6\\2\\3\end{pmatrix}$，$\boldsymbol{a}_5=\begin{pmatrix}2\\-6\\3\\4\end{pmatrix}$ 的一个极大无关组．

解 矩阵 $\boldsymbol{A}$ 的一个最高阶非零子式所在的列即是 $\boldsymbol{A}$ 的列向量组的一个极大无关组，所在的行即是 $\boldsymbol{A}$ 的行向量组的一个极大无关组．R＝rref（A），用高斯—约当消元法和行主元法求 $\boldsymbol{A}$ 的行最简形矩阵 $\boldsymbol{R}$．［R，jb］＝rref（A），其中 jb 是一个向量，其含义为：r＝length（jb）为 $\boldsymbol{A}$ 的秩；A（：，jb）为 $\boldsymbol{A}$ 的列向量基；jb 中元素表示基向量所在的列．

输入 matlab 代码及运算结果如下：

```
>>a1=[1  -2  2  3]'
>>a2=[-2  4  -1  3]'
>>a3=[-1  2  0  3]'
>>a4=[0  6  2  3]'
>>a5=[2  -6  3  4]'
>>A=[a1  a2  a3  a4  a5]
A=
     1   -2   -1    0    2
    -2    4    2    6   -6
     2   -1    0    2    3
     3    3    3    3    4
>>[R,jb]=rref(A)
  R=
      1.0000         0    0.3333         0    1.7778
           0    1.0000    0.6667         0   -0.1111
           0         0         0    1.0000   -0.3333
           0         0         0         0         0
  jb=
      1     2     4
>>A(:,jb)
  ans=
      1   -2    0
     -2    4    6
      2   -1    2
      3    3    3
```

a_1 a_2 a_4 为向量组的一个基．

【例 6.16】 利用左除法求解线性方程组

$$\begin{cases}2x_1+x_2-5x_3+x_4=8,\\ x_1-3x_2-6x_4=9,\\ x_2-x_3+2x_4=-5,\\ x_1+4x_2-7x_3+6x_4=0\end{cases}$$的解.

解　求线性方程组 $\boldsymbol{Ax}=\boldsymbol{b}$ 的唯一解或特解，如果矩阵 **A** 可逆，则解 **x**=**A** \ **b**，(注意此处'\'不是'/')，或解 x=A^（-1） * b. 相应的 matlab 代码及运算结果如下

```
≫A=[2 1 -5 1;1 -3 0 -6;0 2 -1 2;1 4 -7 6];
≫b=[8;9;-5;0];
≫x=A\b                      %左除法
x=
     3.0000
    -4.0000
    -1.0000
     1.0000
```

若用 inv 命令的,例如

```
≫A=[2 1 -5 1;1 -3 0 -6;0 2 -1 2;1 4 -7 6];
≫b=[8;9;-5;0];
≫x=inv(A) * b               %方程两边同乘 A 的逆矩阵
  x=
     3.0000
    -4.0000
    -1.0000
     1.0000
```

【例 6.17】　求解线性方程组$\begin{cases}5x_1+6x_2=1,\\ x_1+5x_2+6x_3=0,\\ x_2+5x_3+6x_4=0,\\ x_3+5x_4+6x_5=0,\\ x_4+5x_5=1.\end{cases}$

解　相应的 matlab 代码及运算结果如下:

```
≫A=[5 6 0 0 0;1 5 6 0 0;0 1 5 6 0;0 0 1 5 6;0 0 0 1 5];
≫B=[5 6 0 0 0 1;1 5 6 0 0 0;0 1 5 6 0 0;0 0 1 5 6 0;0 0 0 1 5 1];
                             % B 为增广阵
≫b=[1,0,0,0,1]';
≫rank(A)
ans=
    5
≫rank(B)
```

```
ans=
    5                          %求秩,此为R(A)=R(B)=n的情形,有唯一解
>>x=A\b
x=
    2.2662
   -1.7218
    1.0571
   -0.5940
    0.3188
```

【例 6.18】 求解线性方程组 $\begin{cases} x_1+3x_2-2x_3+4x_4+x_5=7, \\ 2x_1+6x_2+5x_4+2x_5=5, \\ 4x_1+11x_2+8x_3+5x_5=3, \\ x_1+3x_2+2x_3+x_4+x_5=-2. \end{cases}$

解 求线性方程组 $\boldsymbol{Ax}=\boldsymbol{b}$，用函数 rref 求解，sv=rref（A，b)，其中 sv 的最后一列为特解.

相应的 matlab 代码及运算结果如下：

```
>>B=[1 3 -2 4 1 7;2 6 0 5 2 5;4 11 8 0 5 3;1 3 2 1 1 -2]
B=
    1    3   -2    4    1    7
    2    6    0    5    2    5
    4   11    8    0    5    3
    1    3    2    1    1   -2
>>rref(B)
ans=
    1.0000         0         0   -9.5000    4.0000   35.5000
         0    1.0000         0    4.0000   -1.0000  -11.0000
         0         0    1.0000   -0.7500         0   -2.2500
         0         0         0         0         0         0
```

所以原方程组等价于方程组

$$\begin{cases} x_1-9.5x_4+4x_5=35.5 \\ x_2+4x_4-x_5=-11 \\ x_3-0.75x_4=-2.25 \end{cases}$$

故方程组的通解为

$$\boldsymbol{X}=c_1\begin{pmatrix} 9.5 \\ -4 \\ 0.75 \\ 1 \\ 0 \end{pmatrix}+c_2\begin{pmatrix} -4 \\ 1 \\ 0 \\ 0 \\ 1 \end{pmatrix}+\begin{pmatrix} 35.5 \\ -11 \\ -2.25 \\ 0 \\ 0 \end{pmatrix}，其中 c_1，c_2\in\mathbf{R}.$$

【例 6.19】 解矩阵方程$\begin{pmatrix}1&2&3\\2&2&1\\3&4&3\end{pmatrix}\boldsymbol{X}=\begin{pmatrix}2&5\\3&1\\4&3\end{pmatrix}$.

解　求解 $\boldsymbol{AX}=\boldsymbol{B}$，如果矩阵 $\boldsymbol{A}$ 可逆，则解 X=A^（−1）＊B..det（A）为方阵 $\boldsymbol{A}$ 的行列式的值，如果 $\boldsymbol{A}$ 的行列式不为 0，则 $\boldsymbol{A}$ 可逆．若 $\boldsymbol{A}$ 可逆，则 inv（A）为 $\boldsymbol{A}$ 的逆.

相应的 matlab 代码及运算结果如下：

```
≫A=[1 2 3;2 2 1;3 4 3]
A=
     1     2     3
     2     2     1
     3     4     3
≫det(A)                              %判断 A 是否可逆
ans=
     2
≫B=[2 5;3 1;4 3]
B=
     2     5
     3     1
     4     3
≫X=inv(A) * B                        %方程两边同乘 A 的逆矩阵
X=
    3.0000    2.0000
   -2.0000   -3.0000
    1.0000    3.0000
≫X=A \ B                             %用左除法
X=
    3.0000    2.0000
   -2.0000   -3.0000
    1.0000    3.0000
```

【例 6.20】 求解线性方程组$\begin{cases}4x_1+2x_2-x_3=2,\\3x_1-x_2+2x_3=10,\\11x_1+3x_2\qquad=8.\end{cases}$

解　若 $\boldsymbol{R}(\mathbf{A})\neq R(\mathbf{A},\ \mathbf{b})$，则方程组 $\boldsymbol{Ax}=\boldsymbol{b}$ 无解.

相应的 matlab 代码及运算结果如下：

```
≫clear
≫A=[4 2 -1;3 -1 2;11 3 0]      %系数矩阵 A
A=
```

```
    4       2     -1
    3      -1      2
    11      3      0
>>det(A)                        %判断解的情况
ans=
    0                           %方程组无解或有无穷多解
>>b=[2;10;8];                   %常数
>>B=[A,b]                       %增广矩阵
    B=
    4       2     -1     2
    3      -1      2    10
   11       3      0     8
>>rank(A)                       %系数矩阵 A 的秩
ans=
    2
>>rank(B)                       %增广矩阵 B 的秩
ans=
    3
```

因为 rank(A)<rank(B),故原方程组无解.

【例 6.21】 判断方程组$\begin{cases}x_1-x_2+x_3-x_4=1,\\-x_1+x_2+x_3-x_4=1,\\2x_1-2x_2-x_3+x_4=-1\end{cases}$有无解？在有解的情况下求方程组的通解.

解 线性方程组 $\boldsymbol{Ax}=\boldsymbol{b}$ 的求解可以分为两类：一类是齐次线性方程组；另一类是非齐次线性方程组．无论哪一种类型，都需要先判断出该方程组的解的分布情况：唯一解？无解？无穷多解？然后再进行求解．具体如下（n 为未知量的个数）：

判别原理：(1) 若 $R(\boldsymbol{A})=R(\boldsymbol{A},\ \boldsymbol{b})=n$，则方程组 $\boldsymbol{Ax}=\boldsymbol{b}$ 有唯一解；

(2) 若 $R(\boldsymbol{A})=R(\boldsymbol{A},\ \boldsymbol{b})<n$，则方程组 $\boldsymbol{Ax}=\boldsymbol{b}$ 有无穷多解；

(3) 若 $R(\boldsymbol{A})\neq R(\boldsymbol{A},\ \boldsymbol{b})$，则方程组 $\boldsymbol{Ax}=\boldsymbol{b}$ 无解.

Matlab 命令：rank(A)，rref(A，b).

求解原理：高斯消元法．将增广矩阵化成行最简形，然后求解.

步骤：Step1：当 $\boldsymbol{Ax}=\boldsymbol{b}$ 有唯一解时，可采用如下方法之一

- 利用命令：x=A \ b;
- 利用命令：x=linsolve（A，b）;
- 利用函数 rref（[A，b]），所得矩阵的最后一列即为所要求的解

Step2：当 $\boldsymbol{Ax}=\boldsymbol{b}$ 有无穷多解时，可以采用下述方法

- 利用命令：null（A,'r'）;

• 第一步，利用 z=null（A，'r'）求出 $\boldsymbol{Ax}=\boldsymbol{0}$ 的基础解系；
第二步，利用 A\b 或者 rref([A，b])或者 linsolve（A，b）求出 $\boldsymbol{Ax}=\boldsymbol{b}$ 的一个特解；
第三步，利用 $\boldsymbol{Ax}=\boldsymbol{b}$ 的解的结构理论构造出通解.

Step3：当 $\boldsymbol{Ax}=\boldsymbol{b}$ 有无解时，可以采用下述方法求出最小二乘解

• 命令：x=（A' * A）\（A' * b)；
• 命令：x=linsolve（A，B，opt）

相应的 matlab 代码及运算结果如下：

```
>>clear
>>A=[1 -1 1 -1;-1 1 1 -1;2 -2 -1 1];   %系数矩阵 A
>>b=[1;1;-1];                           %常数 b
>>rank(A)                               %系数矩阵的秩
ans=
    2
>>rank([A,b])                           %增广矩阵的秩
ans=
    2
                                        %由上可知系数矩阵的秩等于增
                                        广矩阵的秩,并且小于未知量的个
                                        数．所以方程有无穷多解.
```

以下对应几种方法.方法一:化行最简形,用 rref 命令

```
>>rref([A,b])
ans=
    1    -1    0     0    0
    0     0    1    -1    1
    0     0    0     0    0
                                        %取 x2,x4 为自由变量,从而通解
                                        为: x1=x2,x3=x4+1.
```

方法二:先求出特解及导出组的基础解系,用命令 null,例如:

```
>>x0=A \ b                              %方程组的一个特解
x0=
    0
    0
    1
    0
>>x1=null(A)            %求导出组的基础解系
x1=
    -0.5000     0.5000
    -0.5000     0.5000
```

```
    0.5000    0.5000
    0.5000    0.5000
```

故原方程组的通解为

X＝(0,0,1,0)′＋c1(－0.5000,－0.5000,0.5000,0.5000)′＋c2(0.5000,0.5000,0.5000,0.5000)′,c1,c2 为任意常数.

【例 6.22】 λ 取何值时，线性方程组$\begin{cases}\lambda x_1+x_2+x_3=1,\\ x_1+\lambda x_2+x_3=\lambda,\\ x_1+x_2+\lambda x_3=\lambda^2.\end{cases}$

(1) 有唯一解；　　(2) 无解；　　(3) 有无穷多解？

解 方法一：根据方程组的特殊性：$m=n$，先利用 Cramer 法则确定唯一解；然后分别讨论无解和无穷多解的情况．因此，由 Cramer 法则，当$(\lambda+2)(\lambda-1)^2\neq 0$，即 $\lambda\neq -2$，$\lambda\neq 1$ 时，有唯一解；

下面讨论其否定情况，即 $\lambda=-2$，$\lambda=1$ 时原方程组的解的情况：

当 $\lambda=-2$ 时，将 $\lambda=-2$ 代入上面方程组中，可得此时，方程组无解，最小二乘解为 [1；2；0]；

当 $\lambda=1$ 时，将 $\lambda=1$ 代入上面方程组中，可得此时，方程组无穷多解，解为 [1－c1－c2；c1；c2].

方法二：直接对增广矩阵做初等行变换，变成类似行阶梯型矩阵，然后根据秩讨论．(这里需要调用三个小程序：swaprow (A, r, s), scalerow (A, r, t), replacerow (A, r, s, t))：

相应的 matlab 代码及运算结果如下

```
>>clear
>>syms y;
>>A=[y 1 1;1 y 1;1 1 y]          %定义符号矩阵
A=
[ y, 1, 1]
[ 1, y, 1]
[ 1, 1, y]
>>b=[1;y;y^2]
b=
[   1]
[   y]
[y^2]
>>det(A)
ans=
y^3-3*y+2
>>solve(det(A))          %解出行列式值为零时 y 的取值
ans=
```

```
-2
1
1
```

下面求 y 取不同值时，方程组解的情况：

(1) 当 y 不等于 -2 且 y 不等于 1 时，方程组有唯一解，求解为

```
>>x=A\b                    %左除法
x=
    -(y+1)/(y+2)
        1/(y+2)
(1+y^2+2*y)/(y+2)
```

(2)当 y=-2 时：

```
>>syms y;
>>y=-2;
>>A=[y 1 1;1 y 1;1 1 y]
A=
    -2     1     1
     1    -2     1
     1     1    -2
>>b=[1;y;y^2]
b=
    1
   -2
    4
>>rank(A)
ans=
    2
>>rank([A,b])
ans=
    3                      %系数矩阵的秩小于增广矩阵的秩,故方程组无解.
```

(3) 当 y=1 时：

```
>>y=1;
>>A=[y 1 1;1 y 1;1 1 y]
A=
    1    1    1
    1    1    1
    1    1    1
>>b=[1;y;y^2]
b=
    1
```

```
    1
    1
≫rank(A)
ans=
    1
≫rank([A,b])
ans=
    1                    %系数矩阵的秩等于增广矩阵的秩,故方程组有无穷多解
≫rref([A,b])            %化行最简形
ans=
    1    1    1    1
    0    0    0    0
    0    0    0    0
```

取 x2,x3 作自由变量．则方程组的通解为:x1=1-x2-x3．或者通过求特解及导出组的基础解系得出通解:

```
≫y=1;
≫A=[y 1 1;1 y 1;1 1 y]
A=
    1    1    1
    1    1    1
    1    1    1
≫b=[1;y;y^2]
b=
    1
    1
    1
≫x0=pinv(A) * b        %求特解
x0=
    0.3333
    0.3333
    0.3333
≫x1=null(A)
x1=
    0.8165         0
   -0.4082   -0.7071
   -0.4082    0.7071
```

方程组的通解为

X=(0.3333,0.3333,0.3333)+c1(0.8165,-0.4082,-0.4082)+c2(0,-0.7071,0.7071),c1,c2 为任意常数．

【例 6.23】 解矩阵方程 $\begin{pmatrix} 1 & 4 \\ -1 & 2 \end{pmatrix} \boldsymbol{X} \begin{pmatrix} 2 & 0 \\ -1 & 1 \end{pmatrix} = \begin{pmatrix} 3 & 1 \\ 0 & -1 \end{pmatrix}$.

解 相应的 matlab 代码及运算结果如下

```
>>clear
>>A=[1 4;-1 2];
>>B=[2 0;-1 1];
>>C=[3 1;0 -1];
>>X=A^-1*C*B^-1
X=
    1.0000    1.0000
    0.2500         0
```

上机练习题

1. 求下列向量组

$$\boldsymbol{\alpha}_1=(6,4,1,-1,12)^{\mathrm{T}}, \boldsymbol{\alpha}_2=(1,0,2,3,-4)^{\mathrm{T}},$$
$$\boldsymbol{\alpha}_3=(1,4,-9,-16,22)^{\mathrm{T}}, \boldsymbol{\alpha}_4=(7,1,0,-1,3)^{\mathrm{T}}$$

的极大无关组与秩，并将其他向量用极大无关组线性表示.

2. 解下列方程组：

(1) $\begin{cases} 2x+2y+z=0, \\ -3x+12y+3z=0, \\ 8x-2y+z=0, \\ 2x+12y+4z=0; \end{cases}$ (2) $\begin{cases} x-2y+3z-w-2u=2, \\ 4x-3y+8z-4w-3u=8, \\ 2x+y+2z-2w-3u=8; \end{cases}$

(3) $\begin{cases} x_1-x_2+x_3-x_4=1, \\ -x_1+x_2+x_3-x_4=1, \\ 2x_1-2x_2+x_3-x_4=1. \end{cases}$

3. 试就参数 λ,μ 的各种情况，讨论下述线性方程组的解的情况

$$\begin{cases} x+y+2z+3w=1, \\ x+3y+6z+w=3, \\ 3x-y+\lambda z+15w=3, \\ x-5y-10z+12w=\mu. \end{cases}$$

实验 4 矩阵的对角化与二次型

实验目的

(1) 掌握向量的内积运算；

(2) 掌握向量的正交规范化方法；

(3) 掌握特征多项式的求法；

(4) 掌握特征值与特征向量的求解方法；

(5) 掌握实对称矩阵的对角化的计算方法；

(6) 掌握若当标准形的求法；

（7）掌握化二次型为标准形及正定性的判别.

实验准备

（1）复习内积与正交的基本概念及相关性质；

（2）复习特征值与特征向量基本概念及其性质；

（3）复习实对称矩阵的标准化方法；

（4）复习若当标准形的基本概念；

（5）复习化二次型为标准形、判断二次型的正定性方法.

实验内容

（1）向量的内积与正交；

（2）特征值与特征向量的求解方法；

（3）实对称矩阵的对角化；

（4）若当标准形的求法；

（5）二次型为标准形、判断二次型的正定性方法.

软件命令

常用命令的功能如表 6-9 所示。

表 6-9　Matlab 操作命令

函数名称	调用格式	说明
norm	norm(a)	求向量 $\boldsymbol{a}$ 的模
dot	dot(a, b)	求向量 $\boldsymbol{a}$,$\boldsymbol{b}$ 的内积
orth	orth(A)	将矩阵 $\boldsymbol{A}$ 的列向量组正交规范化
poly	poly(A)	求矩阵 $\boldsymbol{A}$ 的特征多项式
poly2str	poly2str(a)	把向量 $\boldsymbol{a}$ 显示成多项式形式
eig	[V, D]=eig(A)	求矩阵 $\boldsymbol{A}$ 所有特征值组成的矩阵 $\boldsymbol{D}$ 和特征向量组成的矩阵 $\boldsymbol{V}$
jordan	jordan(A)	求矩阵 $\boldsymbol{A}$ 的若当标准形
trace	trace(A)	求矩阵 $\boldsymbol{A}$ 的迹
sum	sum(A, dim)	矩阵元素求和函数,dim=1 则按列求和,dim=2 则按行求和
prod	prod(A, dim)	矩阵元素求积函数,dim=1 则按列求积,dim=2 则按行求积

实验示例

【例 6.24】 求向量 $\boldsymbol{a}=\begin{pmatrix}1\\1\\1\end{pmatrix}$ 的模.

解　输入 matlab 代码及运算结果如下：

```
>>clear
>>a= [1 1 1]';
>>b=norm (a)                % 向量 a 的模
```

运算结果

```
b=
    1.7321
```

【例 6.25】 判断向量 $\boldsymbol{a}=\begin{pmatrix}2\\-1\\4\end{pmatrix}$和 $\boldsymbol{b}=\begin{pmatrix}-4\\-4\\1\end{pmatrix}$是否正交.

解　Matlab 中内积默认为两个向量的对应分量的乘积之和．向量的内积：dot（a，b）或 a′ * b（a，b 是列向量），若 dot（a，b）=0，则 a 和 b 正交.

输入 matlab 代码及运算结果如下

```
>>clear
>>a=[2 -1 4]';
>>b=[-4 -4 1]';
>>c=dot(a, b)                %求向量 a,b 的内积
运算结果:
c=
    0
                             %说明:dot(a,b)=0,则 a 和 b 正交 .
```

【例 6.26】 将 $\mathbf{A}=\begin{pmatrix}1&1\\0&0\\1&-1\end{pmatrix}$的列向量组正交规范化.

解　向量组的正交规范化 orth（A），其中 A 是矩阵，将 A 的列向量组正交规范化．B=orth（A），A 和 B 的列向量等价，且 B 的列向量为两两正交的单位向量，满足 B′ * B=E. B′ * B=eye（rank（A））.

输入 matlab 代码及运算结果如下

```
>>A=[1 1;0 0;1 -1]
A=
    1     1
    0     0
    1    -1
>>B=sym(orth(A))             %将 A 的列向量组正交规范化,并以符号的形式输出
B=
[ -sqrt(1/2),   -sqrt(1/2)]
[        0,             0]
[ -sqrt(1/2),    sqrt(1/2)]
>>dot(B(:,1),B(:,2))         %选出 B 的第 1 列与第 2 列作内积
ans=
    0                        % B 的第 1 列与第 2 列正交
>>B' * B
ans=
[ 1, 0]
```

[0, 1]

【例 6.27】 求矩阵 $A=\begin{pmatrix}1 & 0\\2 & 3\end{pmatrix}$的特征多项式.

解　设 A 为 n 阶方阵，如果数“λ”和 n 维列向量 x 使得关系式 $Ax=\lambda x$ 成立，则称 λ 为方阵 A 的特征值，非零向量 x 称为 A 对应于特征值“λ”的特征向量.

输入 matlab 代码及运算结果如下

```
>>clear
>>A=[1 0;2 3];
>>p=poly(A)                %矩阵 A 的特征多项式的向量表示形式
p=
    1     -4     3
>>f=poly2str(p,'x')        %矩阵 A 的特征多项式
f=
    x^2-4x+3
```

或者由定义出发,计算特征多项式．如

```
>>clear
>>A=[1 0;2 3];
>>E=eye(2);                %2 阶单位阵
>>syms x
>>f=det(x*E-A)             %矩阵 A 的特征多项式
f=
  (x-1)*(x-3)
```

【例 6.28】 求矩阵 $A=\begin{pmatrix}0 & 1 & 0 & 0\\1 & 0 & 0 & 0\\0 & 0 & 0 & 1\\0 & 0 & 1 & 0\end{pmatrix}$的特征值.

解　d=eig (A)，返回 A 所有特征值组成的列向量 d.

输入 Matlab 代码及运算结果如下：

```
>>clear
  (>>format)(>>format rat)
>>A=[0 1 0 0;1 0 0 0;0 0 0 1;0 0 1 0];
>>d=eig(A)                 %求矩阵 A 的特征值
```

运算结果

```
d=
    -1
    -1
     1
     1                     %特征值以列向量的形式输出
```

【例 6.29】 求矩阵 $A=\begin{pmatrix}0&1&0&0\\1&0&0&0\\0&0&0&1\\0&0&1&0\end{pmatrix}$ 的特征值与特征向量所组成的矩阵.

解 返回 **A** 所有特征值组成的矩阵 **D** 和特征向量组成的矩阵 **V**.

输入 Matlab 代码及运算结果如下：

```
>>[V, D]=eig(A)              %求矩阵 A 的特征值与特征向量所组成的矩阵
V=
    -0.7071         0         0    0.7071
     0.7071         0         0    0.7071
          0   -0.7071    0.7071         0
          0    0.7071    0.7071         0
D=
    -1     0     0     0
     0    -1     0     0
     0     0     1     0
     0     0     0     1
```

说明：

(1) 矩阵 **D** 的主对角线上的元素为特征值，所以方阵 **A** 的特征值为 −1（二重），1（二重）.

(2) 特征值 −1 对应的特征向量为 **V** 中的第 1、2 列，即

$k_1[-0.7071\quad 0.7071\quad 0\quad 0]^{T}$，$k_2[0\quad 0\quad -0.7071\ 0.7071]^{T}$，其中 k_1，k_2 为任意常数；

特征值 1 的特征向量为 V 中的第 3、4 列，即

$k_1[0\quad 0\quad 0.7071\ 0.7071]^{T}$，$k_2[0.7071\ 0.7071\quad 0\quad 0]^{T}$，其中 k_1，k_2 为任意常数.

```
>>V=sym(V)                    % 以符号的形式输出矩阵 V
V=
[-sqrt(1/2),           0,          0,  sqrt(1/2)]
[sqrt(1/2),            0,          0,  sqrt(1/2)]
[          0, -sqrt(1/2),  sqrt(1/2),          0]
[          0,  sqrt(1/2),  sqrt(1/2),          0]
>>V^-1*A*V                    %验证 D=V^(-1)AV
ans=
[-1,  0,  0,  0]
[ 0, -1,  0,  0]
[ 0,  0,  1,  0]
[ 0,  0,  0,  1]
```

【例 6.30】 将矩阵 $A=\begin{pmatrix}2 & 2 & -2\\ 2 & 5 & -4\\ -2 & -4 & 5\end{pmatrix}$对角化.

解 实对称矩阵的对角化[V,D]=eig(A),$\boldsymbol{D}$ 为对角化后的矩阵，$\boldsymbol{V}$ 为正交阵．在 Matlab 中，我们运用函数 eig 求出二次型矩阵 $\boldsymbol{A}$ 的特征值矩阵 $\boldsymbol{D}$ 和特征向量矩阵 $\boldsymbol{V}$，所求的矩阵 $\boldsymbol{D}$ 即为系数矩阵 $\boldsymbol{A}$ 的标准形，矩阵 $\boldsymbol{V}$ 即为二次型的变换矩阵.

输入 matlab 代码及运算结果如下：

```
>>clear
>>A=[2 2 -2;2 5 -4;-2 -4 5];      %实对称矩阵 A
>>[V, D]=eig(A)                    %矩阵 A 的对角化
V=
    -0.2981     0.8944     0.3333
    -0.5963    -0.4472     0.6667
    -0.7454          0    -0.6667
D=
    1.0000          0          0
         0     1.0000          0
         0          0    10.0000
```

【例 6.31】 求矩阵 $A=\begin{pmatrix}2 & 1 & 0\\ -1 & 0 & 0\\ -1 & 1 & 2\end{pmatrix}$的若当标准形.

解 J=jordan (A)，其中 J 为 A 的若当标准形.

输入 Matlab 代码及运算结果如下：

```
>>clear
>>A=[2 1 0;-1 0 0;-1 1 2];    %矩阵 A
>>jordan(A)                   %矩阵 A 的若当标准形
运算结果为
ans=
    2          0          0
    0          1          1
    0          0          1
```

注意：Matlab 中若当块是按上三角形定义的．

【例 6.32】 求矩阵 $A=\begin{pmatrix}1 & 2 & 2\\ 2 & 1 & 2\\ 2 & 2 & 1\end{pmatrix}$的特征值与特征向量，并将其对角化.

解 方法一：相应的 matlab 代码及运算结果如下：

```
>>clear
>>A=[1 2 2;2 1 2; 2 2 1];
```

```
>>d=eig(A)                      %求全部特征值所组成的向量
d=
    -1.0000
    -1.0000
     5.0000
>>[V, D]=eig(A)                 %求特征值及特征向量所组成的矩阵
V=
     0.6015    0.5522    0.5774
     0.1775   -0.7970    0.5774
    -0.7789    0.2448    0.5774
D=
    -1.0000         0         0
          0   -1.0000         0
          0         0    5.0000
>>inv(V) * A * V
ans=
    -1.0000   -0.0000    0.0000
     0.0000   -1.0000   -0.0000
    -0.0000    0.0000    5.0000
```

说明：**A** 可对角化，且对角矩阵为 ***D***.

方法二：相应的 Matlab 代码及运算结果如下

```
>>clear
>>A=[1 2 2;2 1 2; 2 2 1];
>>p=poly(A)                 %矩阵 A 的特征多项式的向量表示形式
p=
    1    -3    -9    -5
>>roots(p)                  %矩阵 A 的特征多项式的根,即 A 的特征值
ans=
     5.0000
    -1.0000+0.0000i
    -1.0000-0.0000i
```

方法三:相应的 Matlab 代码及运算结果如下:

```
>>clear
>>A=[1 2 2;2 1 2; 2 2 1];
>>E=eye(3);
>>syms x
>>f=det(x * E-A)            %矩阵 A 的特征多项式
f=
    x^3-3 * x^2-9 * x-5
```

```
≫solve(f)                    %矩阵 A 的特征多项式的根,即 A 的特征值
ans=
     5
    -1
    -1                       %所以 A 的特征值为 x1=5, x2=x3=-1.
```

说明(1)当 $x_1=5$ 时,求解($x_1 * \boldsymbol{E}-\boldsymbol{A})\boldsymbol{X}=0$,得基础解系:

```
≫syms y
≫y=5;
≫B=y*E - A;
≫b1=sym(null(B))             %b1 为(x1 * E-A)X=0 基础解系
b1=
    sqrt(1/3)
    sqrt(1/3)
    sqrt(1/3)                %所以 b1 是属于特征值 5 的特征向量在基下的坐标
```

(2)当 $x_2=-1$ 时,求解($x_2 * \boldsymbol{E}-\boldsymbol{A})\boldsymbol{X}=0$,得基础解系:

```
≫y=-1;
≫B=y*E-A;
≫b2=sym(null(B))             %b2 为(x2 * E-A)X=0 基础解系
                             %null(A)齐次线性方程组  A*Z=0 的基础解系:
b2=
[  sqrt(2/3),          0]
   [-sqrt(1/6),    -sqrt(1/2)]
   [-sqrt(1/6),     sqrt(1/2)]
≫b21=b2(:,1),b22=b2(:,2)
b21=
sqrt(2/3)
-sqrt(1/6)
-sqrt(1/6)
b22=
  0
-sqrt(1/2)
sqrt(1/2)                    %b21,b22 是属于特征值-1 的特征向量在基下的坐标
≫T=[b1,b2]                   %所有特征向量在基下的坐标所组成的矩阵
T=
[  sqrt(1/3),  sqrt(2/3),           0]
[  sqrt(1/3), -sqrt(1/6), -sqrt(1/2)]
[  sqrt(1/3), -sqrt(1/6),  sqrt(1/2)]
≫D=T^-1*A*T                  %将矩阵 A 对角化,得对角矩阵 D
```

```
D=
    [ 5,  0,  0]
    [ 0, -1,  0]
    [ 0,  0, -1]
```

【例 6.33】 将矩阵 $A=\begin{pmatrix}0 & 2 & 1\\-2 & 0 & 3\\-1 & -3 & 0\end{pmatrix}$对角化，并将复对角矩阵转换为实对角矩阵.

解 相应的 Matlab 代码及运算结果如下：

```
>>clear
>>A=[0 2 1;-2 0 3;-1 -3 0];
>>[v, d]=eig(A)                %求特征值及特征向量所组成的矩阵
v=
    0.8018     0.1572 - 0.3922i     0.1572 + 0.3922i
   -0.2673     0.6814               0.6814
    0.5345     0.1048 + 0.5883i     0.1048 - 0.5883i
d=
    0.0000          0                    0
    0          0 + 3.7417i               0
    0               0              0 - 3.7417i
>>[V,D]=cdf2rdf(v,d)      %复对角矩阵转换为实对角矩阵
V=
    0.8018     0.1572    -0.3922
   -0.2673     0.6814          0
    0.5345     0.1048     0.5883
D=
    0.0000          0          0
    0               0     3.7417
    0         -3.7417          0
```

在对角线上用 2×2 实数块代替共轭复数对，由 $\boldsymbol{D}$ 可知 $\boldsymbol{A}$ 的特征值为 1，3.7417i 和 -3.7417i.

```
>>V1=V(:,1),V2=V(:,2),V3=V(:,3);   %由 V 可知 A 的两个共轭特征向量
                                     为 V2+ V3 * i,即
>>V2+V3 * i
ans=
    0.1572 - 0.3922i
    0.6814
    0.1048 + 0.5883i
>>V2-V3 * i
```

```
ans=
  0.1572 + 0.3922i
    0.6814
    0.1048 - 0.5883i
```

【例 6.34】 矩阵 $\boldsymbol{A}=\begin{pmatrix}1&2&2\\2&1&2\\2&2&1\end{pmatrix}$的迹，并验证$|\boldsymbol{A}|=\prod\limits_{i=1}^{n}\lambda_i$.

解 相应的 Matlab 代码及运算结果如下：

```
≫clear
≫A=[1 2 2;2 1 2; 2 2 1];
≫a=trace(A)                %求矩阵 A 的迹
a=
      3
≫d=eig(A)                  %求矩阵 A 的特征值
d=
    -1.0000
    -1.0000
    5.0000
≫b=sum(d,1)                %矩阵 d 元素求和
b=
      3
```

A 的所有特征值之和为 **A** 的迹.

```
≫e=det(A)
e=
      5
≫f=prod(d,1)               %矩阵 d 元素求积,即特征值求积
f=
      5
```

A 的行列式值等于所有特征值乘积.

(1) 函数 sum（A，dim）是矩阵元素求和函数，dim=1 则按列求和，dim=2 则按行求和.

(2) 函数 prod（A，dim）是矩阵元素求积函数，dim=1 则按列求积，dim=2 则按行求积 .

【例 6.35】 求矩阵 $\boldsymbol{A}=\begin{pmatrix}-1&-2&6\\-1&0&3\\-1&-1&4\end{pmatrix}$的若当标准形.

解 相应的 Matlab 代码及运算结果如下：

```
≫clear
≫A=[-1 -2 6;-1 0 3;-1 -1 4]
```

```
A=
    -1    -2    6
    -1     0    3
    -1    -1    4
>>J=jordan(A)                %矩阵 A 的若当标准形
J=
    1    1    0
    0    1    0
    0    0    1
```

说明：Matlab 中若当块是按上三角形定义的．

【例 6.36】 用正交线性变换将二次型 $f(x_1,x_2,x_3)=x_1^2+2x_2^2+3x_3^2-4x_1x_2-4x_2x_3$ 化为标准形.

解 先写出二次型矩阵 $\boldsymbol{A}=\begin{pmatrix}1&-2&0\\-2&2&-2\\0&-2&3\end{pmatrix}$，再将其正交规范化.

相应的 Matlab 代码及运算结果如下：

```
>>clear
>>A=[1 -2 0;-2 2 -2;0 -2 3];          %二次型矩阵 A
>>[V, D]=eig(A)                        %将矩阵 A 正交规范化
V=
    -0.6667   -0.6667    0.3333
    -0.6667    0.3333   -0.6667
    -0.3333    0.6667    0.6667
D=
    -1.0000         0         0
          0    2.0000         0
          0         0    5.0000
>>V' * V                               %验证 V 是正交阵
ans=
     1.0000   -0.0000   -0.0000
    -0.0000    1.0000   -0.0000
    -0.0000   -0.0000    1.0000
>>inv(V) * A * V                       %验证 V^(-1)AV=D
ans=
    -1.0000         0   -0.0000
    -0.0000    2.0000    0.0000
    -0.0000    0.0000    5.0000
```

下面写出二次型的标准形.

相应的 matlab 代码及运算结果如下

```
≫syms y1 y2 y3
≫y=[y1,y2,y3]
y=
[ y1, y2, y3]
≫X=V*y'                              %作正交线性替换 X=Vy
X=
-2/3*conj(y1)-2/3*conj(y2)+1/3*conj(y3)
-2/3*conj(y1)+1/3*conj(y2)-2/3*conj(y3)
-1/3*conj(y1)+2/3*conj(y2)+2/3*conj(y3)
≫f=y*D*y'                            %二次型的标准形
f=
-y1*conj(y1)+2*y2*conj(y2)+5*y3*conj(y3)  %其中 y1*conj(y1) 为 y1 与
                                          其共轭的乘积
```

上机练习题

1. 设 $\boldsymbol{A}=\begin{pmatrix}1&0&0\\0&2&1\\0&1&2\end{pmatrix}$，求一个正交矩阵 $\boldsymbol{T}$，使 $\boldsymbol{T}^{-1}\boldsymbol{A}\boldsymbol{T}=\boldsymbol{\Lambda}$ 为对角矩阵.

2. 判断二次型 $f=x_1^2+3x_2^2+9x_3^2-2x_1x_2+4x_1x_3+2x_1x_4-6x_2x_4-12x_3x_4$ 是否是正定二次型.

3. $\boldsymbol{A}=\begin{pmatrix}1&2\\3&4\end{pmatrix}$，求出 $\boldsymbol{A}$ 的特征值及特征向量并求出 $\boldsymbol{A}$ 的相似变换矩阵及 Jordan 标准形.

4. 设 $\boldsymbol{A}=\begin{pmatrix}1&\frac{1}{4}&0\\0&\frac{1}{2}&0\\0&\frac{1}{4}&1\end{pmatrix}$，用相似变换矩阵 $\boldsymbol{P}$ 将 $\boldsymbol{A}$ 相似对角化，并求 $\lim\limits_{n\to\infty}\boldsymbol{A}^n$.

附录　常用线性代数英文专业词汇

（按汉语拼音排列）

B

伴随矩阵 adjoint matrix
标准单位向量 standard unit vector
标准形 normal form
标准正交基 orthonormal basis

C

初等变换 elementary transformations
初等矩阵 elementary matrix
次对角线 auxiliary diagonal
充分必要条件 necessary and sufficient condition

D

代数余子式 algebraic cofactor
单位向量 unit vector
单位矩阵 identity matrix
单位坐标向量组 unit coordinate vectors
等价 equivalence
等价的 equivalent
等价关系 equivalent relation
等价矩阵 equivalent matrices
等价向量组 equivalent vector sets
定理 theorem
定义 definition
对称的 symmetric
对称矩阵 symmetric matrix
对换 transposition
对角矩阵 diagonal matrix
对角行列式 diagonal determinant
对角化矩阵 reducing a matrix to the diagonal form
对角线 diagonal
递推法 method of recursion relation

E

二次曲线 the second-order curve
二次型 quadratic forms
二次型的标准形 canonical form of a quadratic form
二次型的规范标准形 normal form of a quadratic form
二次型的矩阵 matrix of a quadratic form
二次型的秩 rank of a quadratic form

F

范德蒙行列式 the Vandermonde determinant
反对称的 skew-symmetric
反对称矩阵 skew-symmetric matrix
方阵 square matrix
方阵的行列式 the determinant of square matrix
方阵的幂 powers of a matrix
非齐次的 nonhomogeneous
非齐次线性方程组 nonhomogeneous system of linear equations
非奇异矩阵 nonsingular matrix
非零解 nontrivial solution
分解 decomposition

分块初等矩阵 block elementary matrix
分块对角矩阵 block diagonal matrix
分块矩阵 block matrix
分量 component
分配律 distributive law
分式 component－wise
负定二次型 negative definite quadratic form
负定矩阵 negative definite matrix
负惯性指数 negative index of inertia
复矩阵 complex matrix
复向量 complex vector

G

高斯消元法 Gauss elimination
格拉姆-施密特正交化方法 Gram-Schmidt orthogonalization process
共轭矩阵 conjugate matrices
过渡矩阵 transformation matrix
惯性定理 law of inertia
规范基 canonical basis
归纳法 induction

H

行 row
行标 row index
行矩阵 row matrix
行列式 determinant
行列式的乘积 multiplication of determinants
行列式的求值 evaluation of determinant
行向量 row vectors
恒等变换 identity transformation
恒等式 identity
互换 interchange

J

基 basis
基本向量 fundamental vector
基变换 change of bases
基础解系 basic system of solutions
极大线性无关组 maximal linearly independent systems
奇偶性 parity
奇排列 even permutation
加边行列式 bordered determinant
降阶法 reduction of the order of a determinant
交换律 commutative law
解 solution
解空间 solution space
解向量 solution vector
结合律 associative law
矩阵 matrix
矩阵的乘法 multiplication of matrices
矩阵的初等变换 elementary transformation of matrices
矩阵的行秩 row rank of a matrix
矩阵的列秩 column rank of a matrix
矩阵的迹 trace of a matrix
矩阵的加法 addition of matrices
矩阵的数乘 scalar multiplication of matrix
矩阵的元素 entry of a matrix
矩阵的运算 operations on matrices
矩阵的秩 rank of a matrix
矩阵的主对角线 main diagonal of a square matrix
矩阵表示 matrix representation
矩阵代数 matrix algebra
矩阵范数 matrix norm
矩阵方程 matrix equation
矩阵计算 matrix calculus
矩阵方法 matrix method
矩阵运算 matrix operation
矩形的 rectangular
交换律 commutative law
绝对值 absolute value

K

克莱姆法则 Cramer's rule
克罗内克符号 Kronecker delta
可逆矩阵 invertible matrix
可交换矩阵 commutable matrices
柯西-施瓦茨不等式 Cauchy-Schwarz inequality
k 阶子式 the minor of the kth order

L

拉普拉斯展开定理 Laplace's expansion theorem

列 column
列标 column index
列矩阵 column matrix
列向量 column vectors
零解 trivial solution
零矩阵 null matrix
零向量 null vector
零子空间 null subspace

M

$m \times n$ 阶矩阵 a matrix of order $m \times n$
幂 power
幂等矩阵 idempotent matrix
幂零矩阵 nilpotent matrix

N

内积 scalar product
逆矩阵 inverse of a matrix
逆序 an inversion of a permutation
逆序数 number of inversions of a permutation
n 阶行列式 n-order determinants
n 维行向量 n-dimensional row vector
n 维列向量 n-dimensional column vector
n 维向量 n-dimensional vector

O

欧几里德空间 Euclidean space
偶排列 odd permutation

P

排列 permutation
配完全平方法 the method of separating perfect squares
平凡子空间 trivial subspaces

Q

齐次的 homogeneous
齐次线性方程组 homogeneous system of linear equations
奇异矩阵 singular matrix

R

任意常数 arbitrary constant

S

三对角行列式 tridiagonal determinant
三角行列式 triangular determinant
三角矩阵 triangular matrix
上三角行列式 upper triangular determinant
上三角矩阵 upper triangular matrix
生成的向量空间 generated vector space
实对称矩阵 real symmetric matrix
实二次型 real quadratic form
实矩阵 real matrix
实向量 real vector
数量乘积 scalar multiplication
数量矩阵 scalar matrix
数学归纳法 mathematical induction
数域 number field
顺序主子式 leading principal minor

T

特解 particular solution
特征多项式 characteristic polynomial
特征方程 characteristic equation
特征向量 eigenvector
特征值 eigenvalue
通解 general solution
同类型矩阵 matrices of the same type
投影变换 projective transformation

W

维数 dimension
唯一解 unique solution
无解的 incompatible

X

系数行列式 determinant of coefficient
系数矩阵 matrix of coefficient
下三角行列式 lower triangular determinant
下三角矩阵 triangular matrix
线性变换 linear transformation
线性变换的核 kernel of a linear transformation
线性变换的矩阵 matrix of a linear transformation
线性变换的特征向量 eigenvector of a linear trans-

formation
线性变换的特征值 eigenvalue of a linear transformation
线性变换的值域 range of a linear transformation
线性变换的秩 rank of a linear transformation
线性表示 linear representation
线性代数 linear algebra
线性方程组 systems of linear equations
线性方程组的系数矩阵 coefficient matrix of simultaneous linear equations
线性方程组的一般解 general solution of simultaneous linear equations
线性方程组的增广矩阵 augmented matrix of simultaneous linear equations
线性空间 linear space
线性空间的基 basis of linear space
线性空间的维数 dimension of linear space
线性无关 linear independence
线性相关 linear dependence
线性子空间 linear subspace
线性组合 linear combination
相容的 compatible
向量 vector
向量的夹角 angle between two vectors
向量的距离 distance between vectors
向量的内积 inner product of vectors
向量的线性组合 linear combination of vectors
向量空间 space of arithmetical vectors
向量组的秩 rank of a vector set
消元法 elimination method
性质 property
旋转变换 rotated transformation

Y

余子式 cofactor
元素 element
运算律 law of operation

Z

正定二次型 positive quadratic form
正定矩阵 positive matrix
正惯性指数 positive index of inertia
正交的 orthogonal
正交变换 orthogonal transformation
正交化 orthogonalization
正交基 orthogonal basis
转置行列式 transposed determinant
转置矩阵 transposed matrix
增广矩阵 augmented matrix
秩 rank
自由未知数 free unknown number
子空间 subspace
子矩阵 submatrix
子式 minor
主对角线 principal diagonal
坐标 coordinate
坐标变换 coordinate transformation

部分习题参考答案与提示

习 题 1

A 题

1. (1) -1；(2) $abe-acd$；(3) $(a-b)(b-c)(c-a)$；(4) $-2(x^3+y^3)$.

2. (1) 3； (2) 7； (3) $\frac{1}{2}n(n-1)$；(4) $n(n-1)$.

3. $a_{13}a_{25}a_{31}a_{44}a_{52}$； $a_{13}a_{25}a_{32}a_{41}a_{54}$； $a_{13}a_{25}a_{34}a_{42}a_{51}$.

4. (1) $(-1)^{n-1}n!$； (2) $-2012!$.

5. (1) -3 或 $\pm\sqrt{3}$；(2) a，b 或 c.

6. (1) 2000； (2) $4abcdef$； (3) 33； (4) $abcd+ab+cd+ad+1$；(5) x^4； (6) $-2(n-2)!$； (7) $(-1)^{n-1}\frac{1}{2}(n+1)!$； (8) $(-1)^{\frac{1}{2}n(n-1)}n$；(9) $\prod\limits_{n+1\geqslant i\geqslant j\geqslant 1}(i-j)$； (10) $\prod\limits_{i=1}^{n}(a_id_i-b_ic_i)$.

8. 全部根为：$a_1,a_2,\cdots,a_{n-1}$. 9. -28.

10. (1) $x_1=1,x_2=5,x_3=-5,x_4=-2$；
(2) $x_1=\frac{1507}{665},x_2=-\frac{1145}{665},x_3=\frac{703}{665},x_4=-\frac{395}{665},x_5=\frac{212}{665}$.

11. $k_1=-1,k_2=4$.

B 题

1. (1) $i=3,j=6$；(2) $i=7,j=3$；(3) $i=8,j=3$；(4) $i=9,j=5$.

2. 提示：利用定理 1.1. 3. 错；正确答案为：$a_{11}a_{22}a_{33}a_{44}+a_{14}a_{23}a_{32}a_{41}-a_{11}a_{23}a_{32}a_{44}-a_{14}a_{22}a_{33}a_{41}$.

4. 2个. 5. (1) $(-1)^{n-1}(n-1)$；(2) $n=1$ 时为 x_1y_1，$n\geqslant 2$ 时为 0；(3) 0；(4) $b_1b_2\cdots b_n$.

6. $A_{41}+A_{42}+A_{43}=-9$；$A_{44}+A_{45}=18$.

7. (1) $D_n=\begin{cases}(n+1)\alpha^n, & \alpha=\beta,\\ \dfrac{\beta^{n+1}-\alpha^{n+1}}{\beta-\alpha}, & \alpha\neq\beta.\end{cases}$ (2) $D_5=\begin{cases}-6, & n=-1,\\ 1-a+a^2-a^3+a^4-a^5, & n\neq -1.\end{cases}$

8. （1）$D_n = xD_{n-1} + (-1)^{n-1} yz^{n-1}$；

（2）$x^n + x^{n-2}yz + x^{n-3}yz^2 + \cdots + (-1)^{n-2}xyz^{n-2} + (-1)^{n-1}yz^{n-1}$.

9. $D_{n+1} = \prod_{i=1}^{n} a_i^n \prod_{n+1 \geqslant i > j \geqslant 1} \left(\frac{b_i}{a_i} - \frac{b_j}{a_j}\right)$.　　10. $\lambda = 1$ 或 $\mu = 0$.

习　题　2

A　题

1. $\begin{pmatrix} 1 & -7 & 1 \\ 3 & -1 & -5 \\ 1 & -4 & 3 \end{pmatrix}$；$\begin{pmatrix} 0 & 2 & -1 \\ -2 & 0 & -1 \\ 2 & 1 & 1 \end{pmatrix}$；$\begin{pmatrix} 2 & 0 & 2 \\ 5 & 1 & 4 \\ 0 & 0 & 1 \end{pmatrix}$.

2. （1）$\begin{pmatrix} 35 \\ 6 \\ 49 \end{pmatrix}$；　（2）　44；　（3）$\begin{pmatrix} 1 & 2 & -1 \\ 2 & 4 & -2 \\ 3 & 6 & -3 \end{pmatrix}$；　（4）　$\begin{pmatrix} 4 & 2 & 3 \\ 0 & 2 & 1 \end{pmatrix}$；

（5）$a_{11}x_1^2 + a_{22}x_2^2 + a_{33}x_3^2 + 2a_{12}x_1x_2 + 2a_{13}x_1x_3 + 2a_{23}x_2x_3$.

3. $\begin{cases} x_1 = -6z_1 + z_2 + 3z_3, \\ x_2 = 12z_1 - 4z_2 + 9z_3, \\ x_3 = -10z_1 - z_2 + 16z_3. \end{cases}$

4. （1）$\begin{pmatrix} 1 & -4 & 6 \\ -17 & -17 & 3 \\ 9 & -18 & 16 \end{pmatrix}$；　（2）$\begin{pmatrix} 9 & 4 & 6 \\ -15 & -15 & 9 \\ -3 & 26 & -13 \end{pmatrix}$；

（3）$\begin{pmatrix} 10 & 0 & 12 \\ -32 & -32 & 12 \\ 6 & 8 & 3 \end{pmatrix}$.

6. $\lambda^{k-2} \begin{bmatrix} \lambda^2 & k\lambda & \frac{k(k-1)}{2} \\ 0 & \lambda^2 & k\lambda \\ 0 & 0 & \lambda^2 \end{bmatrix}$.　　10. -4；0.

12. （1）$\begin{pmatrix} 3 & -5 \\ -1 & 2 \end{pmatrix}$；　（2）$\frac{1}{9}\begin{pmatrix} 1 & 2 & 2 \\ 2 & 1 & -2 \\ 2 & -2 & 1 \end{pmatrix}$.

13. （1）$\boldsymbol{X} = \begin{pmatrix} 1 & 2 \\ 3 & 4 \end{pmatrix}$；　（2）$\boldsymbol{X} = \begin{pmatrix} -2 & 2 & 1 \\ -\frac{8}{3} & 5 & -\frac{2}{3} \end{pmatrix}$；

（3）$\boldsymbol{X} = \begin{pmatrix} 2 & -1 & 0 \\ 1 & 3 & -4 \\ 1 & 0 & -2 \end{pmatrix}$.

15. $(\boldsymbol{A} + \boldsymbol{E})^{-1} = -\frac{1}{5}(\boldsymbol{A} - 2\boldsymbol{E})$.

17. $\boldsymbol{AB}=\begin{pmatrix}23&20&0&0\\10&9&0&0\\0&0&50&14\\0&0&32&9\end{pmatrix}$；　$\boldsymbol{A}^{-1}=\begin{pmatrix}1&-2&0&0\\-2&5&0&0\\0&0&2&-3\\0&0&-5&8\end{pmatrix}$.

18. （1）$\begin{pmatrix}0&0&0&\cdots&0&a_n^{-1}\\a_1^{-1}&0&0&\cdots&0&0\\0&a_2^{-1}&0&\cdots&0&0\\\cdots&\cdots&\cdots&\cdots&\cdots&\cdots\\0&0&0&\cdots&a_{n-1}^{-1}&0\end{pmatrix}$；　（2）$\begin{pmatrix}\boldsymbol{O}&&&a_n^{-1}\\&&\iddots&\\&a_2^{-1}&&\\a_1^{-1}&&&\boldsymbol{O}\end{pmatrix}$.

19. （1）$\begin{pmatrix}0&1&-1\\0&1&-2\\-1&0&1\end{pmatrix}$；　（2）$\dfrac{1}{4}\begin{pmatrix}1&1&1&1\\1&1&-1&-1\\1&-1&1&-1\\1&-1&-1&1\end{pmatrix}$.

20. $\begin{pmatrix}0&3&3\\-1&2&3\\1&1&0\end{pmatrix}$.　21. （2）$\boldsymbol{AB}^{-1}=\boldsymbol{E}(i,j)$.

24. （1）$\begin{pmatrix}1&0&0&0\\0&1&0&0\\0&0&0&0\end{pmatrix}$，秩为 2；　（2）$\begin{pmatrix}1&0&0&0\\0&1&0&0\\0&0&1&0\end{pmatrix}$，秩为 3；

（3）$\boldsymbol{E}_4$，秩为 4；　（4）$\begin{pmatrix}1&0&0&0&0\\0&1&0&0&0\\0&0&0&0&0\\0&0&0&0&0\end{pmatrix}$，秩为 2.

25. $a=1$ 时秩为 1；$a=-\dfrac{1}{3}$时秩为 3；当 $a\neq1$ 且 $a\neq\dfrac{1}{3}$时秩为 4.

28. $\boldsymbol{A}^2=6\boldsymbol{A}$；$\boldsymbol{A}^4=6^3\boldsymbol{A}$；$\boldsymbol{A}^{100}=6^{99}\begin{pmatrix}1&1&1\\2&2&2\\3&3&3\end{pmatrix}$.

B　题

1. $\begin{pmatrix}3&0&0\\0&3&0\\0&0&3\end{pmatrix}$.　2. 2^{25}.　3. $\begin{pmatrix}5&-2&-1\\-2&2&0\\-1&0&1\end{pmatrix}$.　4. $\begin{pmatrix}2&0&0\\0&-4&0\\0&0&2\end{pmatrix}$.

5. （1）提示：利用逆矩阵定义求解．（2）$\boldsymbol{A}=\begin{pmatrix}0&2&0\\-1&-1&0\\0&0&-2\end{pmatrix}$.

6. 提示：先将所给方程化简，再用逆矩阵求解. $\boldsymbol{X}=[(\boldsymbol{A}-\boldsymbol{B})^{-1}]^2=\begin{pmatrix}1&0&2\\0&1&2\\0&0&1\end{pmatrix}$.

7. $A^n-2A^{n-1}=A^{n-2}(A^2-2A)$，而 $A^2-2A=O$.

8. $B^{-1}=\begin{pmatrix}-2&-1\\2&0\end{pmatrix}^{-1}=\begin{pmatrix}0&\frac{1}{2}\\-1&-1\end{pmatrix}$.

9. 提示：先化简所给条件等式，再利用矩阵乘积行列式性质求解．$|B|=\frac{1}{2}$.

习 题 3

A 题

1. (1) $x=k\begin{pmatrix}-\frac{1}{3}\\-\frac{2}{3}\\-\frac{1}{3}\\1\end{pmatrix},k\in\mathbf{R}$；　(2) $x=k_1\begin{pmatrix}-2\\1\\0\\0\end{pmatrix}+k_2\begin{pmatrix}1\\0\\0\\1\end{pmatrix}$；　(3) 只有零解.

2. (1) $x=\begin{pmatrix}-8\\3\\6\\0\end{pmatrix}+k\begin{pmatrix}0\\1\\2\\1\end{pmatrix},k\in\mathbf{R}$；　(2) $x=\begin{pmatrix}0\\1\\0\\0\end{pmatrix}+k_1\begin{pmatrix}1\\-2\\0\\0\end{pmatrix}+k_2\begin{pmatrix}0\\1\\1\\0\end{pmatrix},k_1,k_2\in\mathbf{R}$；

(3) 无解.

3. (1) $\lambda\neq1,-2$；　(2) $\lambda=-2$；　(3) $\lambda=1$.

4. (1) $\lambda\neq1$ 且 $\lambda\neq-\frac{4}{5}$；　(2) $\lambda=-\frac{4}{5}$；　(3) $\lambda=1$，　$x=\begin{pmatrix}1\\-1\\0\end{pmatrix}+k\begin{pmatrix}0\\1\\1\end{pmatrix},k\in\mathbf{R}$.

5. (1) 错误的．取一组线性相关的向量即可.
   (2) 错误的．$\alpha_1=(1,\ 0)^T$，$\alpha_2=(2,\ 0)^T$；$\beta_1=(0,\ 1)^T$，$\beta_2=(0,\ -2)^T$；
   (3) 错误的．$\alpha_1=(1,\ 0)^T$，$\alpha_2=(0,\ 1)^T$；$\beta_1=(-1,\ 0)^T$，$\beta_2=(0,\ 1)^T$；$k_1=1$，$k_2=0$.
   (4) 错误的．$\alpha_1=(1,\ 0)^T$，$\alpha_2=(0,\ 1)^T$，$\alpha_3=(0,\ 2)^T$；α_1 不能由 α_2，α_3线性表示；
   (5) 正确．若 $k_1\alpha_1+\cdots+k_m\alpha_m+k_{m+1}\alpha_{m+1}=\mathbf{0}$，则 k_{m+1} 必为 0，否则 α_{m+1} 可有 $\alpha_1,\cdots,\alpha_m$ 线性表出，这时上式变为 $k_1\alpha_1+\cdots+k_m\alpha_m=\mathbf{0}$，从而 $k_1=\cdots=k_m=0$. 故成立.

6. $t\neq5$ 时，线性无关；$t=5$ 时，线性相关 $\alpha_3=2\alpha_2-\alpha_1$.

8. $lm\neq1$ 时.

9. 当 s 为奇数时线性相关，当 s 为偶数时，线性无关.

10. (1) 秩为 3. α_1，α_2，α_3 为一个极大无关组；
(2) 秩为 2. α_1,α_2 为一个极大无关组；　(3) 秩为 1. $\alpha_1,\alpha_2,\alpha_4$ 为一个极大无关组.

17. $\mathbf{V}_1$ 是，$\mathbf{V}_2$ 不是.　　19. $\boldsymbol{\beta}_1=2\boldsymbol{\alpha}_1+3\boldsymbol{\alpha}_2-\boldsymbol{\alpha}_3$，　$\boldsymbol{\beta}_2=3\boldsymbol{\alpha}_1-3\boldsymbol{\alpha}_2-2\boldsymbol{\alpha}_3$.

20. (1) $\boldsymbol{\xi}=(4,-9,4,3)^{\mathrm{T}}$；

(2) $\boldsymbol{\xi}_1=(3,19,17,0)^{\mathrm{T}},\boldsymbol{\xi}_2=(-13,-20,0,17)^{\mathrm{T}}$；

(3) $$(\boldsymbol{\xi}_1,\boldsymbol{\xi}_2,\cdots,\boldsymbol{\xi}_{n-1})=\begin{pmatrix}1 & & & \\ & 1 & & \\ & & \ddots & \\ & & & 1 \\ -n & -n+1 & \cdots & -2\end{pmatrix}.$$

21. (1) $\boldsymbol{x}=\begin{pmatrix}-1\\2\\0\end{pmatrix}+k\begin{pmatrix}-2\\1\\1\end{pmatrix},k\in\mathbf{R}$.　(2) $\boldsymbol{x}=\begin{pmatrix}-1\\1\\0\\0\end{pmatrix}+k_1\begin{pmatrix}8\\-6\\1\\0\end{pmatrix}+k_2\begin{pmatrix}-7\\5\\0\\1\end{pmatrix},k_1,k_2\in\mathbf{R}$.

22. 通解为 $\boldsymbol{x}=\boldsymbol{\eta}_1+k(2\boldsymbol{\eta}_1-\boldsymbol{\eta}_2-\boldsymbol{\eta}_3)=\begin{pmatrix}2\\3\\4\\5\end{pmatrix}+k\begin{pmatrix}3\\4\\5\\6\end{pmatrix},k\in\mathbf{R}$.

26. 不能构成基础解系，保留第一、二行两个行向量，再补充 $\boldsymbol{\xi}=(5,-6,0,0,1)$即可.

B 题

1. (1) 当 $b\neq2$ 时，线性方程组$(\boldsymbol{\alpha}_1,\boldsymbol{\alpha}_2,\boldsymbol{\alpha}_3)\boldsymbol{x}=\boldsymbol{\beta}$ 无解，此时 $\boldsymbol{\beta}$ 不能由 $\boldsymbol{\alpha}_1$，$\boldsymbol{\alpha}_2$，$\boldsymbol{\alpha}_3$ 线性表出.

(2) 当 $b=2,a\neq1$ 时，线性方程组$(\boldsymbol{\alpha}_1,\boldsymbol{\alpha}_2,\boldsymbol{\alpha}_3)\boldsymbol{x}=\boldsymbol{\beta}$ 有唯一解，即 $\boldsymbol{x}=(x_1,x_2,x_3)^{\mathrm{T}}=(-1,2,0)^{\mathrm{T}}$，于是 $\boldsymbol{\beta}$ 可唯一表示为 $\boldsymbol{\beta}=-\boldsymbol{\alpha}_1+2\boldsymbol{\alpha}_2$；当 $b=2,a=1$ 时，线性方程组$(\boldsymbol{\alpha}_1,\boldsymbol{\alpha}_2,\boldsymbol{\alpha}_3)\boldsymbol{x}=\boldsymbol{\beta}$ 有无穷多个解，即 $\boldsymbol{x}=(x_1,x_2,x_3)^{\mathrm{T}}=k(-2,1,1)^{\mathrm{T}}+(-1,2,0)^{\mathrm{T}}$.

2. 当 $a\neq-1$ 时，向量组（Ⅰ）与（Ⅱ）等价. 当 $a=-1$ 时，有

$$(\boldsymbol{\alpha}_1,\boldsymbol{\alpha}_2,\boldsymbol{\alpha}_3 \vdots \boldsymbol{\beta}_1,\boldsymbol{\beta}_2,\boldsymbol{\beta}_3)\to\begin{pmatrix}1 & 1 & 1 & 1 & 2 & 2\\0 & 1 & -1 & 2 & 1 & 1\\0 & 0 & 0 & -2 & 0 & -2\end{pmatrix}.$$

线性方程组 $x_1\boldsymbol{\alpha}_1+x_2\boldsymbol{\alpha}_2+x_3\boldsymbol{\alpha}_3=\boldsymbol{\beta}_1$ 无解，故向量 $\boldsymbol{\beta}_1$ 不能由 $\boldsymbol{\alpha}_1$，$\boldsymbol{\alpha}_2$，$\boldsymbol{\alpha}_3$ 线性表出.
因此向量组（Ⅰ）与（Ⅱ）不等价.

3. $a=1$.　　6. (2) $\boldsymbol{P}^{-1}\boldsymbol{A}\boldsymbol{P}=\begin{pmatrix}-1 & 0 & 0\\0 & 1 & 1\\0 & 0 & 1\end{pmatrix}$.　　7. $b=5,a=15$.

8. 当 $a=0$ 时，$\boldsymbol{\alpha}_1,\boldsymbol{\alpha}_2,\boldsymbol{\alpha}_3,\boldsymbol{\alpha}_4$ 线性相关. 极大线性无关组 $\boldsymbol{\alpha}_1$，并且 $\boldsymbol{\alpha}_2=2\boldsymbol{\alpha}_1$，$\boldsymbol{\alpha}_3=3\boldsymbol{\alpha}_1$，$\boldsymbol{\alpha}_4=4\boldsymbol{\alpha}_1$.

当 $a=-10$ 时，$\boldsymbol{\alpha}_1,\boldsymbol{\alpha}_2,\boldsymbol{\alpha}_3,\boldsymbol{\alpha}_4$ 线性相关. 极大线性无关组 $\boldsymbol{\alpha}_2,\boldsymbol{\alpha}_3,\boldsymbol{\alpha}_4$，并且 $\boldsymbol{\alpha}_1=-\boldsymbol{\alpha}_2-\boldsymbol{\alpha}_3-\boldsymbol{\alpha}_4$.

9. 当 s 为偶数 $t_1\neq\pm t_2$，s 为奇数，$t_1\neq-t_2$ 时，$\boldsymbol{\beta}_1$，$\boldsymbol{\beta}_2$，$\boldsymbol{\beta}_s$ 也为 $\boldsymbol{Ax}=\boldsymbol{0}$ 的

一个基础解系.

10. $a=0$ 或 $a=-\frac{1}{2}(n+1)n$.

当 $a=0$ 时，$\boldsymbol{\eta}_1=(-1,1,0,\cdots,0)^{\mathrm{T}}$，$\boldsymbol{\eta}_2=(-1,0,1,\cdots,0)^{\mathrm{T}}$，$\boldsymbol{\eta}_{n-1}=(-1,0,0,\cdots,1)^{\mathrm{T}}$. 于是方程组的通解为 $\boldsymbol{x}=k_1\boldsymbol{\eta}_1+\cdots+k_{n-1}\boldsymbol{\eta}_{n-1}$，其中 k_1，…，k_{n-1} 为任意常数.

当 $a=-\frac{1}{2}(n+1)n$ 时，$\boldsymbol{\eta}=(1,2,\cdots,n)^{\mathrm{T}}$，通解为 $\boldsymbol{x}=k\boldsymbol{\eta}$，其中 k 为任意常数.

11. 通解是 $k\begin{pmatrix}1\\-2\\1\\0\end{pmatrix}+\begin{pmatrix}1\\1\\1\\1\end{pmatrix}$，其中 k 为任意常数.

12. (2) $a=2,b=-3$. 通解是 $\boldsymbol{\alpha}+k_1\boldsymbol{\eta}_1+k_2\boldsymbol{\eta}_2$（其中 $\boldsymbol{\eta}_1=(-2,1,1,0)^{\mathrm{T}}$，$\boldsymbol{\eta}_2=(4,-5,0,1)^{\mathrm{T}}$，$k_1$，$k_2$ 为任意常数）.

13. (1) 当 $a\neq0$ 时，方程组有唯一解，$x_1=\frac{n}{(n+1)a}$.
(2) 当 $a=0$ 时，通解为$(0,1,0,\cdots,0)^{\mathrm{T}}+k(1,0,0,\cdots,0)^{\mathrm{T}}$，其中 k 为任意常数.

14. $\boldsymbol{\xi}_2=(t,-t,1+2t)^{\mathrm{T}}$，其中 t 为任意常数 .$\boldsymbol{\xi}_3=\begin{pmatrix}-\frac{1}{2} & -u & u\end{pmatrix}^{\mathrm{T}}$，其中 u，v 为任意常数.

15. (1) $\lambda=-1,a=-2$. (2) 通解为$\begin{pmatrix}\frac{3}{2} & -\frac{1}{2} & 0\end{pmatrix}^{\mathrm{T}}+k(1\quad 0\quad 1)^{\mathrm{T}}$，其中 k 是任意常数.

16. (1) 全部解为$(-1\quad 0\quad 0\quad 1)^{\mathrm{T}}+k(2\quad -1\quad 1\quad -2)^{\mathrm{T}}$，其中 k 是任意常数.
(2) 当 $\lambda=\frac{1}{2}$，$\begin{pmatrix}-\frac{1}{4} & \frac{1}{4} & \frac{1}{4} & 0\end{pmatrix}^{\mathrm{T}}+k_2\begin{pmatrix}-\frac{3}{2} & -\frac{1}{2} & -\frac{1}{2} & 2\end{pmatrix}^{\mathrm{T}}$，其中 k_2 是任意常数.
当 $\lambda\neq\frac{1}{2}$时，由 $x_2=x_3$ 知$-k=k$，即 $k=0$. 从而只有唯一解$(-1\quad 0\quad 0\quad 1)^{\mathrm{T}}$.

17. 当 $a=2,b=1,c=2$ 时，(1) 与 (2) 同解.

习　题　4

A　题

1. (1) 是；　(2) 是.　4. 提示：研究：$|(\boldsymbol{A}+\boldsymbol{B})\boldsymbol{A}^{\mathrm{T}}|=|\boldsymbol{B}(\boldsymbol{A}+\boldsymbol{B})^{\mathrm{T}}|$.

6. (1) $\boldsymbol{\beta}_1=\begin{pmatrix}1\\1\\1\end{pmatrix}$，$\boldsymbol{\beta}_2=\begin{pmatrix}-1\\0\\1\end{pmatrix}$，$\boldsymbol{\beta}_3=\frac{1}{3}\begin{pmatrix}1\\-2\\1\end{pmatrix}$；

(2) $\boldsymbol{\beta}_1=\begin{pmatrix}1\\1\\0\\0\end{pmatrix}$，$\boldsymbol{\beta}_2=\begin{pmatrix}\frac{1}{2}\\-\frac{1}{2}\\1\\0\end{pmatrix}$，$\boldsymbol{\beta}_3=\begin{pmatrix}-\frac{1}{3}\\\frac{1}{3}\\\frac{1}{3}\\1\end{pmatrix}$.

9. (1) $\lambda_1=4$，$\lambda_2=-2$；$\boldsymbol{p}_1=\begin{pmatrix}1\\1\end{pmatrix}$，$\boldsymbol{p}_2=\begin{pmatrix}1\\-5\end{pmatrix}$；

(2) $\lambda_1=-2$，$\lambda_2=\lambda_3=1$；$\boldsymbol{p}_1=\begin{pmatrix}-1\\1\\1\end{pmatrix}$，$\boldsymbol{p}_2=\begin{pmatrix}-2\\1\\0\end{pmatrix}$，$\boldsymbol{p}_3=\begin{pmatrix}0\\0\\1\end{pmatrix}$；

(3) $\lambda_1=3$，$\lambda_2=\lambda_3=-3$；$\boldsymbol{p}_1=\begin{pmatrix}1\\1\\1\end{pmatrix}$，$\boldsymbol{p}_2=\boldsymbol{p}_3=\begin{pmatrix}1\\-2\\1\end{pmatrix}$.

10. $x=4$，$y=5$.

12. 24.　　15. $\boldsymbol{A}=\frac{1}{3}\begin{pmatrix}-1&0&2\\0&1&2\\2&2&0\end{pmatrix}$.

16. (1) $\boldsymbol{T}=\begin{pmatrix}1&0&0\\0&\frac{1}{\sqrt{2}}&\frac{1}{\sqrt{2}}\\0&-\frac{1}{\sqrt{2}}&\frac{1}{\sqrt{2}}\end{pmatrix}$，　$\boldsymbol{T}^{-1}\boldsymbol{A}\boldsymbol{T}=\begin{pmatrix}1&&\\&1&\\&&3\end{pmatrix}$；

(2) $\begin{pmatrix}\frac{1}{\sqrt{2}}&\frac{1}{\sqrt{6}}&-\frac{1}{2\sqrt{3}}&\frac{1}{2}\\\frac{1}{\sqrt{2}}&-\frac{1}{\sqrt{6}}&\frac{1}{2\sqrt{3}}&-\frac{1}{2}\\0&\frac{2}{\sqrt{6}}&\frac{1}{2\sqrt{3}}&-\frac{1}{2}\\0&0&\frac{\sqrt{3}}{2}&\frac{1}{2}\end{pmatrix}$，$\boldsymbol{T}^{-1}\boldsymbol{A}\boldsymbol{T}=\begin{pmatrix}1&&&\\&1&&\\&&1&\\&&&-3\end{pmatrix}$.

17. (2) $(-1)^n\times 2^{n-r}$.

18. (1) $(x_1,x_2,\cdots,x_n)\begin{pmatrix}\lambda_1&&&\\&\lambda_2&&\\&&\ddots&\\&&&\lambda_n\end{pmatrix}\begin{pmatrix}x_1\\x_2\\\vdots\\x_n\end{pmatrix}$；

(2) $(x_1,x_2,x_3,x_4)\begin{pmatrix} 0 & \frac{1}{2} & \frac{1}{2} & \frac{1}{2} \\ \frac{1}{2} & 0 & \frac{1}{2} & \frac{1}{2} \\ \frac{1}{2} & \frac{1}{2} & 0 & \frac{1}{2} \\ \frac{1}{2} & \frac{1}{2} & \frac{1}{2} & 0 \end{pmatrix}\begin{pmatrix} x_1 \\ x_2 \\ x_3 \\ x_4 \end{pmatrix}$.

19. (1) $2x_1^2-2x_1x_2+6x_1x_4+2x_2x_4-x_3^2+4x_3x_4$； (2) $2x_1^2-3x_2^2$.

20. (1) $f=-y_1^2+y_2^2+y_3^2$，$\begin{pmatrix} x_1 \\ x_2 \\ x_3 \end{pmatrix}=\begin{pmatrix} \frac{1}{\sqrt{2}} & 0 & -\frac{1}{\sqrt{2}} \\ 0 & 1 & 0 \\ \frac{1}{\sqrt{2}} & 0 & \frac{1}{\sqrt{2}} \end{pmatrix}\begin{pmatrix} y_1 \\ y_2 \\ y_3 \end{pmatrix}$；

(2) $f=-7y_1^2+2y_2^2+2y_3^2$，$\begin{pmatrix} x_1 \\ x_2 \\ x_3 \end{pmatrix}=\begin{pmatrix} \frac{1}{3} & \frac{2\sqrt{5}}{5} & \frac{2\sqrt{5}}{15} \\ \frac{2}{3} & \frac{-\sqrt{5}}{5} & \frac{4\sqrt{5}}{3} \\ -\frac{2}{3} & 0 & \frac{\sqrt{5}}{3} \end{pmatrix}\begin{pmatrix} y_1 \\ y_2 \\ y_3 \end{pmatrix}$.

21. $a=2$；$\boldsymbol{T}=\begin{pmatrix} 0 & 1 & 0 \\ \frac{1}{\sqrt{2}} & 0 & \frac{1}{\sqrt{2}} \\ -\frac{1}{\sqrt{2}} & 0 & \frac{1}{\sqrt{2}} \end{pmatrix}$. 22. (1) 正定； (2) 非正定.

B 题

1. (1) $x=4$，$y=5$； (2) $\boldsymbol{P}=\begin{pmatrix} -1 & -1 & 2 \\ 2 & 0 & 1 \\ 0 & 1 & 2 \end{pmatrix}$.

2. (1) $\begin{pmatrix} \boldsymbol{E}_r & 0 \\ 0 & 0 \end{pmatrix}$. 3. $\boldsymbol{B}^{2004}-2\boldsymbol{A}^2=\begin{pmatrix} 3 & 0 & 0 \\ 0 & 3 & 0 \\ 0 & 0 & -1 \end{pmatrix}$. 4. $a=2$. 5. 2.

6. (1) $a=1,b=2$； (2) 正交矩阵为 $\boldsymbol{P}=\begin{pmatrix} \frac{1}{\sqrt{5}} & \frac{2}{\sqrt{5}} & 0 \\ 0 & 0 & 1 \\ -\frac{2}{\sqrt{5}} & \frac{1}{\sqrt{5}} & 0 \end{pmatrix}$，正交变换为 $\boldsymbol{x}=$ $\boldsymbol{Py}$，其中 $\boldsymbol{y}=(y_1,y_2,y_3)^{\mathrm{T}}$，在此正交变换下，$f$ 的标准形为 $f(y_1,y_2,y_3)=$

$-3y_1^2+2y_2^2+2y_3^2$.

提示：(1) 利用特征值之和即 $\boldsymbol{A}$ 的主对角线上元素之和，及特征值之积即 $|\boldsymbol{A}|$，确定 a,b 的值.

7. (1) $a=0$；(2) 二次型对应矩阵的特征值为 $\lambda_1=\lambda_2=2,\lambda_3=0$，正交变换矩阵为 $\boldsymbol{P}=\begin{pmatrix}\frac{1}{\sqrt{2}} & 0 & 1\\ \frac{1}{\sqrt{2}} & 0 & -1\\ 0 & 1 & 0\end{pmatrix}$，所以二次型的标准形为 $f(x_1,x_2,x_3)=2y_1^2+2y_2^2$；

(3) 由 $f(x_1,x_2,x_3)=2y_1^2+2y_2^2=0$，得 $y_1=0,y_2=0,y_3=k,k$ 为任意常数. 从而所求解为

$$\boldsymbol{x}=\boldsymbol{P}\boldsymbol{y}=\begin{pmatrix}\frac{1}{\sqrt{2}} & 0 & 1\\ \frac{1}{\sqrt{2}} & 0 & -1\\ 0 & 1 & 0\end{pmatrix}\begin{pmatrix}0\\0\\k\end{pmatrix}=k\begin{pmatrix}1\\-1\\0\end{pmatrix}=\begin{pmatrix}c\\-c\\0\end{pmatrix}，c\text{ 为任意常数.}$$

8. 提示：根据正定矩阵的定义证明.

习 题 5

A 题

1. (1) 是；(2) 不是；(3) 是. 2. (1) 是；(2) 不是；(3) 不是.

4. $(33,-82,154)^{\mathrm{T}}$.

5. $\boldsymbol{E}_1=\begin{pmatrix}1 & 0\\0 & 1\end{pmatrix}$，$\boldsymbol{E}_2=\begin{pmatrix}0 & 1\\1 & 0\end{pmatrix}$，$\boldsymbol{E}_3=\begin{pmatrix}0 & 0\\0 & 1\end{pmatrix}$为一个基；$(3,-2,1)^{\mathrm{T}}$.

6. $(1,1,5)^{\mathrm{T}}$.

7. (1) $\begin{pmatrix}2 & 0 & 5 & 6\\1 & 3 & 3 & 6\\-1 & 1 & 2 & 1\\1 & 2 & 1 & 3\end{pmatrix}$；(2) $\begin{pmatrix}x_1'\\x_2'\\x_3'\\x_4'\end{pmatrix}=\frac{1}{27}\begin{pmatrix}12 & 9 & -27 & -33\\1 & 12 & -9 & -23\\9 & 0 & 0 & -18\\-7 & -3 & 9 & 26\end{pmatrix}\begin{pmatrix}x_1\\x_2\\x_3\\x_4\end{pmatrix}$；

(3) $k(1,1,1,-1)^{\mathrm{T}}$.

8. (1) 是；(2) 不是；(3) 是.

9. (1) 关于 y 轴对称；(2) 投影到 y 轴上；

(3) 关于直线 $y=x$ 对称；(4) 顺时针方向旋转 90°.

10. (1) $\begin{pmatrix}1 & 1 & 0\\0 & -1 & 0\\0 & 0 & 1\end{pmatrix}$；(2) $\begin{pmatrix}0 & 2 & 2\\1 & 0 & -1\\0 & 0 & 1\end{pmatrix}$.

11. $\begin{pmatrix}3 & 6 & 12\\0 & -1 & -2\\-1 & 0 & 0\end{pmatrix}$. 12. $\begin{pmatrix}1 & 0 & 0\\2 & 1 & 0\\0 & 1 & 1\end{pmatrix}$.

13. 新基为 $\boldsymbol{\beta}_1=\boldsymbol{\alpha}_2-2\boldsymbol{\alpha}_3$，$\boldsymbol{\beta}_2=\boldsymbol{\alpha}_1-6\boldsymbol{\alpha}_2+6\boldsymbol{\alpha}_3$，$\boldsymbol{\beta}_3=\boldsymbol{\alpha}_1-\boldsymbol{\alpha}_2+\boldsymbol{\alpha}_3$，

T 在新基下的矩阵为 $\begin{pmatrix} 1 & & \\ & -2 & \\ & & -7 \end{pmatrix}$.

14. $x_1=0.0444$，$x_2=0.0445$，$x_3=0.0445$，$x_4=0.0447$，$x_5=0.0458$，$x_6=0.0564$.

B 题

2. $\boldsymbol{\gamma}=k(1,1,1,-1)$.

3. (2) $\boldsymbol{\varepsilon}_1=\left(\frac{1}{\sqrt{2}},\frac{1}{\sqrt{2}},0\right)^{\mathrm{T}}$，$\boldsymbol{\varepsilon}_2=\left(-\frac{1}{\sqrt{6}},\frac{1}{\sqrt{6}},\frac{2}{\sqrt{6}}\right)^{\mathrm{T}}$，$\boldsymbol{\varepsilon}_3=\left(\frac{1}{\sqrt{3}},-\frac{1}{\sqrt{3}},\frac{1}{\sqrt{3}}\right)^{\mathrm{T}}$.

4. $\begin{pmatrix} 1 & 0 & 0 \\ 1 & 1 & 0 \\ 1 & 2 & 1 \end{pmatrix}$.

5. (1) 2；2. (2) $\left(-\frac{3}{2},\frac{7}{2},1,0\right)^{\mathrm{T}},(-1,-2,0,1)^{\mathrm{T}}$；$(1,1,3,1)^{\mathrm{T}}$，$(-1,1,-1,3)^{\mathrm{T}}$.

6. 对二甲苯 0.0627/(mol/L)，间二甲苯 0.0795/(mol/L)，邻二甲苯 0.0795/(mol/L)，乙苯 0.0762/(mol/L).